河南省“十四五”普通高等教育规划教材

GANG JIEGOU JIBEN YUANLI

土木

钢结构基本原理

主编　王新武

郑州大学出版社

图书在版编目(CIP)数据

钢结构基本原理/王新武主编. —郑州:郑州大学出版社, 2020.8(2021.8 重印)
ISBN 978-7-5645-7001-9

Ⅰ. ①钢… Ⅱ. ①王… Ⅲ. ①钢结构-高等学校-教材 Ⅳ. ①TU391

中国版本图书馆 CIP 数据核字(2020)第 072807 号

郑州大学出版社出版发行
郑州市大学路 40 号　　邮政编码:450052
出版人:孙保营　　发行部电话:0371-66966070
全国新华书店经销
河南新魏印务有限公司印制
开本: 787 mm×1 092 mm　1/16
印张:18.75
字数:467 千字
版次:2020 年 8 月第 1 版　　印次:2021 年 8 月第 2 次印刷

书号 ISBN 978-7-5645-7001-9　　定价:49.00 元

编写指导委员会

The compilation directive committee

本书作者

Authors

主　　编　王新武

副主编　杨　雪

编　　委　(以姓氏笔画为序)

王新武　任玲玲　杨　雪

周海涛　浮海梅

前 言

Preface

本书根据《普通高等学校本科专业类教学质量国家标准》中对钢结构课程教学的基本要求，按照我国现行《钢结构设计标准》(GB 50017—2017)、《钢结构工程施工质量验收标准》(GB 50205—2020)和新颁布的有关标准，结合编者多年的教学体会、工程实践经验编写而成。

本书共分8章，主要内容有绪论、钢结构材料、钢结构的可能破坏形式、钢结构的连接、轴心受力构件、受弯构件、拉弯构件和压弯构件、钢结构识图与加工制作。

最近十几年，我国钢铁工业得到迅猛发展，钢产量连续多年居世界第一，钢材的品种、质量亦有了极大提高，基本满足了我国钢结构事业发展的需要。本书在编写时内容与传统教材相比，有了较大变化，删除了一些理论分析部分，增加了钢结构识图与加工制作方面的内容，力求使学生能对钢结构工程有较系统的了解。当然，由于时间仓促，也有取舍不当或叙述不到之处，使用本书时，可根据具体情况对内容进行增删。

本书由洛阳理工学院的王新武任主编，编写第一章、第三章；商丘工学院的杨雪任副主编，编写第六章；郑州财经学院的任玲玲编写第二章、第五章；洛阳理工学院的浮海梅编写第四章；河南城建学院的周海涛编写第七章、第八章。

本书可供应用型本科院校土木工程专业学生使用，也可作为高职高专建筑工程技术专业学生、工程管理和工程造价本科专业学生的学习参考书。

在编写过程中，本书参考和引用了已公开发表、出版的有关文献和资料，在此谨对所有文献的作者和曾关心、支持本书出版的同志们深表谢意。

限于编者水平有限，时间仓促，书中存在的缺点和不妥之处，敬请广大读者批评指正！

编　者

2020.2

目录 CONTENTS

第一章　绪论

1.1　钢结构的特点

2017 年我国粗钢产量达到了 8 亿吨,已多年占世界第一位,其中钢结构行业消耗将近 4%。随着钢产量的增加,我国的用钢政策也在不断调整,钢结构行业"十三五"整体发展规划指出:2020 年,全国钢结构用量比 2014 年翻两番,达到 1000 万吨,占钢结构总量的 10%以上。在钢结构行业"十三五"整体发展规划中,重点发展的建筑钢结构用钢量占全国建筑用钢量的比例从 2014 年的约 10%增加到 15%~20%。

钢结构是主要由钢制材料组成的结构,是主要的建筑结构类型之一。钢结构主要由型钢和钢板等制成的钢梁、钢柱、钢桁架等构件组成,各构件或部件之间通常采用焊缝、螺栓或铆钉连接。钢结构是现代建筑中使用非常广泛的一种结构形式。由于其用钢材量少,重量比较轻,施工速度快,综合起来的经济效益高,近年来发展迅速。21 世纪的"绿色建筑"——钢结构建筑,是一种崭新的节能环保的建筑体系,在大型工厂、高层建筑、交通能源工程、住宅建筑、大跨度空间结构中更能发挥钢结构本身的优势。四川汶川震后的调查十分明确地说明钢结构具有比较强的抗震能力。钢结构在公共建筑、民用住宅等方面有很大的发展空间,钢结构将迎来难得的发展机遇。

和钢筋混凝土结构、砖混结构等结构相比,钢结构具有以下明显的特点:①建筑钢材强度高,塑性、韧性好;②材质均匀,与力学计算的假定比较符合;③质量轻;④制造简便,施工工期短;⑤耐腐蚀性差;⑥耐热,不耐火;⑦结构密实性较好。

1.2　钢结构的设计原理及方法

1.2.1　概述

《钢结构设计标准》(GB 50017—2017,以下简称《钢标》)中除疲劳计算外,其余采用以概率论为基础的极限状态设计方法,用分项系数设计表达式进行计算。钢结构应按承载能力极限状态和正常使用极限状态进行设计:

(1)承载能力极限状态　包括:构件或连接的强度破坏、疲劳破坏、脆性断裂、过度变形而不适用于继续承载,结构或构件丧失稳定,结构转变为机动体系和结构倾覆。承载力极限状态最根本的立足点是以不能继续承受荷载为前提,是不可逆的,一旦发生,结构就会失效,因此非常重要,必须引起重视。

强度破坏是构件破坏的基本破坏形式，主要指构件的某一截面或连接所承受的应力超过材料的强度而导致的破坏，而构件截面最薄弱处经常是强度破坏的控制界面。

(2)正常使用极限状态　包括：影响结构、构件或非结构构件正常使用或外观的变形，影响正常使用的振动，影响正常使用或耐久性能的局部损坏。

正常使用极限状态主要指结构或构件达到使用功能上允许的某个限制的状态，比如变形或振动限制等。正常使用极限状态是一种可逆的极限，可靠度的要求可以放宽一些。

1.2.2 概率极限状态设计方法

结构构件、连接及节点应采用下列承载能力极限状态设计表达式：

持久或短暂设计状况：

$$\gamma_0 S \leqslant R \tag{1.1}$$

地震设计状况：

多遇地震
$$S \leqslant R/\gamma_{RE} \tag{1.2a}$$

设防地震
$$S \leqslant R_k \tag{1.2b}$$

式中　γ_0——结构重要性系数，按下列规定采用：对安全等级为一级或设计使用年限为100年及以上的结构构件，不应小于1.1；对安全等级为二级或设计使用年限为50年的结构构件，不应小于1.0；对安全等级为三级或设计使用年限为5年的结构构件，不应小于0.9。

S——承载能力极限状况下作用组合的效应设计值：对持久或短暂设计状况应按作用的基本组合计算，对地震设计状况应按作用的地震组合计算。

R——结构构件的承载力(抗力)设计值。

R_k——结构构件的承载力标准值。

γ_{RE}——承载力抗震调整系数，应按现行国家标准《建筑抗震设计规范》(GB 50011)的规定取值。

1.2.2.1 承载能力极限状态

结构构件应采用荷载效应的基本组合和偶然组合进行设计。

(1)基本组合　按下列极限状态设计表达式中最不利值确定。

由可变荷载效应控制的组合：

$$\gamma_0\left(\gamma_G S_{Gk} + \gamma_{Q1} S_{Q1k} + \sum_{i=2}^{n} \gamma_{Qi}\psi_{ci} S_{Qik}\right) \leqslant R \tag{1.3}$$

由永久荷载效应控制的组合：

$$\gamma_0\left(\gamma_G S_{Gk} + \sum_{i=1}^{n} \gamma_{Qi}\psi_{ci} S_{Qik}\right) \leqslant R \tag{1.4}$$

式中　γ_G——永久荷载分项系数，应按下列规定采用：当永久荷载效应对结构构件的承载能力不利时，对由可变荷载效应控制的组合应取1.2，对由永久荷载效应控制的组合应取 1.35；当永久荷载效应对结构构件的承载能力有利时，一般情况下取 1.0。

γ_{Q1}，γ_{Qi}——第 1 个和第 i 个可变荷载分项系数，应按下列规定采用：当可变荷载效应对结构构件的承载能力不利时，在一般情况下应取 1.4，对标准值大于4.0 kN/m^{2}的工业房屋楼面结构的活荷载取 1.3；当可变荷载效应对结构构件的承载能力有利时，应取为 0。

S_{Gk}——永久荷载标准值的效应。

S_{Q1k}——在基本组合中起控制作用的第 1 个可变荷载标准值的效应。

S_{Qik}——第 i 个可变荷载标准值的效应。

ψ_{ci}——第 i 个可变荷载的组合值系数，其值不应大于 1。

R——结构构件的抗力设计值，$R=R_k/\gamma_R$，R_k 为结构构件抗力标准值，γ_R 为抗力分项系数，对于 Q235 钢，$\gamma_R=1.087$；对于 Q345、Q390 和 Q420 钢，$\gamma_R=1.111$。

由可变荷载效应控制的组合：

$$\gamma_0\left(\gamma_G S_{Gk}+\psi\sum_{i=2}^{n}\gamma_{Qi}S_{Qik}\right)\leqslant R \tag{1.5}$$

式中　ψ——简化设计表达式中采用的荷载组合系数，一般情况下可取 $\psi=0.9$，当只有一个可变荷载时，取 $\psi=1.0$。

（2）偶然组合　对于偶然组合，极限状态设计表达式宜按下列原则确定：偶然作用的代表值不乘以分项系数；与偶然作用同时出现的可变荷载，应根据观测资料和工作经验采用适当的代表值。

1.2.2.2　正常使用极限状态

对于正常使用极限状态，结构构件根据不同设计目的，分别选用荷载效应的标准组合、频遇组合。钢结构的正常使用极限状态只涉及变形验算，仅需考虑荷载的标准组合：

$$S_d=S_{Gk}+S_{Q1k}+\sum_{i=2}^{n}\psi_{ci}S_{Qik} \tag{1.6}$$

钢结构的安全等级和设计使用年限应符合现行国家标准《建筑结构可靠性设计统一标准》（GB 50068）和《工程结构可靠性设计统一标准》（GB 50153）的规定。

一般工业与民用建筑钢结构的安全等级应取为二级，其他特殊建筑钢结构的安全等级应根据具体情况另行确定。

建筑物中各类结构构件的安全等级，宜与整个结构的安全等级相同。对其中部分结构构件的安全等级可进行调整，但不得低于三级。

按正常使用极限状态设计钢结构时，应考虑荷载效应的标准组合，对钢与混凝土组合梁，尚应考虑准永久组合。

计算结构或构件的强度、稳定性以及连接的强度时，应采用荷载设计值（荷载标准值乘以荷载分项系数）；计算疲劳时，应采用荷载标准值。

1.3 钢结构的应用与发展

1.3.1 钢结构建筑的发展意义和方向

钢结构住宅建筑体系以其预制程度高、结构部件轻、便于推行设计标准化、施工机械化、定型化、装配件制作工厂化、施工周期短等优势，及其在建筑用材市场中展示出的非常广阔的应用以及发展前景，将会成为代替现有砖式住宅的重要体系之一；中小型建筑数量大，面积广，发展轻型钢结构对于资源、能源都十分短缺的我国来说，意义更为重大，如图 1.1 和图 1.2 所示。未来我国国内的钢结构行业还在向以下方面发展：

(1) 能源建设还会加快，各种工厂的主厂房用钢量会增加，包括火力电厂用钢、风力发电用钢等。

(2) 交通工程中的钢结构桥梁会有所增加，铁路桥梁也采用钢结构。最近几年来公路的桥梁采用钢结构的占比也有明显增加，如跨海、跨江大桥等。

(3) 城市建设中以钢结构为主体的建筑增加，特别是地铁以及轻轨。

图 1.1 某钢结构商场

图 1.2 "鸟巢"建筑

1.3.2 高层建筑钢结构技术的特点

(1) 较轻的自重　与传统的钢筋混凝土结构比较，钢结构相对而言自重明显较轻，而这一特点使得其在使用过程中，在某种条件下，使用效果更加优于传统的混凝土结构。当建筑物的承重和跨度均相同时，钢筋混凝土结构屋架的重量能够达到钢屋架的 3 倍及以上。而在进行施工期间，钢结构较轻的自重不仅能够在运输过程中体现其优势，实现运输成本的控制，同时还能够更加顺利地实施。

(2) 较短的施工工期　施工期间，钢结构工程所花费的时间较之传统建筑手段的施工花费时间明显更短，针对部分工程能够更加顺利地实现施工任务的控制。而施工工期相对较短的情况，则能够促使整个施工工期得到最大程度的控制，更好地节省时间成本，更利于保障业主的经济利益。钢结构工程施工工期相对较短，这主要是由于工程所采用的建筑材料绝大多数属于成型材料，故能够最大限度地有效控制劳动强度和工期。通常为了确保钢结构构件的形状与尺寸均具有较高的精准度，工程人员应当采用专门的金属构件来进行处理，再通过工程现场来实现装配式安装。针对已经完成的钢结构建筑，则通过改造以及加固等方式来进行处理，并且由于采用的是螺栓连接，故根据现场的具体情况，做好相应的拆改工作即可。

（3）较高的材料强度 钢材因其本身有着较高的强度，自身存在的动力荷载非常优秀，故即便是面对较大跨度或者荷载，其同样能够发挥较好的效果。钢材有着较佳的抗震特性，决定了钢结构材料自身具备优良的吸收能力和优良的延伸性等特点。在超高层建筑中，钢结构与其他抗震材料相比，具备非常优越的抗震性能，如图 1.3 和图 1.4 所示。钢材本身所具备的强度非常大，于是钢材在进行制作的过程中，构件的截面面积相对来说更小，并且能在压力承受极限范围内达到较好的稳定性。

图 1.3 高层钢结构住宅

图 1.4 高层钢结构办公楼

1.3.3 轻钢结构的发展及应用

轻钢结构发展前景较为可观，尤其是在建筑工程中得到了广泛的应用。相较于传统的钢结构而言，轻钢结构优势更为突出，材料自重低，结构简单，很容易满足设计标准，无论是设计、生产还是销售均是通过计算机控制，可以有效提升产品生产效率和生产质量。更为关键的是，轻钢结构价格便宜，是一种环保型的绿色产品，在社会基础设施建设中值得广泛应用。加强对其研究，可以为后续工作开展奠定基础。

1.3.3.1 轻钢结构技术

自改革开放以来，我国钢铁产业快速发展，先后从美国、德国和日本等国家购进了先进的工艺设备和生产技术，在此基础上，结合我国实际情况研发出了新的轻钢结构设备和技术。在长期发展中，国内的轻钢结构市场规模不断扩大，出现了大量的轻钢结构专业厂家。为了可以更好地适应新时期轻钢结构市场发展需求，推动钢铁产业结构转型优化，我国已经颁布了《钢结构设计标准》《压型金属板设计施工规程》《门式钢架轻型房屋钢结构技术规范》等设计规范、施工验收规范规程及行业标准。有关钢结构规范规程的不断完善，为轻钢结构发展提供了配套的技术支持。

1.3.3.2 轻钢结构应用

我国经济高速增长，城市现代化建设进程不断加快，各个行业领域呈现良好的发展前景，在道路桥梁交通设施、永久性建筑和构筑物方面需要大量临时性建筑。加之野外露天作业和抗震救灾，都需要临时房屋。轻钢结构凭借自重轻、成本低、施工周期短、综合经济效益好、抗震性能好、易于拆卸搬迁和环保优势，得到了广泛应用，促使临时性建筑安全和居住条件得到了有效的改善。轻钢结构在房屋建筑中应用愈加频繁，主要包括冷弯薄壁型钢、小角钢、轻型 H 型钢和夹芯板，如图 1.5 和图 1.6 所示。轻钢结构组合的房屋建筑是最简单的轻型钢结构房屋，工业化水平较高。

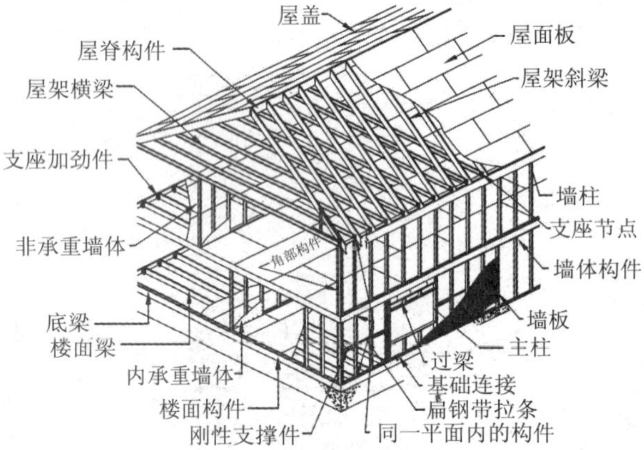

图 1.5 轻钢结构住宅示意

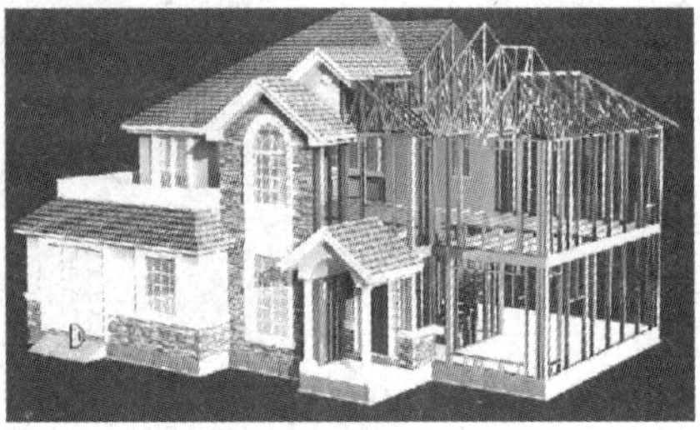

图 1.6 轻钢结构别墅

钢结构本身的优势决定了其相对较强的生命力。随着钢结构的发展，钢结构体系在民用建筑中得到了广泛的应用和推广。钢结构建筑可大大降低开发成本和建设周期，满足人口不断增加的住房需求。钢结构建筑和我国的有关政策导向是一致的，所以钢结构建筑具有非常好的发展前景。

当然，目前我们也十分清楚，我国的钢结构行业发展水平与发达国家相比仍有较大的差距。据有效数据显示，我国钢结构的年产量和发达国家相比，还相差甚远。但是，随着我国钢结构技术、企业的发展，我国的钢结构产量和粗钢产量的比例明显提升。2008 年北京奥运会“水立方”和“鸟巢”等标志性建筑的建成，使众多投资者的目光转向了钢结构建筑产业。在 2010 年上海世博会中，有很多高水平的钢结构展馆，这给中国钢结构市场带来一片大好春光。未来随着我国钢结构住宅需求的大量增加，钢结构市场增长潜力和空间必会有明显的提高。

1.3.4 装配式钢结构

随着我国建筑业不断发展，传统建筑生产方式不断暴露出自身的缺陷，如效率低、消耗高、污染高等。为了可持续发展的需求，加之受制造业等行业工业化生产方式的影响，建筑工业化已经成为建筑业未来的发展方向。而装配式建筑是建筑工业化的一个具体形式。

装配式建筑是指用预制的构件在工地装配而成的建筑。这种建筑的优点是建造速度快，受气候条件制约小，节约劳动力并可提高建筑质量，墙体是可反复拆卸的，可以重复利用，减少建筑垃圾。与传统现浇建筑相比，装配式房屋可实现节地节材 20%，节约用水 60%，节约能源 50%，减少建筑垃圾 80%，施工效益提高 4~5 倍。

钢结构装配式建筑是装配式建筑的主要形式之一，依据其用途可划分为两个体系，即住宅与公共建筑。钢结构根据其结构主体采用的型材不同，可分为三类技术体系：一是重钢/钢混框剪体系，适用于 30 层及以下的建筑；二是轻型钢结构（薄壁方管等），适用于 6 层及以下的建筑，已建成的海南阳光田宇餐厅项目、香榭丽舍会所屋面造型均属于此类体系；三是冷弯薄壁型材体系，适用于 3 层以下的建筑，如住宅、别墅、会所等。装配式钢结构建筑如图 1.7 所示。

（a）高层钢结构住宅

（b）低层薄壁型钢别墅

图 1.7　装配式钢结构建筑

钢结构住宅建筑体系以其采用的钢结构形式作为建筑体系分类的依据，成为建筑体系中的一个分支。通常所说的钢结构住宅是指以工厂生产的经济钢型材构件作为承重骨架，以新型轻质、保温、隔热、高强的墙体材料作为围护结构而构成的居住类建筑。钢结构住宅产业化是以钢结构住宅为最终产品，通过社会化大生产，将钢结构住宅的投资、开发、设计、施工、售后服务等过程集中统一成为一个整体的组织形式。钢结构住宅产业化是钢结构住宅发展的趋势。

钢结构住宅体系具有以下特点：

（1）重量轻、强度高　由于应用钢材作承重结构，应用新型建筑材料作围护结构，一般用钢结构建造的住宅重量是钢筋混凝土住宅的 1/2 左右，减小了房屋自重，从而降低了基础工程造价。由于竖向受力构件所占的建筑面积相对较小，因而可以增加住宅的使用面积。同时由于钢结构住宅采用了大开间、大进深的柱网，为住户提供了可以灵活分隔的大空间，能满足用户的不同需求。

（2）工业化程度高，符合产业化要求　钢结构住宅的结构构件大多在工厂制作，安装方便，适宜大批量生产，这改变了传统的住宅建造方式，实现了从“建造房屋”到“制造房屋”的转变。促进了住宅产业从粗放型到集约型的转变，同时促进了生产力的发展。

（3）施工周期短　一般三四天就可以建一层，快的只需一两天。钢结构住宅体系大多在工厂制作，在现场安装，现场作业量大为减少，因此施工周期可以大大缩短，施工中产生的噪声和扬尘、现场资源消耗和各项现场费用都相应减少。与钢筋混凝土结构相比,一般可缩短工期 1/2,提前发挥投资效益,加快资金周转,降低建设成本 3%~5%。

(4)抗震性能好　由于钢材是弹性变形材料,因此能大大提高住宅的安全可靠性。钢结构强度高、延性好、自重轻,可以大大改善结构的受力性能,尤其是抗震性能。从国内外震后情况来看,钢结构住宅建筑倒塌数量很少。

(5)符合建筑节能发展方向　用钢材作框架,保温墙板作围护结构,可替代黏土砖,减少了水泥、砂、石、石灰的用量,减轻了对不可再生资源的破坏;现场湿法施工减少,施工环境较好。同时,钢材可以回收再利用,建造和拆除时对环境污染小,其节能指标可达 50%以上,属于绿色环保建筑体系。

钢结构在住宅中的应用,为我国钢铁工业打开了新的应用市场,还可以带动相关新型建筑材料的研究和应用。

1.4 钢结构的结构体系

1.4.1 单层钢结构

单层钢结构主要由横向抗侧力体系和纵向抗侧力体系组成,其中横向抗侧力体系可按表 1.1 进行分类;纵向抗侧力体系宜采用中心支撑体系,也可采用刚架结构。

表 1.1　单层钢结构体系分类

结构体系		具体形式
排架	普通	单跨、双跨、多跨、高低跨排架等
框架	普通	单跨、双跨、多跨、高低跨框架等
	轻型	
门式刚架	普通	单跨、双跨、多跨、带挑檐、带毗屋、带夹层刚架;单坡刚架等
	轻型	

1.4.2 多、高层钢结构

按抗侧力结构的特点,多、高层钢结构体系可按表 1.2 进行分类。

表 1.2　多、高层钢结构体系分类

结构体系		支撑、墙体和筒形式	抗侧力体系类别
框架、轻型框架		—	单重
框-排架		纵向柱间支撑	单重
支撑结构	中心支撑	普通钢支撑、消能支撑(防屈曲支撑等)	单重
	偏心支撑	普通钢支撑	—
框架-支撑、轻型框架-支撑	中心支撑	普通钢支撑、消能支撑(防屈曲支撑等)	—
	偏心支撑	普通钢支撑	—
框架-剪力墙板		钢板墙、延性墙板	单重或双重
筒体结构	筒体	普通桁架筒 密柱深梁筒 斜交网格筒 剪力墙板筒	单重
	框架-筒体		单重或双重
	筒中筒		双重
	束筒		双重
巨型结构	巨型框架	—	单重
	巨型框架-支撑		单重或双重
	巨型支撑		单重或双重

注：(1)框架包括无支撑纯框架和有支撑框架；排架包括等截面柱、单阶柱和双阶柱排架；门式刚架包括单层柱和多层柱门式刚架。

(2)横向抗侧力体系还可采用以上结构形式的混合形式。

1.4.3　大跨度钢结构体系

大跨度钢结构体系可按表 1.3 分类。

表 1.3　大跨度钢结构体系分类

体系分类	常见形式
以整体受弯为主的结构	平面桁架、立体桁架、空腹桁架、网架、组合网架以及与钢索组合形成的各种预应力钢结构
以整体受压为主的结构	实腹钢拱、平面或立体桁架形式的拱形结构、网壳、组合网壳以及与钢索组合形成的各种预应力钢结构
以整体受拉为主的结构	悬索结构、索桁架结构、索穹顶等

第二章　钢结构材料

2.1　钢材的主要机械性能

钢材的主要机械性能通常指钢材在各种作用（如拉伸、冷弯和冲击等）单独作用下显示出的各种性能，包括强度、塑性、冷弯性能、冲击韧性、可焊性和钢材沿厚度方向的性能等。

2.1.1　强度和塑性

2.1.1.1　强度

强度是指材料或构件抵抗破坏的能力，主要包含抗拉强度和屈服强度两项指标。其典型试验是低碳钢在常温静载条件下的单向拉伸试验。标准试件如图 2.1 所示，标距长度 $l_0=10d_0$ 或 $l_0=5d_0$（d_0 为试件的直径），在常温（20 ℃）、静载（满足静力加载的加载速度）下进行一次加载拉伸试验，所得到的钢材应力-应变关系曲线如图 2.2 所示。整个过程分为四个阶段（弹性、屈服、强化及颈缩破坏），由此曲线获得的有关钢材力学性能指标如下：

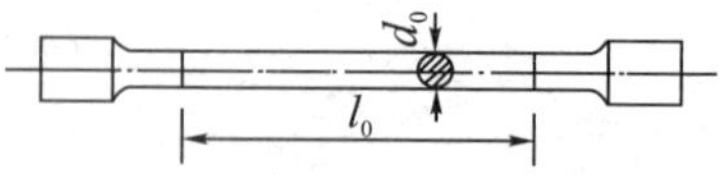

图 2.1　标准试件

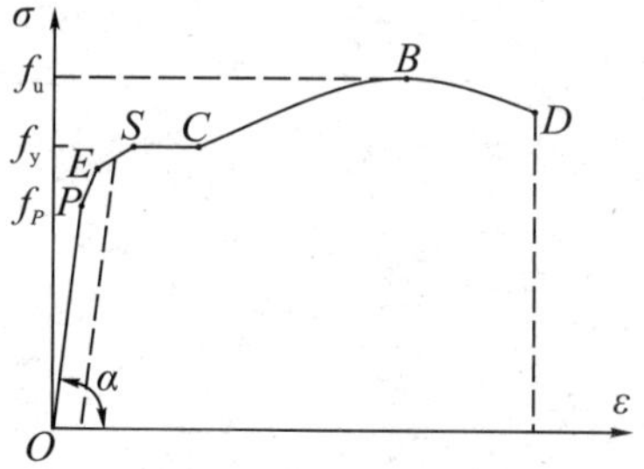

图 2.2　碳素结构钢材的应力-应变曲线

（1）比例极限 f_P　图 2.2 中 $\sigma-\varepsilon$ 曲线的 OP 段为直线，表示钢材具有完全弹性性质，称为线弹性阶段，这时应力可由弹性模量 E 定义，即 $\sigma=E\varepsilon$，而 $E=\tan\alpha$，P 点应力 f_P 称为比例极限。钢材的弹性模量 $E=2.06\times10^5\ \text{N/mm}^2$。

曲线的 PE 段称为非线性弹性阶段，这时的模量叫作切线模量（切线模量 $E_t=d\sigma/d\varepsilon$）。此段上限 E 点的应力 f_E 称为弹性极限。弹性极限和比例极限相距很近，实际上很难区分，故通常只提比例极限。

（2）屈服强度（或屈服点）f_y　随着荷载的增加，曲线出现 ES 段，这时任一点的变形中都包括有弹性变形和塑性变形，其中的塑性变形在卸载后不能恢复，即卸载曲线成为与 OP 平行的直线（见图 2.2 中的虚线），留下永久性的残余变形。此段上限 S 点的应力 f_y 称为屈服点（或屈服强度）。对于低碳钢，出现明显的屈服台阶 SC 段，即在应力保持不变的情况下，应变继续增加。

在开始进入塑性流动范围时，曲线波动较大，以后逐渐趋于平稳，其最高点和最低点分别称为上屈服点和下屈服点。上屈服点和试验条件（加荷速度、试件形状、试件对中的准确性）有关；下屈服点则对此不太敏感。设计中以下屈服点为依据。

钢材的屈服强度（或屈服点）是衡量结构的承载能力和确定强度设计值的重要指标。碳素结构钢和低合金结构钢在受力到达屈服强度以后，应变急剧增长，从而使结构的变形迅速增加以致不能继续使用。所以钢结构的强度设计值一般都是以钢材屈服强度为依据而确定的。

对于没有缺陷和残余应力影响的试件，比例极限和屈服点比较接近，且屈服点前的应变很小（对低碳钢约为 0.15%）。为了简化计算，通常假定屈服点以前钢材为完全弹性的，屈服点以后则为完全塑性的，这样就可把钢材视为理想的弹-塑性体，其应力-应变曲线表现为双直线，如图 2.3 所示。当应力达到屈服点后，将使结构产生很大的在使用上不容许的残余变形（此时，对低碳钢 $\varepsilon_c=2.5\%$），表明钢材的承载能力达到了最大限度。因此，在设计时取屈服点为钢材可以达到的最大应力。

《钢标》第 17.1.6 条第 2 款对于抗震结构有关屈服强度有两项附加要求：钢材的屈服强度实测值与抗拉强度实测值的比值不应大于 0.85；钢材屈服强度实测值不高于上一级钢材屈服强度规定值，或者改用《建筑结构用钢板》（GB/T 19879—2015）的钢材。

高强度钢没有明显的屈服点和屈服台阶。这类钢的屈服条件是根据试验分析结果而人为规定的，故称为条件屈服点（或屈服强度）。条件屈服点是以卸荷后试件中残余应变为 0.2%所对应的应力定义的（有时用 $f_{0.2}$ 表示），见图 2.4。

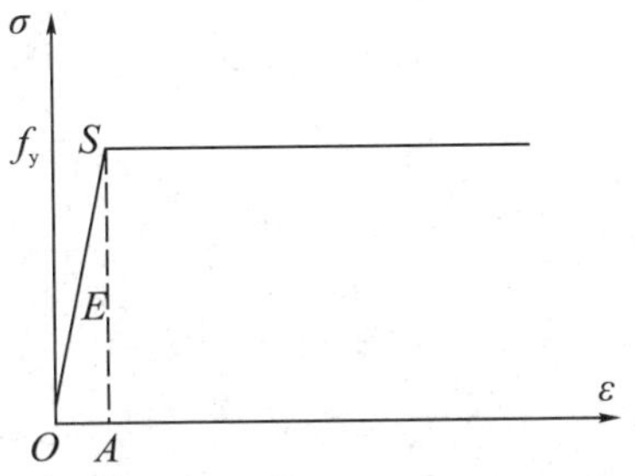

图 2.3　理想的弹-塑性体的应力-应变曲线

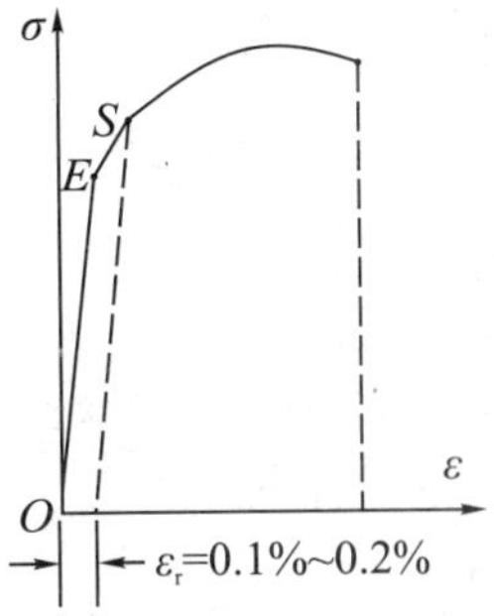

图 2.4　高强度钢的应力-应变曲线

由于这类钢材不具有明显的塑性平台，设计中不宜利用它的塑性。碳素结构钢和低合金结构钢在受力到达屈服强度以后，应变急剧增长，从而使结构的变形迅速增加以致不能继续使用。所以钢结构的强度设计值一般都是以钢材屈服强度为依据而确定的。

（3）抗拉强度 f_u　超过屈服台阶，材料出现应变硬化，曲线上升，直至曲线最高处的 B 点，这点的应力 f_u 称为抗拉强度或极限强度。当应力达到 B 点时，试件发生颈缩现象至 D 点而断裂。因此，钢材的抗拉强度是衡量钢材抵抗拉断的性能指标，它不仅是一般强度的指标，而且直接反映钢材内部组织的优劣，并与疲劳强度有着比较密切的关系。

当以屈服点的应力 f_y 作为强度限值时，抗拉强度 f_u 成为材料的强度储备。

2.1.1.2 塑性

钢材的塑性是在外力作用下产生永久变形时抵抗断裂的能力，其值可由静力拉伸试验得到的力学性能指标——断后伸长率与断面收缩率来衡量。因此，承重结构用的钢材，不论在静力荷载作用下还是在动力荷载作用下，以及在加工制作过程中，除了应具有较高的强度外，尚应要求具有足够的伸长率。

(1)断后伸长率 δ

$$\delta = \frac{l_1 - l_0}{l_0} \times 100\% \tag{2.1}$$

式中 l_1——试件拉断后标距的长度；

l_0——原标距长度。

通常以 δ_5 和 δ_{10} 分别表示 $l_0 = 5d_0$ 和 $l_0 = 10d_0$ 时的伸长率。

(2)断面收缩率 Ψ

$$\Psi = \frac{A_0 - A_1}{A_0} \times 100\% \tag{2.2}$$

式中 A_0——试件原横截面面积；

A_1——试件断裂处的横截面面积。

δ 和 Ψ 的数值越大，说明材料的塑性越好。

屈服点、抗拉强度和伸长率，是钢材的三个重要力学性能指标。钢结构中所采用的钢材都应满足《钢标》对这三项力学性能指标的要求。

2.1.2 冷弯性能

钢材的冷弯性能反映钢材在常温下冷加工时产生塑性变形的能力。冷弯性能通过冷弯试验来检验。

钢材的冷弯试验是衡量其塑性的指标之一，同时也是衡量其质量的一个综合性指标。通过冷弯试验，可以检查钢材颗粒组织、结晶情况和非金属夹杂物分布等缺陷，在一定程度上也是鉴定焊接性能的一个指标。结构在制作、安装过程中要进行冷加工，尤其是焊接结构焊后变形的调直等工序，都需要钢材有较好的冷弯性能。而非焊接的重要结构(如吊车梁、吊车桁架、有振动设备或有大吨位吊车厂房的屋架、托架，大跨度重型桁架等)以及需要弯曲成型的构件等，亦都要求具有冷弯试验合格的保证。

钢材冷弯试验示意如图 2.5 所示，根据试样厚度，按规定的弯心直径将试件弯成 180°，若试件外表面不出现裂纹和分层，即为冷弯试验合格。冷弯试验不仅能反映钢材的冷加工性能，而且还可暴露钢材的内部缺陷，并能综合反映钢材的塑性性能和冶金质量(颗粒结晶及非金属夹杂分布，甚至在一定程度上包括可焊性)。结构在制作、安装过程中要进行冷加工，尤其是焊接结构焊后变形的调直等工序，都需要钢材有较好的冷弯性能。因此，冷弯性能是判别钢材塑性变形能力及冶金质量的综合指标。《钢标》第 4.3.2 条规定焊接承重结构以及重要的非焊接承重结构采用的钢材还应具有冷弯试验的合格保证。不同质量等级要求不一样。

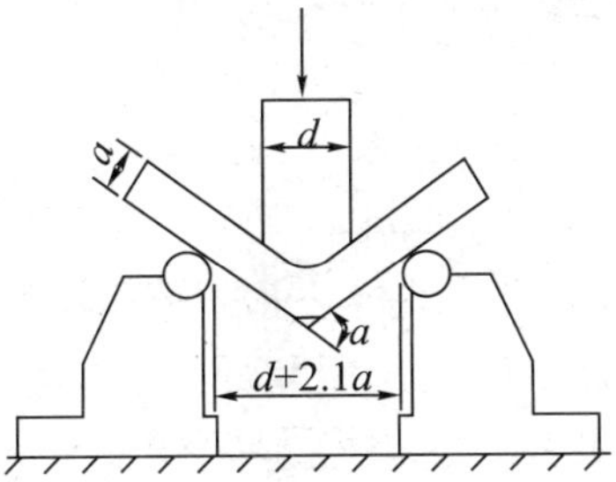

图 2.5 钢材冷弯试验示意图

2.1.3 冲击韧性

冲击韧性(或冲击吸收能量)表示材料在冲击载荷作用下抵抗变形和断裂的能力。钢材在一次拉伸静载作用下断裂时所吸收的能量,用单位体积吸收的能量来表示,其值等于应力-应变曲线下的面积。塑性好的钢材,其应力-应变曲线下的面积大,所以韧性好。

实际结构中,脆性断裂并不发生在单向受拉的地方,而总是发生在有缺口高峰应力的地方,在缺口高峰应力的地方常呈三向受拉的应力状态。因此,实际工作中可用钢材的缺口冲击韧性衡量钢材抗脆断的性能。

钢材的冲击韧性用冲击试验来判定。现行国家标准规定采用国际上通用的夏比试验法,如图 2.6 所示,试件采用截面 10 mm×10 mm、长 55 mm 且中间开有 V 形缺口的长方体,将试件放在冲击试验机上用摆锤击断,击断时所需的冲击功越大,表明钢材的韧性越好。试验时,计算刚好击断试件缺口时的摆锤的重量与其垂直下落高度之乘积即为所消耗的冲击功。

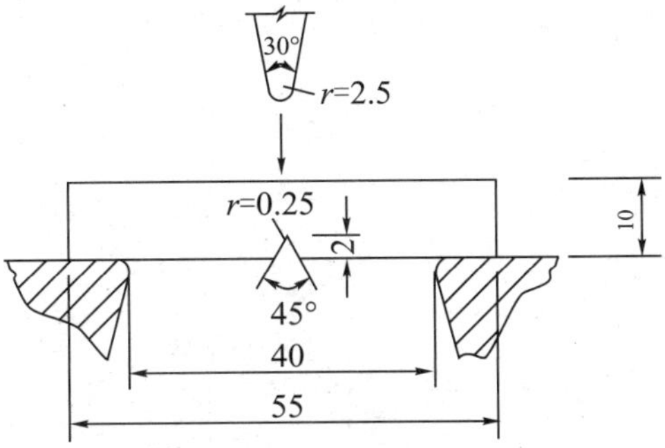

图 2.6 冲击韧性试验

影响钢材冲击韧性的因素很多,如化学成分、冶炼质量、环境温度、冷作及时效等。当钢材内硫、磷的含量高,存在化学偏析,含有非金属夹杂物及焊接形成的微裂纹时,都会使冲击韧性显著降低。同时环境温度对钢材的冲击功影响很大。试验表明,材料的冲击韧性值随温度的降低而减小,且在某一温度范围内发生急剧降低,这种现象称为冷脆,此温度范围称为韧脆转变温度。因此,对直接承受动力荷载或需验算疲劳的构件或处于低温工作环境的钢材尚应具有冲击韧性合格保证。不同质量等级按不同试验温度进行冲击试验。设计应按结构工作温度、板厚、冲击吸收能量指标要求选择钢材质量等级。

2.1.4 可焊性

可焊性是指钢材在一定的工艺和结构条件下,钢材经过焊接后能够获得良好的焊接接头的性能。在焊接过程中,由于高温作用和焊接后的急剧冷却作用,会使焊缝及附近的过热区发生晶体组织及结构的变化,产生局部变形、内应力和局部硬脆,降低焊接质量。可焊性好的钢材,易于用一般的焊接方法和工艺焊接,焊接时不易形成裂纹、气孔和夹渣等缺陷,焊接后,接头强度和焊缝的力学性能与母材相近。

钢材的可焊性主要与钢材的化学成分及其碳含量有关。碳含量在0.12%~0.20%的碳素钢,可焊性最好,碳含量再高可使焊缝和热影响区变脆。提高钢材强度的合金元素也大多对可焊性有不利影响。

钢材可焊性的优劣实际上是指钢材在采用一定的焊接方法、焊接材料、焊接工艺参数及一定的结构形式等条件下,获得合格焊缝的难易程度。采取焊前预热以及焊后热处理的方法,可使可焊性较差的钢材的焊接质量提高。施工中正确地选用焊条及正确的操作均能防止夹入焊渣、气孔和裂纹等缺陷,以提高其焊接质量。

2.1.5 钢材沿厚度方向的性能

当钢材厚度较大(>40 mm)时,在焊接过程中或承受沿板厚方向的拉力作用时,容易发生层状撕裂。因此,要求板厚方向的 Z 向收缩率为15%~35%,以防止钢材在焊接时或承受厚度方向的拉力时,发生分层撕裂,如图2.7所示。

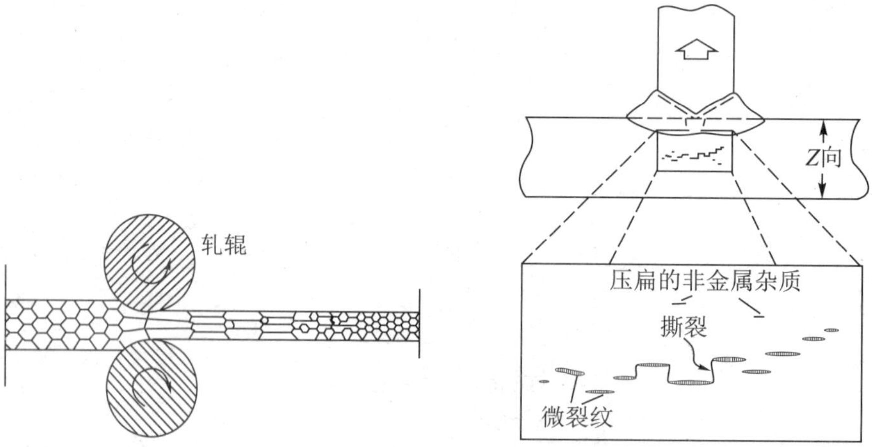

图2.7 沿板厚方向的拉力作用的层状撕裂

层状撕裂产生的原因是在轧制钢板中存在硫化物、氧化物和硅酸盐等低熔点非金属夹杂物,在轧制过程中被延展成片状,分布在与表面平行的各层中,在垂直于厚度方向的应力作用下,夹杂物首先开裂并扩展,以后这种开裂在各层之间相续发生,连成一体,造成层状撕裂的阶梯性。

如图 2.8 所示，钢板的层状撕裂一般在焊接节点产生。厚钢板较易产生层状撕裂，因为钢板越厚，非金属夹杂缺陷越多，且焊缝也越厚，焊接应力和变形也越大。

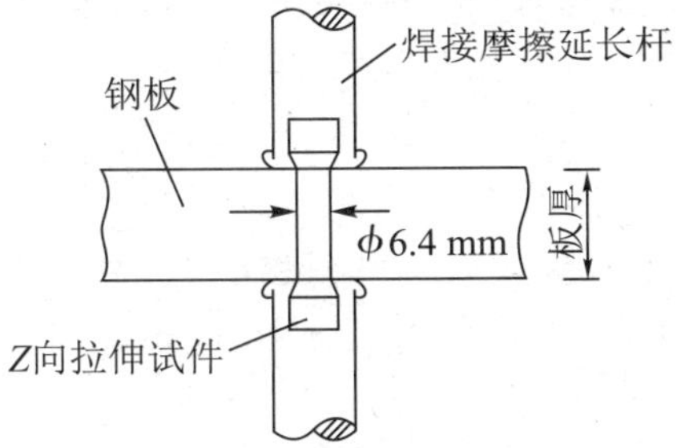

图 2.8　*Z* 向拉伸试件

钢板沿厚度方向的受力性能（主要为延性性能）称为 *Z* 向性能，一般以断面收缩率作为评定指标。

《厚度方向性能钢板》（GB/T 5313—2010）规定，采用焊接连接的钢结构中，当钢板厚度不小于 40 mm 且承受沿板厚度方向的拉力时，为避免焊接时产生层状撕裂，需采用抗层状撕裂的钢材（简称“*Z* 向钢”）。该标准将钢板 *Z* 向断面收缩率分为 Z15、Z25、Z35 等三个级别，它对应的断面收缩率相应为 15%、25% 和 35%。对这三个级别的钢材还规定含硫量相应地分别小于 0.01%、0.007% 和 0.005%。

断面收缩率的级别愈高，钢材抗层状撕裂的性能愈好；含硫量愈高，断面收缩率的级别愈低。

Z 向断面收缩率大于 20% 的钢板，其层状撕裂一般可以避免；当 *Z* 向断面收缩率小于 20% 时，则有可能发生层状撕裂。

2.2　影响钢材性能的因素

2.2.1　化学成分

化学成分直接影响钢材的颗粒组织和结晶构造，从而密切影响钢材的力学性能。碳素结构钢由铁、碳及杂质元素组成，其中铁元素含量约占 99%，其余如有利元素碳（C）、锰（Mn）、硅（Si）及有害元素硫（S）、磷（P）、氧（O）、氮（N）等约占总含量的 1%，属微量元素。低合金结构钢中，除上述元素外，为改善某些性能，还加入总含量不超过 3% 的其他合金元素，如钒（V）、钛（Ti）、铌（Nb）、铝（Al）、镍（Ni）、钼（Mo）、铬（Cr）、铜（Cu）等。微量元素或合金元素含量尽管较低，却对钢材的各方面性能影响很大。

2.2.1.1　碳（C）

碳是形成钢材强度的主要成分。碳含量提高，则钢材强度提高，但钢材的塑性、韧性、冷弯性能、可焊性及抗锈蚀能力下降。因此，钢结构用钢的含碳量一般控制在0.17%～0.22%。

在焊接结构中，建筑钢的焊接性能主要取决于碳当量，碳当量宜控制在0.45%以下，超出该范围的幅度愈多，焊接性能变差的程度愈大。《钢结构焊接规范》(GB 50661—2011)根据碳当量的高低等指标确定了焊接难度等级。因此，焊接承重结构尚应具有碳当量的合格保证。不同质量等级要求不一样。A级钢碳当量不做交货条件。

2.2.1.2 锰(Mn)

锰是有益元素，是一种较弱脱氧剂，含适量锰可提高钢材强度，降低有害元素硫、氧的热脆影响，改善钢材的热加工性能及热脆倾向，同时不过多降低塑性和冲击韧性。故一般限定锰含量为：碳素钢0.3%~0.8%；低合金高强度结构钢1.0%~1.7%。

2.2.1.3 硅(Si)

硅是有益元素，是一种强脱氧剂。硅能使钢材的粒度变细，控制适量时可提高强度而不显著影响塑性、韧性、冷弯性能及可焊性。硅过量时则会恶化可焊性及抗锈蚀性。

2.2.1.4 硫(S)、磷(P)

硫、磷既是有害元素又是建筑钢材中的主要杂质，对钢材的力学性能和焊接接头的裂纹敏感性都有较大影响。硫能生成易于熔化的硫化铁，一般以硫化铁(FeS)的形式存在，当热加工或焊接的温度达到800~1200 ℃时会熔化而导致钢材变脆，可能出现裂纹，称为热脆。硫化铁又能形成夹杂物，不仅促使钢材起层，还会引起应力集中，降低钢材的塑性和冲击韧性。硫是钢中偏析最严重的杂质之一，偏析程度越大越不利。磷以固溶体的形式溶解于铁素体中，这种固溶体很脆，加以磷的偏析比硫更严重，形成的富磷区促使钢材在低温时变脆，称为冷脆，降低钢的塑性、韧性及可焊性。因此，所有承重结构对硫、磷的含量均应有合格保证。不同质量等级要求不一样，可通过选用更高的质量等级来满足使用要求。

2.2.1.5 氧(O)、氮(N)

氧和氮也是钢材的有害元素。氧能使钢热脆，其作用比硫剧烈。氮能使钢冷脆，与磷相似。故其含量应严格控制。钢在浇铸过程中，应根据需要进行不同程度的脱氧处理。

2.2.1.6 钒(V)、钛(Ti)、铌(Nb)、铝(Al)、镍(Ni)、铬(Cr)

合金元素能提高钢材的综合性能。如钒、钛、铌都能使钢材晶粒细化。我国低合金钢都含有这三种元素，作为锰以外的合金元素，既可提高钢材强度，又保持良好的塑性、韧性。铝是强脱氧剂，用铝进行补充脱氧，不仅能进一步减少钢中的有害氧化物，而且能细化晶粒。铬和镍是提高钢材强度的合金元素，用于Q390钢和Q420钢。

2.2.2 冶炼、浇铸、轧制过程及热处理

钢材的冶金过程包括冶炼、浇铸、轧制和热处理。

2.2.2.1 冶炼

钢材的冶炼方法主要有平炉炼钢法、氧气顶吹转炉炼钢法、碱性侧吹转炉炼钢法及电炉炼钢法。其中,平炉炼钢法生产效率低,碱性侧吹转炉炼钢法生产的钢材质量较差,目前这两种方法基本已被淘汰;而电炉冶炼的钢材一般不在建筑结构中使用。因此,目前在土木工程结构中,主要使用氧气顶吹转炉炼钢法生产的钢材。目前氧气顶吹转炉炼钢法生产的钢的质量,由于生产技术的提高,已不低于平炉炼钢法生产的钢的质量。同时,氧气顶吹转炉炼钢法生产的钢具有投资少、生产率高、原料适应性大等特点,目前已成为主流炼钢法。

冶炼这一冶金过程形成的钢,在化学成分与含量、钢的金相组织结构等方面,不可避免地存在冶金缺陷,依据这些参数可确定不同的钢种、钢号及其相应的力学性能。

2.2.2.2 浇铸

浇铸是把熔炼好的钢液浇铸成钢锭或钢坯,有两种方法:一种是浇入铸模做成钢锭,另一种是浇入连续浇铸机做成钢坯。前者是传统的方法,所得钢锭需要经过初轧才成为钢坯;后者是近年来迅速发展起来的新技术,浇铸和脱氧同时进行。铸锭过程中因脱氧程度不同,最终成为镇静钢、半镇静钢与沸腾钢。镇静钢因浇铸时加入强脱氧剂,如硅,有时还加铝或钛,保温时间得以加长,氧气杂质少且晶粒较细,偏析等缺陷不严重,所以钢材性能比沸腾钢好。

传统的浇铸方法因存在缩孔而成材率较低。连续浇铸可以产出镇静钢而没有缩孔,并且化学成分分布比较均匀,只有轻微的偏析现象。采用连续浇铸技术既可提高产品质量,又可降低成本。

钢在冶炼及浇铸过程中会不可避免地产生冶金缺陷,常见的冶金缺陷有偏析、非金属夹杂、气孔、裂纹及分层等。

(1)偏析　偏析是指金属结晶后化学成分分布不均匀。偏析易造成钢材塑性、韧性、冷弯性能及焊接性变差。如硫、磷偏析会严重恶化钢材的性能,沸腾钢在冶炼过程中由于脱氧脱氮不彻底,其偏析现象比镇静钢要严重得多。

(2)非金属夹杂　非金属夹杂是指硫化物及氧化物等掺杂在钢材中而使钢材性能变坏。如硫化物易导致钢材热脆,氧化物则严重降低钢材力学性能及工艺性能。

(3)气孔　气孔是指浇注钢锭时,由氧化铁与碳作用所生成的一氧化碳气体不能充分逸出而滞留在钢锭内形成的微小空洞。这些缺陷都将影响钢的力学性能。

(4)裂纹　冶炼过程中,一旦出现裂纹,将严重影响钢材的冲击韧度、冷弯性能及抗疲劳性能。

(5)分层　钢材在厚度方向不密合,形成多层的现象,叫分层。浇铸时的非金属夹杂物在轧制后能造成钢材的分层。分层将从多方面严重影响钢材性能,如大大降低钢材的冲击韧性、冷弯性能、抗脆断能力及疲劳强度,尤其是在承受垂直于板面的拉力时易产生层状撕裂。所以分层是钢材的一种缺陷,设计时应尽量避免拉力垂直于板面的情况,以防止层间撕裂。

2.2.2.3 轧制

钢材的轧制能使金属的晶粒变细，也能使气孔、裂纹等焊合，因而改善了钢材的力学性能。薄板因辊轧次数多，其强度比厚板略高。轧制过程中的影响如下：

（1）压缩比于轧制方向将影响其性能　压缩比大的小型钢材如薄板、小型钢等的强度、塑性、冲击韧性等性能优于压缩比小的大型钢材。故规范中钢材的力学性能标准往往根据其性能进行分段。另外，钢材的性能还与轧制方向有关，顺着轧制方向的力学性能优于垂直于轧制方向的力学性能。

（2）轧制后是否热处理及其处理方式也将影响其性能　如轧制后采用淬火再回火的调质工艺处理，不仅可改善钢的组织，消除残余应力，还可显著地提高钢材强度。

2.2.2.4 热处理

钢材一般以热轧状态交货，某些高强度钢材则在轧制后经过热处理才出厂。热处理的目的在于取得高强度的同时能够保持良好的塑形和韧性。《低合金高强度结构钢》（GB/T 1591—2008）规定：“钢一般应以热轧、控轧、正火及正火加回火状态交货。Q420、Q460C、Q460D、Q460E 级钢也可按淬火加回火状态交货。”在实际操作中，具体交货状态由需方提出并订入合同，否则由供方决定。

正火属于最简单的热处理。把钢材加热至 850～900 ℃并保持一段时间后在空气中自然冷却，即为正火。如果钢材在终止轧制时温度正好控制在上述温度范围，可得到正火的效果，即为控轧。回火是将钢材重新加热至 650 ℃并保温一段时间，然后在空气中自然冷却。淬火加回火也称调质处理，淬火是把钢材加热至 900 ℃以上，保温一段时间，然后放入水或油中快速冷却。强度很高的钢材，包括高强度螺栓的材料，都要经过调质处理。

2.2.3 冷作硬化与时效硬化

冶金缺陷对钢材性能的影响，不仅在结构或构件受力工作时表现出来，有时在加工制作过程中也可表现出来。

（1）冷作硬化　钢材在常温下加工称为冷加工。制作过程中的冷拉、冷弯、冲孔、机械剪切等冷加工会使钢材产生很大的塑性变形，从而提高钢的屈服点，降低钢的塑性和韧性，这种现象称为冷作硬化（或应变硬化）。冷作硬化会增加结构脆性破坏，对直接承受动载的结构尤为不利。因此，钢结构一般不利用冷作硬化来提高强度；反之，对重要结构用材还要采取刨边或扩钻措施来消除冷作硬化的影响。但用于冷弯薄壁型钢结构的冷弯型钢，可以利用在冷轧成型或弯曲成型时提高的屈服强度和抗拉强度。

（2）时效硬化　在使用过程中，随着时间的增长，高温时熔化于铁中的少量氮和碳逐渐从纯铁中析出，形成自由碳化物和氮化物，对纯铁体的塑性变形起遏制作用，从而使钢材的强度提高，塑性、韧性下降。这种现象被称为时效硬化。不同种类钢材的时效硬化过程可从几小时到数十年不等。

时效硬化的过程一般很长，但如在钢材产生 10% 的塑性变形后，再加热到 200～300 ℃，然后冷却到室温，可使时效硬化发展特别迅速，只需几小时即可完成，这种方法称为人工时效。对特别重要的结构可以对钢材进行人工时效后检验其冲击韧性。

(3)应变时效硬化　钢材产生一定数量的塑性变形后，铁素体晶体中的固溶碳和氮更容易析出，从而使已经冷作硬化的钢材又发生应变时效硬化现象，如图 2.9 所示。

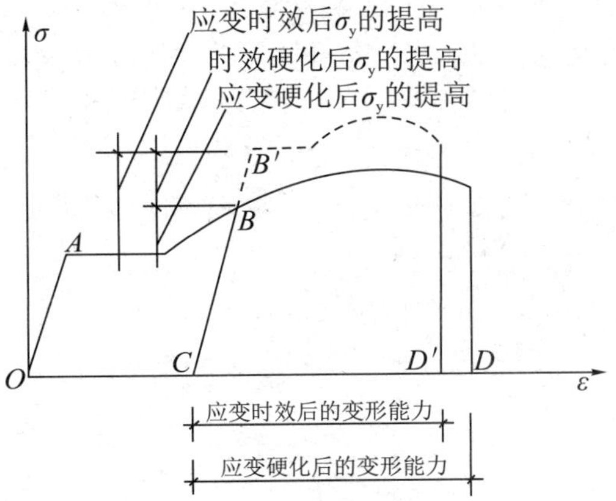

图 2.9　钢材的硬化

2.2.4　复杂应力和应力集中

(1)复杂应力　在复杂应力如平面或立体应力作用下，钢材的屈服并不只取决于某一方向的应力，而是由反映各方向应力综合影响的屈服条件来确定。同号应力场将使材料脆性加大，异号应力场会使材料较容易进入塑性状态。

(2)应力集中　钢结构构件中经常存在的孔洞、缺口、凹角、截面突然改变以及裂纹等缺陷，常常使截面的完整性遭到破坏，致使构件中的应力分布变得很不均匀，在孔洞边缘或缺口尖端附近产生局部高峰应力，其余部位应力较低，这种现象称为应力集中，如图 2.10 所示。

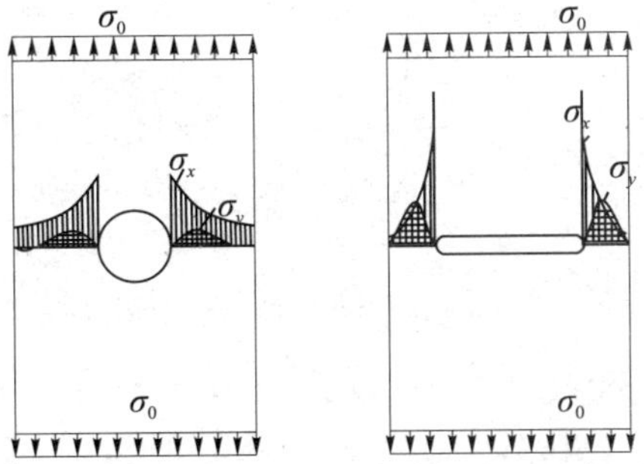

图 2.10　孔洞及槽孔处的应力集中

高峰区的最大应力与净截面的平均应力之比称为应力集中系数。研究表明，在应力高峰区域总是存在着同号的双向或三向应力，这是因为由高峰拉应力引起的截面横向收缩受到附近低应力区的阻碍而引起垂直于内力方向的拉应力 σ_y，在较厚的构件里还产生 σ_z，使材料处于复杂受力状态。由能量强度理论得知，这种同号的平面或立体应力场有使钢材变脆的趋势。应力集中系数愈大，变脆的倾向亦愈严重。但由于建筑钢材塑性较好，在一定程度上能促使应力进行重分配，使应力分布严重不均的现象趋于平缓。故受静荷载作用的构件在常温下工作时，在计算中可不考虑应力集中的影响。但在负温或动力荷载作用下工作的结构，应力集中的不利影响将十分突出，往往是引起脆性破坏的根源，故在设计中应采取措施避免或减小应力集中，并选用质量优良的钢材。

2.2.5 残余应力

热轧型钢在冷却过程中，在截面突变处如尖角、边缘及薄细部位，率先冷却，其他部位渐次冷却，先冷却部位约束阻止后冷却部位的自由收缩，产生复杂的热轧残余应力分布。不同形状和尺寸规格的型钢残余应力分布不同。

残余应力对构件的静力强度无影响，但对构件的变形（刚度）、疲劳以及稳定承载力将产生不利影响。

2.2.6 温度

钢材对温度相当敏感，随着温度的升高或降低，钢材性能变化很大。一般来说，温度升高，钢材强度降低，应变增大；温度降低，钢材强度略有增加，却降低了塑性和韧性，材料因此而呈现脆性。

（1）正温影响　图 2.11 是钢材的机械性能与温度间的关系曲线。总的趋势是随着温度的升高，钢材强度降低，变形增大。

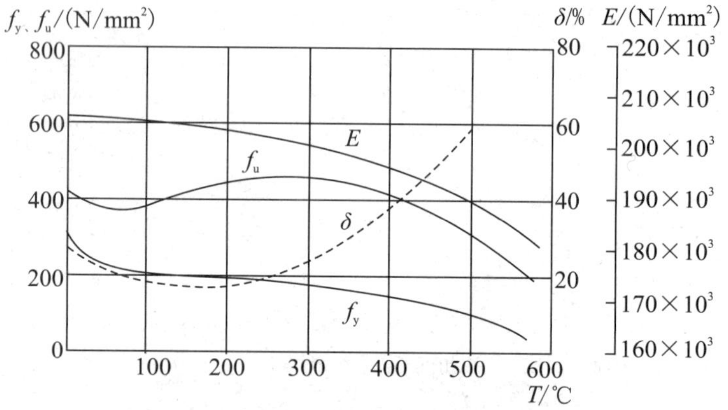

图 2.11　高温对钢材机械性能的影响

当钢材温度由 0 ℃上升至 100 ℃时，钢材的强度微降，塑性微增，性能有小幅波动，但变化不大。但当温度继续上升至 250 ℃左右时，钢材抗拉强度略有增大，塑性和韧度下降，材料有转脆的倾向，钢材表面氧化膜呈现蓝色，称为蓝脆现象。在蓝脆现象温度范围内进行热加工，钢材易产生裂纹，故钢材应避免在蓝脆现象温度范围内进行热加工。

结合 200 ℃以内钢材性能无大变化的特点，结构表面所受辐射温度应不超过这一温度，设计时以规定在 150 ℃为适宜。因此，当结构长期受辐射热达 150 ℃以上，或可能受灼热熔化金属侵害时，钢结构就应该考虑设置隔热保护层。

当温度继续上升至 260~320 ℃时，钢材会产生徐变，即在应力持续不变的情况下，钢材以很缓慢的速度继续变形。钢材的强度和弹性模量开始快速下降,而伸长率显著增大。当温度升至 400 ℃时,钢材的强度和弹性模量陡降。当温度升至 600 ℃时,强度接近于零。

(2)负温影响　当温度处在负温范围时,钢材强度有一定提高,但其塑性和韧性降低,材料逐渐变脆,这种性质称为低温冷脆。如图 2.12 表示钢材冲击韧性与温度的关系曲线。由图可见,随着温度的降低,破坏时需要的功(C_v 值)迅速下降,材料将由塑性破坏转变为脆性破坏。右部(高能部分)与左部(低能部分)曲线比较平缓,温度带来的变化较小,而中间部分曲线较陡,材料由塑性转变为脆性是在一个温度区 T_1T_2 内完成的,此温度区 T_1T_2 称为钢材的脆性转变温度区,在此区内曲线的反弯点(最陡点,即拐点)所对应的温度 T_0 称为脆性转变温度。如果把低于 T_0 完全脆性破坏的最高温度 T_1 作为钢材的脆断设计温度即可保证钢结构低温工作的安全。在结构设计中要求避免完全脆性破坏,即设计中选用钢材时,应使其脆性转变温度区的下限温度 T_1 低于结构所处的工作环境温度,才可保证钢结构低温工作的安全。故在低温工作的结构,往往要有负温(如 0 ℃、-20 ℃或-40 ℃)冲击韧度的合格保证,以防止发生低温脆断。

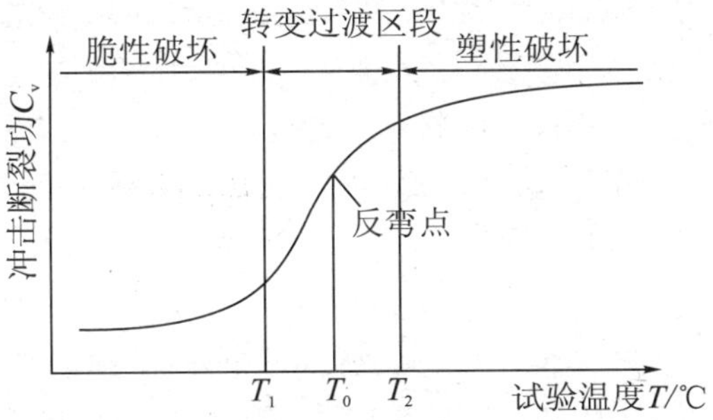

图 2.12　冲击韧性与温度的关系曲线

2.2.7　疲劳

钢材中缺陷(裂纹、孔洞)会在连续重复荷载作用下不断扩展直至脆性断裂,即疲劳破坏。

实践证明,构件的应力水平不高或反复次数不多的钢材一般不会发生疲劳破坏,计算中不必考虑疲劳的影响。但是,长期承受频繁的反复荷载的结构及其连接,例如承受重级工作制吊车的吊车梁等,在设计中就必须考虑结构的疲劳问题。

【工程案例】

韩国汉城大桥疲劳破坏

事故概况

1994 年 10 月 21 日,韩国汉城(现首尔)汉江圣水大桥中段 50 m 长的桥体像刀切一样地坠入江中。当时正值交通繁忙时间,多架车辆掉进河里,其中包括一辆满载乘客的巴士,造成多人死亡。圣水大桥是横跨汉江的十七座桥梁之一,桥长 1000 m 以上,宽 19.9 m,由韩国最大的建筑公司之一——东亚建设产业公司于 1979 年建成。

事故原因

调查团经过 5 个多月的各种试验和研究,于次年 4 月 2 日提交了事故报告。

用相同材料进行疲劳试验表明，圣水大桥支撑材料的疲劳寿命仅为12年，即12年后就会因疲劳而断裂。大型汽车在类似桥上反复行驶的试验也表明，这些支撑材料约在8.5年后开始损坏。而用这些材料制成的圣水大桥，加上施工缺陷的影响，在建成后6~9年就有坍塌的可能。实际上，圣水大桥的倒塌发生在建成后15年，而不是以上所说的12年或8.5年，一方面是由于桥墩上的覆盖物起着抗疲劳的作用，另一方面是由于桥墩里的6个支撑架并没有全部断裂，因此大桥的倒塌时间才得以推迟。

根据分析结果，事故原因主要有以下两个方面：

(1) 东亚建筑公司没有按图纸施工，在施工中偷工减料，采用疲劳性能很差的劣质钢材。这是事故的直接原因。

(2) 当时韩国"缩短工期第一"的政治、经济和社会环境以及汉城市政当局在交通管理上的疏漏，也是导致大桥倒塌的重要原因。随着交通流量的逐年增加，圣水大桥经常超负荷运行，直至倒塌。

为了防止脆性破坏的发生，一般需要在设计、制造及使用中注意下列各点：

(1) 合理设计　构造应力求合理，使其能均匀、连续地传递应力，避免构件截面急剧变化。低温下工作，受动力作用的钢结构应选择合适的钢材，使所用钢材的脆性转变温度低于结构的工作温度，例如分别选用Q235-C(或D)、Q345-C(或D)钢等，并尽量使用较薄的材料。

(2) 正确制造　应严格遵守设计对制造所提出的技术要求，尽量避免使材料出现应变硬化，因剪切、冲孔而造成的局部硬化区，要通过扩钻或刨边来除掉；要正确地选择焊接工艺，保证焊接质量，不在构件上任意起弧、打火和锤击，必要时可用热处理的方法消除重要构件中的焊接残余应力，重要部位的焊接，要由满足条件的有经验的焊工操作。

(3) 正确使用　例如：不在主要结构上任意焊接附加的零件，不任意悬挂重物，不任意超负荷使用结构；要注意检查维护，及时油漆防锈，避免任何撞击和机械损伤；原设计在室温工作的结构，在冬季停产检修时要注意保暖等。

2.3 钢材在复杂应力状态下的工作

基本假定：

(1) 材料由弹性转入塑性的强度指标用变形时单位体积中积聚的能量来表达；

(2) 当复杂应力状态下变形能等于单轴受力时的变形能时，钢材即由弹性转入塑性。

钢材在单向应力作用下，常以屈服点作为由弹性工作状态转变为塑性工作状态的判定条件。但钢材在复杂应力作用下(见图2.13)，却不能以某一方向的应力是否达到f_y来判别，而需利用折算应力σ_{eq}来判定：

当$\sigma_{eq}<f_y$时，认为处于弹性状态；

当$\sigma_{eq}\geqslant f_y$时，认为材料进入塑性状态，材料屈服。

按材料力学的能量强度理论，σ_{eq}用应力分量和主应力表达的公式分别为：

$$\sigma_{eq}=\sqrt{\sigma_x^2+\sigma_y^2+\sigma_z^2-(\sigma_x\sigma_y+\sigma_y\sigma_z+\sigma_x\sigma_z)+3(\tau_{xy}^2+\tau_{yz}^2+\tau_{xz}^2)} \tag{2.3}$$

$$\sigma_{eq}=\sqrt{\sigma_1^2+\sigma_2^2+\sigma_3^2-(\sigma_1\sigma_2+\sigma_2\sigma_3+\sigma_1\sigma_3)} \tag{2.4}$$

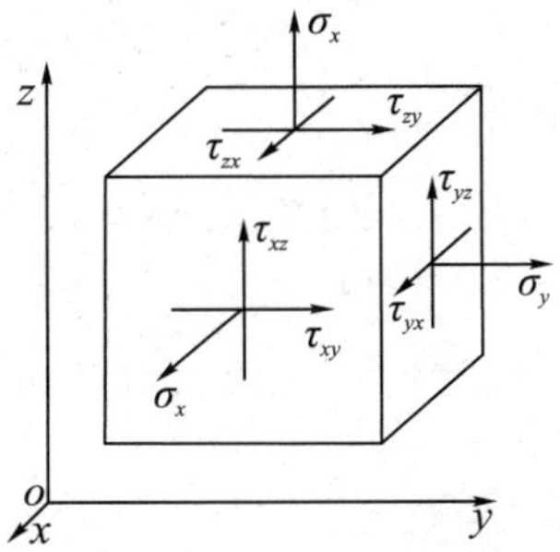

图 2.13　复杂应力状态

由以上两式可见，当三个主应力或三个正应力同号且非常接近时，即使各自都远远超过钢材屈服强度，材料也很难进入塑性状态，甚至破坏时呈现脆性特征。但当有一向应力为异号，另两向同号应力相差又较大时，材料就较容易进入塑性状态。

当三向应力中有一向应力极小，可忽略不计时，即式(2.3)、式(2.4)中可以分别取 $\sigma_3=0$ 及 $\sigma_z=0$，$\tau_{xz}=\tau_{yz}=0$，则分别得到下式：

$$\sigma_{eq}=\sqrt{\sigma_1^2+\sigma_2^2-\sigma_1\sigma_2} \tag{2.5}$$

$$\sigma_{eq}=\sqrt{\sigma_x^2+\sigma_y^2-\sigma_x\sigma_y+3\tau_{xy}^2} \tag{2.6}$$

但对于普通梁，一般只考虑单向正应力 σ 与剪应力 τ，即：

$$\sigma_{eq}=\sqrt{\sigma^2+3\tau^2} \tag{2.7}$$

对于纯剪状态(即 $\sigma=0$)，有：

$$\sigma_{eq}=\sqrt{3}\tau$$

若令 $\sigma_{eq}=f_y$，即得：

$$\tau=0.85f_y$$

《钢标》中一般将钢材的抗剪强度设计值取为单轴拉伸屈服点 f_y 的 0.58 倍，就是基于这一推导。

2.4　钢材的疲劳和疲劳计算

钢材在连续反复的动力荷载作用下，由于材料的损伤累积而引起的断裂现象，称为疲劳破坏。

出现疲劳断裂时，构件截面上的应力低于材料的抗拉强度，甚至低于静荷载的屈服强度。同时，疲劳破坏属于脆性破坏，塑性变形极小，因此是一种没有明显变形的突然破坏，危险性较大。例如一根能承受 300 kN 拉力的杆，在 100 kN 的循环载荷下，经历 100 万次循环后可能出现疲劳破坏。

疲劳断裂的过程可分为裂纹形成、裂纹缓慢扩展与最后迅速断裂三个阶段。对建筑钢结构来说不存在裂纹形成阶段,因为焊缝中经常有微观裂纹或者孔洞、夹渣等缺陷,这些缺陷与微裂纹类似;非焊接结构中在冲孔、剪边、气割等处也存在微观裂纹。有人把微观裂纹与缺陷统一称为"类裂纹"。

实际工程中,材料的缺陷在反复荷载作用下,先在其缺陷处发生塑性变形和硬化而生成一些极小的裂痕,此后这种微观裂痕逐渐发展成宏观裂纹,试件截面削弱,并在裂纹根部出现应力集中,使材料处于三向应力状态,塑性变形受到限制,当反复荷载达到一定的循环次数时,材料突然断裂破坏。因此,钢材的疲劳断裂是微观裂纹在连续重复荷载作用下不断扩展直至断裂的脆性破坏。

观察表明,钢材疲劳破坏后的截面断口,一般具有光滑的和粗糙的两个区域,光滑部分表现出裂纹的扩张和闭合过程是由裂纹逐渐发展引起的,说明疲劳破坏也经历一个缓慢的转变过程;而粗糙部分表明,钢材最终断裂一瞬间的脆性破坏性质与拉伸试验的断口颇为相似,破坏是突然的,因而比较危险。

2.4.1 常幅疲劳

2.4.1.1 应力幅

连续重复荷载之下应力往复变化一周叫作一个循环。

应力循环特征常用应力比 $\rho = \sigma_{min}/\sigma_{max}$ 来表示,其含义为绝对值最小与最大应力之比(拉应力取正值,压应力取负值)。当 $\rho=-1$ 时,称为完全对称循环[图 2.14(a)];$\rho=0$ 时,称为脉冲循环[图 2.14(b)];ρ 在 0 与 -1 之间时,称为不完全对称循环[图 2.14(c)(d)],但图 2.14(c)为以拉应力为主,而图 2.14(d)则以压应力为主;$\rho=+1$ 时,相当于静荷载作用。

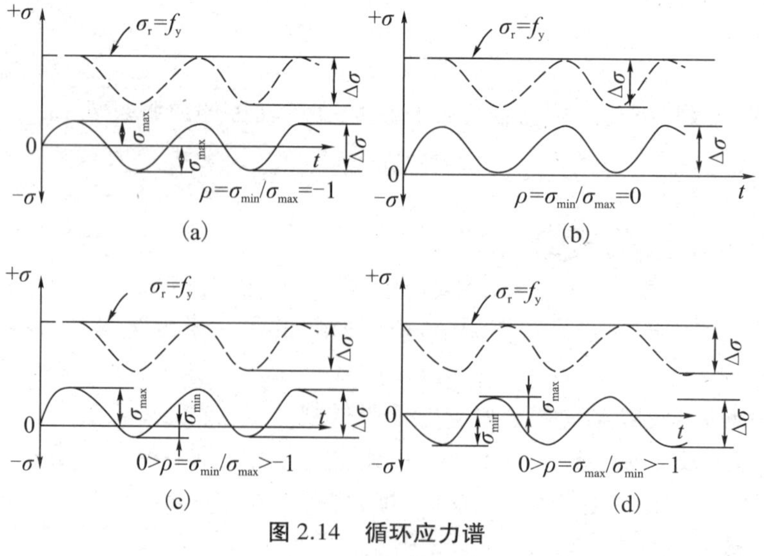

图 2.14 循环应力谱

$\Delta\sigma = \sigma_{max} - \sigma_{min}$，称为应力幅，表示构件某一点应力变化的幅度，是应力谱中最大应力与最小应力之差，总为正值。σ_{max}为每次应力循环中的最大拉应力（取正值），σ_{min}为每次应力循环中的最小拉应力（取正值）或压应力（取负值）。如果重复作用的荷载数值不随时间变化，则在所有应力循环内的应力幅将保持常量，称为常幅疲劳。

2.4.1.2　$\Delta\sigma$-n 曲线

对轧制钢材或非焊接结构，在循环次数 n 一定的情况下，根据试验资料可绘出 n 次循环的疲劳图。对轧制钢材或非焊接结构，疲劳强度与最大应力、应力比、循环次数和缺口效应（构造类型的应力集中情况）有关。

根据试验数据可以画出构件或连接的应力幅 $\Delta\sigma$ 与相应的致损循环次数 n 的关系曲线（图 2.15），按试验数据回归的 $\Delta\sigma$-n 曲线为平均值曲线，是疲劳验算的依据。目前国内外都常用双对数坐标轴的方法将曲线换算为直线，以便于分析（图 2.16）。

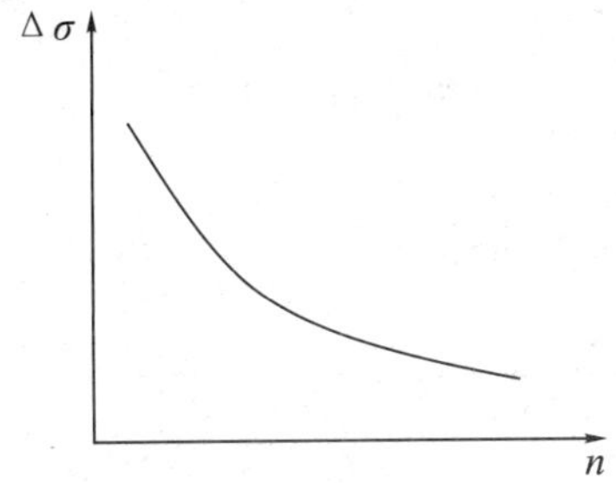

图 2.15　$\Delta\sigma$-n 曲线

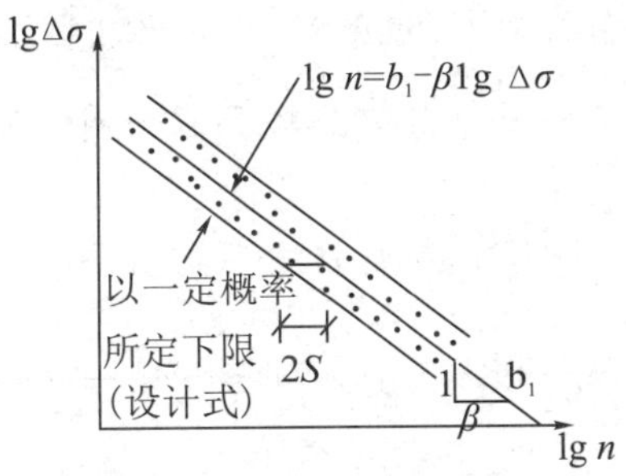

图 2.16　lg $\Delta\sigma$-lg n 曲线

2.4.1.3　疲劳验算及容许应力幅

通常钢结构的疲劳破坏属高周疲劳，应变幅值小，破坏前荷载循环次数多。钢材的疲劳强度取决于应力集中（或缺口效应）和应力循环次数。截面几何形状的突然改变和钢材中存在的残余应力，将加剧疲劳破坏的发生。《钢标》规定，疲劳强度验算采用允许应力幅法，应力按弹性状态计算，容许应力幅应按构件和连接类别、应力循环次数以及计算部位的板件厚度确定。对非焊接的构件和连接，其应力循环中不出现拉应力的部位可不计算疲劳强度。

对于直接承受动力荷载重复作用的钢结构，如工业厂房吊车梁、有悬挂吊车的屋盖结构、桥梁、海洋钻井平台、风力发电机结构、大型旋转游乐设施等，《钢标》规定，当其荷载产生的应力变化的循环次数 $n \geqslant 5\times10^4$ 时应进行疲劳计算。

永久荷载所产生的应力为不变值，没有应力幅。应力幅只由重复作用的可变荷载产生，所以疲劳验算按可变荷载标准值进行。常幅疲劳按下式进行验算：

（1）正应力幅的疲劳计算

$$\Delta\sigma < \gamma_t[\Delta\sigma_L] \tag{2.8}$$

对焊接部位

$$\Delta\sigma = \sigma_{max} - \sigma_{min} \tag{2.9}$$

对非焊接部位,最大应力或应力比对疲劳强度有直接影响,允许应力幅采用折算应力幅

$$\Delta\sigma = \sigma_{max} - 0.7\sigma_{min} \tag{2.10}$$

(2)剪应力幅的疲劳计算

$$\Delta\tau < [\Delta\tau_L] \tag{2.11}$$

对焊接部位

$$\Delta\tau = \tau_{max} - \tau_{min} \tag{2.12}$$

对非焊接部位

$$\Delta\tau = \tau_{max} - 0.7\tau_{min} \tag{2.13}$$

式中　γ_t——板厚或直径修正系数。对于横向角焊缝连接和对接焊缝连接,当连接板厚 t (mm)超过 25 mm 时,$\gamma_t = \left(\dfrac{25}{t}\right)^{0.25}$;对于螺栓轴向受拉连接,当螺栓的公称直径 d(mm)大于 30 mm 时,$\gamma_t = \left(\dfrac{30}{d}\right)^{0.25}$;其余情况取 $\gamma_t = 1.0$。

$[\Delta\sigma_L]$——正应力幅的疲劳截止限(N/mm^2),根据《钢标》第 16.2.1 条相关规定采用。

$[\Delta\tau_L]$——剪应力幅的疲劳截止限(N/mm^2),根据《钢标》第 16.2.1 条相关规定采用。

当常幅疲劳计算不能满足式(2.8)和式(2.11)时,应按《钢标》第 16.2.2 条相关规定计算。

2.4.2　变幅疲劳和吊车梁的欠载效应系数

实际结构大部分承受的是变幅循环应力的作用(图 2.17),而不是常幅循环应力。比如吊车梁的受力就是变幅的,因为吊车不是每次都满载运行,吊车小车也不是总处于极限位置,此外吊车运行速度及吊车轨道偏移与维修情况也经常不同。所以每次循环的应力幅水平不是都达到最大值,实际是欠载状态的变幅疲劳。

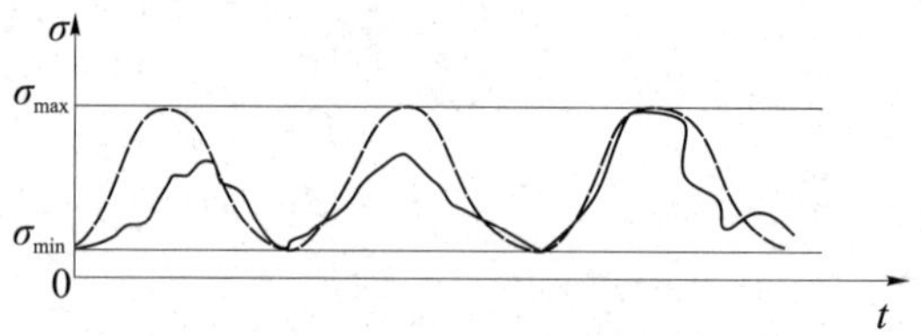

图 2.17　变幅疲劳的应力谱

《钢标》第 16.2.1 条对变幅疲劳也按照式(2.8)和式(2.11)进行计算,当不满足要求时,应按《钢标》第 16.2.3 条相关规定及下式计算:

$$\Delta\sigma_e \leqslant \gamma_t [\Delta\sigma]_{2\times10^6} \tag{2.14}$$

$$\Delta\tau_e \leqslant [\Delta\tau]_{2\times10^6} \tag{2.15}$$

式中　$\Delta\sigma_e$——由变幅疲劳预期使用寿命折算成循环次数 n 为 2×10^6 次的等效正应力幅（N/mm^2）；

$[\Delta\sigma]_{2\times10^6}$——循环次数 n 为 2×10^6 次的容许正应力幅（N/mm^2）；

$\Delta\tau_e$——由变幅疲劳预期使用寿命折算成循环次数 n 为 2×10^6 次的等效剪应力幅（N/mm^2）；

$[\Delta\sigma]_{2\times10^6}$——循环次数 n 为 2×10^6 次的容许剪应力幅（N/mm^2）。

设计重级工作制吊车的吊车梁和重级、中级工作制吊车桁架时，应力幅是按满载得出的，实际上常常发生不同程度的欠载情况。其常幅疲劳可取应力循环中最大的应力幅按下列公式进行计算：

正应力幅的疲劳

$$\alpha_f\Delta\sigma_e \leqslant \gamma_t[\Delta\sigma]_{2\times10^6} \tag{2.16}$$

剪应力幅的疲劳

$$\alpha_f\Delta\tau_e \leqslant [\Delta\tau]_{2\times10^6} \tag{2.17}$$

式中　α_f——欠载效应的等效系数，见表 2.1。

表 2.1　吊车梁和吊车桁架欠载效应的等效系数 α_f

吊车类别	α_f
A6、A7、A8 工作级别（重级）的硬钩吊车	1.0
A6、A7 工作级别（重级）的软钩吊车	0.8
A4、A5 工作级别（中级）的吊车	0.5

注意：

（1）承受动力荷载重复作用的钢结构构件及其连接，当应力变化的循环次数 $n\geqslant5\times10^4$ 次时，应进行疲劳计算。

（2）在应力循环中不出现拉应力的部位，可不计算疲劳。根据应力幅概念，不论应力循环是拉应力还是压应力，只要应力幅超过容许值就会产生疲劳裂纹。但由于裂纹形成的同时，残余应力自行释放，在完全压应力（不出现拉应力）循环中，裂纹不会继续发展，故《钢标》规定此种情况可不予验算。

（3）计算疲劳时，应采用荷载的标准值，不考虑荷载分项系数和动力系数，而且应力按弹性工作计算。

（4）根据试验，不同钢种的不同静力强度对焊接部位的疲劳强度无显著影响。可认为，疲劳容许应力幅与钢种无关。

（5）提高疲劳强度和疲劳寿命的措施：

1）采取合理构造细节设计，尽可能减少应力集中；

2）严格控制施工质量，减小初始裂纹尺寸；

3）采取必要的工艺措施，如打磨、敲打等。

2.5 钢材的种类、规格、选择和相关技术标准

2.5.1 钢材的种类

钢材按其用途可分为结构钢、工具钢和特殊钢(如不锈钢等),结构钢又分为建筑用钢和机械用钢。按冶炼方法,可分为转炉钢和平炉钢(还有电炉钢,是特种合金钢,不用于建筑)。按浇铸时的脱氧方法又分为沸腾钢(代号为 F)、半镇静钢(代号为 b)、镇静钢(代号为 Z)和特殊镇静钢(代号为 TZ),镇静钢和特殊镇静钢的代号可以省去。镇静钢脱氧充分,沸腾钢脱氧较差。半镇静钢介于镇静钢和沸腾钢之间。按成型方法分类,钢又分为轧制钢(热轧、冷轧)、锻钢和铸钢。按化学成分分类,钢又分为碳素钢和合金钢。建筑工程中采用的是碳素结构钢、低合金高强度结构钢和优质碳素结构钢。此外,处在腐蚀性介质中的结构,则采用高耐候性结构钢,这种钢因含有铜、磷、铬、镍等合金元素而具有较高的抗锈能力。

2.5.1.1 碳素结构钢

碳素结构钢是最普遍的工程用钢,按其含碳量的多少,又可分成低碳钢、中碳钢和高碳钢三种。通常把含碳量在 0.03%~0.25%的钢材称为低碳钢,含碳量在 0.26%~0.60%的钢材称为中碳钢,含碳量在 0.60%~2.0%的钢材为高碳钢。建筑钢结构主要使用的钢材是低碳钢。

碳素结构钢的牌号[详见《碳素结构钢》(GB/T 700—2006)]由代表屈服点的字母、屈服点数值、质量等级符号、脱氧方法符号四个部分按顺序组成。它们分别是:

①代表屈服点的字母 Q;

②屈服强度 f_y 的数值(单位是 N/mm^2);

③质量等级符号 A、B、C、D,表示钢材质量等级,其质量从前至后依次提高;

④脱氧方法符号 F、b、Z 和 TZ,分别表示沸腾钢、半镇静钢、镇静钢和特殊镇静钢(其中 Z 和 TZ 在钢号中可省略不写)。

例如:

Q235-A,表示屈服点为 235 N/mm^2 的 A 级镇静钢;

Q235-A · b,表示屈服点为 235 N/mm^2 的 A 级半镇静钢;

Q235-A · F,表示屈服点为 235 N/mm^2 的 A 级沸腾钢;

Q235-B,表示屈服点为 235 N/mm^2 的 B 级镇静钢;

Q235-B · b,表示屈服点为 235 N/mm^2 的 B 级半镇静钢;

Q235-B · F,表示屈服点为 235 N/mm^2 的 B 级沸腾钢;

Q235-C,表示屈服强度为 235 N/mm^2 的 C 级镇静钢;

Q235-D,表示屈服点为 235 N/mm^2 的 D 级特殊镇静钢。

钢材的质量等级中,A、B 级按脱氧方法分为沸腾钢、半镇静钢、镇静钢和特殊镇静钢,C 级只有镇静钢,D 级只有特殊镇静钢。A、B、C、D 各级的化学成分及力学性能均有所不同。

碳素结构钢常用五种牌号:Q195、Q215、Q235、Q255 及 Q275。其中 Q235 是《碳素结构钢》(GB/T 700—2006)推荐采用的钢材。在力学性能方面,A 级钢只保证抗拉强度、屈服点、伸长率,必要时可附加冷弯试验的要求,化学成分对碳、锰可以不作为交货条件。B、C、D 级钢均保证抗拉强度、屈服点、伸长率、冷弯和冲击韧性(分别为+20 ℃、0 ℃、-20 ℃)等力学性能,化学成分对碳、硫、磷的极限含量要求更严。

2.5.1.2 低合金高强度结构钢

低合金高强度结构钢是指在冶炼碳素结构钢时加入一种或几种适量的合金元素而成的,其总量不超过 5%的钢材。加入合金元素后钢材强度可明显提高,使钢结构构件的强度、刚度、稳定性三个主要控制指标都能有充分发挥,尤其在大跨度或重负载结构中优点更为突出,一般可比碳素结构钢节约 20%左右的用钢量。

低合金高强度结构钢的牌号[详见《低合金高强度结构钢》(GB/T 1591—2008)]由代表屈服点的字母(Q)、屈服点数值、质量等级符号(A、B、C、D、E)三个部分按顺序组成,如 Q345C。低合金高强度结构钢的 A、B 级属于镇静钢,C、D、E 级属于特殊镇静钢,因此钢的牌号中不注明脱氧方法。

低合金高强度结构钢有 Q345、Q390、Q420 和 Q460 等。其中 Q345、Q390、Q420 三种被重点推荐使用。在力学性能方面,Q345、Q390、Q420 三种钢均为镇静钢和特殊镇静钢,其中 A 级需保证f_y、f_u与δ_5,不要求保证冲击韧度,冷弯试验按需方要求保证,而对 B、C、D、E 四级需保证六项指标,即f_y、f_u、δ_5、Ψ、180°冷弯性能指标及常温或负温(B 级+20 ℃、C 级 0 ℃、D 级-20 ℃、E 级-40 ℃)冲击韧度A_{kv}。

2.5.1.3 耐大气腐蚀结构钢(耐候钢)

在钢的冶炼过程中,加入少量特定的合金元素,一般指 Cu、P、Cr、Ni 等,使其在金属基体表面上形成保护层,以提高钢材耐大气腐蚀性能,这类钢统称为耐大气腐蚀结构钢或耐候钢。

我国现行生产的耐候钢分为高耐候钢和焊接结构用耐候钢两类。高耐候钢具有较好的耐大气腐蚀性能,而焊接结构用耐候钢具有较好的焊接性能。耐候钢的耐大气腐蚀性能为普通钢的 2~8 倍。因此,当有技术经济依据时,用于外露大气环境或有中度侵蚀性介质环境中的重要钢结构,可取得较好的效果。

(1)高耐候钢 按照《耐候结构钢》(GB/T 4171—2008)的规定,这类钢材适用于耐大气腐蚀的建筑结构,产品通常在交货状态下使用。但作为焊接结构用材时,板厚应不大于 16 mm。

这类钢的耐候性能比焊接结构用耐候钢好,故又称作高耐候性结构钢。高耐候钢按化学成分分为铜磷钢和铜磷铬镍钢两类。其牌号表示方法是由分别代表"屈服点"和"高耐候"的拼音字母 Q 和 GNH 以及屈服点的数字组成,含 Cr(铬)、Ni(镍)的高耐候钢在牌号后加代号"L"。例如牌号 Q345GNHL 表示屈服点为 345 MPa、含有铬镍的高耐候钢。

高耐候钢共分 Q295GNH、Q295GNHL、Q345GNH、Q345GNHL 和 Q390GNH 五种牌号,其化学成分与力学性能应分别符合相关标准的规定。

(2)焊接结构用耐候钢 这类耐候钢以保持钢材具有良好的焊接性能为特点,其适用厚度可达 100 mm。

在《焊接结构用耐候钢》(GB/T 4172—2000)中规定有 Q235NH、Q295NH、Q355NH、Q460NH 四种牌号,其化学成分和力学性能见相关标准。

2.5.1.4 《建筑结构用钢板》GB/T 19879 中的 GJ 系列钢材

《钢标》新增 Q345GJ 钢。《建筑结构用钢板》(GB/T 19879—2015)中的 Q345GJ 钢与《低合金高强度结构钢》(GB/T 1591—2018)中的 Q345 钢的力学性能指标相近,二者在各厚度组别的强度设计值十分接近。因此一般情况下采用 Q345 钢比较经济,但 Q345GJ 钢中微合金元素含量得到控制,塑性性能较好,屈服强度变化范围小,有冷加工成型要求(如方矩管)或抗震要求的构件宜优先采用。需要说明的是,符合现行国家标准《建筑结构用钢板》(GB/T 19879—2015)的 GJ 系列钢材各项指标均优于普通钢材的同级别产品。如采用 GJ 钢代替普通钢材,对于设计而言可靠度更高。

GJ 系列钢的优点:屈服强度随厚度增加而降低量少;屈服强度波动范围小(110 MPa);屈强比有保证;硫磷含量低,抗断裂韧性更好。

2.5.2 钢材的规格

钢结构所用钢材种类按市场供应主要有热轧成形的钢板、型钢,以及冷弯成形的薄壁型钢与压型板等。

2.5.2.1 钢板

钢板的标注符号是"—宽度×厚度×长度"(其中"—"为截面代号),单位为 mm,亦可用"—宽度×厚度"或"—厚度"来表示。如钢板"— 360×12×3600",可表示为"— 360×12",或直接用符号"— 12"表示。常用钢板有:

(1)薄钢板 厚度 0.35~4 mm,宽度 500~1 500 mm,长度 0.5~4 m。

(2)厚钢板 厚度 4.5~60 mm,宽度 600~3 000 mm,长度 4~12 m。

(3)特厚板 板厚大于 60 mm。

(4)扁钢 厚度 4~60 mm,宽度 12~200 mm,长度 3~9 m。

2.5.2.2 热轧型钢

钢结构常用的型钢有角钢、槽钢、工字钢和 H 型钢、T 型钢、钢管等。除 H 型钢和钢管有热轧和焊接成形外,其余型钢均为热轧成形。现分叙如下。

(1)角钢 分为等边和不等边角钢两种。角钢标注符号是"∟边宽×厚度"(等边角钢)或"∟长边宽×短边宽×厚度"(不等边角钢),单位为 mm。如"∟ 20×3"和"∟ 40×25×3"。

(2)槽钢 槽钢有热轧普通槽钢和轻型槽钢两种。槽钢规格用槽钢符号(普通槽钢和轻型槽钢的符号分别为"["与"Q[")和截面高度(单位为 cm)表示。当腹板厚度不同时,还要标注出腹板厚度类别符号 a、b、c,例如[10、[32a、[32b、Q[20a。与普通槽钢截面高度相同的轻型槽钢，其翼缘和腹板均较薄，截面面积小但回转半径大。

(3)工字钢　工字钢分为普通工字钢和轻型工字钢两种。标注方法与槽钢相同，但槽钢符号“[”应改为“I”，例如 I18、I32a、QI50。

(4)H 型钢与 T 型钢　H 型钢比工字钢的翼缘宽度大，并为等厚度，截面抵抗矩较大且质量较小，便于与其他构件连接。热轧 H 型钢分为宽、中、窄翼缘型，它们的代号分别为 HW、HM 和 HN。标注方法与槽钢相同，但代号“[”应改变为“H”，例如 HW260a、HM360、HN300b。T 型钢是由 H 型钢对半分割而成的。

(5)钢管　钢结构中常用热轧无缝钢管和焊接钢管。用“外径×壁厚”表示，单位为 mm，例如“Φ360×6”。

2.5.2.3　冷弯型钢与压型钢板

(1)冷弯薄壁型钢　冷弯薄壁型钢是采用薄钢板冷轧制成的，例如 Q235、Q345。与相同截面积的热轧型钢相比，其截面抵抗矩大，钢材用量可显著减少。其截面形式和尺寸可按工程要求合理设计，壁厚一般为 1.5～5 mm，但因板壁较薄，对锈蚀影响较为敏感。故对承重结构受力构件的壁厚要求不宜小于 2 mm。

常用冷弯薄壁型钢截面形式有等边角钢、卷边等边角钢、Z 型钢、卷边 Z 型钢、槽钢、卷边槽钢(C 型钢)、钢管等。

(2)冷弯厚壁型钢　即用厚钢板(厚度一般大于 6 mm)冷弯成的方管、矩形管、圆管等。

(3)压型钢板　压型钢板为冷弯型钢的另一种形式，它是用厚度为 0.32～2 mm 的镀锌或镀铝锌钢板、彩色涂层钢板经冷轧(压)而成的各种类型的波形板。冷弯型钢和压型钢板分别适用于轻钢结构的承重构件和屋面、墙面构件。

各钢材的截面形式如图 2.18 所示。

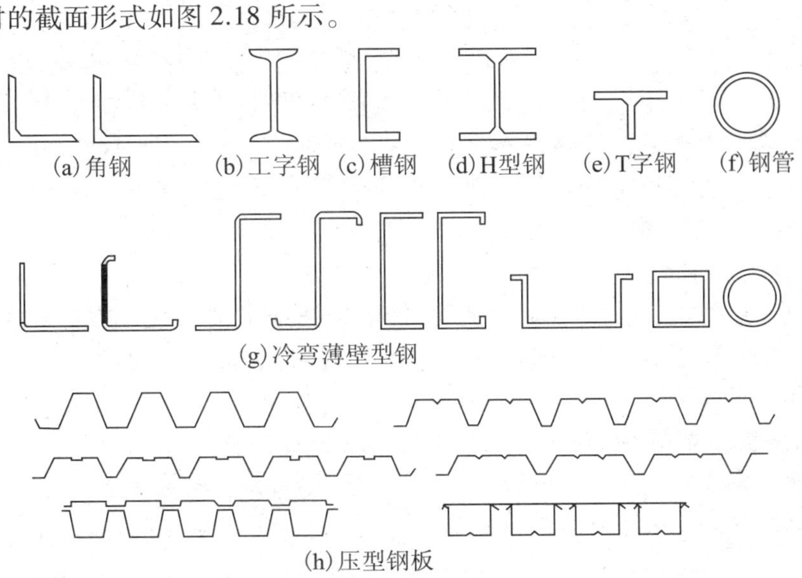

图 2.18　钢材截面形式

当上述钢材不能满足要求时,还可选用优质碳素结构钢或其他低合金钢。当在有腐蚀介质环境中使用钢结构时,可采用耐候钢。

2.5.3 钢材的选择

选择钢材的目的是要做到结构安全可靠,同时用材经济合理。钢材的选择既要确定所用钢材的牌号,又要提出应有的力学性能和化学成分保证项目,它是钢结构设计的首要环节。

选用钢材时,不顾钢材的受力特性或过分注重于强度与质量等级都是不合适的,前者容易使钢材发生脆性破坏,后者会导致钢材成本过高,造成浪费。因此应根据结构的不同特点来选择适宜的钢材。在选择钢材时应综合考虑以下因素:

(1)结构或构件的重要性　根据《建筑结构可靠性设计统一标准》(GB 50068—2018)中结构破坏后的严重性,首先应判明建筑物及其构件的分类(重要、一般还是次要)及安全等级(一级、二级还是三级)。

(2)荷载特征　要考虑结构所受荷载的特性,如是静荷载还是动荷载,是直接动荷载还是间接动荷载。

(3)应力状态　要考虑是否有疲劳应力、残余应力等。

(4)连接方法　需考虑钢材是采用焊接连接还是螺栓连接形式,以便选择符合实际要求的钢材。

(5)结构的工作环境　需考虑结构的工作温度、湿度及周围环境中是否有腐蚀性介质。

(6)钢材的厚薄程度　钢材厚度对于其强度、韧性、抗层状撕裂性能均有较大影响。对需选用厚度较大的钢材,应考虑其厚度方向抗撕裂性能较差的因素,从而决定是否选择 Z 型钢。

此外,用作钢结构的钢材必须具备如下性能:

(1)较高的强度。即对材料屈服强度与抗拉强度的要求。材料强度高,可以增加结构的安全保障,有利于减轻结构自重。

(2)足够的变形能力。即塑性和韧性性能好。塑性好则结构破坏前有明显的变形能力,韧性好则在动荷载作用下破坏时吸收较多的能量,二者都可降低脆性破坏的危险程度。对采用塑性设计的结构和地震区的结构而言,钢材的变形能力具有特别重要的意义。

(3)良好的加工性能。即适合冷、热加工,同时具有良好的可焊性。

(4)耐疲劳性能及适应环境的能力。主要指材料本身具有良好的抗重复荷载能力及较强的适应低、高温等环境变化的能力。

(5)沿厚度方向的性能。

此外,钢材还应该容易生产,易于施工,价格合理,同时具有良好的耐久性。

《钢标》规定选材时考虑对钢材冲击韧性的要求、低温条件、钢板厚度、是否验算疲劳等因素,选用参考表 2.2。

由于钢板厚度增大,硫、磷含量过高会对钢材的冲击韧性和抗脆断性能造成不利影响,因此承重结构在低于-20 ℃环境下工作时,钢材的硫、磷含量不宜大于 0.030%;焊接构件宜采用较薄的板件;重要承重结构的受拉厚板宜选用细化晶粒的钢板。

表 2.2　钢材质量等级选用

<table>
<tr><td colspan="2" rowspan="2"></td><td colspan="4">工作温度(℃)</td></tr>
<tr><td>$T>0$</td><td>$-20<T\leqslant0$</td><td colspan="2">$-40<T\leqslant-20$</td></tr>
<tr><td rowspan="2">不需验算疲劳</td><td>非焊接结构</td><td>B(允许用 A)</td><td rowspan="2">B</td><td rowspan="2">B</td><td rowspan="4">受拉构件及承重结构的受拉板件：
1.板厚或直径小于 40 mm：C
2.板厚或直径不小于 40 mm：D
3.重要承重结构的受拉板材宜选建筑结构用钢板</td></tr>
<tr><td>焊接结构</td><td>B(允许用 Q345A ~Q420A)</td></tr>
<tr><td rowspan="2">需验算疲劳</td><td>非焊接结构</td><td>B</td><td>Q235B　Q390C
Q345GJC
Q420C　Q345B
Q460C</td><td>Q235C　Q390D
Q345GJC
Q420D　Q345C
Q460D</td></tr>
<tr><td>焊接结构</td><td>B</td><td>Q235C　Q390D
Q345GJC
Q420D　Q345C
Q460D</td><td>Q235D　Q390E
Q345GJD
Q420E　Q345D
Q460E</td></tr>
</table>

2.5.4　相关技术标准

结合我国多年来的工程实践和钢材生产情况,《钢标》第 4.1.1 条推荐钢材宜采用 Q235 钢、Q345 钢、Q390 钢、Q420 钢、Q460 钢和 Q345GJ 钢,其质量应分别符合现行国家标准《碳素结构钢》(GB/T 700—2006)、《低合金高强度结构钢》(GB/T 1591—2008)和《建筑结构用钢板》(GB/T 19879—2015)的规定。结构用钢板、热轧工字钢、槽钢、角钢、H 型钢和钢管等型材产品的规格、外形、重量及允许偏差应符合国家现行相关标准的规定。

当采用《钢标》未列出的其他牌号钢材时,宜按照现行国家标准《建筑结构可靠性设计统一标准》(GB 50068—2018)进行统计分析,研究确定其设计指标及适用范围。

承重结构所用的钢材应具有屈服强度、抗拉强度、断后伸长率和硫磷含量的合格保证,对焊接结构尚应具有碳当量的合格保证。焊接承重结构以及重要的非焊接承重结构采用的钢材应具有冷弯试验的合格保证;对直接承受动力荷载或需验算疲劳的构件所用钢材尚应具有冲击韧性的合格保证。这是《钢标》第 4.3.2 条的强制性条文,是焊接承重结构钢材应具有的强度和塑性性能的基本保证,也是焊接性能保证的要求。对于承受静力荷载或间接承受动力荷载的结构,如一般的屋架、托架、柔、柱、天窗架、操作平台或者类似结构的钢材等,可按此要求选用。如对 Q235 钢可选用 Q235-B · F 或 Q235-B。

焊接承重结构为防止钢材的层状撕裂而采用 *Z* 向钢时,其质量应符合现行国家标准《厚度方向性能钢板》(GB/T 5313—2010)的规定。

处于外露环境,且对耐腐蚀有特殊要求或处于侵蚀性介质环境中的承重结构,可采用 Q235NH、Q355NH 和 Q415NH 牌号的耐候结构钢,其质量应符合现行国家标准《耐候结构钢》(GB/T 4171—2008)的规定。

非焊接结构用铸钢件的质量应符合现行国家标准《一般工程用铸造碳钢件》(GB/T 11352—2009)的规定,焊接结构用铸钢件的质量应符合现行国家标准《焊接结构用铸钢件》(GB/T 7659—2010)的规定。

钢材质量等级的选用应符合下列规定:

(1)A 级钢仅可用于结构工作温度高于 0 ℃的不需要验算疲劳的结构,且 Q235A 钢不宜用于焊接结构。

(2)需验算疲劳的焊接结构用钢材应符合下列规定:

1)当工作温度高于 0 ℃时其质量等级不应低于 B 级;

2)当工作温度不高于 0 ℃但高于-20 ℃时,Q235、Q345 钢不应低于 C 级,Q390、Q420 及 Q460 钢不应低于 D 级;

3)当工作温度不高于-20 ℃时,Q235 钢和 Q345 钢不应低于 D 级,Q390 钢、Q420 钢、Q460 钢应选用 E 级。

(3)需验算疲劳的非焊接结构,其钢材质量等级要求可较上述焊接结构降低一级但不应低于 B 级。吊车起重量不小于 50 t 的中级工作制吊车梁,其质量等级要求应与需要验算疲劳的构件相同。

工作温度不高于-20 ℃的受拉构件及承重构件的受拉板材应符合下列规定:

1)所用钢材厚度或直径不宜大于 40 mm,质量等级不宜低于 C 级;

2)当钢材厚度或直径不小于 40 mm 时,其质量等级不宜低于 D 级;

3)重要承重结构的受拉板材宜满足现行国家标准《建筑结构用钢板》(GB/T 19879—2015)的要求。

思考题

2.1 在钢结构设计中,衡量钢材力学性能好坏的指标及其作用是什么?

2.2 影响钢结构疲劳强度的因素有哪些?

2.3 疲劳破坏的特征是什么?

2.4 选择钢材时应考虑哪些主要因素?

2.5 指出下列符号的意义:(1)Q235-B·F;(2)Q345-D。

习题

2.1 **填空:**

(1)冷作硬化会改变钢材的性能,将使钢材的________提高,________________降低。

(2)钢材五项机械性能指标是________、________、________、________、________。

(3)钢材中氧的含量过多,将使钢材出现________现象。

(4)钢材含硫量过多,高温下会发生________,含磷量过多,低温下会发生________。

(5)时效硬化会改变钢材的性能,将使钢材的__________提高,________________降低。

(6)钢材牌号 Q235-B·F,其中 235 表示____________,B 表示__________,F 表示__________。

(7)钢材中含有C、P、N、S、O、Cu、Si、Mn、V等元素，其中________为有害的杂质元素。

(8)伸长率越大，表明钢材的塑性越________。

2.2　**选择：**

(1)在钢材所含化学元素中，均为有害杂质的一组是(　　)。

A.碳、磷、硅　B.硫、磷、锰　C.硫、氧、氮　D.碳、锰、矾

(2)钢材的性能因温度而变化，在负温范围内钢材的塑性和韧性(　　)。

A.不变　B.降低　C.升高　D.稍有提高，但变化不大

(3)体现钢材塑性性能的指标是(　　)。

A.屈服点　B.屈强比　C.断后伸长率　D.抗拉强度

(4)同类钢种的钢板，厚度越大(　　)。

A.强度降低　B.塑性越好　C.韧性越好　D.内部构造缺陷越少

(5)在构件发生断裂破坏前，有明显先兆的情况是(　　)的典型特征。

A.脆性破坏　B.塑性破坏　C.强度破坏　D.失稳破坏

(6)构件发生脆性破坏时，其特点为(　　)。

A.变形大　B.破坏持续时间长

C.有裂缝出现　D.变形小或无变形

(7)钢材中磷含量超过限制时，钢材会出现(　　)。

A.冷脆　B.热脆　C.蓝脆　D.徐变

(8)在钢结构设计中，认为钢材屈服点是构件可以达到的(　　)。

A.最大应力　B.设计应力　C.疲劳应力　D.稳定临界应力

(9)在构件发生断裂破坏前，无明显先兆的情况是(　　)的典型特征。

A.脆性破坏　B.塑性破坏　C.强度破坏　D.失稳破坏

(10)钢材的质量等级与(　　)有关。

A.抗拉强度　B.屈服点　C.脱氧要求　D.伸长率

(11)钢材的韧性是反映(　　)的指标。

A.耐火性和耐腐性　B.强度和塑性

C.塑性和可焊性　D.耐火性和可焊性

(12)以下关于钢材规格的叙述，不正确的是(　　)。

A.热轧钢板—20×300×9000代表钢板厚20 mm，宽0.3 m，长9 m

B.角钢∟140×90×10代表不等边角钢，长肢宽140 mm，短肢宽90 m，厚10 mm

C.I25b代表工字钢，截面高度为250 mm，字母b表示工字钢翼缘宽度类型

D.角钢∟90×8代表等边角钢，肢宽90 mm，厚8 mm

(13)含碳量影响钢材的(　　)。

A.强度和韧性　B.抗锈蚀能力

C.可焊性和冷弯性能　D.轧制生产工艺

第三章　钢结构的可能破坏形式

3.1　概述

钢结构设计的目的是使结构能满足安全、适用、耐久的功能，达到安全适用、经济合理、技术先进的要求。因此，在钢结构施工、使用过程中不发生破坏，才能保证这些要求的实现。钢材的性能不同于其他材料，钢结构的破坏形式也比较复杂。

钢结构破坏的第一种情况是由于材料强度不足、荷载特殊情况或者材料存在缺陷等原因引起的，钢结构材料破坏的主要形式包括：①钢材的塑性破坏，主要指钢材在外力作用下钢材应力超过了钢材的屈服强度，开始屈服，产生很大的塑性变形，直至达到抗拉强度，最终断裂破坏，由于这种破坏形式有明显的变形，因此有一定的预兆性。②脆性破坏，主要指钢材在受力过程中，由于应力集中、钢材缺陷等原因，钢材没有明显变形就发生突然性断裂，没有任何的预兆性。疲劳破坏是钢材破坏形式中的一种特殊形式。

钢结构破坏的第二种情况是由于结构体系本身存在一些问题而引起的，破坏形式主要包括：①构件或连接材料的强度破坏；②结构或构件的整体失稳破坏；③结构或构件的局部失稳破坏；④结构或构件的变形破坏等。

一般来说，钢结构的破坏都不是一种单纯的破坏形式，强度破坏可能产生失稳破坏，失稳破坏也可能伴随着产生强度破坏等。

3.2　钢结构的强度破坏

3.2.1　钢构件的强度破坏

在结构的整体稳定性和局部稳定有保证的情况下，钢结构中的构件截面上的内力达到截面的极限承载力时，构件将发生强度破坏。

强度破坏主要包括塑性破坏和脆性破坏。对于受拉构件，在构件没有应力集中、焊接缺陷、应变硬化等缺陷时，随着荷载的增大，构件截面的应力将达到钢材的屈服点f_y，进入塑性变形阶段，构件出现明显的塑性变形，接着钢构件进入强化阶段，构件上的拉应力继续增大，最终当拉应力达到钢材的抗拉强度f_u后，受拉构件被拉断而波坏。这种破坏由于在破坏前有明显的拉伸现象，可以给人们一定的预兆，从而可以采取相应的措施，避免发生更严重的破坏，属于典型的塑性破坏。

有些强度破坏，在破坏前，没有明显的变形，无预兆性，具有突然性，这种破坏称为脆性破坏。从宏观上讲，脆性破坏的主要特征表现为开裂时伸长量极端细小。脆性损坏的结果经常是灾难性的，工程设计的任何范畴，无一例外地都要力求避免构造的脆性损坏。

3.2.2　钢结构的整体结构极限承载力破坏

在工程实际中，钢结构的整体结构极限承载力破坏的现象很少发生。因为钢结构在受力时，某些受力构件当达到其极限承载力时首先发生破坏，然后这些构件承受的荷载将由其周边构件承担，内力发生重分布，若周边构件能够承受重新分配的荷载，则结构能够安全，否则将会在瞬间发生连续性倒塌。在整个结构中，不太可能所有构件同时达到极限承载力。

3.3　钢结构的整体失稳破坏

由于钢材的强度比较高，因此在实际工程设计时，钢构件的截面非常细长，很容易发生整体失稳破坏。而钢结构也可能在结构所承受的外荷载还没有达到按强度计算得到的结构破坏强度时，就产生较大变形而不能继续承载，随之发生整体性倒塌破坏。钢结构的稳定问题比较复杂，并且钢结构的整体失稳危险性更大。

3.3.1　钢构件的整体失稳

钢构件根据其截面形式和受力状态不同，其整体失稳破坏的形式主要有弯曲失稳、扭转失稳或弯扭失稳。其中：

（1）双轴对称工字形截面轴心受压构件的失稳形式是弯曲失稳。

（2）十字形截面轴心受压构件一般出现弯曲失稳，当为短粗构件时也可能出现扭转失稳。

（3）单轴对称截面轴心受压构件，绕非对称轴失稳时为弯曲失稳，而在绕对称轴失稳时为弯扭失稳。

（4）受弯构件的整体失稳形式为弯扭失稳。

（5）截面具有对称轴的实腹式单向压弯构件，在弯矩作用平面内的整体失稳形式为弯曲失稳，在弯矩作用平面内则为弯扭失稳。

（6）实腹式双向压弯构件的整体失稳形式为弯扭失稳。

3.3.2　钢结构的整体失稳

钢结构的整体失稳主要是由于部分构件首先发生失稳，或者是钢结构在施工过程中，没有采取一定的临时支撑和实际受力时的状态不完全一样，导致钢结构在承受荷载时变形的增长是迅速持续的，甚至是非常短暂的，整个结构在很短的时间内失去承载力而发生倒塌破坏。如图 3.1 所示为某在建厂房结构整体坍塌，事故原因是底层受力钢柱失稳。

在设计时应采取一定措施来保证钢构件的整体稳定。

图 3.1　某在建厂房结构整体坍塌

3.4　钢结构的局部失稳破坏

3.4.1　构件的局部失稳

钢构件的局部失稳主要指，在外部荷载不断增加的过程中，钢构件还没有发生强度破坏或整体失稳破坏，而组成该构件的某些板件已经不能承担荷载而失去稳定，发生局部屈曲，发生局部屈曲的板件主要是构件中的受压翼缘板或受压腹板。钢构件的局部失稳会使构件的工作状况变坏，有可能导致构件提前发生强度破坏或整体失稳破坏。

3.4.2　结构的局部失稳

结构的局部失稳主要指，在外部荷载逐渐增加的过程中，结构作为整体还没有发生强度破坏或整体失稳破坏，结构中的局部构件已经不能承受分配给它的内力而失去稳定。

若发生局部失稳的整体结构是一个超静定结构，而且局部构件的失稳并未导致整体结构或局部结构转变为机构，则整个结构不会因局部构件的失稳而立即失去承载力。但已经失稳的局部构件刚度的不断退化，将使结构中其他构件的负荷加重，有可能导致其他构件依次发生失稳，从而使结构整体的工作状态不断恶化，最终诱发整体结构的整体失稳破坏，这种现象叫连续性倒塌。

因此，对于出现了局部失稳破坏的整体结构（图 3.2），应及时采取措施，更换或加固已失稳的局部构件，以防止发生结构的整体失稳破坏。

(a)　　　　(b)

图 3.2　结构的局部失稳

3.5 钢结构的疲劳破坏

钢材的疲劳破坏主要指，钢材在承受连续反复荷载作用下，应力还没有达到极限抗拉强度f_u，甚至还低于屈服强度时，就突然发生脆性断裂。疲劳破坏没有任何预兆，危害性很大。

发生疲劳破坏的钢结构主要出现在桥梁结构和重级工作制的钢吊车梁中，在设计时应特别注意。

3.6 钢结构的变形破坏

钢结构的变形破坏的实质是钢结构的刚度不足引起钢结构变形过大而破坏。引起钢结构变形破坏的主要原因有设计不合理、制作不当、使用不当等。

由于钢结构强度高、塑性好，特别是近年来，高强度钢应用越来越广泛，钢结构构件的截面越来越小，板件越来越薄，因此在制造、运输、安装过程中以及应用过程中，很容易发生变形破坏。

3.6.1 钢构件的变形破坏

在钢结构设计时，必须保证构件的刚度满足要求，同时要考虑运输和安装问题，否则会在钢构件制作、运输、安装时出现构件的变形过大而无法正常使用的情况。比如钢吊车梁的刚度必须要满足规范规定的限值，否则钢吊车梁挠度过大，就可能造成吊车轮卡轨而无法正常运行。压弯构件不满足长细比和挠度要求时，同样会出现变形过大而无法正常使用的情况。

在钢结构的加工过程中，由于工艺不合理，比如焊接顺序等原因，会造成构件本身出现严重的弯曲、扭曲、局部屈曲等，这些缺陷的存在，一方面影响到结构的美观，另一方面这些初始缺陷会在运输、安装、使用过程中增加变形破坏的可能性。因此当钢构件出现这些缺陷时，应采取机械矫正或火焰矫正的方法及时处理。

在钢结构的使用过程中，随意改变结构的用途，随意改变构件的受力状态，或发生意外事故而使结构超载，也可能导致钢构件的变形破坏事故发生。

一般说来，钢构件的变形破坏并不会直接导致钢结构倒塌事故的发生，但是由于钢构件刚度失效将会退出承载，其承担的荷载将由其周边构件来承担，周边构件负载加重，导致周边构件可能依次发生变形破坏，从而使结构的整体工作状态不断恶化，最终可能诱发整体结构的失稳倒塌。

3.6.2 钢结构的变形破坏

在钢结构的设计中，如果结构支撑体系布置不当或布置不够，结构的空间刚度不足，就有可能导致结构的变形破坏。在钢结构中，支撑体系是保证结构整体刚度的重要构件,应严格按照规范要求布置支撑体系,支撑体系主要承受水平荷载和地震作用,并把这些荷载均匀地传递给其他构件,因此支撑体系在整个结构受力过程中对保证结构的正常使用起着关键作用。如在有钢吊车梁的工业厂房,当支撑布置不够或支撑刚度不够时,整体结构空间刚度不足,吊车在运行时就会发生过大的结构振动和摇晃,吊车轮和轨道之间会出现严重的卡轨现象,可能导致整体结构无法正常使用。

结构的变形破坏也可能是由于施工安装不当引起的。

虽然结构变形破坏事故发生初期,只是由于变形过大而使结构无法正常使用,但是,如果此时不及时对结构采取加固补救措施,随着变形的进一步加大,结构破坏的形式就很可能发生转变,往往会导致整体结构的倒塌。因此对结构的变形破坏应足够重视。

3.7 钢结构的脆性断裂破坏

3.7.1 钢结构脆性断裂的案例

结构的脆性断裂是结构各种可能破坏形式中最危险的一种破坏形式。脆性断裂破坏前,钢材的应力通常小于钢材的屈服强度f_y,不产生显著的变形,破坏突然发生,无任何预兆。由于脆性断裂的突发性、瞬间破坏、来不及补救,往往会导致灾难性的后果。

疲劳断裂是脆性断裂中的一种。通常,疲劳断裂总是在连续反复荷载的长期作用下才会发生,疲劳断裂发生前有一个裂纹形成、扩展的较长过程,最终达到临界状态裂纹扩展失稳时才突然导致断裂。而本节所描述的脆性断裂发生前则没有这样一个较长的裂纹发展过程,也没有连续反复荷载的作用,甚至没有静力荷载的作用。

下面是典型的脆性断裂破坏的实例。

1954 年,英国 32000 t 油轮“世界协和号”在爱尔兰海域脆性断裂沉没,在船的中仓部位,从船底开始裂开,沿横隔板向船体的横截面发展,直至贯穿甲板,整个船体一裂为二。原因是该船大部分钢板的冲击韧性不满足要求。

3.7.2 引起脆性断裂的主要原因

钢结构脆性断裂的原因较多,主要包括以下几个方面:

(1)材料材质缺陷　钢材在冶炼和轧制过程中,某些有害元素含量过高时,会严重降低钢材的塑性和韧性,很容易发生脆性断裂。比如含碳量过高,则焊接性能降低,脆性增加。同时,钢材本身也不可避免地存在冶金缺陷,如偏析、裂纹、非金属夹杂以及分层等也能使钢材抗脆性断裂的能力大大降低。

(2)应力集中和残余应力　在钢结构制作时,经常会出现空洞、缺口或者截面突变,这些地方很容易产生应力集中,降低钢材的塑性变形能力,钢材变脆。应力集中程度越高,钢材的塑性变形能力降低越多,发生脆性断裂的可能性越大,因此钢结构在设计时一定要注意这些问题。

在钢结构产生应力集中的地方,往往伴随有较大的残余应力,这更增加了脆性断裂的可能性。钢构件中的应力集中、残余应力和构件的设计构造、加工方法、焊缝位置、施工工艺等诸多因素有关。在设计时,应尽量避免焊缝过分集中,避免三向焊缝相交,避免构件截面的突变。在加工时要采用正确的施焊工艺、施焊顺序,保证焊缝的施工质量,尽量减少焊缝缺陷。

(3)工作环境温度 当环境温度下降到某一温度区段时,钢材的韧性值就会急剧下降,出现低温冷脆现象。很多脆性断裂的事故就是这个原因造成的。特别是如果构件在这个低温状态下再承受动力荷载作用,就很容易出现脆性断裂。因此,在低温工作的钢结构,特别是承受动力荷载作用的焊接钢结构,在选择钢材时应选用和环境温度相适应的质量等级的钢材,从而提高钢构件抵抗低温脆性断裂的能力。

(4)钢板厚度 钢板厚度也是影响脆性断裂的一个因素。钢板的厚度越大,强度越低,同时塑性越差,韧性也明显降低,因此,通常钢板越厚,脆性断裂破坏的可能性也越大。另外,厚钢板、特厚钢板的"层状撕裂"问题也是引起脆性断裂的原因之一,这时,应选择有 Z 向性能要求的厚钢板。

3.7.3 防止脆性断裂的措施

因为脆性断裂的危害性非常严重,因此应从设计、选材、加工、安装、使用等方面采取一定措施,以防止钢结构脆性断裂。

(1)合理设计 在设计时,应充分考虑钢材的断裂韧性水平、最低工作温度、荷载特征、应力集中等因素,选择合理的结构形式,特别是选择合理的构造细节。设计时应尽量减少应力集中的可能性,避免截面的突变,力求结构的几何连续性和刚度的连贯性。为防止结构倒塌,设计时要增加结构的冗余度(即增加结构的超静定次数),这样,当结构构件的某个截面发生屈服时,内力重分布,结构仍可以维持几何稳定而不至于倒塌。

(2)合理选择钢材 选择钢结构用钢材的基本原则是在保证结构安全的前提下,尽可能做到经济合理。应考虑的主要因素:结构的重要性、荷载性质和特征、连接方法和工作环境状况。对于处在低温环境下且承受动力荷载的焊接结构,应选择质量等级较高的钢材。

(3)合理制作和安装 在钢结构的制作过程中,冷热加工都可能使钢材变脆。因此在制作安装钢结构之前必须制定合理的制作安装工艺,以便尽可能减少缺陷,降低残余应力。

(4)合理使用和合理维护 在钢结构的使用过程中,不能随意改变结构设计所规定的用途、荷载及环境。在钢结构的使用过程中,严禁在结构上随意加焊零星构件以免导致材料损伤;严禁设备超载运行。此外,在钢结构的长期使用过程中,应加强定期的缺陷或损伤情况的监测,特别是重要的焊接部位以及受力比较复杂的部位,并建立合理的维修保养制度,对损坏的构件及时进行维修。

第四章　钢结构的连接

4.1　钢结构连接的方式及其特点

钢结构是由钢板、型钢通过一定的连接组成构件，再通过一定的安装连接而形成的结构。所以，连接在钢结构中占有重要的地位。连接方式及质量的优劣直接影响结构的安全和使用寿命。钢结构的连接必须符合安全可靠、传力明确、构造简单、制造方便和节约钢材的原则。

钢结构的连接按被连接件之间的相对位置不同可分为平接（又称对接连接）、搭接、垂直连接三种基本形式。当被连接件在同一平面内时称为平接[图 4.1(a)]；当被连接件相互交搭时称为搭接[图 4.1(b)]；当被连接件互相垂直时，称为垂直连接[图 4.1(c)(d)]，图 4.1(c)又称 T 形连接，图 4.1(d)又称角接。

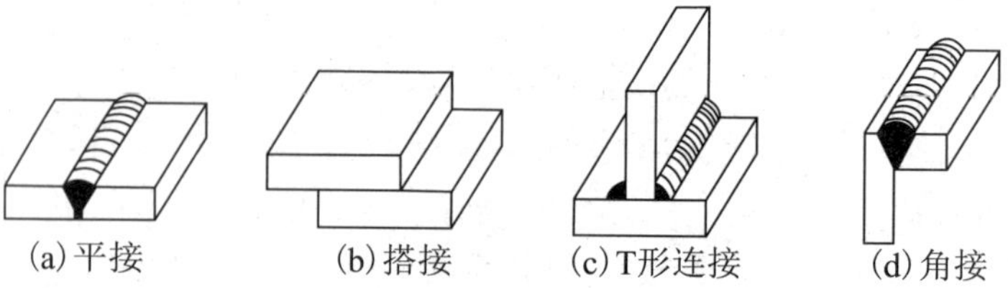

图 4.1　钢结构的连接形式

钢结构的连接方式有焊缝连接、螺栓连接和铆钉连接三种（图 4.2）。

图 4.2　钢结构的连接方式

4.1.1　焊缝连接

焊缝连接是目前钢结构采用的最主要的连接方法。焊缝连接是通过电弧产生的热量使焊条和焊件局部熔化，经冷却凝结成焊缝，从而将焊件连接成为一体。

焊接的优点较多，如对钢材的任何方位、角度和形状一般都可直接连接，不削弱构件截面，节约材料，构造简单，制造方便，连接的刚度大，密封性能好，在一定的条件下还可采用自动化作业，生产效率高。但是，焊接也有一定的缺点，如焊缝附近钢材因焊接高温作用形成热影响区的材质变脆；焊接过程中钢材受到分布不均匀的高温和冷却，使结构产生焊接残余应力和残余变形，对结构的承载力、刚度和使用性能有一定影响。此外，焊接结构因刚度大，对裂纹很敏感，一旦产生局部裂纹很容易扩展到整体，尤其是在低温下易发生脆断。另外，焊缝连接的塑性和韧性较差，施焊时可能产生缺陷，使疲劳强度降低。

4.1.2 螺栓连接

螺栓连接可分为普通螺栓连接和高强度螺栓连接两类。

螺栓连接的优点是施工工艺简单、安装方便，特别适用于工地安装连接，工程进度和质量易得到保证。另外，由于装拆方便，适用于需装拆结构的连接和临时性连接。其缺点是因开孔对构件截面有一定的削弱，有时在构造上还须增设辅助连接件，故用料增加，构造较繁。此外，螺栓连接需制孔，拼装和安装时需对孔，工作量增加，且对制造的精度要求较高，但仍是钢结构连接的重要方式之一。

4.1.2.1 普通螺栓连接

普通螺栓分 A、B、C 三级。其中 A 级和 B 级为精制螺栓，由钢号为 5.6 级和 8.8 级的钢材制成，这种螺栓须经车床加工精制而成，表面光滑，精度较高。C 级螺栓为粗制螺栓，由钢号为 4.6 级和 4.8 级的钢材制成，做工较粗糙，尺寸不很准确。

试验结果表明，普通螺栓连接的强度与螺栓孔质量有很大关系。根据对孔壁质量的要求，将螺栓孔分为两类：Ⅰ类孔和Ⅱ类孔。构件装配好后直接钻孔；在零件上钻或冲小孔，再在装配的构件上扩孔；用钻模钻成的孔等都属Ⅰ类孔，组装后各连接板件间无错孔现象。其余的称为Ⅱ类孔。

C 级螺栓加工粗糙，栓杆表面不进行加工处理，尺寸不够准确，因而只需采用Ⅱ类孔，杆径 d 和孔径 d_0 相差 1.0~1.5 mm，传递剪力时，连接变形较大，但传递拉力的性能尚好。常用于承受拉力的安装螺栓连接、次要结构和可装拆结构的受剪连接以及安装时的临时连接。A 级、B 级螺栓经车床加工精制而成，尺寸准确，要求Ⅰ类孔，杆径 d 和孔径 d_0 相差 0.2~0.5 mm，其连接抗剪和承压强度高，但成本也高，安装较困难，较少采用。

普通螺栓连接的优点是装拆方便，不需要特殊设备。

4.1.2.2 高强度螺栓连接

高强度螺栓采用强度较高的钢材制成，安装时通过特制的扳手，上紧螺栓帽，使螺栓杆产生很大的预拉力，把被连接的构件夹紧，使构件间产生很大的摩擦力，外力就可以通过摩擦力来传递。

高强度螺栓连接有两种类型：一种是只依靠摩擦阻力传力，并以剪力不超过接触面摩擦力作为设计准则，称为摩擦型连接；另一种是允许接触面滑移，以连接达到破坏的极限承载力作为设计准则，称为承压型连接。

高强度螺栓一般采用 45 号、35 号钢、40B 钢和 20MnTiB 钢加工而成，经热处理后，螺栓抗拉强度分别不低于 800 N/mm^2 和 1000 N/mm^2，前者的性能等级为 8.8 级，后者的性能等级为 10.9 级。

摩擦型连接是以保持被连接件接触面间的摩擦力不被克服和不发生相对滑移为设计准则，所以其整体性和连接刚度好，变形小，受力可靠，耐疲劳。特别适用于承受动力荷载的结构。承压型连接在摩擦力被克服产生相对滑移后可以继续承载，所以其设计承载力高于摩擦型，可节省螺栓用量，但与摩擦型相比，整体性和刚度较差，变形大，动力性能差，只用于承受静力或间接动力荷载结构中允许发生一定滑移变形的连接。

4.1.3 铆钉连接

铆钉连接是将一端带有半圆形预制钉头的铆钉，经加热后插入被连接件的钉孔中，然后用铆钉枪连续锤击或用压铆机挤压铆成另一端的钉头，以使连接达到紧固。铆钉连接在受力和计算上与普通螺栓连接相仿，其特点是传力可靠，塑性、韧性均较好，以前曾经是钢结构的主要连接方法，但其制造费工费料，且劳动强度高，施工麻烦，打铆时噪音大，劳动条件差，目前已极少采用。

4.2 焊缝及焊缝连接

4.2.1 焊接方法

钢结构常用的焊接方法是电弧焊，根据操作的自动化程度和焊接时用以保护熔化金属的物质种类不同，电弧焊分为手工电弧焊、自动或半自动埋弧焊及气体保护焊等。

4.2.1.1 手工电弧焊

手工电弧焊是钢结构中最常用的焊接方法，其设备简单，操作灵活方便，适于任意空间位置的焊接，应用较为广泛。但生产效率比自动或半自动埋弧焊低，质量较差，且变异性大，焊缝质量在一定程度上取决于焊工的技术水平，劳动条件差。

图 4.3 是手工电弧焊的原理示意图。它是由焊条、焊钳、焊件、电焊机和导线等组成的电路。通电后，在涂有药皮的焊条与焊件间的间隙中产生电弧。电弧的温度可高达 3000 ℃。在高温作用下，电弧周围的金属变成液态，形成熔池。同时焊条熔化，滴落入熔池中，与焊件的熔融金属相互结合，冷却后形成焊缝。同时焊条药皮燃烧，在熔池周围形成保护气体，稍冷后在焊缝熔化金属表面又形成熔渣，隔绝熔池中的液体金属和空气中的氧、氮等气体的接触，避免形成易脆性开裂的化合物。

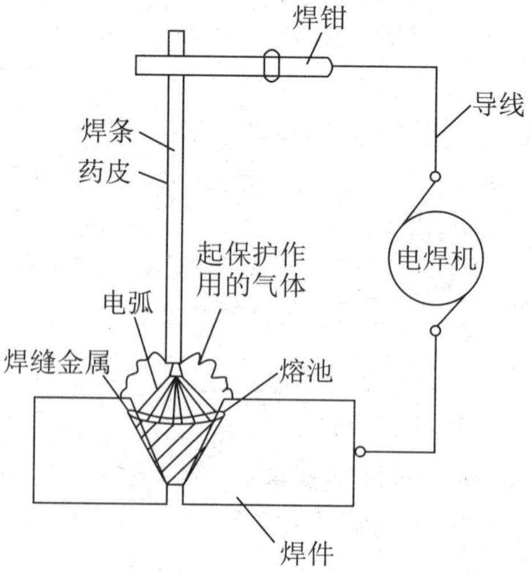

图 4.3 手工电弧焊原理

钢结构中常用的焊条有碳钢焊条和低合金钢焊条，其牌号有 E43 型、E50 型和 E55 型等。手工电弧焊所用的焊条应与焊件钢材（也称主体金属）相适应（表 4.1）。

表 4.1　焊接材料选用匹配推荐表

母材				焊接材料			
GB/T 700 和 GB/T 1591 标准钢材	GB/T 19879 标准钢材	GB/T 4171 和 GB/T 4172 标准钢材	GB/T 7659 标准钢材	焊条电弧焊 SMAW	实心焊丝气体保护焊 GMAW	药芯焊丝气体保护焊 PCAW	埋弧焊 SAW
Q235	Q235GJ	Q235NH Q295NH Q295GNH	ZG275H—485H	GB/T 517： E43XX E50XX GB/T5118： E50XX-X	GB/T8110： ER49-X ER50-X	GB/T17493： E43XTX-X E50XTX-X	GB/T5293： F4XXH08A GB/T12470： F48XX-H08Mn-A
Q345 Q390	Q345GJ Q390GJ	Q355NH Q345GNH Q345GNHL Q390GNH	—	GB/T　5117： E5015、16 GB/T 5118： E5015、16-X E5515、16-X	GB/T8110： ER50-X ER55-X	GB/T17493： E50XTX-X	GB/T12470： F48XX-H08MnA F48XX-H10Mn2 F48XX-H10Mn2A
Q420	Q420GJ	—	—	GB/T5118： E5515、16-X E6015、16-X	GB/T 8110 ER55-X ER62-X	GB/T 17493： E55XTX-X	GB/T12470： F55XX-H10Mn2A F55XX-H08MnMo2A
Q460	Q460GJ	Q460NH	—	GB/T 5118： E5515、16-X E6015、16-X	GB/T 8110 ER55-X	GB/T 17493： E55XTX-X E60XTX-X	GB/T12470： E55XX-H08MnMoA F55XX-H08Mn2MoVA

注：（1）表中 XX、-X、X 为对应焊材标准中的焊材类型。

（2）当所焊接头的板厚 25 mm 时，焊条电弧焊应采用低氢焊条。

焊条型号中 E 表示焊条，前两位数字表示焊条熔敷金属最小抗拉强度（单位为 N/mm^2），第三、四位数字表示适用的焊接位置、电流及药皮类型等。当不同强度的两种钢材进行连接时，宜采用与低强度钢材相适应的焊条。

4.2.1.2　自动或半自动埋弧焊

自动或半自动埋弧焊的原理如图 4.4 所示。电焊机可沿轨道按规定的速度移动。外表裸露不涂焊药的焊丝成卷装置在焊丝转盘上，焊剂成散状颗粒装在漏斗中，焊丝插入从漏斗中流下来覆盖在焊件上的焊剂层中。通电引弧后，因电弧的作用，焊丝、焊件和焊剂熔化，熔渣浮在熔化的焊缝金属上面，保护了熔化金属使其不与空气接触，并供给焊缝金属必要的合金元素。随着焊机的自动移动，颗粒状的焊剂不断地由漏斗流下，电弧完全埋在焊剂之内，同时焊丝也自动地随熔化随下降，所以称为自动埋弧焊。自动埋弧焊焊缝的质量稳定，焊缝内部缺陷很少，所以质量比手工焊高。半自动埋弧焊或自动埋弧焊的差别只在于前者靠人工移动焊机，它的焊缝质量介于自动焊与手工焊之间。

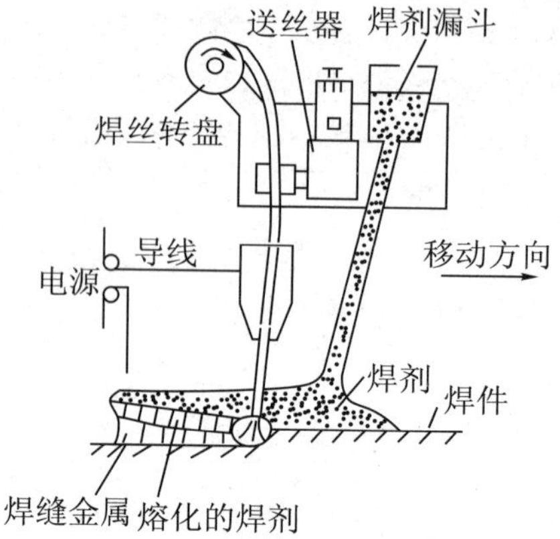

图 4.4　自动埋弧焊原理

自动埋弧焊或半自动埋弧焊应采用与被连接件金属强度相匹配的焊丝与焊剂。

4.2.1.3　**气体保护焊**

气体保护焊利用惰性气体和二氧化碳气体在电弧周围形成局部的保护层，防止有害气体侵入焊缝并保证焊接过程中的稳定。

气体保护焊的焊缝熔化区没有熔渣形成，能够清楚地看到焊缝的成形过程；又由于热量集中，焊接速度较快，焊件熔深大，所能形成的焊缝强度比手工电弧焊高，且具有较高的抗腐蚀性，适于全方位的焊接。但气体保护焊操作时须在室内避风处，如果在工地施焊则须搭设防风棚。

4.2.2　焊缝连接的形式

焊接连接按所被连接构件的相对位置不同可分为对接、搭接、T 形连接和角接四种形式（图 4.5），后两种又称为垂直连接。根据焊缝的截面形状，可分对接焊缝和角焊缝两种焊缝形式（图 4.5）。在具体应用时，应根据连接的受力情况及结构制造、安装和焊接条件进行选择。

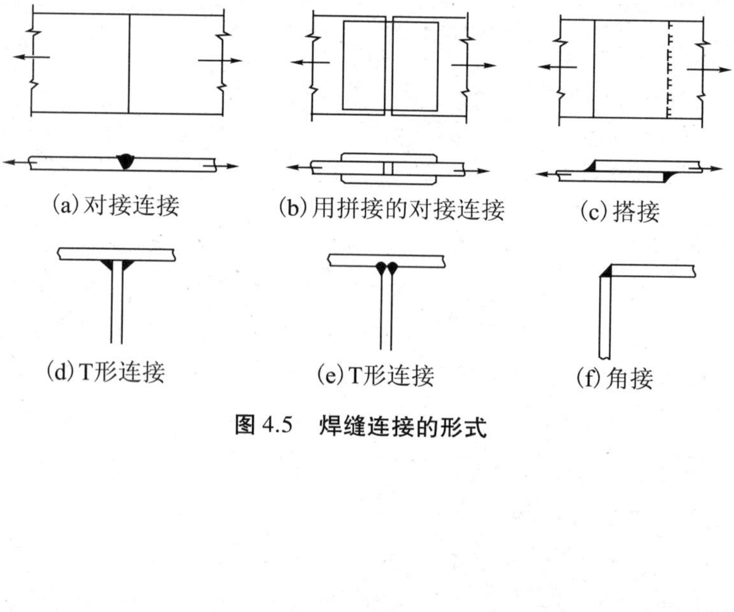

图 4.5　焊缝连接的形式

对接连接主要用于厚度相同或接近相同的两构件间的相互连接。图 4.5(a)所示为采用对接焊缝的对接连接,因为被连接的两构件在同一平面内且焊缝截面与构件截面相同,因而传力均匀平顺,没有明显的应力集中,且用料经济,但是要求下料和装配的尺寸准确,为保证被连接件间有适当的施焊空间,有时还需将被连接件的边缘加工成坡口,较费工。

图 4.5(b)所示为用双层盖板和角焊缝的对接连接,这种连接传力不均匀,受力情况复杂,且费料;但因不需要开坡口,所以施工简便,所连接件的间隙大小不需要严格控制。

图 4.5(c)所示为用角焊缝的搭接连接,特别适用于不同厚度构件的连接,这种连接传力不均匀,材料较费,但制造简单,施工方便,目前还被广泛应用。

图 4.5(d)所示为用角焊缝的 T 形连接,焊件间存在缝隙,截面突变,应力集中现象严重,疲劳强度较低,可用于承受静荷载或间接承受动荷载结构的连接中。

图 4.5(e)所示为用 K 形坡口焊缝的 T 形连接,用于直接承受动力荷载结构,如重级工作制吊车梁上翼缘与腹板的连接。

图 4.5(f)所示为用角焊缝的角接。

按作用力与焊缝方向之间的关系,对接焊缝可分为直对接焊缝[图 4.6(a)]和斜对接焊缝[图 4.6(b)]。角焊缝[图 4.6(c)]分为正面角焊缝(端缝)、侧面角焊缝(侧缝)和斜向焊缝。

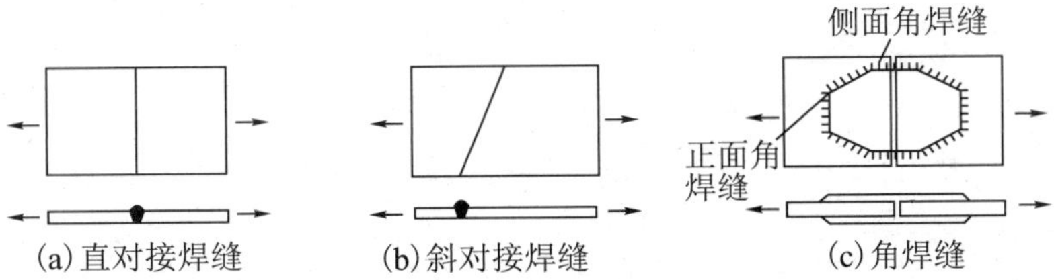

图 4.6　焊缝形式

角焊缝按沿长度方向的布置分为连续角焊缝和断续角焊缝两种(图 4.7)。连续角焊缝的受力性能较好,断续角焊缝的起、灭弧处容易引起应力集中,承受动荷载时严禁采用,只能用于一些次要构件次要焊接连接中。断续角焊缝焊段的长度 $l_1 \geqslant 10h_f$ 或50 mm,其净距应满足 $l \leqslant 15t$(对受压构件)或 $l \leqslant 30t$(对受拉构件),t 为较薄焊件的厚度。腐蚀环境中不宜采用断续角焊缝。

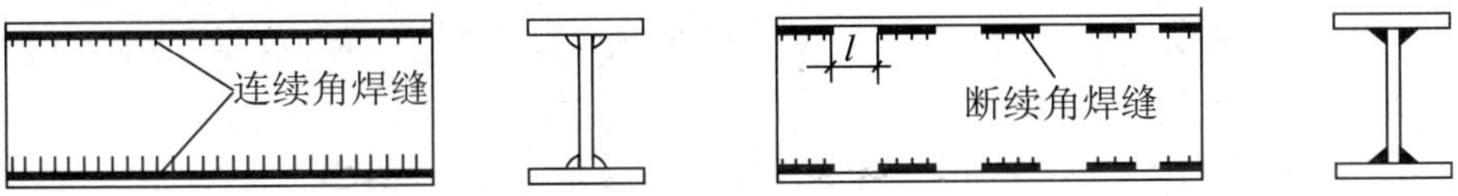

图 4.7　连续角焊缝和断续角焊缝

焊缝按施焊位置分为平焊、横焊、立焊、仰焊(图 4.8)。平焊也称俯焊,施焊方便,质量易保证;立焊、横焊施焊要求焊工的操作水平较平焊要高一些,质量较平焊低;仰焊的操作条件最差,焊缝质量最不易保证,因此设计和制造时应尽量避免采用仰焊。

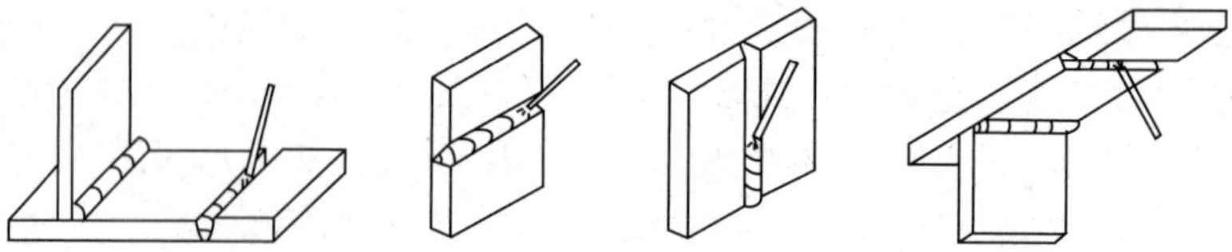

(a)平焊 (b)横焊 (c)立焊 (d)仰焊

图 4.8 焊缝施焊位置

4.2.3 焊缝质量级别

焊缝缺陷指在焊接过程中产生于焊缝金属或附近热影响区钢材表面或内部的缺陷。常见的缺陷有裂纹、焊瘤、烧穿、弧坑、气孔、夹渣、咬边、未熔合、未焊透等(图 4.9),以及焊缝尺寸不符合要求、焊缝成形不良等。

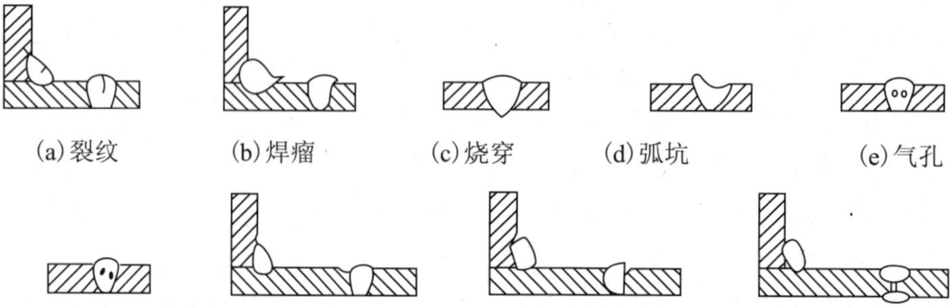

(a)裂纹 (b)焊瘤 (c)烧穿 (d)弧坑 (e)气孔

(f)夹渣 (g)咬边 (h)未熔合 (i)未焊透

图 4.9 焊缝缺陷

焊缝缺陷的存在使焊缝的受力面积削弱,并在缺陷处引起应力集中,所以对连接的强度、冲击韧性及冷弯性能等均有不利影响。

焊缝质量按《钢结构工程施工质量验收标准》(GB 50205—2020)分为三级,三级焊缝只要求对全部焊缝做外观检查;二级焊缝除要求对全部焊缝做外观检查外,还对部分焊缝做超声波等无损伤检查;一级焊缝要求对全部焊缝做外观检查和无损伤检查,且这些检查都应符合相应级别质量标准。

《钢标》根据结构的重要性、荷载特性、焊缝形式、工作环境以及应力状态等情况,对焊缝质量等级做了具体规定。

(1)在承受动荷载且需要进行疲劳验算的构件中,凡要求与母材等强度连接的焊缝应焊透,其质量等级为:

1)作用力垂直于焊缝长度方向的横向对接焊缝或 T 形对接与角接组合焊缝,受拉时应为一级,受压时不应低于二级;

2)作用力平行于焊缝长度方向的纵向对接焊缝不应低于二级;

3)重级工作制(A6~A8)和起重量 $Q \geqslant 50$ t 的中级工作制(A4、A5)吊车梁的腹板与上翼缘缘之间以及吊车桁架上弦杆与节点板之间的 T 形接头要求焊透,焊缝形式一般为对接与角接的组合焊缝,其质量等级不应低于二级。

(2)在工作温度等于或低于-20 ℃的地区,构件对接焊缝的质量等级不得低于二级。

(3)不需要疲劳计算的构件中,凡要求与母材等强度连接的焊缝应予焊透,其质量等级当受拉时不应低于二级,受压时不宜低于二级。

(4)部分焊透的对接焊缝,不要求焊透的T形接头采用的角焊缝或部分焊透的对接与角接组合焊缝,以及搭接连接采用的角焊缝,其质量等级为:

1)对直接承受动力荷载且需要验算疲劳的结构和吊车起重量等于或大于50 t的中级工作制吊车梁以及梁柱、牛腿等重要节点,焊缝的质量等级不应低于二级;

2)对其他结构可为三级。

4.2.4 焊缝符号及标注方法

在钢结构施工图上,要用焊缝符号标明焊缝的形式、尺寸和辅助要求。根据《焊缝符号表示法》(GB 324—2008)和《建筑结构制图标准》(GB 50105—2010)的规定,焊缝符号主要由引出线和基本符号组成,必要时还可加上辅助符号、补充符号和焊缝尺寸符号,见表4.2。

引出线由带箭头的指引线(简称箭头线)和两条基准线(一条为细实线,另一条为细虚线)两部分组成。基准线的虚线可以画在实线的上侧,也可以画在实线的下侧。

基本符号表示焊缝的基本截面形式,如⊿表示角焊缝(其垂线一律在左边,斜线在右边);‖表示I形坡口的对接焊缝,V表示V形坡口的对接焊缝;|/表示单边V形坡口的对接焊缝(其垂线一律在左边,斜线在右边)。

基本符号标注在基准线上,其相对位置规定如下:如果焊缝在接头的箭头侧,则应将基本符号标注在基准线实线侧;如果焊缝在接头的非箭头侧,则应将基本符号标注在基准线虚线侧,这与符号标注的上下位置无关。如果为双面对称焊缝,基准线可以不加虚线。箭头线相对于焊缝位置一般无特别要求,对有坡口的焊缝,箭头线应指向带有坡口的一侧。

辅助符号是表示焊缝表面形状特征的符号,如$\overline{\vee}$表示对接V形焊缝表面的余高部分应加工使之与焊件表面齐平,此处V上所加的—为辅助符号;又如⊿表示角焊缝表面应加工成凹面,此处◡形符号也是辅助符号。

补充符号是补充说明焊缝某些特征的符号,如⊏表示三面围焊;○表示周边焊缝;▶表示在工地现场施焊的焊缝(其旗尖指向基准线的尾部);▭是表示焊缝底部有垫板的符号;<是尾部符号,它标注在基准线的尾端,用来标注需要说明的焊接工艺方法和相同焊缝数量。

焊缝的基本符号、辅助符号、补充符号均用粗实线表示,并与基准线相交或相切。但尾部符号除外,尾部符号用细实线表示,并且在基准线的尾端。

焊缝尺寸标注在基准线上。这里应注意的是,不论箭头线方向如何,有关焊缝横截面的尺寸(如角焊缝的焊角尺寸 h_f)一律标在焊缝基本符号的左边,有关焊缝长度方向的尺寸(如焊缝长度)则一律标在焊缝基本符号的右边。此外对接焊缝中有关坡口的尺寸应标在焊缝基本符号的上侧或下侧。

当焊缝分布不规则时,在标注焊缝符号的同时,还可以在焊缝位置处加栅线表示,如表4.2中,栅线符号栏中所示用栅线分别表示正面(可见)焊缝、背面(不可见)焊缝及工地的安装焊缝。

表 4.2　焊接符号

	名称		示意图	符号	示例
基本符号	对接焊缝	I 形	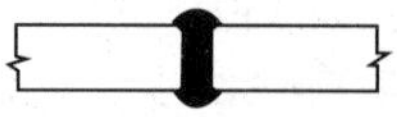	||	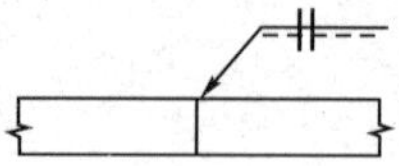
		V 形		V	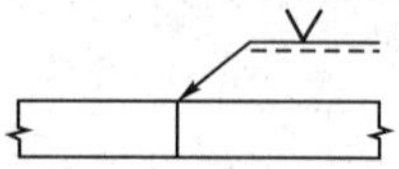
		单边 V 形	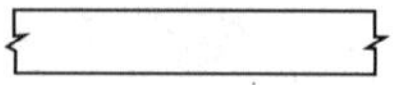		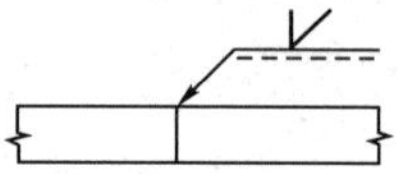
		K 形	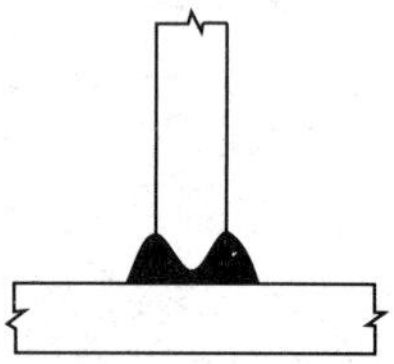	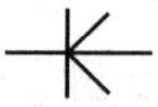	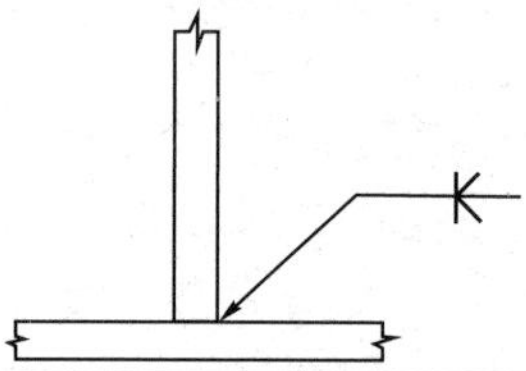
	角焊缝		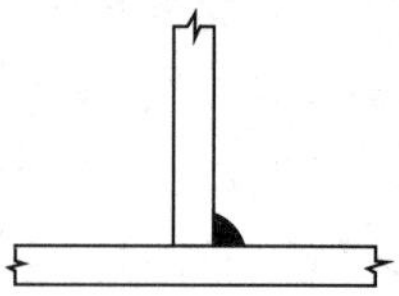		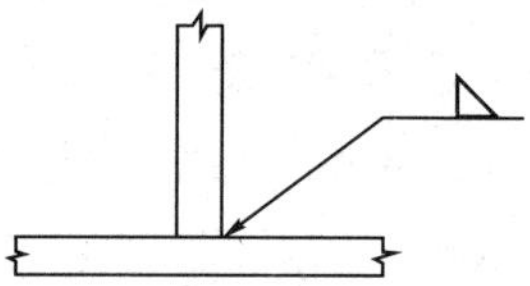
			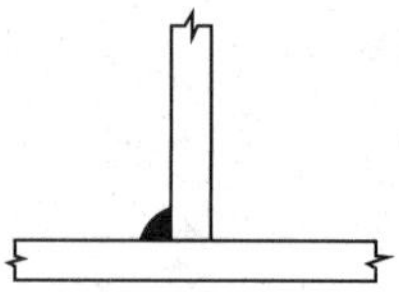		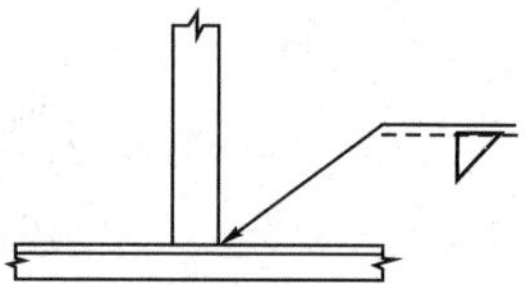
			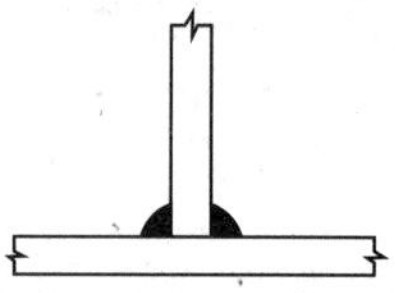		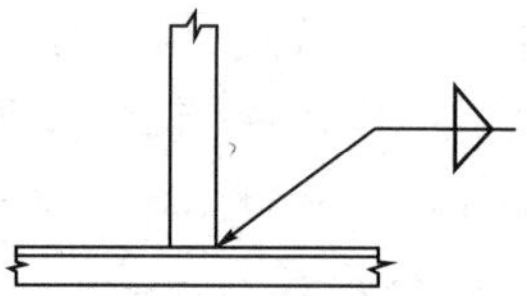
	塞焊缝		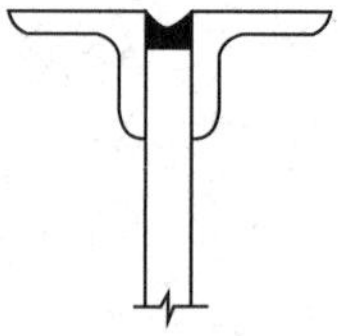		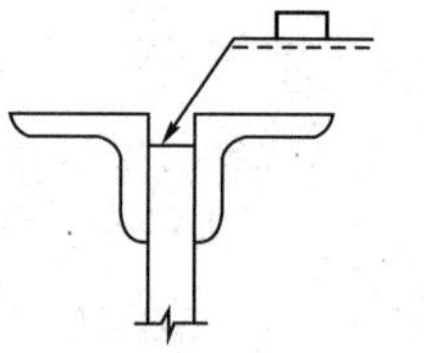
辅助符号	平面符号		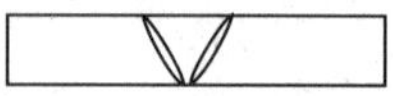	—	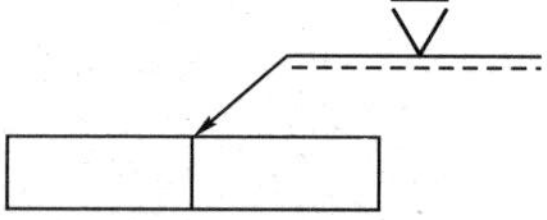
	凹面符号		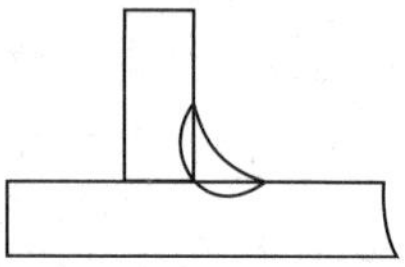	◡	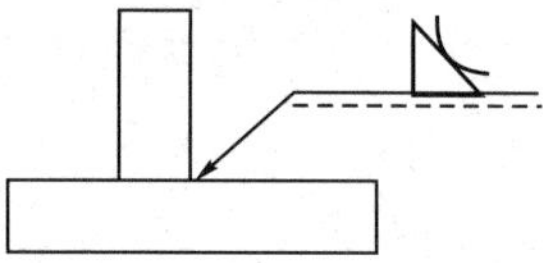

续表 4.2

	名称	示意图	符号	示例
补充符号	三面围焊符号	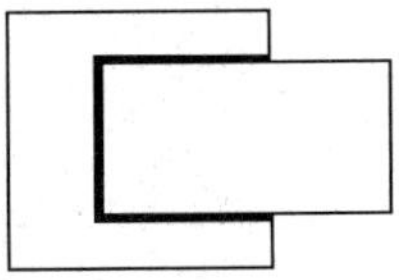		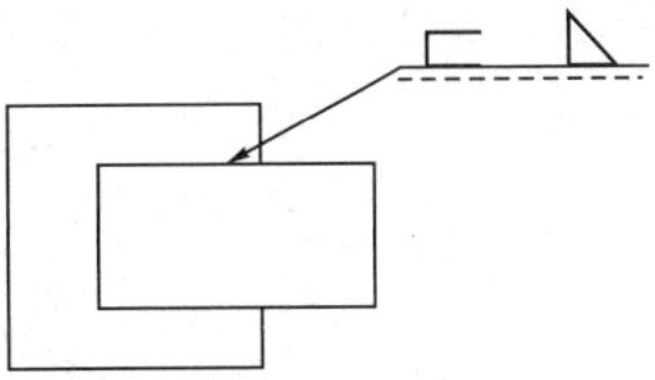
	周边焊缝符号	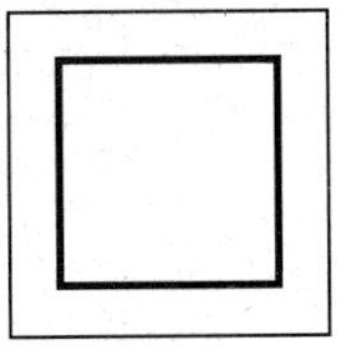		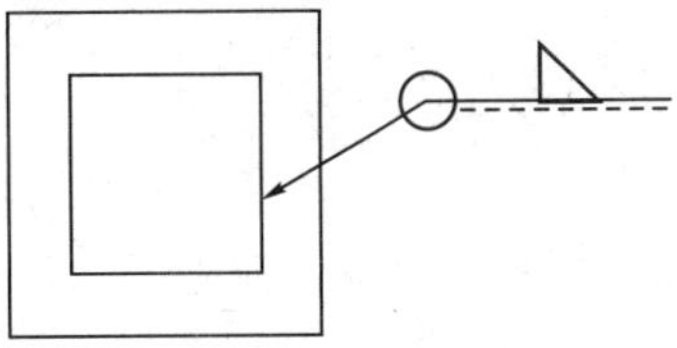
	工地现场焊符号			
	焊缝底部有垫板的符号	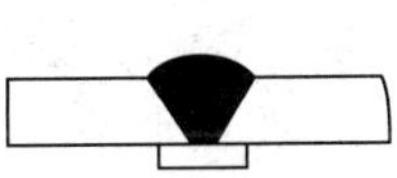		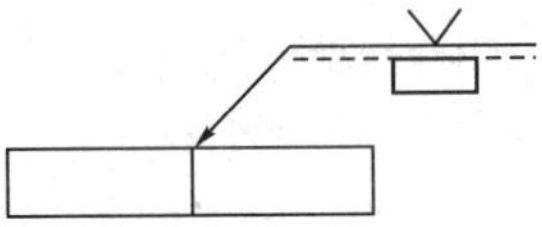
	尾部符号			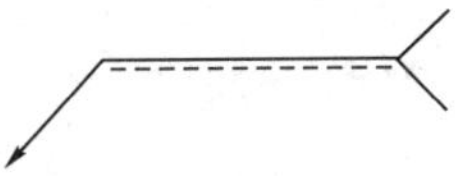
栅线符号	正面焊缝			
	背面焊缝			
	安装焊缝			

4.3　对接焊缝的构造和计算

对接焊缝按焊缝是否焊透，分为焊透焊缝和部分焊透焊缝（未焊透焊缝）。一般采用焊透焊缝。当板件厚度较大而内力较小时，才可以采用部分焊透焊缝。由于未焊透，应力集中和残余应力严重，对于直接承受动力荷载的构件不宜采用未焊透焊缝。未焊透焊缝计算按角焊缝计算（参见本章 4.4 节），其计算厚度 h_e 采用：

V 形坡口［图 4.10(a)］：当 $\alpha \geqslant 60°$ 时，$h_e = s$；当 $\alpha < 60°$ 时，$h_e = 0.75s$。

单边 V 形和 K 形坡口［图 4.10(b、c)］：当 $\alpha = 45° \pm 5°$ 时，$h_e = s - 3$。

U 形、J 形坡口［图 4.10(d)(e)］：$h_e = s$。

以上式中，s 表示焊缝的厚度。

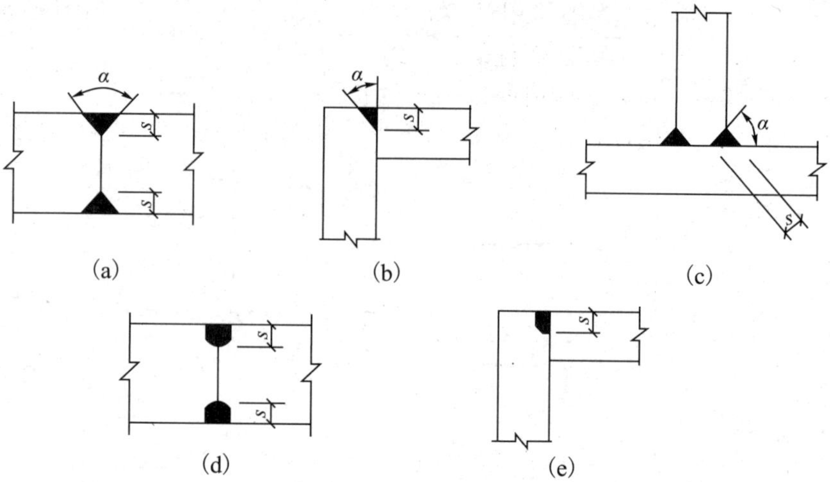

图 4.10 部分焊透的对接焊缝和其与角焊缝的组合焊缝截面

本节仅介绍焊透的对接焊缝的构造和计算。

4.3.1 对接焊缝的形式和构造

对接焊缝的焊件边缘常需加工成坡口,故又称坡口焊缝。坡口形式和尺寸应根据焊件厚度和施焊条件来确定。按照保证焊缝质量、便于施焊和减小焊缝截面的原则,《钢结构焊接规范》(GB 50661—2011)中推荐有焊接接头基本形式和尺寸。

常见的坡口形式有 I 形、单边 V 形、V 形,J 形、U 形、K 形和 X 形等,如图 4.11 所示。当焊件较薄(手工焊 t=3~6 mm;自动埋弧焊 t=6~10 mm)时,不开坡口,即采用 I 形坡口。中等厚度焊件(手工焊 t=6~16 mm;自动埋弧焊 t=10~20 mm),宜采用有适当斜度的单边 V、V 形或 J 形坡口。对较厚焊件(手工焊 t≥16 mm;自动埋弧焊 t≥20 mm),宜采用 U 形、K 形或 X 形坡口焊。U 形、K 形或 X 形坡口与 V 形坡口相比,截面面积小,但加工费工。V 形和 U 形坡口焊缝主要为正面焊,但对反面焊根应清根补焊,以至焊透。若不具备补焊条件,或因装配条件限制间隙过大时,应在坡口下面预设垫板[图 4.11(h)],来阻止熔化金属流淌和使根部焊透。K 形和 X 形坡口焊缝均应清根双面施焊。图 4.11 中 p

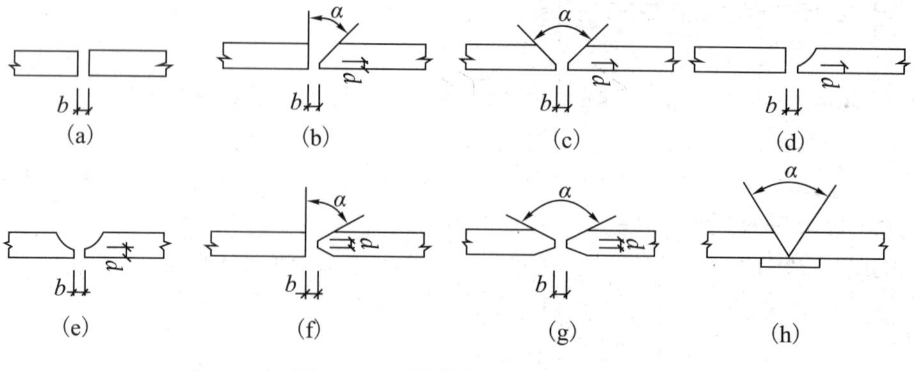

图 4.11 对接焊缝的坡口形式

称为钝边，可起托住熔化金属的作用；b 为间隙，可使焊缝有收缩余地并且各斜坡口组成一个施焊空间，使焊条得以运转，焊缝能够焊透。

当用对接焊缝拼接不同宽度或厚度的焊件且差值超过 4 mm 以上时，应分别在宽度方向或厚度方向从一侧或两侧做成坡度≤1∶2.5 的斜坡（图 4.12），使截面平缓过渡，减少应力集中。

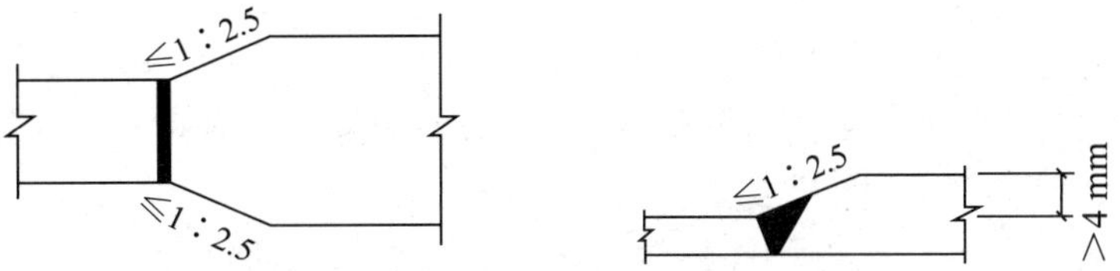

(a) 不同宽度　　(b) 不同厚度

图 4.12　不同宽度或厚度钢板的拼接

钢板的拼接当采用对接焊缝时，纵横两方向的对接焊缝，可采用十字形交叉或 T 形交叉；当为 T 形交叉时，交叉点的间距不得小于 200 mm（图 4.13）。

对接焊缝两端因起弧和落弧影响，常不易焊透而出现凹陷的弧坑，此处极易产生应力集中和裂纹现象。为消除以上不利影响，施焊时应在焊缝两端设置引弧板（图 4.14），材质与被焊母材相同，焊接完毕后用火焰切除，并修磨平整。当某些情况下无法采用引弧板时，每条焊缝计算长度应减少 $2t$（t 为较薄焊件厚度）。

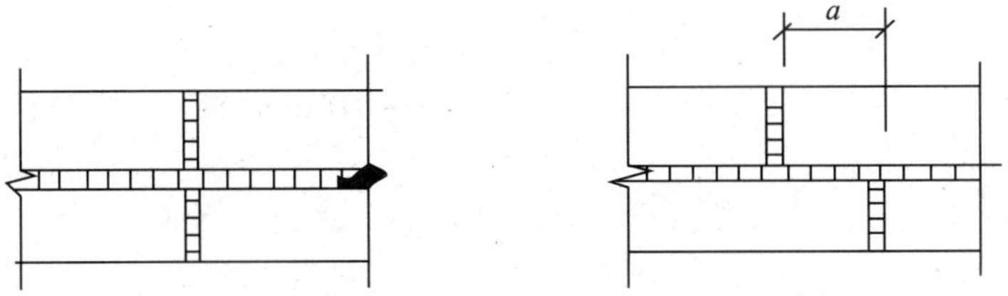

(a)　　(b)

图 4.13　交叉焊缝

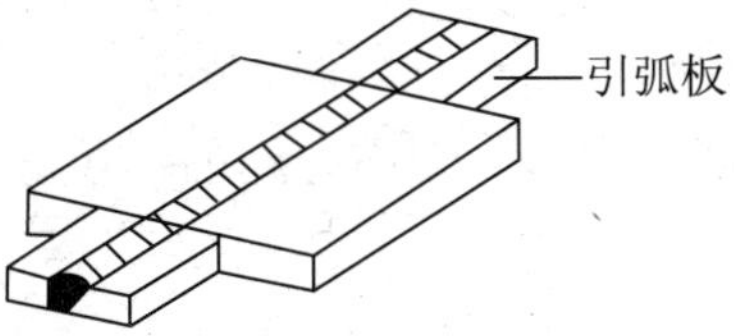

图 4.14　引弧板

4.3.2　对接焊缝的计算

对接焊缝可看成焊件截面的延续部分，焊缝中的应力分布情况基本上与焊件原有的相同，设计时采用的强度计算式与被连接件的基本相同。

4.3.2.1 轴心受力对接焊缝的计算

对接焊缝受垂直于焊缝长度方向的轴心拉力或压力[图 4.15(a)]作用,其强度应按下式计算:

$$\sigma = \frac{N}{l_w \cdot t} \leqslant f_t^w \text{ 或 } f_c^w \tag{4.1}$$

式中 N——轴心拉力或压力设计值。

l_w——焊缝的计算长度。当采用引弧板时,取焊缝实际长度;当未采用引弧板时每条焊缝实际长度减去 $2t$。

t——在对接接头中取连接件的较小厚度;T 形接头取腹板厚度。

f_t^w、f_c^w——对接焊缝的抗拉、抗压强度设计值,查附表 1.2。

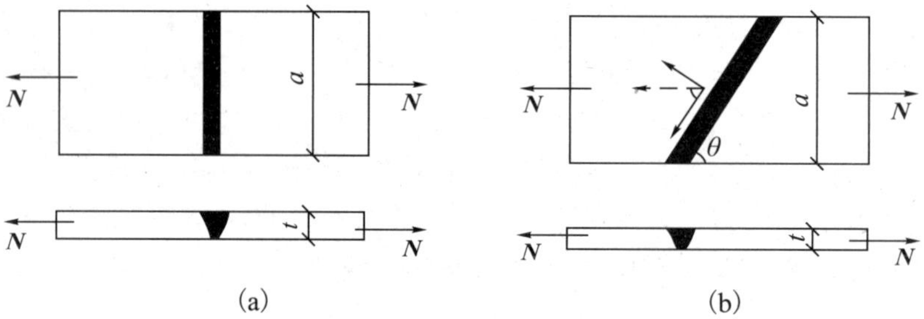

图 4.15 对接焊缝轴心受力

由钢材的强度设计值和焊缝强度设计值相比较可知,对接焊缝抗压及抗剪强度设计值均与钢材的相同,而抗拉强度设计值只在焊缝质量为三级时才较低。所以采用引弧板施焊时,质量为一、二级和没受拉应力的三级对接焊缝,其强度不需计算,即可用于构件的任何部位。

质量为三级的受拉或无法采用引弧板的对接焊缝需进行强度计算,当计算不满足要求时,可将其移到受力较小处,不便移动时可改用二级焊缝或必用三级斜焊缝[图 4.15(b)],以加长焊缝长度和减小法向应力,提高抗拉能力,但较费钢材。《钢结构焊接规范》(GB 50661—2011)规定,当斜焊缝与作用力间的夹角 θ 符合 $\tan\theta \leqslant 1.5$ 时,强度可不计算。

4.3.2.2 弯矩、剪力共同作用时对接焊缝的计算

(1)矩形截面 如图 4.16 所示为在弯矩与剪力共同作用下的对接焊缝连接的对接接头。由于焊缝截面是矩形,由材料力学可知,最大正应力与最大剪应力不在同一点上,因此应分别验算其最大正应力和剪应力:

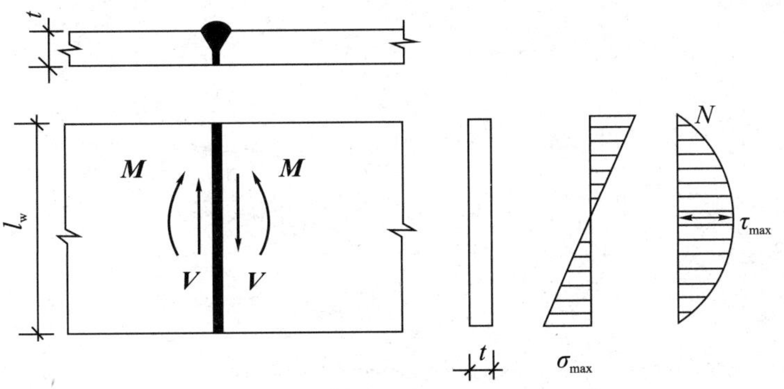

图 4.16　矩形截面对接焊缝受弯矩、剪力共同作用

$$\sigma_{max}=\frac{M}{W_w}=\frac{6M}{l_w^2\cdot t}\leqslant f_t^w \text{ 或 } f_c^w \tag{4.2}$$

$$\tau_{max}=\frac{V\cdot S_w}{I_w\cdot t}\leqslant f_v^w \tag{4.3}$$

式中　M——计算截面处的弯矩设计值；

W_w——焊缝计算截面的截面模量；

V——计算截面的剪力设计值；

S_w——焊缝计算截面在计算剪应力处以上或以下部分截面对中和轴的面积矩；

I_w——焊缝计算截面对中和轴的惯性矩；

f_v^w——对接焊缝的抗剪强度设计值。

(2)工字形截面　如图 4.17 所示为在弯矩与剪力共同作用下的对接焊缝连接的对接接头，焊缝截面为工字形。同理可知截面最大正应力和剪应力亦不在同一点上，也应按式(4.2)和式(4.3)分别进行验算。

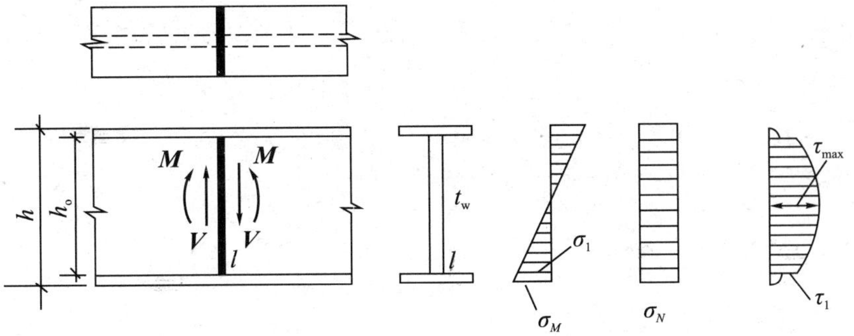

图 4.17　对接焊缝工字形截面受弯矩、剪力共同作用

在工字形焊缝截面翼缘与腹板相交处，同时受有较大的正应力和剪应力，属复杂应力状态，还应验算其折算应力：

$$\sqrt{\sigma_1^2+3\tau_1^2}\leqslant 1.1f_t^w \tag{4.4}$$

式中 σ_1——工字形焊缝截面翼缘与腹板相交处弯曲正应力，$\sigma_1=\frac{M}{W_w}\cdot\frac{h_0}{h}=\sigma_{max}\frac{h_0}{h}$；

τ_1——工字形焊缝截面翼缘与腹板相交处剪应力，$\tau_1=\frac{V\cdot S_1}{I_w\cdot t_w}$；

S_1——工字形截面受拉翼缘对截面中和轴的面积矩；

t_w——工字形截面腹板厚度；

1.1——考虑到最大折算应力只发生在焊缝局部，因此该点的设计强度提高10%。

4.3.2.3 弯矩、剪力和轴心力共同作用下对接焊缝的计算

(1)矩形截面　如图4.18所示，焊缝的最大正应力为轴心力和弯矩引起的应力之和在焊缝截面的上部或下部，最大剪应力在截面中和轴上。

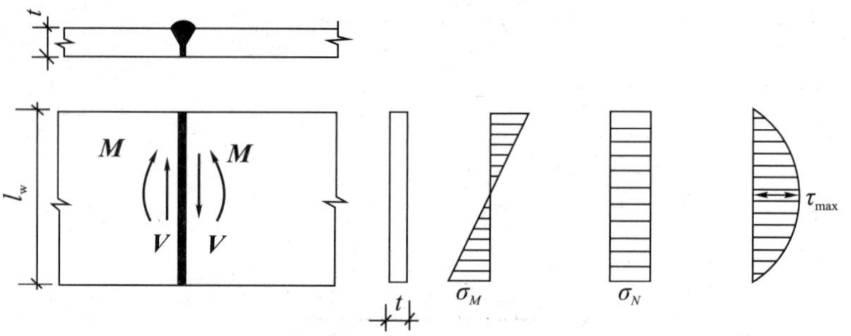

图4.18　矩形截面对接焊缝受弯矩、剪力和轴力共同作用

$$\sigma_{max}=\sigma_N+\sigma_M=\frac{N}{l_w\cdot t}+\frac{M}{W_w}=\frac{6M}{l_w^2\cdot t}\leqslant f_t^w \text{ 或 } f_c^w \tag{4.5}$$

$$\tau_{max}=\frac{V\cdot S_w}{I_w\cdot t}\leqslant f_v^w \tag{4.6}$$

在中和轴上，虽然$\sigma_M=0$，但还有σ_N作用，所以还须验算该处的折算应力：

$$\sqrt{\sigma_N^2+3\tau_{max}^2}\leqslant 1.1f_t^w \tag{4.7}$$

(2)工字形截面　如图4.19所示，同理应分别验算工字形截面的最大正应力、最大剪应力、腹板与翼缘相交处折算应力和中和轴处的折算应力。

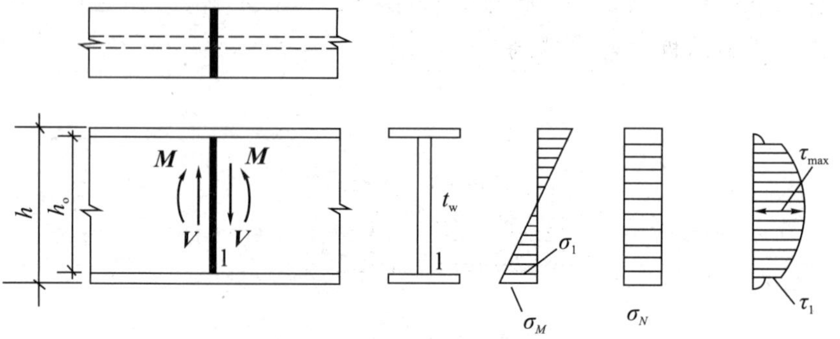

图4.19　对接焊缝工字形截面受变矩、剪力和轴力共同作用

$$\sigma_{\max} = \sigma_N + \sigma_M = \frac{N}{A_w} + \frac{M}{W_w} \leqslant f_t^w \text{ 或 } f_c^w \tag{4.8}$$

$$\tau_{\max} = \frac{V \cdot S_w}{I_w \cdot t_w} \leqslant f_v^w \tag{4.9}$$

$$\sqrt{(\sigma_N + \sigma_1)^2 + 3\tau_1^2} \leqslant 1.1 f_t^w \tag{4.10}$$

$$\sqrt{\sigma_N^2 + 3\tau_{\max}^2} \leqslant 1.1 f_t^w \tag{4.11}$$

式中　A_w——焊缝计算截面面积。

例 4.1　计算图 4.20 所示的两块钢板的对接连接焊缝。已知截面尺寸为 $B=400$ mm，$t=12$ mm，轴心力设计值 $N=900$ kN，钢材为 Q235 钢，采用手工焊，焊条为 E43 型，施焊不用引弧板，焊缝质量等级为三级。

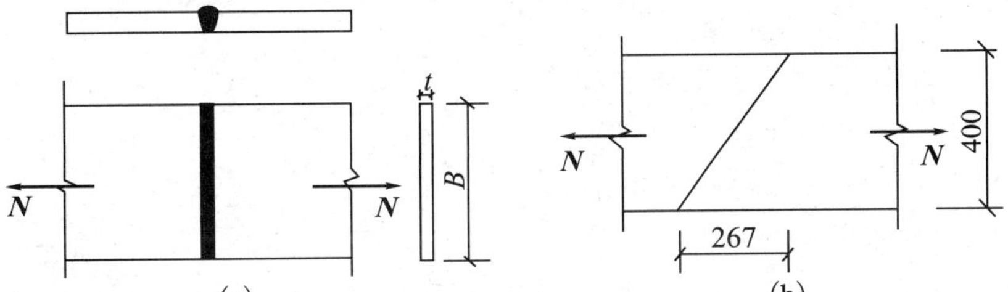

图 4.20　例题 4.1 图

解　根据钢板厚度和焊缝质量等级查附表 1.2，$f_t^w = 185$ N/mm²，焊缝计算长度 $l_w = B - 2t = 400 - 2 \times 12 = 376$ mm。

$$\sigma = \frac{N}{l_w \cdot t} = \frac{900 \times 10^3}{376 \times 10} = 239.4 \text{ N/mm}^2 > f_t^w = 185 \text{ N/mm}^2 \quad \text{不满足要求}$$

应改为如图 3.20(b)所示的斜焊缝来增大焊缝计算长度，取 $\tan\theta = 1.5$，$a = \frac{l}{1.5} = \frac{400}{1.5} = 267$ mm，取 270 mm，焊缝满足要求。

例 4.2　计算如图 4.21 所示由三块钢板焊成的工字形截面的对接焊缝。已知截面尺寸：翼缘宽度 $b=120$ mm，厚度 $t_1=14$ mm；腹板高度 $h=200$ mm，厚度 $t_w=10$ mm。作用在焊缝的弯矩设计值 $M=50$ kN·m，剪力设计值 $V=250$ kN。钢材为 Q235，采用手工焊，焊条为 E43 型，采用引弧板，焊缝质量等级二级。

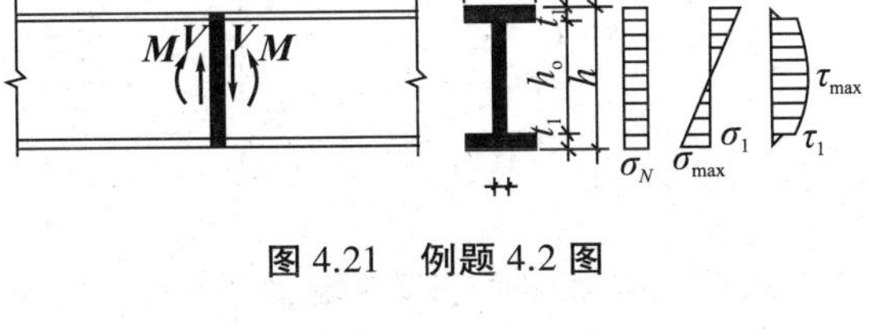

图 4.21　例题 4.2 图

解 根据钢板厚度和焊缝质量等级查附表 1.2，$f_t^w = 215\ \text{N/mm}^2$，$f_v^w = 125\ \text{N/mm}^2$。

焊缝计算截面的特征值：

$A_w = 120 \times 14 \times 2 + 200 \times 10 = 5\ 360\ \text{mm}^2$

$I_w = 10 \times 200^3/12 + 2 \times 120 \times 14 \times 107^2 = 4513.53 \times 10^4\ \text{mm}^4$

$W_w = 4513.53 \times 10^4/114 = 396 \times 10^3\ \text{mm}^3$

$S_1 = 120 \times 14 \times 107 = 179.8 \times 10^3\ \text{mm}^3$

$S_w = 120 \times 14 \times 107 + 100 \times 10 \times 50 = 229.8 \times 10^3\ \text{mm}^3$

强度验算：

$$\sigma_{max} = \frac{M}{W_w} = \frac{50 \times 10^6}{396 \times 10^3} = 126.3\ \text{N/mm}^2 < f_t^w = 215\ \text{N/mm}^2 \quad \text{满足要求}$$

$$\sigma_1 = \sigma_{max}\frac{h_w}{h} = 126.3 \times \frac{200}{228} = 110.8\ \text{N/mm}^2$$

$$\tau_{max} = \frac{VS_w}{I_w t_w} = \frac{250 \times 10^3 \times 229.8 \times 10^3}{4513.53 \times 10^4 \times 10} = 127.3\ \text{N/mm}^2 \approx f_v^w = 125\ \text{N/mm}^2 \quad \text{满足要求}$$

$$\tau_1 = \frac{VS_1}{I_w t_w} = \frac{250 \times 10^3 \times 179.8 \times 10^3}{4513.53 \times 10^4 \times 10} = 99.6\ \text{N/mm}^2$$

$$\sqrt{\sigma_1^2 + 3\tau_1^2} = \sqrt{110.8^2 + 3 \times 99.6^2} = 205\ \text{N/mm}^2 \approx 1.1 f_t^w = 236.5\ \text{N/mm}^2 \quad \text{满足要求}$$

验算表明：连接安全。

4.4 角焊缝的构造和计算

4.4.1 角焊缝的形式和构造

4.4.1.1 角焊缝的形式

角焊缝是沿着待连接板件之一的边缘施焊而成。角焊缝根据两焊脚边的夹角可分为直角角焊缝[图 4.22(a)(b)(c)]和斜角角焊缝[图 4.22(d)(e)(f)]，在钢结构中，最常用的是直角角焊缝，斜角角焊缝主要用于钢管结构中。

直角角焊缝按其截面形式可分为普通型[图 4.22(a)]、平坦型[图 4.22(b)]和凹面型[图 4.22(c)]三种，钢结构一般采用普通型角焊缝，但其力线弯折较多，应力集中严重。对直接承受动力荷载的结构，为使传力平顺，宜采用两焊脚尺寸比例为 1∶1.5 的平坦型（长边顺内力方向）。侧面角焊缝宜采用凹面型角焊缝。

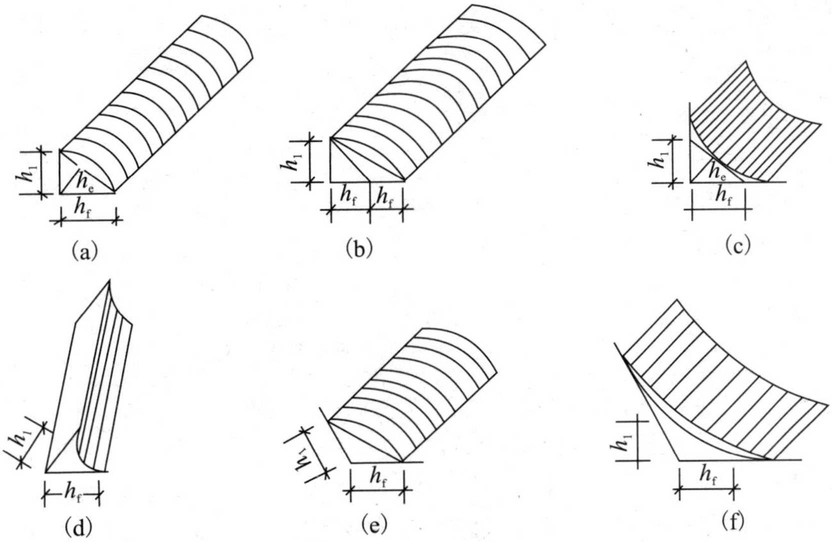

图 4.22　角焊缝截面

角焊缝按其长度方向和外力作用方向的不同可分为平行于力作用方向的侧面角焊缝、垂直于力作用方向的正面角焊缝和与力作用方向成斜交的斜向角焊缝(图 4.23)。

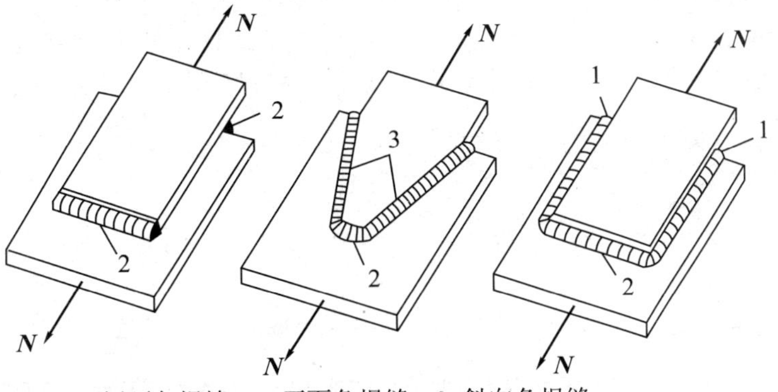

1-侧面角焊缝；2-正面角焊缝；3-斜向角焊缝

图 4.23　角焊缝与作用力方向的关系

普通型角焊缝截面的两个直角边长 h_f 称为焊脚尺寸。试验表明：直角角焊缝的破坏常发生在 45°喉部截面，通常认为直角角焊缝是以 45°方向的最小截面作为有效截面(或称计算截面)。其截面厚度称为计算厚度，用 h_e 表示。直角角焊缝的计算厚度 $h_e = 0.7h_f$。凹面型和平坦型焊缝的 h_f 和 h_e 按图 4.22(b)(c)采用。

4.4.1.2　角焊缝的构造要求

(1)最小焊脚尺寸　角焊缝的焊脚尺寸不能过小。如果焊件较厚，焊脚尺寸过小，将导致施焊时冷却速度过快，可能产生淬硬组成，使焊缝附近主体金属产生裂纹。角焊缝最小焊脚尺寸宜按表 4.3 取值，承受动荷载时角焊缝尺寸不宜小于 5 mm。

表 4.3　角焊缝最小焊脚尺寸 (mm)

母材厚度 t	角焊缝最小焊脚尺寸 h_f
$t \leqslant 6$	3
$6<t \leqslant 12$	5
$12<t \leqslant 20$	6
$t>20$	8

注:(1)采用不预热的非低氢焊接方法进行焊接时,t 等于焊接连接部位中较厚件厚度,宜采用单道焊缝;采用预热的非低氢焊接方法或低氢焊接方法进行焊接时,t 等于焊接连接部位中较薄件厚度。
(2)焊缝尺寸 h_f 不要求超过焊接连接部位上较薄件厚度的情况除外。

(2)最小计算长度　角焊缝焊脚大而长度过小时,将使焊件局部加热严重,并且起弧落弧的弧坑相距太近,可能产生的其他缺陷,使焊缝不够可靠。因此,《钢标》规定,$l_w \geqslant 8h_f$ 且 $l_w \geqslant 40$ mm。

(3)搭接连接角焊缝的尺寸及布置应符合的规定

1)传递轴向力的部件,其搭接连接最小搭接长度应为较薄件厚度的 5 倍,且不应小于 25 mm,并应施焊纵向或横向双角焊缝。

2)只采用纵向角焊缝连接型钢构件端部时,型钢杆件的宽度不应大于 200 mm,当宽度大于 200 mm 时,应加横向角焊缝或中间塞焊;型钢杆件每一侧纵向角焊缝的长度不应小于型钢杆件的宽度。

3)承受动荷载构件端部搭接连接的纵向焊缝长度不应小于两侧焊缝的垂直间距 a,且在塞焊或槽焊等其他措施时,间距 a 不应大于较薄件厚度 t 的 16 倍(图 4.24)。

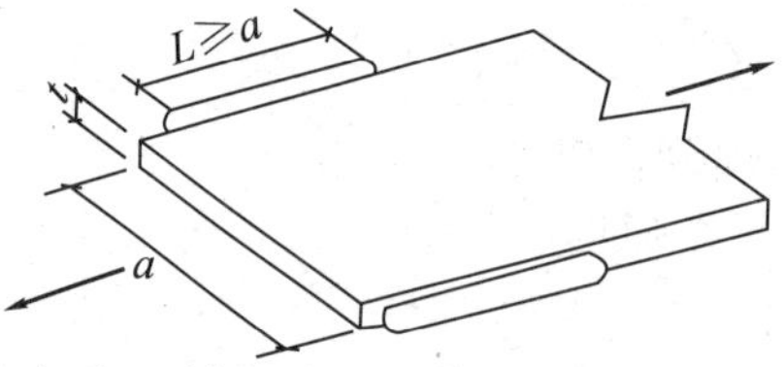

a-不应大于16t(中间有塞焊焊缝或槽焊焊缝时除外)

图 4.24　承受动载不需进行疲劳验算时构件端部纵向角焊缝长度及间距要求

4)型钢杆件搭接连接采用围焊时,在转角处应连续施焊(图 4.25)。杆件端部搭接角焊缝作绕焊时,绕焊长度不应小于焊脚尺寸的 2 倍,并连接施焊。

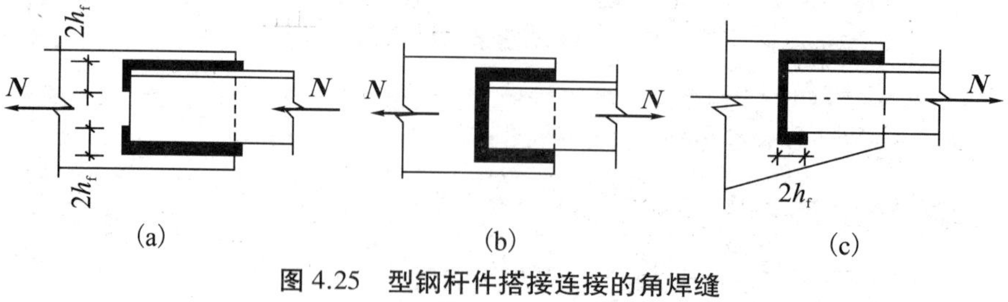

图 4.25　型钢杆件搭接连接的角焊缝

5)搭接焊缝沿母材棱边的最大焊脚尺寸,当板厚不大于 6 mm 时应为母材的厚度,当板厚大于 6 mm 时应为母材厚度减去 1~2 mm(图 4.26)。

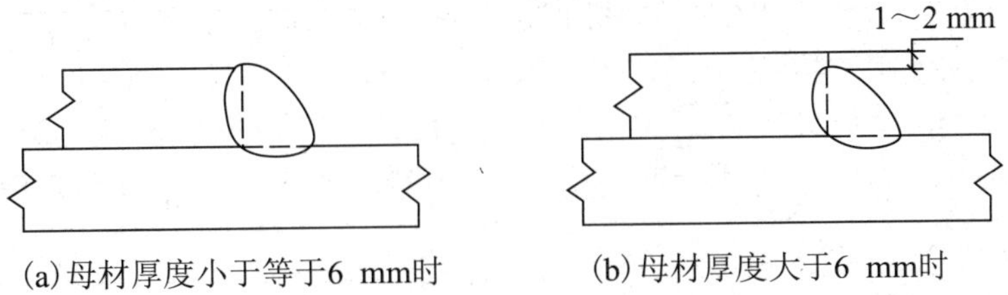

图 4.26　搭接焊缝沿母材棱边的最大焊脚尺寸

6)用搭接焊缝传递荷载的套管连接可只焊一条角焊缝,其管材搭接长度 L 不应小于 $5(t_1+t_2)$,且不应小于 25 mm。搭接焊缝焊脚尺寸应符合设计要求(图 4.27)。

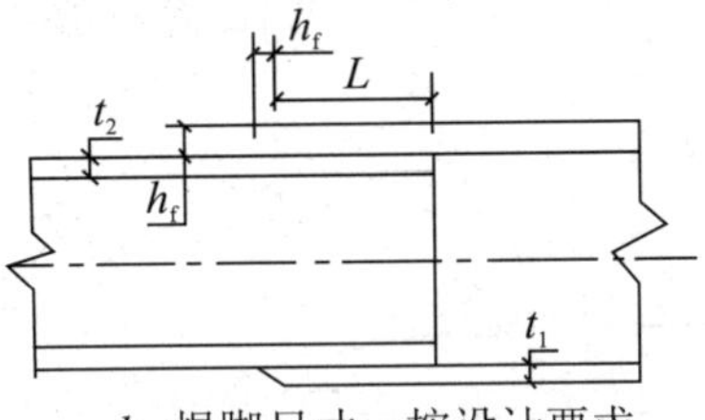

h_f-焊脚尺寸，按设计要求

图 4.27　管材套管连接的搭接焊缝最小长度

4.4.2　角焊缝的计算

4.4.2.1　角焊缝的应力状态

如图 4.28 所示的侧面角焊缝在轴心力 N 作用下,主要承受由剪力 $V=N$ 产生的平行于焊缝长度方向的剪应力 $\tau_{/\!/}$,在弹性阶段,$\tau_{/\!/}$ 沿焊缝长度方向分布不均匀,两端大而中间小。焊缝越长 $\tau_{/\!/}$ 越不均匀。但侧面角焊缝的塑性变形能力较好,两端出现塑性变形,产生应力重分布,在规范规定的长度内,应力分布趋于均匀。故计算时按均匀分布考虑。侧面角焊缝的破坏常由两端开始,在出现裂纹后,通常沿 45°喉部截面迅速断裂。

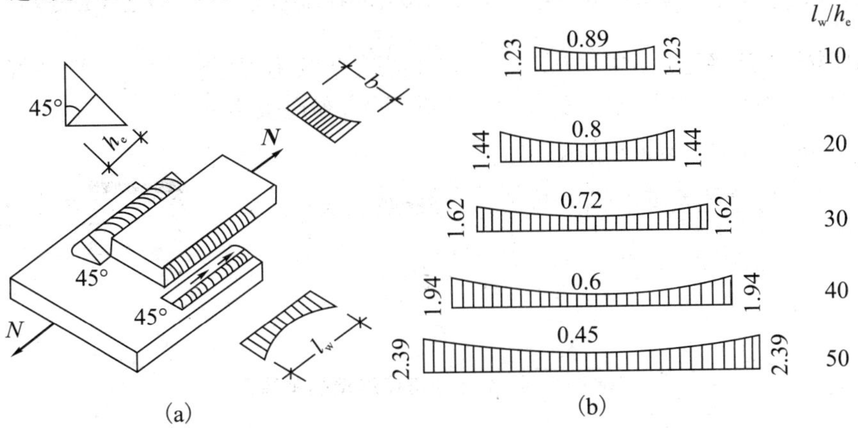

图 4.28　侧面角焊缝应力分布

如图 4.29 所示的正面角焊缝承受轴心力 N 作用下的应力分布情况。应力沿焊缝长度方向分布比较均匀，两端比中间略低，但应力状态比侧面角焊缝复杂，两焊脚边均有正应力和剪应力，且分布不均匀，在 45°喉部截面上则有剪应力 $\tau_{\perp}$ 和正应力 $\sigma_{\perp}$。由于焊缝根部应力集中严重，所以裂纹首先从此处产生，随即整条焊缝断裂，破坏形式可能沿焊缝的焊脚 AB 面剪坏，或 BC 面拉坏，或计算截面 BD 面断裂破坏。正面角焊缝刚度大、塑性差，破坏时变形小，但强度高。

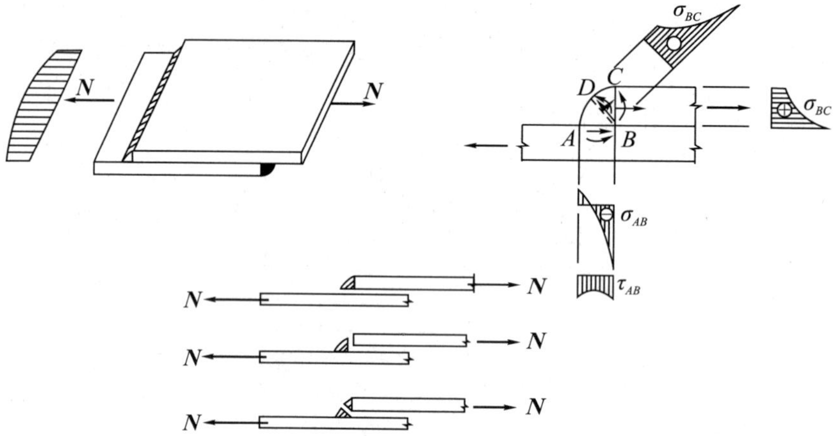

图 4.29 正面角焊缝的应力状态

4.4.2.2 直角角焊缝强度计算的基本公式

由于角焊缝受力后的应力分布很复杂，且正面角焊缝与侧面角焊缝工作差别很大，用精确的方法计算很困难。实际计算时采用简化的方法，假定角焊缝的破坏截面在最小截面（45°喉部截面），其计算厚度为 $h_e = h_f\cos 45° = 0.7h_f$，面积为 $h_e l_w$，l_w 为角焊缝的计算长度，该截面称为角焊缝的计算截面，并假定截面上的应力沿焊缝长度方向均匀分布。

图 4.30(a)所示为一受有垂直于焊缝长度方向的轴心力 N_x 和平行于焊缝长度方向的轴心力 N_y 作用的双面角焊缝 T 形连接。图 4.30(b)所示为该连接中 N_x 在焊缝的计算截面上产生的应力 $\sigma_f = N_x/\left(h_e\sum l_w\right)$。此处 σ_f 不是正应力，也不是剪应力。所以须将其分解为垂直于焊缝计算截面上的正应力 $\sigma_{\perp} = \sigma_f/\sqrt{2}$ 和垂直于焊缝长度方向的剪应力 $\tau_{\perp} = \sigma_f/\sqrt{2}$。$N_y$ 在平行于焊缝长度方向产生剪应力 $\tau_{/\!/} = \tau_f = N_y/\left(h_e\sum l_w\right)$。

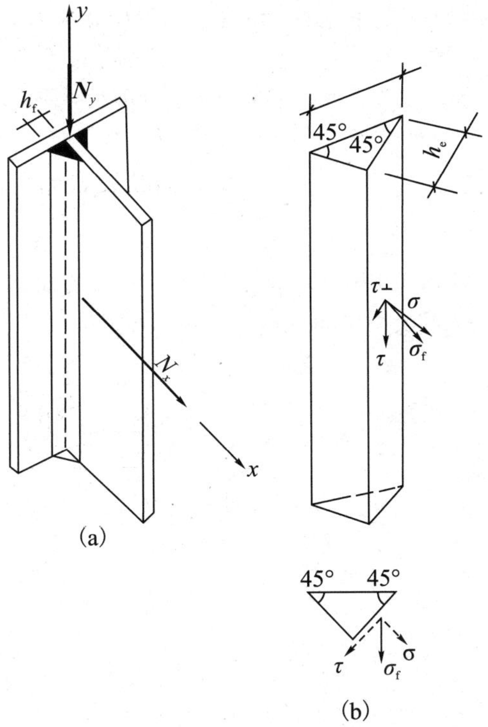

图 4.30　角焊缝的应力分析

在 $\tau_\perp$、$\sigma_\perp$ 和 $\tau_{/\!/}$ 综合作用下，角焊缝处于复杂应力状态，按强度理论折算应力计算：

$$\sqrt{\sigma_\perp^2 + 3(\tau_\perp^2 + \tau_{/\!/}^2)} \leqslant \sqrt{3} f_f^w \tag{4.12}$$

式中　f_f^w——角焊缝的强度设计值。

将前述的 $\tau_\perp$、$\sigma_\perp$ 和 $\tau_{/\!/}$ 代入式(4.12)整理得：

$$\sqrt{\left(\frac{\sigma_f}{1.22}\right)^2 + \tau_f^2} \leqslant f_f^w \tag{4.13}$$

式中的 1.22 为正面角焊缝的强度设计值增大系数。式(4.13)可改写为：

$$\sqrt{\left(\frac{\sigma_f}{\beta_f}\right)^2 + \tau_f^2} \leqslant f_f^w \tag{4.14}$$

式中　σ_f——按焊缝有效截面计算，垂直于焊缝长度方向的应力。

τ_f——按焊缝有效截面计算，平行于焊缝长度方向的应力。

β_f——正面角焊缝的强度设计值增大系数。《钢标》规定：对承受静力荷载或间接承受动力荷载的结构取 1.22；对直接承受动力荷载的结构取 1.0。

f_f^w——角焊缝强度设计值，按附表 1.2 采用。

式(4.14)为《钢标》的角焊缝的一般计算式。

4.4.2.3　角焊缝受轴心力作用时的计算

当作用力（拉力、压力、剪力）通过角焊缝群的形心时，可认为焊缝的应力为均匀分

布。因作用力方向与焊缝长度方向间关系不同,在应用式(4.14)计算时应区分以下情况:

(1)当作用力平行于焊缝长度方向时　此种情况相当于侧面角焊缝受力,式(4.14)中 $\sigma_f=0$,得:

$$\tau_f=\frac{N}{h_e\sum l_w}\leqslant f_f^w \tag{4.15}$$

式中　l_w——角焊缝的计算长度,对每条焊缝等于实际长度减去 $2h_f$。

(2)当作用力垂直于焊缝长度方向时　此种情况相当于正面角焊缝受力,式(4.14)中 $\tau_f=0$,得:

$$\sigma_f=\frac{N}{h_e\sum l_w}\leqslant \beta_f f_f^w \tag{4.16}$$

(3)两方向力综合作用的角焊缝　应分别计算两方向力作用下的 σ_f 和 τ_f,然后按公式(4.14)计算:

$$\sqrt{\left(\frac{\sigma_f}{\beta_f}\right)^2+\tau_f^2}\leqslant f_f^w \tag{4.17}$$

(4)当焊缝方向较复杂时　由侧面、正面和斜向角焊缝级组成的周围角焊缝(图4.31),假设破坏时各部分都达到了各自的极限强度。按下式:

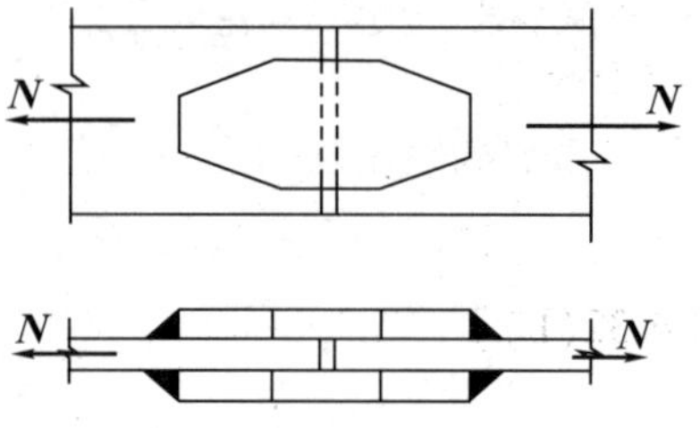

图 4.31　菱形盖板拼接

$$\frac{N}{\sum(\beta_f h_e l_w)}\leqslant f_f^w \tag{4.18}$$

对承受静力或间接动力荷载的结构,上式中 β_f 按下列规定采用:侧面角焊缝部分取 $\beta_f=1.0$;正面角焊缝部分取 $\beta_f=1.22$;斜向角焊缝部分按 $\beta_f=\beta_{f\theta}=1/\sqrt{1-(\sin^2\theta/3)}$ 计算,$\beta_{f\theta}$称为斜向角焊缝强度增大系数,其值在1.0~1.22。表4.4列出了轴心力与焊缝长度方向的夹角 θ 与 $\beta_{f\theta}$的关系,便于使用。对直接承受动力荷载的结构则一律取 $\beta_f=1.0$。

表 4.4　$\beta_{f\theta}$值

θ	0°	20°	30°	40°	45°	50°	60°	70°	80°~90°
$\beta_{f\theta}$	1	1.02	1.04	1.08	1.10	1.11	1.15	1.19	1.22

例 4.3　试设计图 4.32(a)所示一双盖板的对接接头。已知钢板截面为 250 mm×14 mm,盖板截面为 2—200×10,承受轴心力设计值 750 kN(静力荷载),钢材为 Q235,焊条为 E43 型,手工焊。

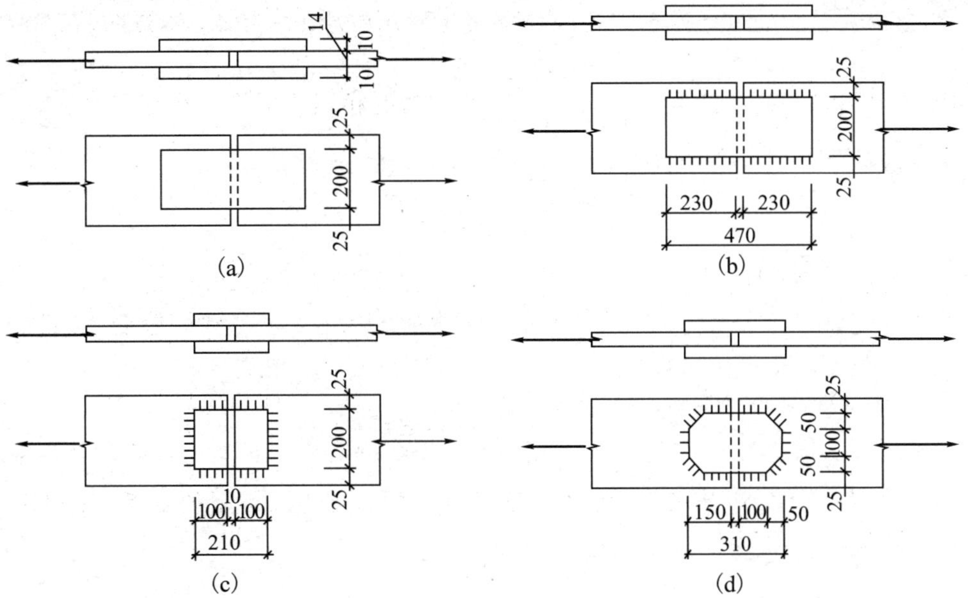

图 4.32　例 4.3 图(单位:mm)

解　确定角焊缝的焊脚尺寸 h_f:

取 $h_f = 8\ \text{mm} \leqslant h_{f\max} = t-(1\sim2)\text{mm} = 10-(1\sim2)\text{mm} = 8\sim9\ \text{mm}$

$< 1.2t_{\min} = 1.2\times10 = 12\ \text{mm}$

$> h_{f\min} = 1.5\sqrt{t_{\max}} = 1.5\times\sqrt{14} = 5.6\ \text{mm}$

查附表 1.2 得角焊缝强度设计值 $f_f^w = 160\ \text{N/mm}^2$。

(1)采用侧面角焊缝[图 4.32(b)]　因用双盖板,接头一侧共有 4 条焊缝,每条焊缝所需的计算长度为:

$$l_w = \frac{N}{4h_e f_f^w} = \frac{750\times10^3}{4\times0.7\times8\times160} = 209.3\ \text{mm} \quad 取\ l_w = 210\ \text{mm}$$

盖板总长 $L = (210+2\times8)\times2+10 = 462\ \text{mm}$　取 $L = 470\ \text{mm}$

$l_w = 210\ \text{mm} < 60h_f = 60\times8 = 480\ \text{mm}$

$> 8h_f = 8\times8 = 64\ \text{mm}$

$l = 230\ \text{mm} > b = 200\ \text{mm}$

$t = 10\ \text{mm} < 12\ \text{mm}$ 且 $b = 200\ \text{mm}$　满足构造要求

(2)采用三面围焊[图 4.32(c)]　正面角焊缝所能承受的内力 N' 为:

$N' = 2\times0.7\times h_f l'_w \beta_f f_f^w = 2\times0.7\times8\times200\times1.22\times160 = 437284\ \text{N}$

接头一侧所需侧缝的计算长度为:

$$l'_w = \frac{N-N'}{4h_e f_f^w} = \frac{750000-437284}{4\times0.7\times8\times160} = 87.3\ \text{mm}$$

盖板总长:$L = (87.3+8)\times2+10 = 200.6\ \text{mm}$　取 210 mm

(3)采用菱形盖板[图 4.32(d)]　为使传力较平顺和减小拼接盖板四角处焊缝的应

力集中，可将拼接盖板做成菱形。连接焊缝由 3 部分组成，取：①两条端缝 $l_{w1}=100$ mm，②四条侧缝 $l_{w2}=(100-8)$ mm $=92$ mm，③四条斜缝 $l_{w3}=\sqrt{50^2+50^2}=71$ mm。其承载力分别为：

$N_1=\beta_f h_e \sum l_w f_f^w = 1.22\times0.7\times8\times2\times100\times160=218624$ N

$N_2=h_e \sum l_w f_f^w = 0.7\times8\times4\times92\times160=329728$ N

斜焊缝 $\theta=45°$，由表 4.4 查得 $\beta_{f\theta}=1.1$，则：

$N_3=h_e \sum l_w \beta_{f\theta} f_f^w = 0.7\times8\times4\times71\times1.1\times160=279910$ N

连接一侧共能承受的内力为：

$N_1+N_2+N_3=828.3$ kN>750 kN

所需拼接盖板总长：$L=(50+100)\times2+10=3100$ mm，比采用三面围焊的矩形盖板的长度有所增加，但减小了应力集中现象，改善了连接的工作性能。

4.4.3 角钢连接的角焊缝计算

在钢桁架中，杆件一般用角钢，各杆件用连接板用角焊缝连接在一起，连接焊缝可以采用两侧缝、三面围焊和 L 形围焊三种形式（图 4.33）。杆件轴心受力，为了避免焊缝偏心受力，焊缝传递的合力作用线应与杆件的形心重合。

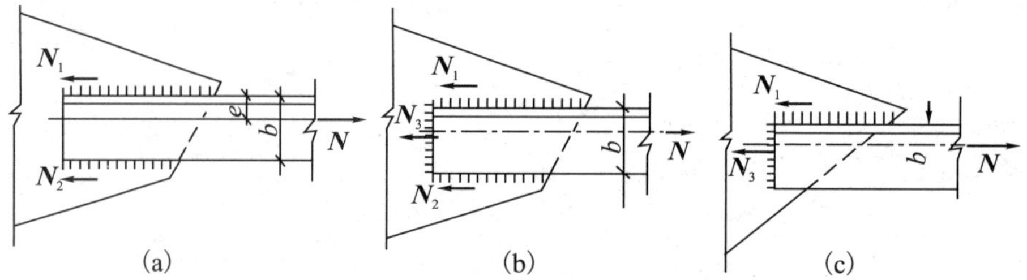

图 4.33 桁架腹杆与节点板的连接

（1）采用两面侧面角焊缝连接［图 4.33（a）］ 虽然轴心力通过截面形心，但由于截面形心到角钢肢背和肢尖的距离不等，肢背焊缝和肢尖焊缝承担的内力也不相等。设 N_1、N_2 分别为角钢肢背和肢尖焊缝承担的内力，由平衡条件 $\sum M=0$，可得

$$N_1=\frac{b-z_0}{b}N=K_1N \tag{4.19}$$

$$N_2=\frac{z_0}{b}N=K_2N \tag{4.20}$$

式中 b——角钢肢宽；

z_0——角钢的形心轴到肢背的距离（可查型钢表）；

K_1、K_2——角钢肢背与角钢肢尖焊缝的内力分配系数，可按表 4.5 的近似值取用。

表 4.5　角钢肢背与角钢肢尖焊缝的内力分配系数

角钢类型		等边角钢	不等边角钢 （短边相连）	不等边角钢 （长边相连）
连接情况		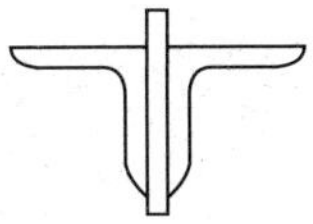	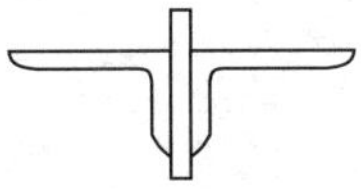	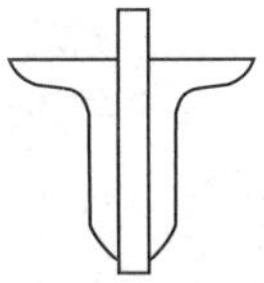
分配系数	角钢肢背 K_1	0.70	0.75	0.65
	角钢肢尖 K_2	0.30	0.25	0.35

（2）采用三面围焊连接［图 4.33（b）］　先根据构造要求选取正面角焊缝的焊脚尺寸 h_{f3}，计算其所能承担的内力 N_3（设截面为双角钢组成的 T 形截面）：

$$N_3 = 2 \times 0.7 h_f b \beta_f f_f^w \tag{4.21}$$

由平衡条件可得：

$$N_1 = K_1 N - \frac{N_3}{2} \tag{4.22}$$

$$N_2 = K_2 N - \frac{N_3}{2} \tag{4.23}$$

（3）采用 L 形围焊［图 4.33（c）］　令式（4.23）中的 $N_2=0$，可得：

$$N_3 = 2K_2 N \tag{4.24}$$

$$N_1 = N - N_3 = (1 - 2K_2)N \tag{4.25}$$

根据以上计算求得的各条焊缝的内力后，按构造要求选定肢背与肢尖焊缝的焊脚尺寸，可计算出肢背与肢尖焊缝的计算长度。对于双角钢组成的 T 形截面：

肢背的 1 条侧面角焊缝长：

$$l_{w1} = \frac{N_1}{2 \times 0.7 h_{f1} f_f^w} \tag{4.26}$$

肢尖的 1 条侧面角焊缝长：

$$l_{w2} = \frac{N_2}{2 \times 0.7 h_{f2} f_f^w} \tag{4.27}$$

式中　h_{f1}——角钢肢背上侧面角焊缝的焊脚尺寸；

　　h_{f2}——角钢肢尖上侧面角焊缝的焊脚尺寸。

每条侧面角焊缝的实际长度，根据施焊情况和连接类型来确定：用围焊相连（三面围焊或 L 形围焊）时，由于在杆件端部转角处必须连续施焊，每条侧面角焊缝只有一端可能起灭弧，所以焊缝的实际长度为计算长度加 h_f；用侧面角焊缝相连时，每条侧面角焊缝的实际长度为计算长度加 $2h_f$；对于采用绕角焊的侧面角焊缝，其实际长度等于计算长度（绕角焊缝长度 $2h_f$ 不进入计算）。

例 4.4 试确定图 4.34 所示承受静态轴心力的三面围焊连接的承载力及肢尖焊缝的长度。已知角钢为 2∟110×10，与厚度为 8 mm 的节点板连接，其搭接长度为300 mm，焊脚尺寸 $h_f=8$ mm，钢材为 Q235B，手工焊，焊条为 E43 型。

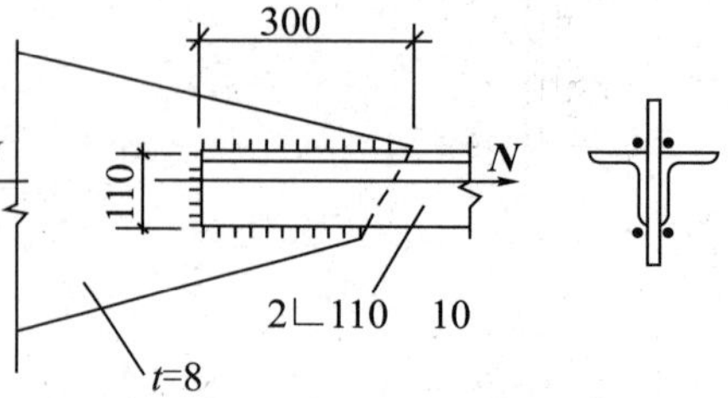

图 4.34 例 4.4 图(单位:mm)

解 角焊缝强度设计值 $f_f^w=160\ \text{N/mm}^2$。焊缝内力分配系数：$K_1=0.70$，$K_2=0.30$。正面角焊缝的长度等于相连角钢肢的宽度，即 $l_{w3}=b=110$ mm，则正面角焊缝所能承受的内力 N_3 为：

$$N_3=2h_e l_{w3}\beta_f f_f^w=2\times0.7\times8\times110\times1.22\times160=240.5\ \text{kN}$$

肢背角焊缝所能承受的内力 N_1 为：

$$N_1=2h_e l_{w1} f_f^w=2\times0.7\times8\times(300-8)\times160=523.3\ \text{kN}$$

三面围焊连接的承载力：

由 $N_1=K_1N-\dfrac{N_3}{2}$ 得 $N=\dfrac{N_1+\dfrac{N_3}{2}}{K_1}=\dfrac{523.3+\dfrac{240.5}{2}}{0.70}=919.4\ \text{kN}$

计算肢尖焊缝承受的内力 $N_2=K_2N-\dfrac{N_3}{2}=0.30\times919.4-120.3=155.52\ \text{kN}$

由此可算出肢尖焊缝的长度为：

$$l_{w2}=\frac{N_2}{2h_e f_f^w}+8=94.8\ \text{mm}$$

4.4.4 弯矩、轴心力和剪力联合作用时 T 形连接的角焊缝计算

图 4.35 所示为一受斜向偏心拉力 F 作用的角焊缝连接 T 形接头。计算时，可将作用力 F 分解并向焊缝有效截面形心简化，角焊缝同时承受轴心力 $N=F_x$、剪力 $V=F_y$ 和弯矩 $M=F_x\cdot e$ 的共同作用。焊缝计算截面上的应力分布如图 4.35(b)所示，图中 A 点应力最大，为控制设计点。其所受的由 N 和 M 产生的垂直于焊缝长度方向的应力为：

$$\sigma_f^N=\frac{N}{A_w}=\frac{N}{2h_e l_w} \tag{4.28}$$

和

$$\sigma_f^M=\frac{M}{W_w}=\frac{6M}{2h_e l_w^2} \tag{4.29}$$

由 V 产生平行于焊缝长度方向的应力为：

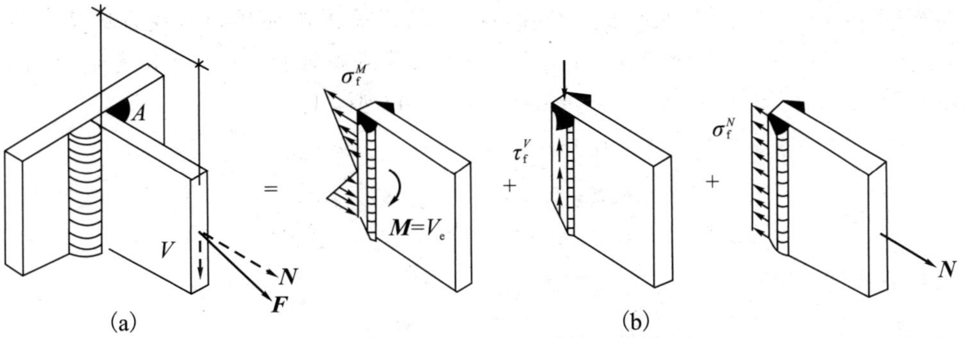

图 4.35　弯矩、剪力和轴心力共同作用时 T 形接头的角焊缝

$$\tau_f^V = \frac{V}{A_w} = \frac{V}{2h_e l_w} \tag{4.30}$$

代入式(4.14),A 点焊缝应满足:

$$\sqrt{\left(\frac{\sigma_f^N + \sigma_f^M}{\beta_f}\right)^2 + \tau_f^2} \leqslant f_f^w \tag{4.31}$$

当仅有弯矩和剪力共同作用,即上式中 $\sigma_f^N = 0$ 时,可得:

$$\sqrt{\left(\frac{\sigma_f^M}{\beta_f}\right)^2 + \tau_f^2} \leqslant f_f^w \tag{4.32}$$

式中　A_w ——角焊缝的有效截面面积;

W_w ——角焊缝的有效截面模量。

例 4.5　计算外力 F 如图 4.36 所示。$F = 300$ kN(静力荷载),$e = 100$ mm,$f_f^w = 160$ N/mm^2,$h_f = 10$ mm,钢材为 Q235,焊条为 E43 型。试验算焊缝承载力是否满足要求。

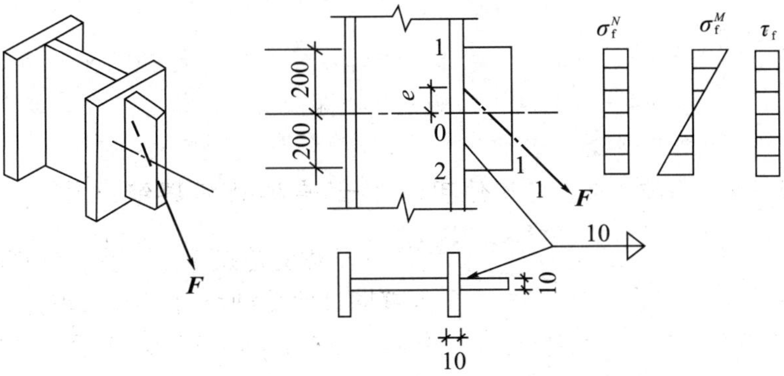

图 4.36　例 4.5 图(单位:mm)

解　将 F 向焊缝群形心简化,得轴力 $N = \frac{F}{\sqrt{2}}$,剪力 $V = \frac{F}{\sqrt{2}}$ 和弯矩 $M = Ne = Fe/\sqrt{2}$,由 N 产生 σ_f^N,V 产生 τ_f^V,假定 σ_f^N、τ_f^V 在焊缝有效截面上均匀分布;由 M 产生 σ_f^M。

由应力分析可知截面最上端 1 点最危险。

$$\sigma_f^N = \frac{N}{2 \times h_e l_w} = \frac{300 \times 10^3/\sqrt{2}}{2 \times 0.7 \times 10 \times (400 - 2 \times 10)} = 40\ \text{N/mm}^2$$

$$\tau_f^V = \frac{V}{2 \times h_e l_w} = \frac{300 \times 10^3/\sqrt{2}}{2 \times 0.7 \times 10 \times (400 - 2 \times 10)} = 40\ \text{N/mm}^2$$

$$\sigma_f^M = \frac{6M}{2 \times h_e l_w^2} = \frac{6 \times (300 \times 10^3/\sqrt{2}) \times 100}{2 \times 0.7 \times 10 \times (400 - 2 \times 10)^2} = 63\ \text{N/mm}^2$$

代入公式(4.31)：

$$\sqrt{\left(\frac{\sigma_f^N + \sigma_f^M}{\beta_f}\right)^2 + \tau_f^2} = \sqrt{\left(\frac{40 + 63}{1.22}\right)^2 + 40^2} = 93\ \text{N/mm}^2 \leqslant f_f^w = 160\ \text{N/mm}^2$$

满足要求，焊缝安全。

例 4.6 设计一牛腿与钢柱的连接。牛腿尺寸如图 4.37 所示。计算外力 $F=350$ kN（静力荷载），$e=200$ mm，钢材为 Q235，焊条为 E43 型，$f_f^w=160$ N/mm²。试计算该连接的角焊缝。

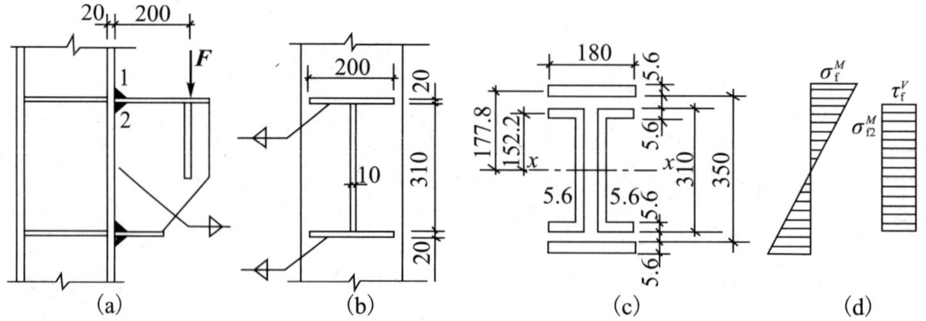

图 4.37 例 4.6 图(单位:mm)

解 将力 F 向焊缝计算截面的形心简化后，得剪力 $V=F=350$ kN，弯矩 $M=Fe=350\times200=70000$ kN·mm。因牛腿翼缘板的竖向刚度较低，一般考虑剪力全部由腹板上的两条焊缝承受，弯矩由全部焊缝承受。

(1)焊缝有效截面的几何参数

取 $h_f=8\text{ mm} < h_{f\max}=1.2t_{\min}=1.2\times10=12\text{ mm}$

$$> h_{f\min}=1.5\sqrt{t_{\max}}=1.5\times\sqrt{20}=6.7\text{ mm}$$

焊缝有效截面如图 3.37(c)所示。

腹板上竖向焊缝计算面积为：

$$A_f^w=2\times0.7\times8\times310=3472\text{ mm}^2$$

焊缝计算截面对 x 轴的惯性矩为：

$$I_{fx}=2\times0.7\times8\times(200-2\times8)\times177.8^2+4\times0.7\times8\times(95-5.6-8)\times152.2^2+\frac{1}{12}\times0.7\times8\times310^3\times2$$

$$=1.352\times10^8\text{ mm}^4$$

焊缝计算截面模量：

$$W_f=\frac{1.352\times10^8}{180.6}=74.86\times10^4\ \text{mm}^3$$

(2)焊缝强度验算　"1"点有由弯矩 M 产生的垂直于焊缝长度方向的应力：

$$\sigma_f^M=\frac{M}{W_w}=\frac{70000\times10^3}{74.86\times10^4}=93.5\ \text{N/mm}^2<1.22f_f^w=195\ \text{N/mm}^2$$

"2"点有由弯矩 M 和剪力 V 产生的应力：

$$\sigma_{f2}^M=\sigma_f^M\frac{h_0}{h}=93.5\times\frac{155}{180.6}=80.2\ \text{N/mm}^2$$

$$\tau_f=\frac{V}{A_f}=\frac{350\times10^3}{3472}=100.8\ \text{N/mm}^2$$

$$\sqrt{\left(\frac{\sigma_{f2}^M}{\beta_f}\right)^2+\tau_f^2}=\sqrt{\left(\frac{80.2}{1.22}\right)^2+100.8^2}=120.3\ \text{N/mm}^2\leqslant f_f^w=160\ \text{N/mm}^2$$

所以焊缝强度满足要求。

4.4.5　扭矩、轴心力和剪力共同作用的搭接连接角焊缝的计算

如图 4.38 所示角焊缝受到斜向拉力 F 的作用。分析时，通常先把 F 向焊缝群有效截面形心"O"处简化，于是在该形心处便作用有剪力 $V=F_y$，轴力 $N=F_x$ 及扭矩 $T=Ve$。可与图 4.38(b)所示的 T、V、N 单独作用等效。

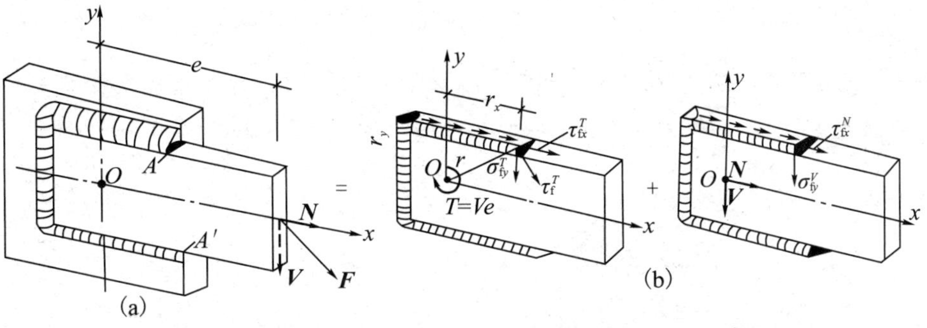

图 4.38　扭矩、轴心力和剪力共同作用的搭接连接角焊缝

由于剪力 V 和轴力 N 通过焊缝有效截面形心"O"，可假定剪力 V 和轴力 N 由全部角焊缝的计算截面面积 $A_w=\sum h_e l_w$ 均匀承受。

扭矩作用于角焊缝所在的平面内，使角焊缝产生扭转。计算时通常采用了以下假定：

①被连接板件是绝对刚性的，而焊缝是弹性的；

②在扭矩 T 作用下，被连接板件围绕角焊缝有效截面形心"O"发生旋转，焊缝群上任一点的应力方向和扭矩方向一致，且垂直于该点与形心"O"的连线，大小则与扭矩和连线的距离 r 成正比，和焊缝有效截面对"O"点的极惯性矩 I_p 成反比。所以最危险点应在 r 最大处，即图 4.38 中的 A 或 A'点。

T 在 A 点引起的应力按下式计算：

$$\tau_f^T = \frac{Tr}{I_p} \tag{4.33}$$

式中 $I_p = I_x + I_y$——角焊缝有效截面对其形心“O”的极惯性矩，I_x、I_y 分别为角焊缝有效截面对 x、y 轴的惯性矩。

τ_f^T 可分解为垂直于水平焊缝长度方向分应力 σ_{fy}^T 和平行于水平焊缝长度方向分应力 τ_{fx}^T：

$$\sigma_{fy}^T = \frac{Tr_x}{I_p} = \frac{Tr_x}{I_x + I_y} \tag{4.34}$$

$$\tau_{fx}^T = \frac{Tr_y}{I_p} = \frac{Tr_y}{I_x + I_y} \tag{4.35}$$

式中 r_x、r_y——r 在 x 轴和 y 轴方向的投影长度。

在剪力 V 作用下产生的垂直于水平焊缝长度方向均匀分布的应力为：

$$\sigma_{fy}^V = \frac{V}{h_e \sum l_w} \tag{4.36a}$$

在轴力 N 作用下产生的平行于水平焊缝长度方向均匀分布的应力为：

$$\tau_{fx}^N = \frac{N}{h_e \sum l_w} \tag{4.36b}$$

根据式(4.14)，最危险点 A 点的强度计算公式：

$$\sqrt{\left(\frac{\sigma_{fy}^T + \sigma_{fy}^V}{\beta_f}\right)^2 + (\tau_{fx}^T + \tau_{fx}^N)^2} \leqslant f_f^w \tag{4.37}$$

例 4.7 图 4.39 所示厚度为 12 mm 的支托板和柱搭接接头，支托板宽度 $l_1 = 500$ mm，搭接长度 $l_2 = 400$ mm，荷载设计值 $F = 200$ kN，偏心距 $e_1 = 200$ mm(至柱翼缘边的距离)，钢材为 Q235，手工焊，焊条为 E43 型，试确定该焊缝的焊脚尺寸并验算该焊缝的强度。柱翼缘厚度为 20 mm。

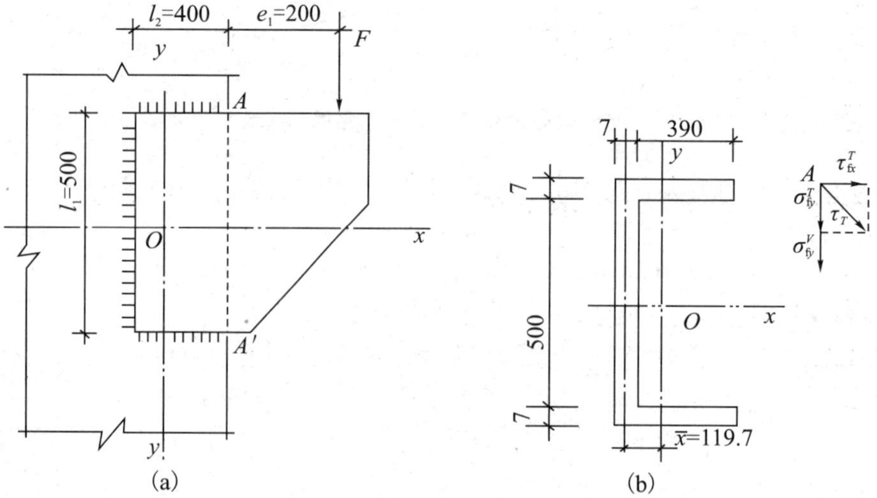

图 4.39 例 4.7 图(单位：mm)

解　选取 $h_f=10\ \text{mm}<h_{f\max}=1.2t_{\min}=1.2\times12=14.4\ \text{mm}$

$$>h_{f\min}=1.5\sqrt{t_{\max}}1.5\times\sqrt{20}=6.7\ \text{mm}$$

(1)焊缝有效截面的几何参数　焊缝截面面积：

$A_f=2\times0.7\times10\times(400-10)+0.7\times10\times514=9058\ \text{mm}$

焊缝计算截面的形心位置为：

$$\bar{x}=\frac{2\times0.7\times10\times(400-10)\times[0.5\times(400-10)+0.5\times0.7\times10]}{0.7\times10\times[(400-10)\times2+(500+2\times0.7\times10)]}=119.7\ \text{mm}$$

焊缝截面的惯性矩：

$$I_x=\frac{1}{12}\times0.7\times10\times514^3+2\times0.7\times10\times390\times253.5^2=4.3\times10^8\ \text{mm}^4$$

$$I_y=0.7\times10\times514\times119.7^2+2\left[\frac{1}{12}\times0.7\times10\times390^3+0.7\times10\times390\times\left(\frac{390}{2}+3.5-119.7\right)^2\right]$$

$$=1.55\times10^8\ \text{mm}^4$$

$I_p=I_x+I_y=4.3\times10^8+1.55\times10^8=5.85\times10^8\ \text{mm}^4$

(2)焊缝强度验算　根据应力分析，图 3.39 所示 A 点为最危险点。

$T=200\times[200+400+3.5-119.7]=96760\ \text{kN}\cdot\text{mm}$

$$\sigma_{fy}^T=\frac{T\times r_x}{I_p}=\frac{94760\times10^3\times283.8}{5.85\times10^8}=46\ \text{N/mm}^2$$

$$\tau_{fx}^T=\frac{T\times r_y}{I_p}=\frac{94760\times10^3\times257}{5.85\times10^8}=41.63\ \text{N/mm}^2$$

$$\sigma_{fy}^V=\frac{V}{A_f}=\frac{200\times10^3}{9058}=22.1\ \text{N/mm}^2$$

代入式(4.37)：

$$\sqrt{\left(\frac{\sigma_{fy}^T+\sigma_{fy}^V}{\beta_f}\right)^2+(\tau_{fx}^T)^2}=\sqrt{\left(\frac{59.9+22.1}{1.22}\right)^2+54.2^2}=76.44\ \text{N/mm}^2$$

焊缝强度满足要求。

4.5　焊接残余应力和残余变形

4.5.1　焊接残余应力和残余变形产生的原因

焊接过程是一个不均匀加热和冷却的过程。冷却时，焊缝和焊缝附近的钢材受约束不能自由收缩，而产生焊接变形和焊接应力。

焊接应力按其与焊缝长度方向或厚度方向的关系可分为纵向残余应力、横向残余应力和厚度方向残余应力。

4.5.1.1　纵向残余应力

纵向残余应力是指沿焊缝长度方向的应力。在两块钢板上施焊时，钢板上产生不均匀的温度场，焊缝附近温度最高可达 1600 ℃，形成温度高峰，其邻近区域温度较低，而且下降很快（图 4.40）。不均匀的温度场要求焊缝及母材纤维产生不均匀的自由伸长，温度高的部分自由伸长大，温度低的部分自由伸长小。但焊件是一个整体，具有一定的刚度，组成纤维不能按温度曲线而自由伸长。焊缝及附近母材都处于热塑状态，纤维受到压缩，但不产生应力，即热塑变形。焊缝及附近母材冷却恢复弹性，收缩受到限制将导致焊缝金属纵向受拉，两侧钢板因焊缝收缩牵制而受压，形成如图 4.41(b)所示的纵向焊接残余应力分布。无外加约束的情况下，焊接残余应力是自相平衡的内应力。

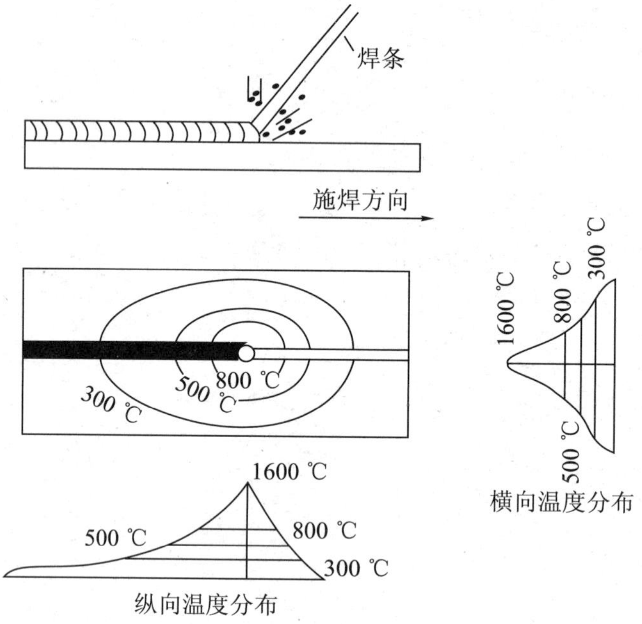

图 4.40　焊接时焊缝附近温度场

4.5.1.2　横向残余应力

横向残余应力产生的原因：一是焊缝纵向收缩，使两块钢板趋向于反方向的弯曲变形，但钢板已焊成一体，于是两块钢板的中间产生横向拉应力，两端产生压应力[图 4.41(c)]。二是由于焊缝在施焊过程中各部分冷却时间不同，先焊的部分已经凝固，阻止后焊部分在横向自由膨胀，使其产生横向的塑性压缩变形。冷却时，后焊部分的收缩受到已凝固部分的限制而产生横向拉应力，而先焊部分则产生横向压应力，因应力自相平衡更远处的部分则受拉应力[图 4.41(d)]。

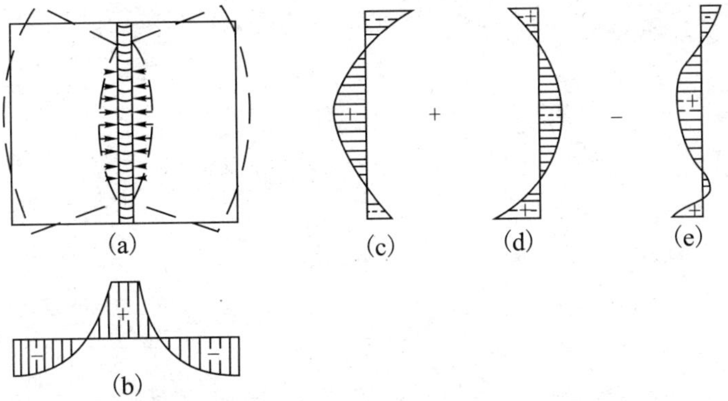

(a)焊缝的纵向收缩;(b)纵向残余应力;(c)(d)(e)横向残余应力

图 4.41　焊接残余应力

4.5.1.3　厚度方向残余应力

在厚钢板的焊接连接中,外层焊缝因散热快而先冷却结硬,中间后冷却而收缩受到限制,从而可能形成沿厚度方向的残余应力(图 4.42)。

这样焊缝内可能出现纵向残余应力 σ_x、横向残余应力 σ_y 和厚度方向残余应力 σ_z。若这三种应力形成同号三向应力,将大大降低连接的塑性。

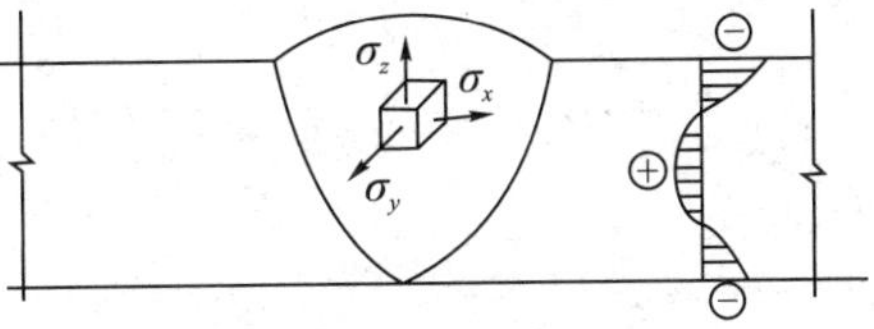

图 4.42　厚度方向残余应力

4.5.2　焊接残余应力和残余变形的危害

焊接残余应力对在常温下承受静力荷载的结构的承载力没有影响,因为焊接残余应力加上外力引起的应力达到屈服点,应力不再增加,外力由两侧的弹性区承担,直到截面达到屈服点为止,如图 4.43 所示。

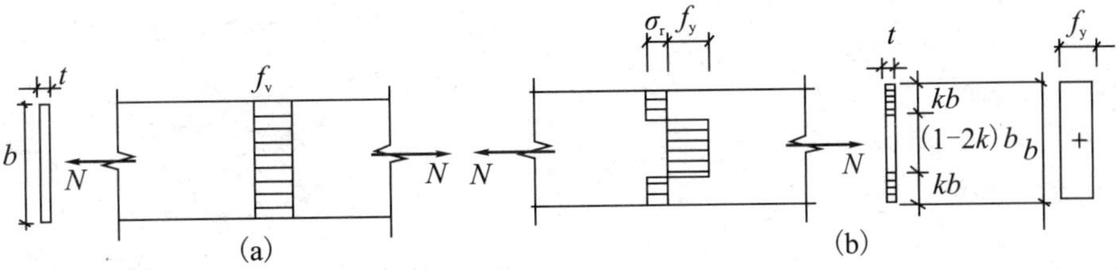

图 4.43　有焊接应力截面的强度

虽然在常温和静载作用下,焊接残余应力对强度没有什么影响,但对刚度则有影响。

因为焊缝中存在三向应力,阻碍了塑性变形,使裂缝容易发生和发展,因此疲劳强度降低。另外,还会降低压杆稳定性。

焊接残余变形有纵向和横向的收缩变形、弯曲变形、角变形和扭曲变形等(图 4.44)。焊接残余变形会使构件不能保持正确的设计尺寸及位置,使安装困难,甚至有可能影响结构的工作。例如轴心压杆,因焊接发生了弯曲变形,变成了压弯构件,强度和稳定承载力都受影响。

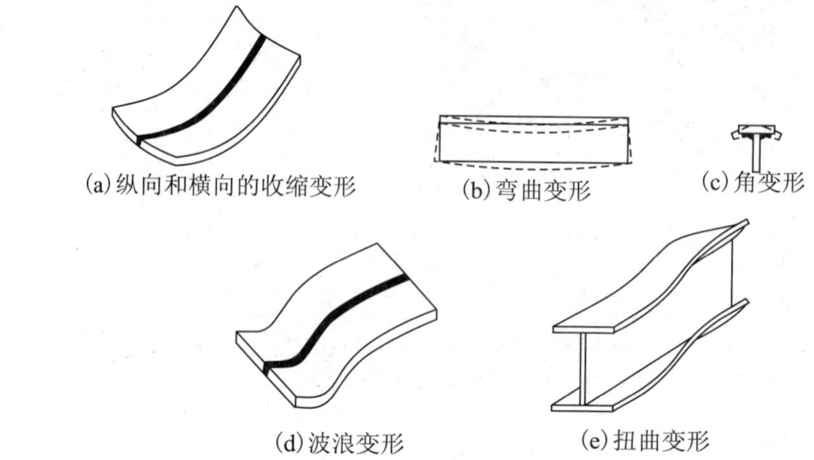

图 4.44 焊接变形

4.5.3 减少焊接残余应力和残余变形的措施

4.5.3.1 设计上的措施

合理安排焊接位置,尽可能使焊缝对称布置;选用适当的焊缝尺寸;尽量避免焊缝过度集中和多方向相交;连接过渡尽可能平缓。

4.5.3.2 工艺方面

采用合理的施焊次序,如钢板分块拼接,厚焊缝采用分层焊,工字形截面按对角跳焊,长焊缝采用分段退焊等(图 4.45)。

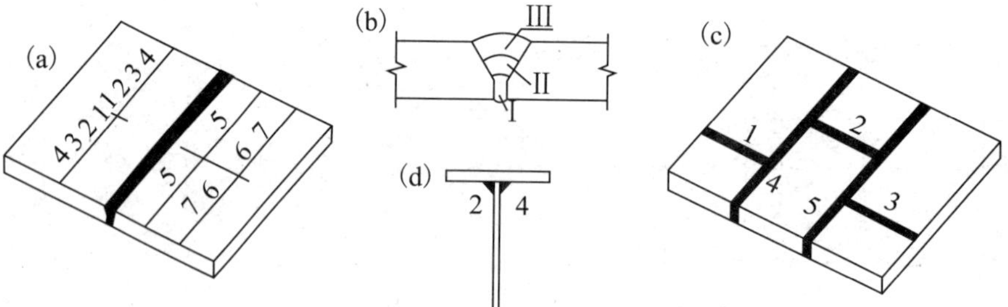

图 4.45 合理的焊接次序

采用反向预变形(图 4.46),即施焊前给构件一个与焊接变形相反的变形,使之与焊接所引起的变形相抵消,以减少最终的焊接变形。

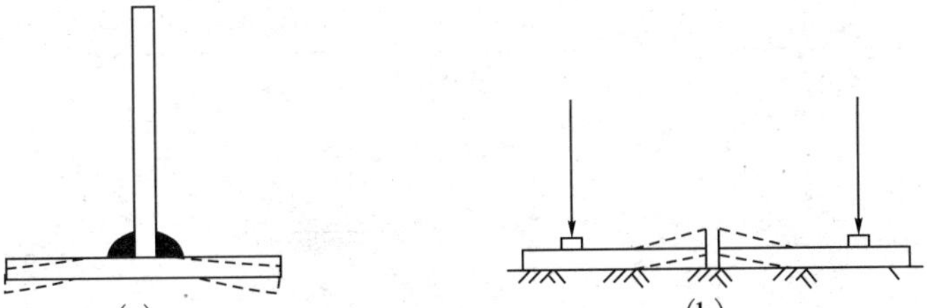

图 4.46　减少焊接变形的措施

对已产生变形的构件，可局部加热后用机械的方法进行校正。

对小尺寸的构件，可在焊前预热，或焊后回火加热到 600 ℃左右，然后缓慢冷却可消除焊接残余应力。焊接后对焊件进行锤击，也可减少焊接应力与焊接变形。

4.6　普通螺栓连接的构造和计算

4.6.1　普通螺栓连接的构造

4.6.1.1　螺栓的规格

钢结构采用的普通螺栓形式为六角头型，其代号用字母 M 与公称直径（单位：mm）表示，建筑工程常用 M16、M20、M24 等。

钢结构施工图采用的螺栓及孔的图例见表 4.6。

表 4.6　螺栓及孔图例

序号	名称	图例	说明
1	永久螺栓	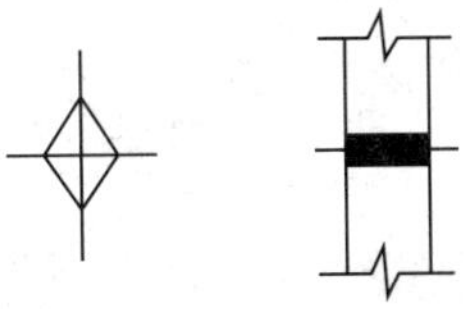	1.细“十”线表示定位线 2.必须标注螺栓直径及孔径
2	安装螺栓	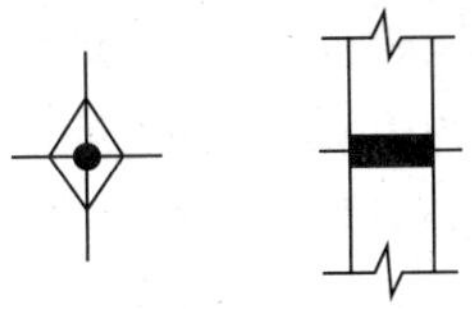	
3	高强度螺栓	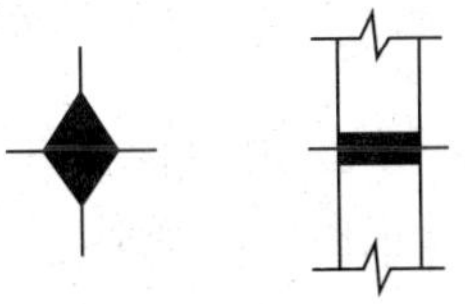	

续表 4.6

序号	名称	图例	说明
4	圆形螺栓孔	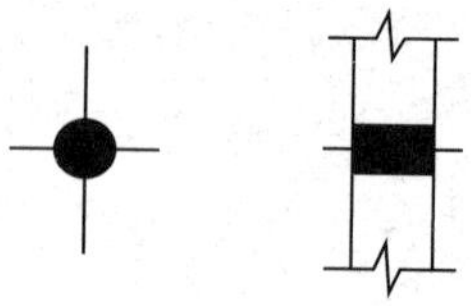	1.细“+”线表示定位线 2.必须标注螺栓直径及孔径
5	长圆形螺栓孔	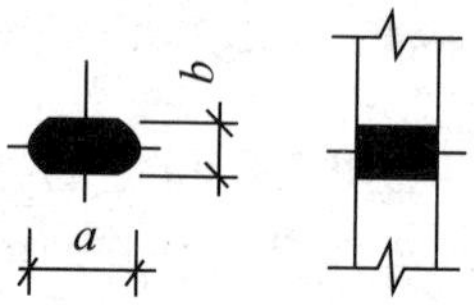	

4.6.1.2　螺栓的排列

螺栓的排列应遵循简单紧凑、整齐划一和便于安装紧固的原则，通常采用并列和错列两种形式（图 4.47）。并列简单，但螺栓也对截面削弱较大；错列紧凑，减少截面削弱，但排列较繁。

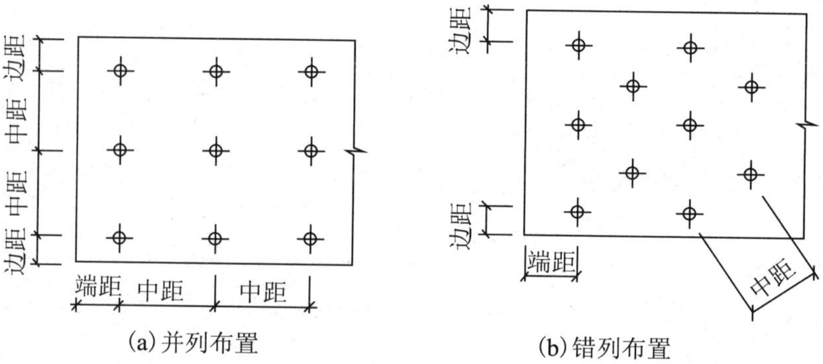

图 4.47　螺栓的排列

不论采用哪种排列方法，螺栓间距及螺栓到构件边缘的距离应满足下列要求：

（1）受力要求　螺栓间距及螺栓到构件边缘的距离不应太小，以免螺栓之间的钢板截面削弱过大造成钢板被拉断，或边缘处螺栓孔前的钢板被冲剪断。对于受压构件，顺力方向的栓距不应过大，否则螺栓间钢板可能鼓曲（图 4.48）。

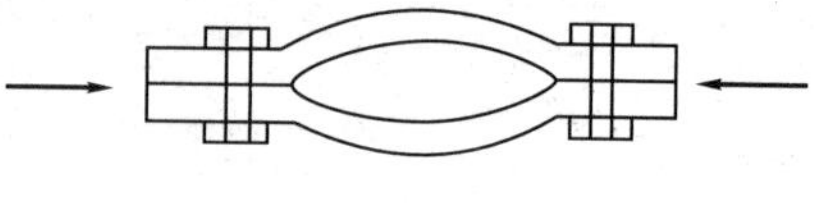

图 4.48　钢板受压鼓起

（2）构造要求　螺栓间距及边距不应过大，否则钢板不能紧密贴合，潮气容易侵入缝隙引起钢板锈蚀。

（3）施工要求　螺栓间距应有足够的距离以便于转动扳手，拧紧螺母。

《钢标》制定了螺栓的最大、最小容许距离（表 4.7）。

型钢（角钢、普通工字钢和槽钢）上的螺栓排列，除了应满足表 4.7 要求外，还应注意不要在靠近截面倒角和圆角处打孔，且应分别符合表 4.8、表 4.9 和表 4.10 的要求。

表 4.7　螺栓或铆钉的最大、最小容许距离

名称	位置和方向			最大容许距离（取两者的较小值）	最小容许距离
中心间距	外排（垂直内力方向或顺内力方向）			$8d_0$ 或 $12t$	$3d_0$
	中间排	垂直内力方向		$16d_0$ 或 $24t$	
		顺内力方向	构件受压力	$12d_0$ 或 $18t$	
			构件受拉力	$16d_0$ 或 $24t$	
	沿对角线方向			l	
中心至构件边缘距离	顺内力方向			$4d_0$ 或 $8t$	$2d_0$
	垂直内力方向	剪切边或手工气割边			$1.5d_0$
		轧制边自动气割或锯割边	高强度螺栓		
			其他螺栓或铆钉		$1.2d_0$

注：(1) d_0 为螺栓孔或铆钉孔直径，t 为外层较薄板件的厚度；

(2) 钢板边缘与刚性构件（如角钢、槽钢等）相连的螺栓或铆钉的最大间距，可按中间排的数值采用。

表 4.8　角钢上螺栓线距表　(mm)

单行排列											
b	45	50	56	63	70	75	80	90	100	110	125
e	25	30	30	35	40	45	45	50	55	60	70
d_{0max}	13.5	15.5	17.5	20	22	22	24	24	24	26	26

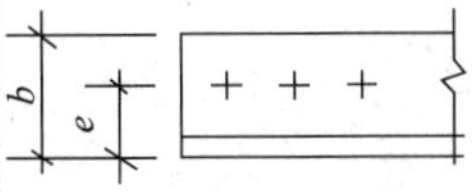

双行错列						双行并列				
b	125	140	160	180	200	b	140	160	180	200
e_1	55	60	65	65	80	e_1	55	60	65	80
e_2	35	45	50	80	80	e_2	60	70	80	80
d_{0max}	24	26	26	26	26	d_{0max}	20	22	26	28

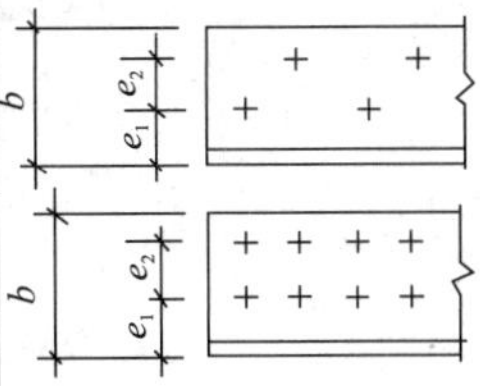

表 4.9　普通工字钢上螺栓线距表　(mm)

型号		10	12.6	14	16	18	20	22	25	28	32	36	40	45	50	56	63
翼缘	a	36	42	44	44	50	54	54	64	64	70	74	80	84	94	104	110
	d_{0max}	11.5	11.5	13.55	15.5	17.5	17.5	20	22	22	22	24	24	26	26	26	26
腹板	c_{min}	35	35	40	45	50	50	50	60	60	65	65	70	75	75	80	80
	d_{0max}	9.5	11.5	13.5	15.5	17.5	17.5	20	22	22	22	24	24	26	26	26	26

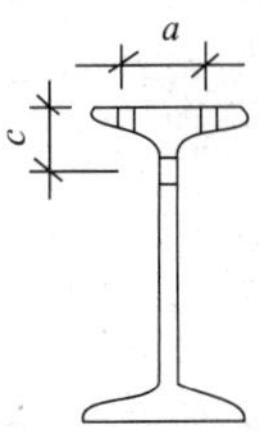

表 4.10　普通槽钢上螺栓线距表　(mm)

型号		5	6.3	8	10	12.6	14	16	18	20	22	25	28	32	36	40
翼缘	a	20	22	25	28	30	35	35	40	45	45	50	50	50	60	60
	$d_{0\max}$	11.5	11.5	13.55	15.5	17.5	17.5	20	22	22	22	22	24	24	26	26
腹板	$c_{\min}$	—	—	—	35	45	45	50	55	55	60	60	65	70	75	75
	$d_{0\max}$	—	—	—	11.5	13.5	17.5	20	22	22	22	22	24	24	26	26

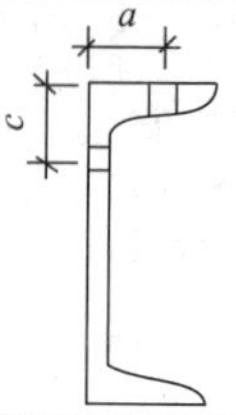

注：$d_{0\max}$ 为最大孔径。

4.6.1.3　螺栓连接的构造要求

螺栓连接除了应满足上述螺栓排列的容许距离外，根据不同情况尚应满足下列构造要求：

(1)为了使连接可靠，每一杆件在节点上以及拼接接头的一端，永久性螺栓数不宜少于 2 个。对于组合构件的缀条，其端部连接可采用一个螺栓。

(2)直接承受动力荷载的普通螺栓连接，应采用双螺帽或其他防止螺帽松动的有效措施。如采用弹簧垫圈，或将螺帽和螺杆焊死等方法。

(3)由于 C 级螺栓与孔壁有较大间隙，宜用于沿其杆轴方向受拉的连接。承受静力荷载结构的次要连接、可拆卸结构的连接和临时固定构件用的安装连接中，也可用 C 级螺栓受剪。但在重要的连接中，例如：制动梁或吊车梁上翼缘与柱的连接，由于传递制动梁的水平支承反力，同时受到反复动力荷载作用，不得采用 C 级螺栓。制动梁与吊车梁上翼缘的连接，承受着反复的水平制动力和卡轨力，应优先采用高强度螺栓。柱间支撑与柱的连接，以及在柱间支撑处吊车梁下翼缘的连接等承受剪力较大的部位，均不得采用 C 级螺栓承受剪力。

(4)沿杆轴方向受拉的螺栓连接中的端板(法兰板)，宜设置加劲肋。

(5)连接处应有必要的螺栓施拧空间。

(6)在下列情况的连接中，螺栓的数目应予增加：

1)一个构件借助填板或其他中间板与另一构件连接的螺栓(摩擦型连接的高强度螺栓除外)，应按计算增加 10%。

2)当采用搭接或拼接板的单面连接传递轴心力，因偏心引起连接部位发生弯曲时，所用螺栓(摩擦型连接的高强度螺栓除外)数目应按计算增加 10%。

3)在构件端部连接中，当利用短角钢连接型钢(角钢或槽钢)的外伸肢以缩短连接长度时，在短角钢两肢中的一肢上，所用螺栓数目应按计算增加 50%。

4.6.2　普通螺栓连接的受力性能和计算

螺栓连接按螺栓传力方式不同，可分为抗剪螺栓连接[图 4.49(a)]、抗拉螺栓连接[图 4.49(b)]和抗拉抗剪共同作用的螺栓连接[图 4.49(c)]。连接受力后使被连接件的接触面产生相对滑移倾向的为抗剪螺栓连接，抗剪螺栓连接依靠螺栓杆的抗剪和栓杆对孔壁挤压来传递垂直于螺栓杆方向的外力；连接受力后使被连接件的接触面产生相互脱离倾向的为抗拉螺栓连接,抗拉螺栓是由螺栓杆直接承受拉力来传递平行于螺栓杆的外力;连接受力后产生相对滑移和脱离倾向并存的为抗拉抗剪共同作用的螺栓连接,依靠螺栓杆的承压、抗剪和直接承受拉力来传递外力。

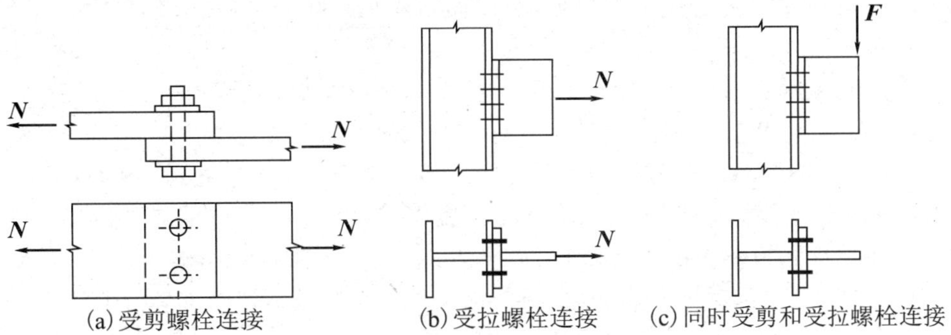

图 4.49　普通螺栓按传力方式分类

4.6.2.1　受剪螺栓连接

(1)受力性能和破坏形式　以如图 4.50(a)所示的螺栓连接试件作抗剪试验,则可得出一个螺栓受剪过程中的荷载位移图,如图 4.50(b)所示。

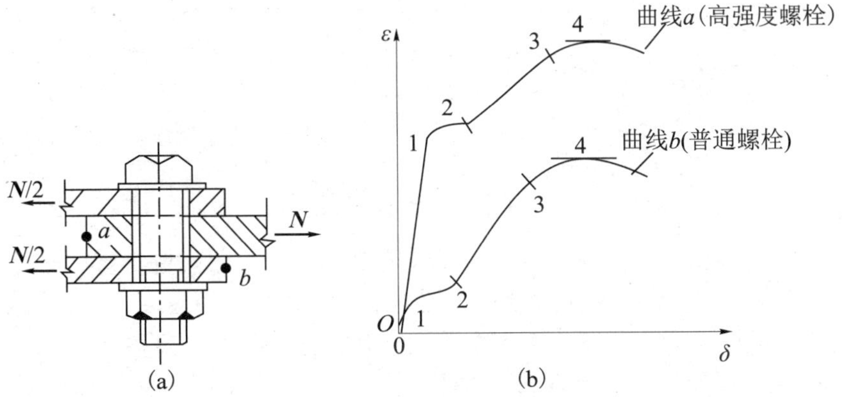

图 4.50　单个螺栓抗剪试验结果

由此关系曲线可以看出连接的工作经历了三个阶段:

1)弹性阶段　如图 4.50(b)中 01 段,此时荷载较小,靠构件间接触面的摩擦力传递荷载,螺栓杆与孔壁之间的间隙保持不变,连接工作处于弹性阶段。由于板件间摩擦力的大小取决于拧紧螺帽时在螺杆中的初始拉力,一般说来,普通螺栓的初拉力很小,故连接弹性工作阶段很短,可忽略不计。

2)相对滑移阶段　如图 4.50(b)中 12 段,外力超过了摩擦力的最大值,板件间突然产生相对滑移,直至螺栓杆与孔壁接触,滑移量(连接变形)的大小取决于螺栓杆与孔壁之间的间隙。

3)弹塑性阶段　如图 4.50(b)中 23 段,螺栓杆与孔壁接触后,连接所承受的外力就主要是靠螺栓与孔壁相互作用传递。螺栓杆在受剪面受剪,在承压面承压,孔壁则受到螺栓杆挤压。随着荷载的增大,螺栓杆微弯伸长,由于受到螺帽的约束,增大了板件间的压紧力,使板件间的摩擦力也随之增大,所以曲线呈上升状态。荷载继续增加,连接的剪切变形也迅速加大,直到连接最后破坏。

普通螺栓以上述曲线 b 上的最高点“4”作为连接的承载力极限。

抗剪螺栓连接在荷载的作用下,可能有下列五种破坏形式:

①栓杆被剪断　当栓杆直径较小,板件较厚时,栓杆可能先被剪断[图 4.51(a)]。

②板件被挤压破坏　当栓杆直径较大,板件较薄时,板件可能先被挤坏[图 4.51(b)]。由于栓杆和板件的挤压是相对的,故这种破坏也称螺栓承压破坏。

③板件被拉断　当截面开孔较多,可能沿构件的净截面被拉断破坏[图 4.51(c)]。

④构件端部被冲剪破坏　当栓孔距构件端部(顺力作用方向)的距离太小时,在栓杆的挤压下,孔前部分的钢板有可能沿斜方向的斜截面剪切破坏[图 4.51(d)]。

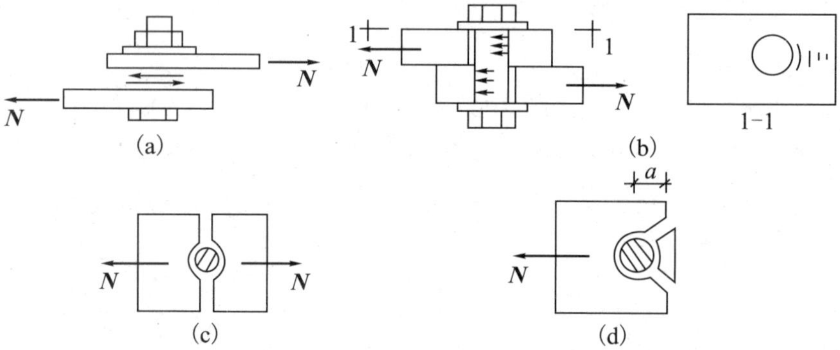

图 4.51　**抗剪螺栓连接的破坏形式**

为保证螺栓连接能安全承载,对于第①②种破坏,通过计算单个螺栓的承载力来控制;对第③种破坏,通过验算构件净截面强度来控制;对第④种破坏,通过采取一定构造措施来控制,即保证螺栓间距及边距不小于表 4.7 的规定。

(2)单个普通螺栓的抗剪承载力　根据实验分析,单个受剪螺栓的承载力,应考虑螺栓杆受剪和孔壁承压两种情况。假定螺栓受剪面上的剪应力是均匀分布;孔壁承压应力换算为沿栓杆直径投影宽度内板件面上均匀分布的应力。

单个受剪螺栓的受剪承载力设计值为:

$$N_v^b = n_v \frac{\pi d^2}{4} f_v^b \tag{4.38}$$

单个受剪螺栓的承压承载力设计值为:

$$N_c^b = d \sum t f_c^b \tag{4.39}$$

式中　n_v——受剪面数目,单剪 $n_v=1$,双剪 $n_v=2$,四剪 $n_v=4$(图 4.52);

d——螺栓杆直径;

$\sum t$——在同一受力方向承压构件的较小总厚度;

f_v^b、f_c^b——分别为螺栓的抗剪和承压强度设计值(按附录 1.3 查)。

单个受剪螺栓的承载力设计值应取 N_v^b 和 N_c^b 中的较小值 N_{min}^b。

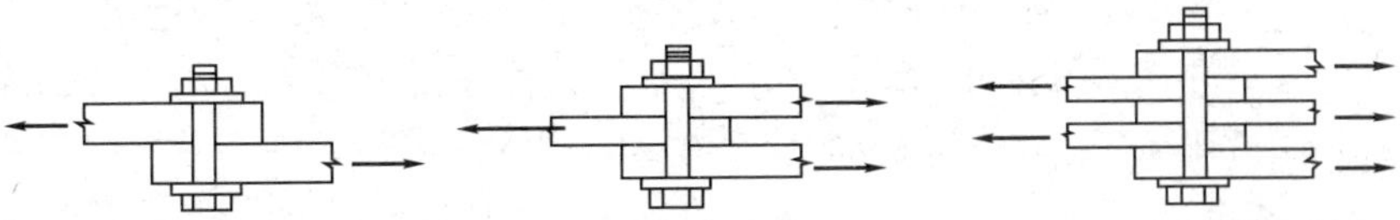

图 4.52 受剪螺栓连接

(3) 受剪螺栓连接的计算

1) 受剪螺栓连接受轴心力作用的计算

A.确定连接所需螺栓个数 如图 4.53 所示为一受轴心力作用的螺栓连接对接接头。实验证明,在轴心力作用下,各螺栓在弹性工作阶段受力并不相等,两头大,中间小[图 4.53(a)]。但当螺栓沿受力方向的连接长度 l_1(图 4.54) 不太大时,在外力增大到连接进入弹塑性阶段时,内力重分布而使螺栓群中各螺栓受力逐渐趋于相等[图 4.53(b)],所以可按平均受力计算。连接一侧螺栓需要的个数为:

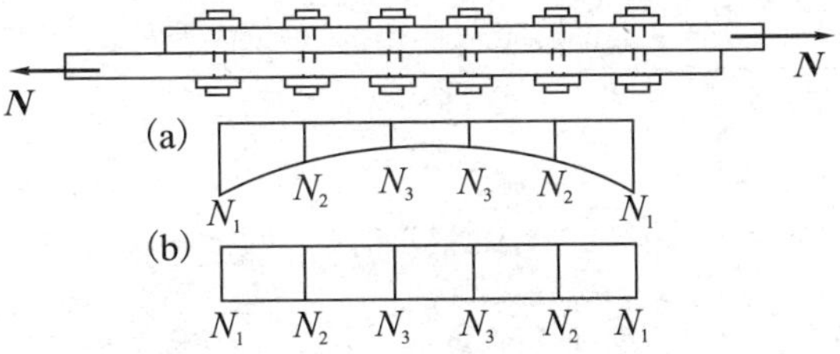

图 4.53 螺栓群的不均匀受力状态

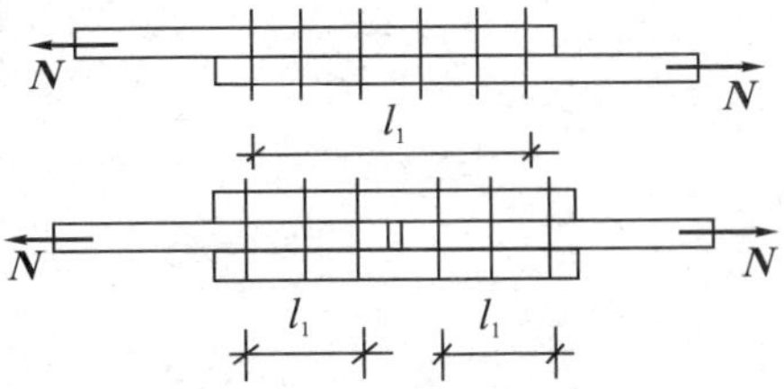

图 4.54 螺栓群的长度

$$n = \frac{N}{N_{min}^b} \tag{4.40}$$

当螺栓沿受力方向的连接长度 l_1 过大时,各螺栓受力将很不均匀,端部螺栓受力最大,可能首先破坏,然后依次逐个向内破坏。因此,《钢标》规定对此种情况,将螺栓(含高强度螺栓)的承载力设计值 N_v^b 和 N_c^b 乘以折减系数 β:

当 $l_1 > 15d_0$ 时
$$\beta = \left(1.1 - \frac{l_1}{150d_0}\right) \tag{4.41}$$

当 $l_1 \geqslant 60d_0$ 时
$$\beta = 0.7 \tag{4.42}$$

式中 d_0——孔径。

B.构件净截面强度验算 为防止构件或连接板由于螺栓孔削弱而被拉(或压)断,需要验算连接开孔处的净截面强度:

$$\sigma = \frac{N}{A_n} \leqslant f \tag{4.43}$$

式中 A_n——构件或连接件在截面处的净截面;

N——构件或连接件验算截面处的轴心力设计值；

f——钢材的抗拉（或抗压）强度设计值，查附表 1.1。

净截面强度验算应选择构件或连接件的最不利截面，即最大内力或净截面较小的截面。如图 4.55 所示螺栓为并列布置，由于构件内力的传递是靠螺栓杆和孔壁接触后传的，因而连接件和构件中内力变化，如图 4.55(b)所示。构件最不利截面为截面Ⅰ-Ⅰ，受力最大为 N；连接板的最不利截面为截面Ⅱ-Ⅱ，受力也为 N。故还须按下面的公式比较两截面的净截面面积，来确定连接的最不利截面：

构件截面Ⅰ-Ⅰ
$$A_n = (b - n_1 d_0)t \tag{4.44}$$

构件截面Ⅱ-Ⅱ
$$A_n = 2(b - n_2 d_0)t \tag{4.45}$$

式中 n_1、n_2——分别为截面Ⅰ-Ⅰ和截面Ⅱ-Ⅱ上的螺栓孔数目；

t、t_1——分别为构件和连接件的厚度；

d_0——螺栓孔直径；

b——构件和连接件的宽度。

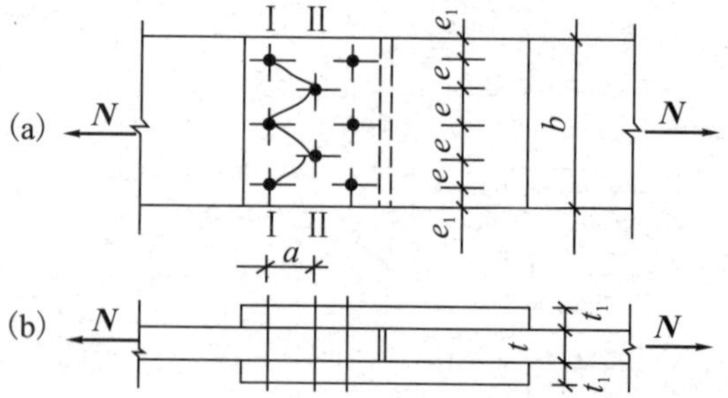

图 4.55 并列布置时净截面强度验算

当螺栓为错列布置时（图 4.56），构件或连接件除可能沿直线截面Ⅰ-Ⅰ破坏外，还可能沿折线截面Ⅱ-Ⅱ，因其长虽较大，但螺栓孔较多，须按下式计算净截面面积，以确定最不利截面：

$$A_n = [2e_1 + (n_2 - 1)\sqrt{a^2 + e^2} - n_2 d_0]t \tag{4.46}$$

式中 n_2——折线截面Ⅱ-Ⅱ上的螺栓孔数。

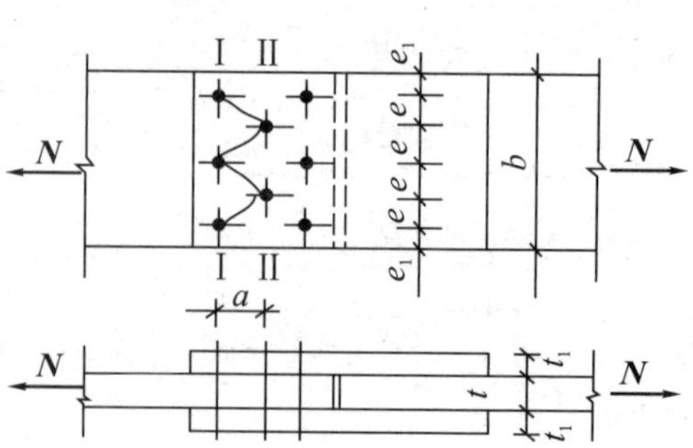

图 4.56 错列布置时净截面强度验算

例 4.8　两截面为—12×400 的钢板，采用双盖板和 C 级普通螺栓拼接，螺栓为 M20，钢材为 Q235，承受轴心拉力设计值 800 kN，试设计此连接。$d_0=d+2=22$ mm。

解：(1)确定连接盖板截面

采用双盖板拼接，截面尺寸选 6×400，与被连接钢板截面面积相等，钢材亦采用 Q235。

(2)确定所需螺栓数目和螺栓排列布置　由附录中附表 1.3 查得 $f_v^b=140$ N/mm²，$f_c^b=305$ N/mm²。

单个螺栓受剪承载力设计值；

$$N_v^b=n_v\frac{\pi d^2}{4}f_v^b=2\times\frac{\pi\times 20^2}{4}\times 140=87920\text{ N}$$

单个螺栓承压承载力设计值：

$$N_c^b=d\sum tf_c^b=20\times 12\times 305=73200\text{ N}$$

则连接一侧所需螺栓数目为：

$$n=\frac{N}{N_{\min}^b}=\frac{800\times 10^3}{73200}=10.9\quad 取\ n=12$$

采用如图 4.57 所示的并列布置。连接盖板尺寸采用 2—6×400×490，其螺栓的中距、边距和端距均满足表 4.7 的构造要求。

$$l_1=140\text{ mm}<15d_0=15\times 22=330\text{ mm}$$

(3)验算连接板的净截面强度　由附表 1.1 查得 $f=215$ N/mm²。

连接钢板在截面Ⅰ-Ⅰ受力最大为 N，连接盖板则是截面Ⅲ-Ⅲ受力最大为 N，但因两者钢材、截面均相同，故只验算连接钢板。

$$A_n=(b-n_1d_0)t=(400-4\times 22)\times 12=3744\text{ mm}^2$$

$$\sigma=\frac{800\times 10^3}{3744}=214\text{ N/mm}^2<f=215\text{ N/mm}^2\quad 满足要求$$

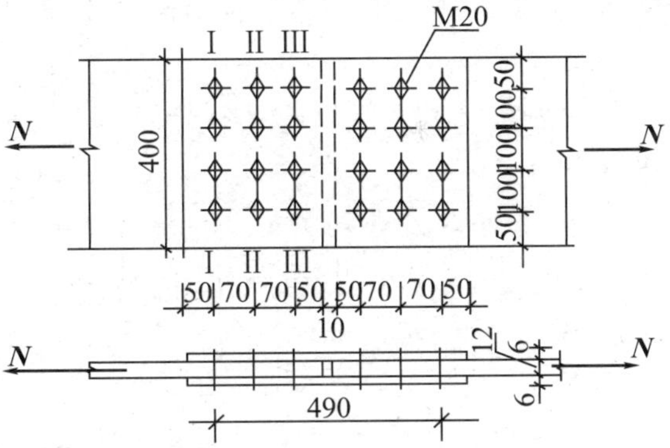

图 4.57　例 4.8 图(单位：mm)

例 4.9　试设计两角钢拼接的普通 C 级螺栓连接，角钢截面为∟ 100×6，承受轴心拉力设计值 $N=180$ kN，拼接角钢采用与构件相同截面(图 4.58)。钢材为 Q235，螺栓为 M20。

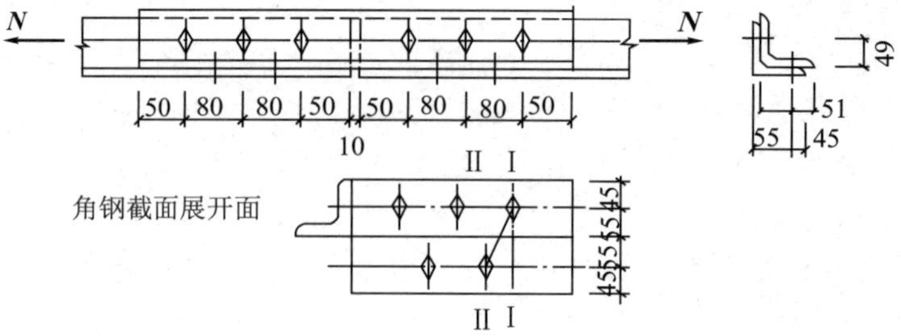

图 4.58　例 4.9 图(单位:mm)

解　(1)确定所需螺栓数目和螺栓布置。

由附表 1.3 查得 $f_v^b=140\ \text{N/mm}^2$,$f_c^b=305\ \text{N/mm}^2$。

单个螺栓受剪承载力设计值:

$$N_v^b=n_v\frac{\pi d^2}{4}f_v^b=\frac{\pi\times 20^2}{4}\times 140=43960\ \text{N}$$

单个螺栓承压承载力设计值:

$$N_c^b=d\sum tf_c^b=20\times 6\times 305=36600\ \text{N}$$

则构件连接一侧所需螺栓数目为:

$$n=\frac{N}{N_{\min}^b}=\frac{180\times 10^3}{36600}=4.9\quad 取\ n=5$$

为安排紧凑,螺栓在角钢两肢上交错排列,如图 4.58 所示,其螺栓的中距、边距和端距均满足表 4.7、表 4.8 的构造要求。取螺栓孔径 $d_0=20+2=22$ m。

$$l_1=160<15d_0=15\times 22=330\ \text{mm}$$

(2)验算构件的净截面强度。

由附表 1.1 查得 $f=215\ \text{N/mm}^2$。

将角钢展开,由型钢表(附表 5)查得角钢的毛截面面积 $A=11.932\ \text{cm}^2$。

直线截面Ⅰ-Ⅰ净截面面积:

$$A_{n1}=A-n_1d_0t=11.932\times 10^2-1\times 22\times 6=1061\ \text{mm}^2$$

齿状截面Ⅱ-Ⅱ净截面面积:

$$A_{n2}=[2e_1+(n_2-1)\sqrt{a^2+e^2}-n_2d_0]t$$
$$=[2\times 45+(2-1)\sqrt{40^2+110^2}-2\times 22]\times 6=978.3\ \text{mm}^2$$

$$\sigma=\frac{180\times 10^3}{978.3}=184\ \text{N/mm}^2<f=215\ \text{N/mm}^2\quad 满足要求$$

(3)为使拼接角钢与构件角钢紧密贴合,拼接角钢直角处应削圆。

2)受剪螺栓连接偏心受剪时的计算　图 4.59 所示为螺栓群承受偏心剪力的情况,外荷 F 作用线到螺栓群形心的水平距离为 e,将 F 移至螺栓群中心 O,产生扭矩了 $T=Fe$。

扭矩 T、竖向轴心力 F 均使各螺栓受剪。

受扭矩 T 作用时,假定连接件为绝对刚体,螺栓为弹性体;连接板件绕螺栓群形心 O 旋转，各螺栓所受剪力方向与该螺栓和中心 O 的连线垂直，大小则与该连线的距离 r 成正比。

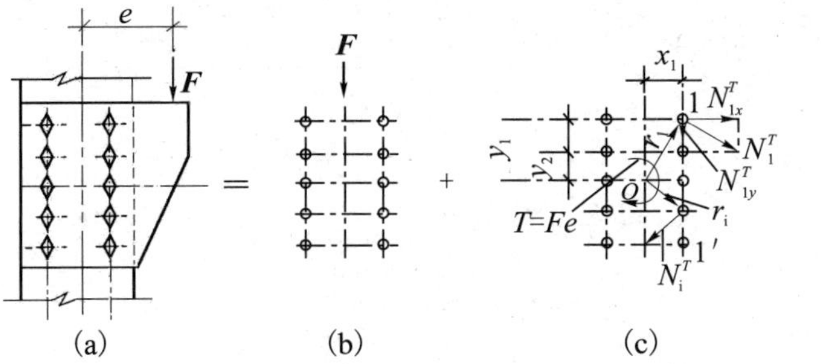

图 4.59　螺栓群偏心受剪

设各螺栓到螺栓群中心 O 的距离分别为 $r_1, r_2, r_3, \cdots, r_n$，所受剪力分别为 $N_1^T, N_2^T, N_3^T, \cdots, N_n^T$，根据基本假定和平衡条件可得：

$$T = N_1^T \cdot r_1 + N_2^T \cdot r_2 + N_3^T \cdot r_3 + \cdots + N_n^T \cdot r_n \tag{4.47}$$

$$\frac{N_1^T}{r_1} = \frac{N_2^T}{r_2} = \frac{N_3^T}{r_3} = \cdots = \frac{N_n^T}{r_n} \tag{4.48}$$

由式(4.48)可得：

$$N_2^T = \frac{r_2}{r_1} N_1^T,\ N_3^T = \frac{r_3}{r_1} N_1^T,\cdots,\ N_n^T = \frac{r_n}{r_1} N_1^T$$

代入式(4.47)得：

$$T = \frac{N_1^T}{r_1}(r_1^2 + r_2^2 + r_3^2 + \cdots + r_n^2) = \frac{N_1^T}{r_1}\sum r_i^2 \tag{4.49}$$

分析得出图中 1 或 1′号螺栓所受的剪力最大，其值为：

$$N_1^T = \frac{T \cdot r_1}{\sum r_i^2} = \frac{T \cdot r_1}{\sum x_i^2 + \sum y_i^2} \tag{4.50}$$

将 N_1^T 分解成 x 轴方向和 y 轴方向的两个分量 N_{1x}^T 和 N_{1y}^T：

$$N_{1x}^T = \frac{T \cdot y_1}{\sum r_i^2} = \frac{T \cdot y_1}{\sum x_i^2 + \sum y_i^2} \tag{4.51}$$

$$N_{1y}^T = \frac{T \cdot x_1}{\sum r_i^2} = \frac{T \cdot x_1}{\sum x_i^2 + \sum y_i^2} \tag{4.52}$$

轴心力 F 通过螺栓群中心 O，故每个螺栓受力相等：

$$N_{1y}^F = \frac{F}{n} \tag{4.53}$$

因此，螺栓群中受力最大的 1 或 1′号螺栓所承受的合力和应满足的强度条件为：

$$N_1^{T \cdot F} = \sqrt{N_{1x}^{t2} + (N_{1y}^T + N_{1x}^F)^2} \leqslant N_{\min}^{b} \tag{4.54}$$

螺栓内力合成叠加时，应注意各力分量的正、负号。根据基本假定可知，受力最大的螺栓在 x、y 两方向螺栓内力同号叠加的某个角点上（图 4.59 中为角点 1 或 1′号螺栓）。

当螺栓群布置成一狭长带状时，即当 $y_1>3x_1$ 时，由于 $\sum x_i^2 \ll \sum y_i^2$，可近似地取 $\sum x_i^2=0$，并以 N_{1x}^T 代替 N_1^T，得：

$$N_1^T = N_{1x}^T = \frac{T \cdot y_1}{\sum y_i^2} \tag{4.55}$$

同理，当 $x_1>3y_1$ 时，近似地取 $\sum y_i^2=0$，并以 N_{1y}^T 代替 N_1^T，得：

$$N_1^T = N_{1y}^T = \frac{T \cdot x_1}{\sum x_i^2} \tag{4.56}$$

例 4.10 验算如图 4.60 所示的连接采用普通螺栓连接时的强度。已知螺栓直径 d=20 mm，C 级螺栓，螺栓和构件材料为 Q235，拉力设计值 F=140 kN。

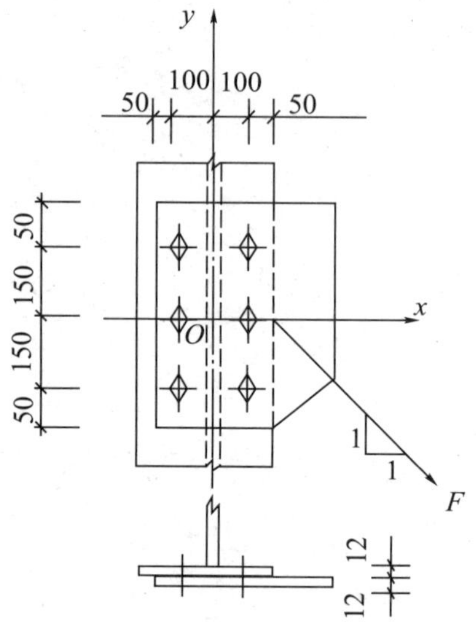

图 4.60 例 4.10 图(单位:mm)

解 (1)求单个螺栓受剪承载力设计值 由附表 1.3 查得 $f_v^b=140\ \text{N/mm}^2$，$f_c^b=305\ \text{N/mm}^2$。

单个螺栓受剪承载力设计值：

$$N_v^b = n_v \frac{\pi d^2}{4} f_v^b = \frac{\pi \times 20^2}{4} \times 140 = 43960\ \text{N} = 43.96\ \text{kN}$$

单个螺栓承压承载力设计值：

$$N_c^b = d \sum t f_c^b = 20 \times 12 \times 305 = 73200\ \text{N}$$

按 $N_{\min}^b=43.96$ kN 进行验算。

(2)内力计算 将 F 简化到螺栓群形心 O，则作用于螺栓群形心 O 的轴心力 N、剪力 V 和扭矩 T 分别为：

$$N = \frac{F}{\sqrt{2}} = \frac{140}{\sqrt{2}} = 98.99\ \text{kN}$$

$$V=\frac{F}{\sqrt{2}}=\frac{140}{\sqrt{2}}=98.99\ \text{kN}$$

$$T=Ve=98.99\times140=14848.5\ \text{kN}\cdot\text{mm}$$

(3)螺栓强度验算　在上述的 N、V 和 T 作用下，1 号螺栓最为不利，现在对该螺栓进行验算。

$$\sum x_i^2+\sum y_i^2=6\times100^2+4\times150^2=150000\ \text{mm}^2$$

$$N_{1x}^N=\frac{N}{n}=\frac{98.99}{6}=16.5\ \text{kN}$$

$$N_{1y}^V=\frac{V}{n}=\frac{98.99}{6}=16.5\ \text{kN}$$

$$N_{1x}^T=\frac{T\cdot y_1}{\sum x_i^2+\sum y_i^2}=\frac{14848.5\times150}{150000}\approx14.85\ \text{kN}$$

$$N_{1y}^T=\frac{T\cdot x_1}{\sum x_i^2+\sum y_i^2}=\frac{14848.5\times100}{150000}\approx10\ \text{kN}$$

螺栓 1 承受的合力为：

$$N_1^{T\cdot N\cdot V}=\sqrt{(N_{1x}^N+N_{1x}^T)^2+(N_{1y}^T+N_{1y}^V)^2}=\sqrt{(16.5+14.85)^2+(10+16.5)^2}$$
$$=41.05\ \text{kN}<N_{\min}^{\text{b}}=43.98\ \text{kN}\quad 满足要求$$

4.6.2.2　受拉螺栓连接

(1)单个普通螺栓的抗拉承载力　如图 4.61(a)所示的抗拉连接中，外力将使被连接构件的接触面互相脱开而使螺栓受拉，此时螺栓受到沿杆轴方向的拉力作用，故抗拉螺栓连接的破坏形式为栓杆被拉断。

单个抗拉螺栓的承载力设计值为：

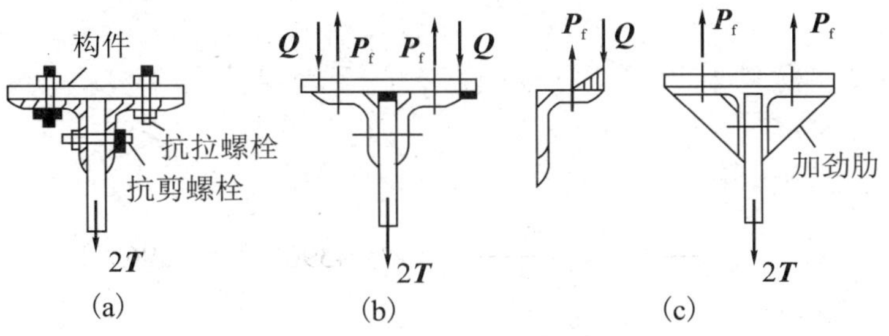

图 4.61　抗拉螺栓的受力情况

$$N_{\text{t}}^{\text{b}}=A_{\text{e}}f_{\text{t}}^{\text{b}}=\frac{\pi d_{\text{e}}^2}{4}f_{\text{t}}^{\text{b}} \tag{4.57}$$

式中　d_{e}、A_{e}——螺栓的有效直径和有效面积，按附表 11 查；

f_{t}^{b}——螺栓抗拉强度设计值。

这里要特别说明两个问题：

A.螺栓的有效截面面积　抗拉螺栓连接的破坏形式为栓杆被拉断,破坏应该在最不利截面处,即截面面积最小处,对螺栓来说,应在螺纹处。因为螺纹是斜方向的,所以螺栓抗拉时采用的直径,不是净直径 d_n,而是有效直径 d_e(图 4.62)。

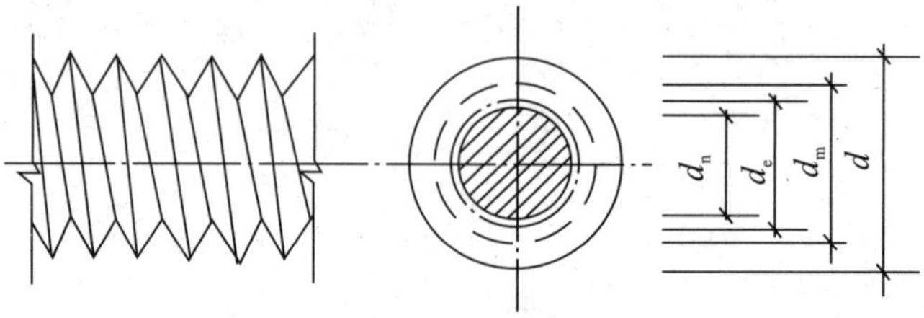

图 4.62　螺栓螺纹处的直径

B.螺栓垂直连接件的刚度对螺栓抗拉承载力的影响　如图 4.61(a)所示的连接中,与抗拉螺栓相连的连接件角钢,如果刚度不大,受拉受角钢肢会产生较大的变形,并起着杠杆作用,在端部产生撬力 Q[图 4.61(b)],这样螺栓实际所受拉力为 $\frac{N}{2}+Q$。由于精确计算 Q 十分困难,设计时一般不计算 Q,而用降低螺栓抗拉强度设计值 f_t^b 的方法来考虑 Q 的不利影响。《钢标》规定,普通螺栓的抗拉强度设计值 f_t^b 取为钢材抗拉强度设计值的 0.8 倍(即 $f_t^b=0.8f$)。此外,在构造上也可采取一些措施加强连接件的刚度,如设置加劲肋[图 4.61(c)],可以减小甚至消除撬力的影响。

(2)受拉螺栓连接的计算

1)受拉螺栓群在轴心力作用下的计算　当外力通过螺栓群中心使螺栓受拉时,假定各螺栓所受拉力相等,则所需螺栓的数目为:

$$n=\frac{N}{N_t^b} \tag{4.58}$$

2)受拉螺栓群在弯矩作用下的计算　图 4.63 所示为柱翼缘与牛腿用螺栓的连接。图中螺栓群在弯矩作用下,连接上部牛腿与翼缘有分离的趋势,使螺栓群的旋转中心下移。通常近似假定螺栓群绕最底排螺栓旋转,各排螺栓所受拉力的大小与该排螺栓到转动轴线的距离 y 成正比。因此顶排螺栓(1 号)所受拉力最大,如图 4.63 所示。设各排螺栓所受拉力为 $N_1^M, N_2^M, N_3^M, \cdots, N_n^M$,各排螺栓到最下方一排螺栓的距离分别为 $y_1, y_2, y_3, \cdots, y_n$。由平衡条件和基本假定得:

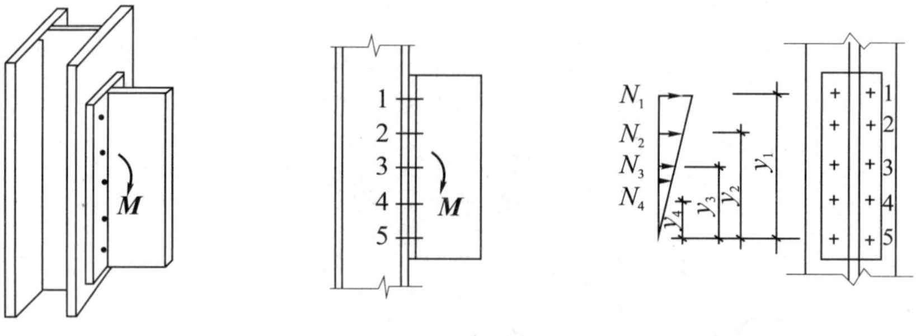

图 4.63　弯矩作用下的抗拉螺栓

$$\frac{M}{m}=N_1^M y_1+N_2^M y_2+N_3^M y_3+\cdots+N_n^M y_n \tag{4.59}$$

$$\frac{N_1^M}{y_1}=\frac{N_2^M}{y_2}=\frac{N_3^M}{y_3}=\cdots=\frac{N_n^M}{y_n} \tag{4.60}$$

由式(4.60)求得，$N_i^M=N_1^M y_i/y_1$，代入式(4.59)再经整理后可得：

$$N_1^M=\frac{My_1}{m\sum y_i^2} \tag{4.61}$$

设计时要求受力最大的最外排螺栓的所受拉力 N_1^M 不超过一个拉力螺栓的承载力设计值，即

$$N_1^M=\frac{My_1}{m\sum y_i^2}\leqslant N_t^b \tag{4.62}$$

式中　M——弯矩设计值；

y_1、y_i——分别为最外排螺栓(1 号)和第 i 排螺栓到转动轴 O' 的距离，转动轴通常取在弯矩指向一侧最外排螺栓处；

m——螺栓的纵向列数，图 4.63 中，$m=2$。

例 4.11　验算如图 4.64 所示连接采用普通螺栓连接时的强度。已知螺栓直径 $d=20$ mm，C 级螺栓，螺栓和构件材料为 Q235，弯矩计算值 $M=30$ kN · m。

解　单个抗拉螺栓的承载力设计值：

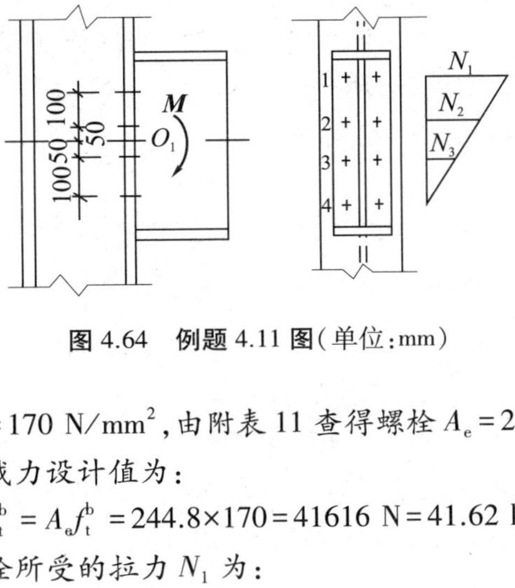

图 4.64　例题 4.11 图(单位：mm)

由附表 1.3 查得：$f_t^b=170$ N/mm²，由附表 11 查得螺栓 $A_e=244.8$ mm²。

一个螺栓的抗拉承载力设计值为：

$$N_t^b=A_e f_t^b=244.8\times170=41616\ \text{N}=41.62\ \text{kN}$$

受力最大的 1 号螺栓所受的拉力 N_1 为：

$$N_1=\frac{My_1}{m\sum y_i^2}=\frac{30\times10^3\times300}{2\times(300^2+200^2+100^2)}=32.1\ \text{kN}<N_t^b=41.62\ \text{kN}$$

螺栓连接强度满足要求。

3)螺栓群在偏心力作用下的计算　图 4.65 所示的牛腿或梁端与柱的连接，端板刨平顶紧于支托。螺栓群受偏心拉力 N(与图中所示的 $M=Ne$、N 联合作用等效)以及剪力 V

作用。剪力 V 全部由焊接于柱上的支托承担，螺栓群只承受偏心拉力 N 的作用。按弹性设计法，根据偏心距的大小可能出现小偏心受拉和大偏心受拉两种情况。

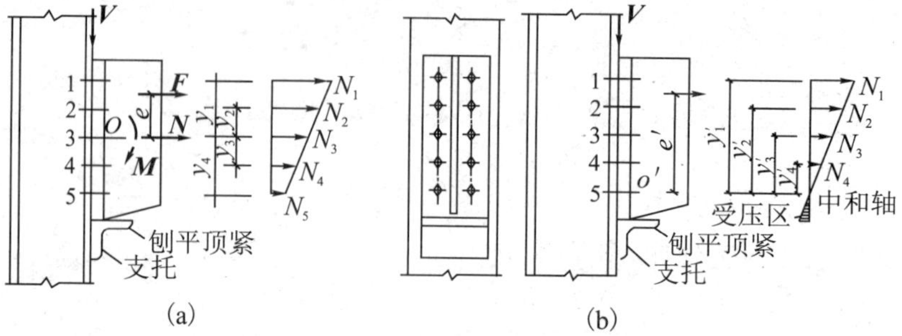

图 4.65 受拉螺栓连接受偏心力作用

①小偏心受拉[图 4.65(a)] 当偏心距 e 较小时，$N_{min} \geqslant 0$，螺栓群中所有螺栓均受拉，端板与柱翼缘有分离趋势，计算 M 作用下螺栓的内力时，取螺栓群的转动轴在螺栓群中心位置 O 处。根据式(4.61)可得最顶排螺栓所受拉力为：

$$N_1^M = \frac{My_1}{m\sum y_i^2} = \frac{Ney_1}{m\sum y_i^2} \tag{4.63}$$

在轴心拉力 N 作用下，各螺栓均匀受拉，其拉力值为：

$$N_1^N = \frac{N}{n} \tag{4.64}$$

因此，螺栓群中螺栓所受最大拉力 N_{max}（弯矩背向一侧最外排螺栓）及最小拉力 N_{min}（弯矩指向一侧最外排螺栓）应符合下列条件：

$$N_{max} = \frac{N}{n} + \frac{Ney_1}{m\sum y_i^2} \leqslant N_t^b \tag{4.65}$$

$$N_{min} = \frac{N}{n} - \frac{Ney_1}{m\sum y_i^2} \geqslant 0 \tag{4.66}$$

式中 N——偏心拉力设计值；

e——偏心拉力至螺栓群中心 O 的距离；

n——螺栓数，图 4.65(a)中 $n=10$；

y_1——最外排螺栓到螺栓群中心 O 的距离；

y_i——第 i 排螺栓到螺栓群中心 O 的距离；

m——螺栓的纵向列数，图 4.65(a)中 $m=2$。

式(4.65)表示最大受力螺栓的拉力不得超过一个受拉螺栓的承载力设计值；式(4.66)则保证全部螺栓受拉，不存在受压区，是式(4.65)成立的前提条件，当不成立时按大偏心情况计算。

②大偏心受拉[图 4.65(b)] 当偏心距 e 较大时，$N_{min}<0$，端板底部将出现受压区，螺栓群转动轴位置下移。为便于计算，假定转动轴在弯矩指向一侧最外排螺栓 O'

处。则：

$$N_{\max} = \frac{Ne'y'_1}{m\sum y'^2_i} \leqslant N_t^b \tag{4.67}$$

式中　N——偏心拉力设计值；

e'——偏心拉力 N 到转动轴 O'的距离，转动轴常取在弯矩指向一侧最外排螺栓处；

y'_1——最外排螺栓到转动轴 O'的距离；

y'_i——第 i 排螺栓到转动轴 O'的距离；

m——螺栓的纵向列数，图 3.65(b)中 $m=2$。

例 4.12　试验算如图 4.66 所示连接的强度，钢材为 Q235，C 级普通螺栓 M22。

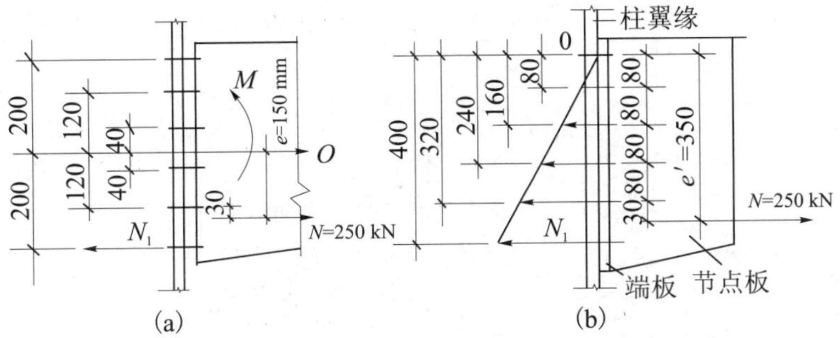

图 4.66　例 4.12 图（单位：mm）

解　(1)单个抗拉螺栓的承载力设计值　由附录中附表 1.3 查得：$f_t^b=170\ \text{N/mm}^2$，由附表 11 查得螺栓 $A_e=303.4\ \text{mm}^2$。

$$N_t^b=A_e f_t^b=303.4\times170=51578\ \text{N}=51.578\ \text{kN}$$

(2)连接强度验算

1)判断大小偏心

$$N=250\ \text{kN},\ e=150\ \text{mm},\ n=12,\ m=2$$

$$N_{\min}=\frac{N}{n}-\frac{Ney_1}{m\sum y_i^2}=\frac{250\times10^3}{12}-\frac{250\times10^3\times150\times200}{2\times(40^2+120^2+200^2)\times2}=-12649\ \text{N}<0$$

由于 $N_{\min}<0$，端板上部有受压区，属于大偏心情况。

2)连接强度验算

此时，螺栓群转动轴在最顶排螺栓，最底排螺栓受力最大，其值为 $N_{\max}$，$e'=350$ mm。

$$N_{\max}=\frac{Ne'y'_1}{m\sum y'^2_i}=\frac{250\times10^3\times350\times400}{2\times(80^2+160^2+240^2+320^2+400^2)}$$

$$=49716\ \text{N}=49.716\ \text{kN}\leqslant N_t^b=51.578\ \text{kN}\qquad \text{满足要求}$$

4.6.2.3　同时受剪和受拉的螺栓连接

如图 4.67 所示，螺栓群承受剪力 V 和偏心拉力 N（即轴心拉力 N、和弯矩 $M=Ne$）的联合作用。

承受剪力和拉力联合作用的普通螺栓连接，应考虑两种可能的破坏形式：①栓杆受剪兼受拉破坏；②孔壁承压破坏。

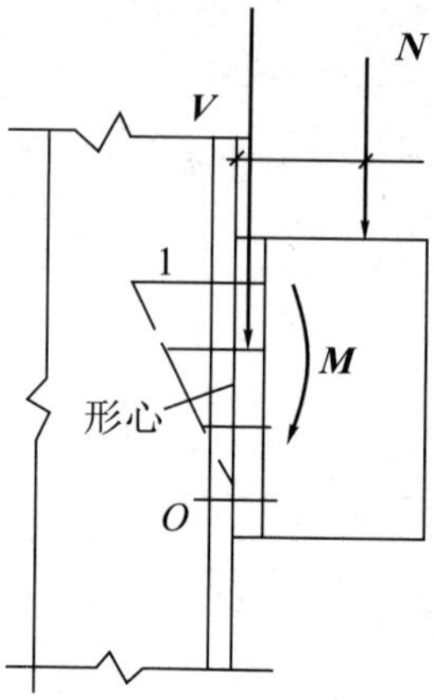

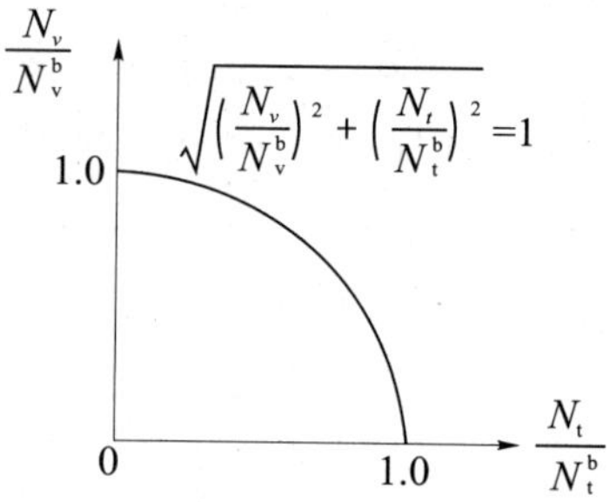

图 4.67 螺栓同时承受拉力和剪力

根据试验，这种螺栓的强度条件应符合下列公式要求：

$$\sqrt{\left(\frac{N_v}{N_v^b}\right)^2+\left(\frac{N_t}{N_t^b}\right)^2}\leqslant 1 \tag{4.68}$$

且

$$N_v\leqslant N_c^b \tag{4.69}$$

式中 N_v、N_t——普通螺栓所承受的剪力和拉力；

N_v^b、N_t^b、N_c^b——普通螺栓的受剪、受拉和承压承载力设计值。

式(4.69)是为防止连接板件较薄时可能因承压强度不足而引起破坏。

对于 C 级螺栓，一般不允许受剪(承受静力荷载的次要连接或临时安装连接除外)，此时可设承托受剪力，螺栓只承受弯矩产生的拉力(图 4.68)。

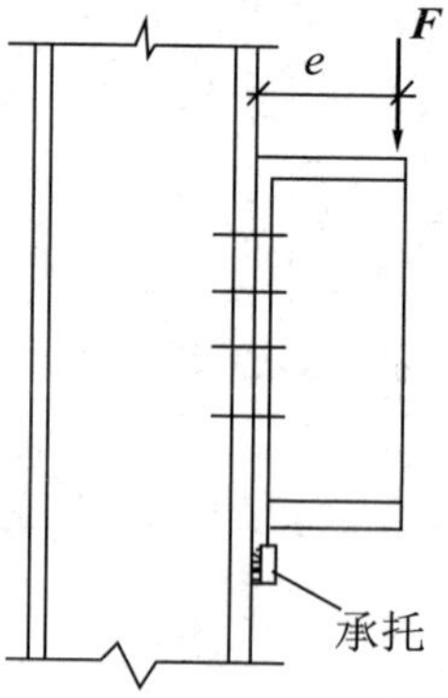

图 4.68 设承托的受剪连接

例 4.13 验算如图 4.69 所示连接，采用普通螺栓连接时的强度，M24，C 级普通螺栓，螺栓和构件材料为 Q235，外力设计值 $F=100$ kN。

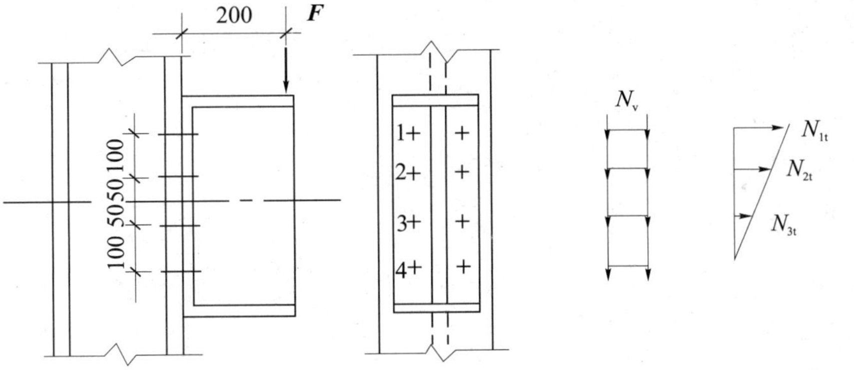

图 4.69　例 4.13 图(单位:mm)

解　(1)单个螺栓的承载力设计值　由附表 1.3 查得 $f_v^b=140\ \text{N/mm}^2$，$f_c^b=305\ \text{N/mm}^2$，$f_t^b=170\ \text{N/mm}^2$，由附表 11 查得 $A_e=352.5\ \text{mm}^2$。

单个螺栓受剪承载力设计值：

$$N_v^b=n_v\frac{\pi d^2}{4}f_v^b=\frac{3.14}{4}\times24^2\times140=63302.4\ \text{N}=63.3\ \text{kN}$$

单个螺栓承压承载力设计值：

$$N_c^b=d\sum tf_c^b=24\times20\times305=146400\ \text{N}=146.4\ \text{kN}$$

单个螺栓受拉承载力设计值：

$$N_t^b=A_ef_t^b=352.5\times170=59925\ \text{N}=59.925\ \text{kN}$$

(2)螺栓强度验算　受力最大的 1 号螺栓所受的剪力和拉力分别为：

$$N_v=\frac{V}{n}=\frac{100}{8}=12.5\ \text{kN}$$

$$N_t=\frac{Ney_1}{m\sum y_i^2}=\frac{100\times200\times300}{2\times(300^2+200^2+100^2)}=21.43\ \text{kN}$$

$$\sqrt{\left(\frac{N_v}{N_v^b}\right)^2+\left(\frac{N_t}{N_t^b}\right)^2}=\sqrt{\left(\frac{12.5}{63.335}\right)^2+\left(\frac{21.43}{59.925}\right)^2}=0.41<1$$

$$N_v=12.5\ \text{kN}<N_c^b=146.4\ \text{kN}$$

螺栓连接强度满足要求。

4.7　高强度螺栓连接

高强度螺栓连接按设计和受要求的不同可分为摩擦型和承压型两种。摩擦型高强度螺栓连接在受剪设计时，以板件间的摩擦力被克服，即外力达到板件间的最大摩擦力时为极限状态，如图 4.50 所示高强度螺栓曲线中 1 点；板件一旦发生滑移，就认为连接发生破坏。承压型高强度螺栓连接在受剪时则允许摩擦力被克服并发生相对滑移，之后外力还可继续增加，并以栓杆受剪或孔壁承压破坏作为极限状态，如图 4.50 高强度螺栓曲线中 4 点。由图 4.50 中高强度螺栓受剪曲线可以看出，因为判断承载力极限状态的标准不同，承压型高强度螺栓的抗剪承载力将高于摩擦型高强度螺栓。但两种形式的高强度螺栓在受拉时，两者没有区别。

高强度螺栓的构造和排列要求，除栓杆与孔径的差值不同外，与普通螺栓相同。

4.7.1 高强度螺栓的材料和性能等级

目前我国采用的高强度螺栓性能等级，按热处理后的强度分为 10.9 级和 8.8 级两种。

螺栓性能等级划分的整数部分(10 和 8)表示螺栓成品的最低抗拉强度 f_u 为 1000 N/mm^2 和 800 N/mm^2；小数部分(0.9 和 0.8)则表示其屈强比 f_y/f_u 为 0.9 和 0.8。

10.9 级的高强度螺栓材料可采用 20MnTiB(20 锰钛硼)、40B(40 硼)和 35VB(35 钒硼)钢；8.8 级的高强度螺栓材料则常用中碳钢跌 45 号钢和 35 号钢。螺母常用 45 号钢、35 号钢和 15MnVB(15 锰钒硼)钢。垫圈常用 45 号钢和 35 号钢。螺栓、螺母、垫圈制成品均应经过热处理以达到规定的指标要求。

4.7.2 螺栓孔孔型及孔距

(1)高强度螺栓承压型连接采用标准圆孔，其孔径 d_0 可参照表 4.11。

(2)高强度螺栓摩擦型连接可采用标准孔、大圆孔和槽孔，孔型尺寸可参照表 4.11。

表 4.11 高强度螺栓连接的孔型尺寸匹配 (mm)

	螺栓公称直径		M12	M16	M20	M22	M24	M27	M30
孔型	标准孔	直径	13.5	17.5	22	24	26	30	33
	大圆孔	直径	16	20	24	28	30	35	38
	槽孔	短向	13.5	17.5	22	24	26	30	33
		长向	22	30	37	40	45	50	55

(3)高强度螺栓摩擦型连接盖板按大圆孔、槽孔制孔时，应增大垫圈厚度或采用连续型垫板，其孔径与标准垫圈相同，厚度应满足：

1)M24 及以下的高强度螺栓连接，垫圈或连续型垫板的厚度不宜小于 8 mm；

2)M24 以上的高强度螺栓连接，垫圈或连续型垫板的厚度不宜小于 10 mm；

3)冷弯薄壁型钢结构，垫圈或连续型垫板的厚度不宜小于连接板(芯板)的厚度；

4)高强度螺栓连接的孔距和边距和普通螺栓相同。

4.7.3 高强度螺栓的预拉力和紧固方法

4.7.3.1 高强度螺栓的预拉力

摩擦型高强度螺栓不论是用于受剪连接、受拉连接还是受剪受拉连接，其受力都是依靠螺栓对板产生的法向压力,即紧固预拉力。承压型高强度螺栓,也部分地利用这一特性。因此,控制预拉力,即控制螺栓的紧固程度,是保证连接质量的关键。

高强度螺栓的预拉力值应尽可能高些,但需保证螺栓在拧紧过程中不会屈服或断裂。预拉力值与螺栓的材料强度和有效截面等因素有关,《钢标》规定按下式确定:

$$P = \frac{0.9 \times 0.9 \times 0.9}{1.2} f_u A_e \tag{4.70}$$

式中　A_e——螺纹处的有效面积。

f_u——螺栓材料经热处理后的最低抗拉强度。对于 8.8 级螺栓,$f_u = 830\ \text{N/mm}^2$;对于 10.9 级螺栓,$f_u = 1040\ \text{N/mm}^2$。

式(4.70)中系数 1.2 是考虑拧紧螺栓时栓杆内将产生剪应力的影响。另外式中三个 0.9 系数是考虑:①螺栓材质的不均匀性,引进的折减系数;②施工时为了补偿螺栓的预拉力松施,一般超张拉 5%~10%,采用的超张拉系数;③由于以螺栓的抗拉强度为准,为了安全引入的一个附加安全系数。

各种规格高强度螺栓预拉力取值见表 4.12。

表 4.12　一个高强螺栓的预拉力 P　(kN)

螺栓的性能等级	螺栓公称直径					
	M16	M20	M22	M24	M27	M30
8.8 级	80	125	150	175	230	280
10.9 级	100	155	190	225	290	355

4.7.3.2　高强度螺栓的紧固方法

高强度螺栓和与之配套的螺母和垫圈合称连接副。我国现有的高强度螺栓有大六角头型[图 4.70(a)]和扭剪型[图 4.70(b)]两种。这两种高强度螺栓都是通过拧紧螺帽,使栓杆受到拉伸作用,产生预拉力,而被连接板件间则产生压紧力。但具体控制方法不同,大六角头型采用转角法和扭矩法;扭剪型采用扭掉螺栓尾部的梅花卡头法。下面分别叙述这些方法。

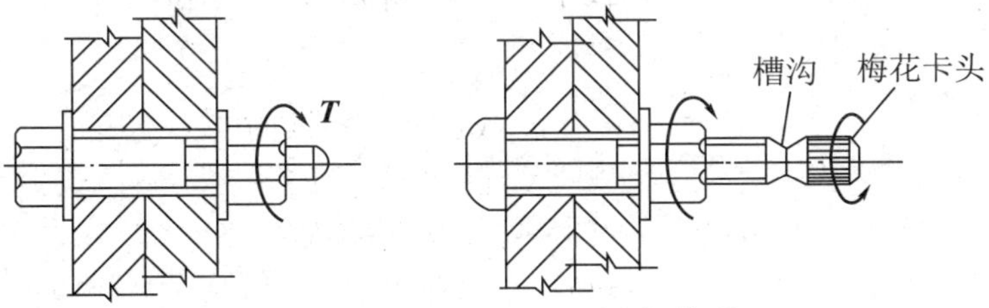

(a)大六角头型　　(b)扭剪型

图 4.70　高强度螺栓

(1)扭矩法　用一种可直接显示扭矩大小的特制扳手来实现。先用普通扳手初拧(不小于终拧扭矩值的 50%),使连接件紧贴,然后用定扭矩测力扳手终拧。终拧扭矩值按预先测定的扭矩与螺栓拉力之间的关系确定。施拧时偏差不得超±10%。

(2)转角法　先用普通扳手进行初拧,使被连接板件相互紧密贴合,再以初拧位置为起点,按终拧角度,用长扳手或风动扳手旋转螺母,拧至该角度值。终拧角度与螺栓直径和连接件厚度有关。这种方法不须专用扳手,工具简单但不够精确。

(3)扭掉螺栓尾部的梅花卡头法　扭剪型高强度螺栓与普通大六角型高强度螺栓不同。如图4.70(b)所示,螺栓头为盘头,螺纹段端部有一个承受拧紧反力矩的十二角体和一个能在规定力矩下剪断的断颈槽。紧固时用特制的电动扳手,这种扳手有两个套筒,外筒套在螺母六角体上,内筒套在螺栓的梅花卡头上(图4.71)。接电源后,两个套筒按反方向转动,螺母逐步拧紧,梅花卡头的环形槽沟受到越来越大的剪力,当达到所需要的紧固力时,环形槽沟处剪断,梅花卡头掉下,这时螺栓预拉力达到设计值,安装结束。安装后一般不拆卸。

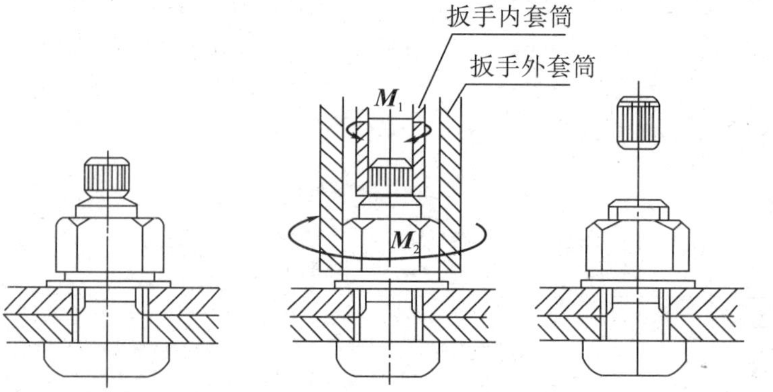

图4.71　扭剪型高强度螺栓连接副的安装过程

4.7.3.3　高强度螺栓摩擦面抗滑移系数

提高连接摩擦面抗滑移系数μ,是提高高强度螺栓连接承载力的有效措施。抗滑移系数μ的大小与连接处构件接触面的处理方法和构件的钢号有关。试验表明,此系数值有随被连接构件接触面间的压紧力减小而降低的现象,故与物理学中的摩擦系数有区别。

《钢标》推荐采用的接触面处理方法有喷砂(丸)、喷砂(丸)后涂无机富锌漆、喷砂(丸)后生赤锈和钢丝刷消除浮锈或对干净轧制表面不作处理等,各种处理方法相应的μ值详见表4.13。

表4.13　钢材摩擦面抗滑移系数μ

在连接处构件接触面的处理方法	构件的钢材牌号		
	Q235	Q345 或 Q390	Q420 或 Q460
喷硬质石英砂或铸钢棱角砂	0.45	0.45	0.45
抛丸(喷砂)	0.40	0.40	0.40
钢丝刷清除浮锈或未经处理的干净轧制面	0.30	0.35	—

注:(1)钢丝刷除锈方向应与受力方向垂直。

(2)当连接构件采用不同钢号时,μ按相应较低的取值。

(3)采用其他方法处理时,其处理工艺及抗滑移系数值均需要试验确定。

4.7.4 高强度螺栓连接设计规定

(1)采用承压型连接时,连接处构件接触面应清除油污及浮锈,仅承受拉力的高强度螺栓连接,不要求对接触面进行抗滑移处理。

(2)高强度螺栓承压型连接不应用于直接承受动力荷载的结构,抗剪承压型连接在正常使用极限状态下应符合摩擦型连接的设计要求。

(3)当高强度螺栓连接的环境温度为 100~150 ℃时,其承载力应降低 10%。

(4)当型钢构件拼接采用高强度螺栓连接时,其拼接件采用钢板。

(5)直接承受动荷载的螺栓连接,抗剪连接时应采用摩擦型高强度螺栓。

4.7.5 摩擦型高强度螺栓连接的受力性能和计算

高强度螺栓连接与普通螺栓连接一样,可分为受剪螺栓连接、受拉螺栓连接与同时受剪和受拉螺栓连接。

4.7.5.1 摩擦型高强度螺栓受剪连接

(1)受剪螺栓连接的受力性能和单个受剪螺栓的受剪承载力设计值　高强度螺栓在拧紧时,螺杆中产生很大的预拉力,而被连接板件间产生很大的预压力。连接受力后,因为接触面上产生的摩擦力,能在相当大的荷载情况下阻止板件间的相对滑移,因此弹性工作阶段较长。如图 4.50(b)曲线 a 所示,当外力超过了板间摩擦力后,板件即产生相对滑移。摩擦型高强度螺栓是以出现滑动作为抗剪承载力极限状态,所以它的最大承载力取图 4.50(b)曲线 a 上 1 点。

摩擦型高强度螺栓连接中每个螺栓的承载力取决于构件接触面的摩擦力,而此摩擦力的大小与螺栓所受预拉力和摩擦面的抗滑移系数以及连接的传力摩擦面数有关。因此,单个受剪螺栓的受剪承载力设计值为:

$$N_v^b = 0.9kn_f\mu P \tag{4.71}$$

式中 n_f——传力摩擦面数目,单剪时 $n_f=1$,双剪时 $n_f=2$;

P——一个高强度螺栓的设计预拉力,按表 4.12 采用;

μ——摩擦面抗滑移系数,按表 4.13 采用;

0.9——抗力分项系数 γ_R 的倒数,即取 $\gamma_R=\frac{1}{0.9}=1.111$。

k——孔型系数,标准孔取 1.0,大圆孔取 0.85,内力与槽孔方向垂直时取 0.7,内力与槽孔方向平行时取 0.6。

(2)受剪螺栓连接计算　摩擦型高强度螺栓受剪连接的受力分析方法与普通螺栓受剪连接一样,所以,摩擦型高强度螺栓受剪连接在受轴心力作用或偏心力作用时的计算均可利用前述普通螺栓受剪连接的计算公式,只需将单个普通螺栓的承载力设计值 N_{min}^b 改为单个摩擦型高强度螺栓的抗剪承载力设计值 N_v^b 即可。

摩擦型高强度螺栓连接中构件的净截面强度验算与普通螺栓连接有所区别,应特别注意。

摩擦型高强度螺栓是依靠各连接件接触面间的摩擦力传递剪力。假定每个螺栓所传递的内力相等，且接触面间的摩擦力均匀地分布于螺栓孔的四周（图 4.72），则每个螺栓所传递的内力在栓孔中心线的前面和后面各传递了一半。这种通过栓孔中心线以前板件接触面间的摩擦力传递现象称为孔前传力。验算最外列螺栓处危险截面Ⅰ-Ⅰ的强度时，应按下式计算：

$$\sigma = \left(1 - 0.5\frac{n_1}{n}\right)\frac{N}{A_n} \leqslant f \tag{4.72}$$

式中 n——在节点或拼接处，构件一端连接的高强度螺栓数目；

n_1——所计算截面（最外列螺栓处）上高强度螺栓数目；

0.5——孔前传力系数。

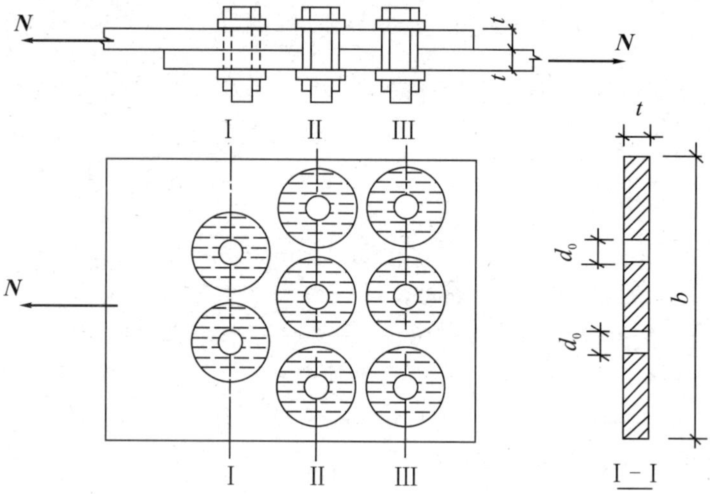

图 4.72 高强度螺栓的孔前传力

此外，由于 $N'<N$，所以除对有孔截面进行验算外，还应对毛截面进行验算：

$$\sigma = \frac{N}{A} \leqslant f \tag{4.73}$$

式中 A——构件的毛截面面积。

例 4.14 试验算如图 4.60 所示连接，采用摩擦型高强度螺栓连接时的强度。已知螺栓为 10.9 级 M20 高强螺栓，钢材为 Q345，喷硬质石英砂或铸钢棱角砂，螺栓孔采用标准孔。

解 (1)单个螺栓受剪承载力设计值 由表 4.12 查得 $P=155$ kN，由表 4.13 查得 $\mu=0.45$。

$$N_v^b = 0.9\,kN_f\mu P = 0.9\times1\times1\times0.45\times155 = 62.775\ \text{kN}$$

(2)螺栓强度验算 由例题 4.9 分析可得，1 号螺栓最为不利，现在对该螺栓进行验算。

螺栓 1 承受的合力为：

$$N_1^{T\cdot N\cdot V} = \sqrt{(N_{1x}^N + N_{1x}^T)^2 + (N_{1y}^T + N_{1y}^V)^2}$$
$$= \sqrt{(16.5 + 14.85)^2 + (10 + 16.5)^2}$$

$=41.05\ \text{kN}<N_v^b=62.775\ \text{kN}$　满足要求

例 4.15　如图 4.73 所示为—330×20 轴心受拉钢板用双盖板和摩擦型高强度螺栓连接的拼接连接。已知钢材为 Q345，螺栓为 8.8 级 M20，喷硬质石英砂或铸钢棱角砂，螺栓孔采用标准孔。试确定该拼接的最大承载力 N。

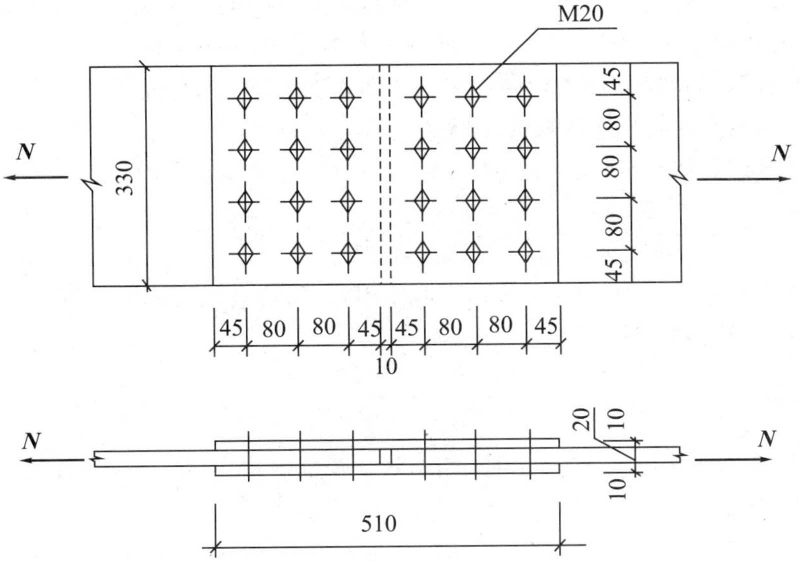

图 4.73　例 4.15 图（单位：mm）

解　(1)按螺栓连接强度确定 N　由表 4.12 查得 $P=125$ kN，由表 4.13 查得 $\mu=0.45$，由表 4.11 查得 $d_0=22$ mm。

$$N_v^b=0.9\,kN_f\mu P=0.9\times1\times2\times0.45\times125=101.25\ \text{kN}$$

$$l_1=160\ \text{mm}<15d_0=15\times22=330\ \text{mm}$$

12 个螺栓连接的总承载力设计值为：

$$N=nN_v^b=12\times101.25=1215\ \text{kN}$$

(2)按钢板截面强度确定 N　构件厚度 $t=20$ mm，$2t_1=20$ mm，所以按构件钢板和盖板计算相同。此处按构件计算。

1)按毛截面强度　由附表 1.1 查得 $f=295\ \text{N/mm}^2$。

$$A=bt=330\times20=6600\ \text{mm}^2$$

$$N=Af=6600\times295=1947\times10^3\ \text{N}=1947\ \text{kN}$$

2)按第一列螺栓处净截面强度

$$A_n=(b-n_1d_0)t=(330-4\times22)\times20=4840\ \text{mm}^2$$

$$N=A_nf=4840\times295=1427.8\times10^3\ \text{N}=1427.8\ \text{kN}$$

因此，该拼接的承载力设计值为 $N=1215$ kN，由螺栓连接强度控制。

4.7.5.2　摩擦型高强度螺栓受拉连接

(1)受拉螺栓连接的受力性能和单个受拉螺栓的受拉承载力设计值　承受外力之

前，高强度螺栓已有很高的预拉力 P，它与板层之间的压力 Q 平衡。当对螺栓施加外力 N_t 时，则栓杆在板层之间的压力未完全消失前被拉长，此时，螺栓受的拉力增加 ΔP，同时由于压紧板件放松，使压力减少 ΔQ。栓杆伸长与板的放松膨胀值相当。由试验分析得知，只要板层之间压力未完全消失，螺栓杆的拉力只增加 5%~10%，所以高强度螺栓所承受的外拉力，基本上只使板层间的压力减小，对螺栓杆中的预拉力影响不大。当外加拉力大于螺杆的预拉力时，卸载后螺杆中的预拉力会变小，即发生松弛现象。当外加拉力小于螺杆的预拉力的 80%时，无松弛现象发生，被连接板件接触面间能保持一定的预拉力，可假定整个板面始终处于紧密接触状态。

为使板间保留一定的压紧力，《钢标》规定，一个受拉摩擦型高强度螺栓的抗拉承载力设计值为：

$$N_t^b = 0.8P \tag{4.74}$$

（2）受拉螺栓连接计算　当受轴心拉力作用时，与普通螺栓连接一样，假定每个螺栓均匀受力，则连接所需要的螺栓数 n 为：

$$n = \frac{N}{N_t^b} \tag{4.75}$$

当由于弯矩 M 作用使螺栓受拉时（图 4.74），应验算受力最大的螺栓，其拉力 N_{1t}^M 不超过受拉承载设计值，即：

$$N_{1t}^M \leqslant N_t^b = 0.8P \tag{4.76}$$

式中，N_{1t}^M 的计算方法与普通螺栓连接的计算方法不同，必须注意。

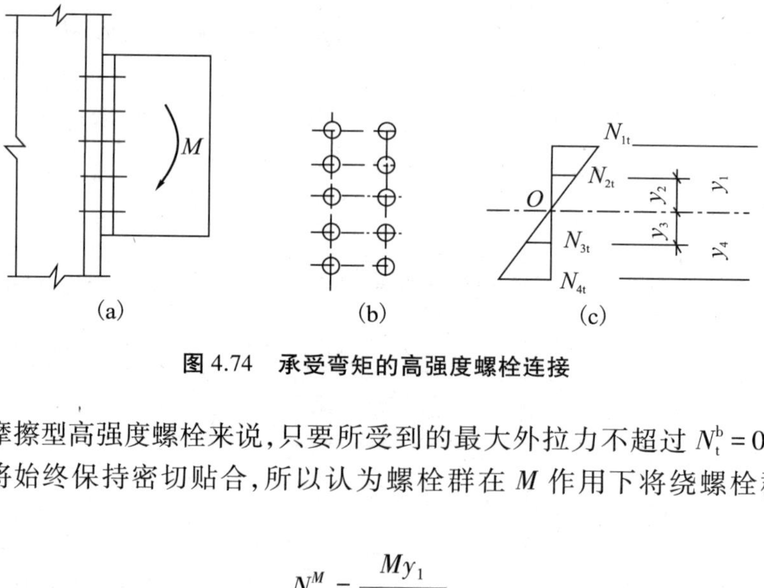

图 4.74　承受弯矩的高强度螺栓连接

因为对摩擦型高强度螺栓来说，只要所受到的最大外拉力不超过 $N_t^b = 0.8P$，被连接板件接触面将始终保持密切贴合，所以认为螺栓群在 M 作用下将绕螺栓群中心轴转动，即：

$$N_{1t}^M = \frac{My_1}{m\sum y_i^2} \tag{4.77}$$

式中　y_1——最外排螺栓至螺栓群中心轴的距离；

y_i——第 i 排螺栓至螺栓群中心轴的距离；

m——螺栓纵向列数。

当由偏心拉使螺栓受拉时，如前所述，只要所受到的最大外拉力不超过 $N_t^b=0.8P$，被连接板件接触面将始终保持密切贴合。所以不论偏心距的大小，均按受拉普通螺栓连接，按小偏心受拉情况计算，即按式(4.63)计算，但式中取 $N_t^b=0.8P$。

4.7.5.3　摩擦型高强度螺栓同时受剪和受拉连接

如图 4.75 所示为一柱与牛腿用摩擦型高强度螺栓相连的 T 形连接，将偏心力 F 向螺栓群形心简化，则螺栓连接同时承受弯矩 $M=Fe$ 和剪力 $V=F$ 作用，由 M 引起各螺栓受外拉力 $N_{it}^M=\dfrac{My_i}{m\sum y_i^2}$，由 V 引起各螺栓均匀受剪 N_v。《钢标》规定：当高强度螺栓摩擦型连接同时承受摩擦面的剪力和螺栓杆轴方向的外拉力时，其承载力应按下式计算：

$$\frac{N_v}{N_v^b}+\frac{N_t}{N_t^b}\leqslant 1 \tag{4.78}$$

式中　N_v、N_t——某个高强度螺栓所承受的剪力和拉力；

N_v^b、N_t^b——一个高强螺栓的受剪、受拉承载设计值。

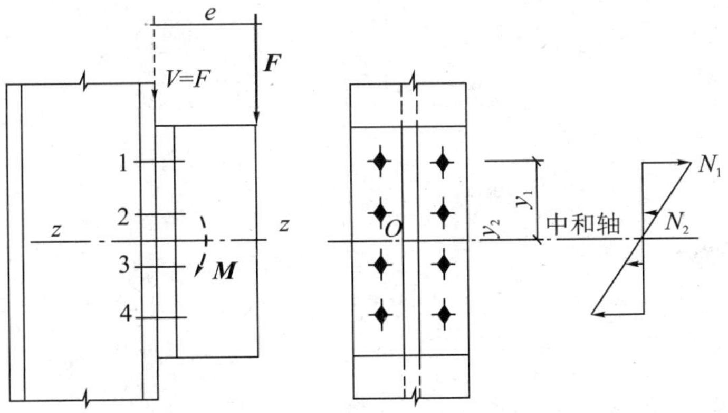

图 4.75　同时受剪和受拉高强度螺栓连接

例 4.16　如图 4.76 所示工字形截面柱翼缘与牛腿用高强度螺栓摩擦型连接。连接材料为 Q235，螺栓为 10.9 级，M20，喷硬质石英砂或铸钢棱角砂，螺栓孔采用标准孔。$M=100\ \text{kN}\cdot\text{m}$，$F=400\ \text{kN}$，$N=200\ \text{kN}$，试验算该螺栓连接是满足要求。

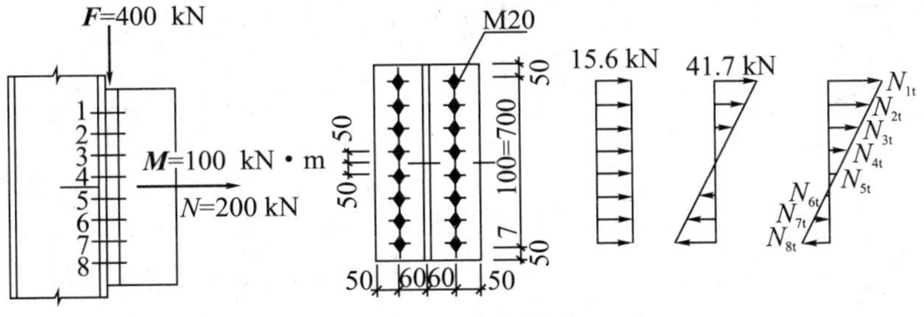

图 4.76　例 4.16 图(单位：mm)

解 由表 4.12 查得 $P=155$ kN，由表 4.13 查得 $\mu=0.45$。

（1）单个高强度螺栓的承载力设计值　抗剪承载力设计值：

$$N_v^b=0.9\ kN_f\mu P=0.9\times1\times1\times0.45\times155=62.775\ \text{kN}$$

抗拉承载力设计值：

$$N_t^b=0.8P=0.8\times155=124\ \text{kN}$$

（2）各荷载单独作用螺栓所承受的内力

1）在轴心力 N 作用下，螺栓群均匀受拉，每个螺栓承受的拉力为：

$$N_t^N=\frac{N}{n}=\frac{200}{16}=12.5\ \text{kN}$$

2）在剪力 $V=F=400$ kN 作用下，螺栓群均匀受剪，每个螺栓承受的剪力为：

$$N_v^V=\frac{F}{n}=\frac{400}{16}=25\ \text{kN}$$

3）在 M 作用下，螺栓群绕螺栓群形心轴转动，1 号螺栓受拉力最大：

$$N_{1t}^M=\frac{My_1}{m\sum y_i^2}=\frac{100\times10^3\times350}{2\times(350^2+250^2+150^2+50^2)\times2}=41.7\ \text{kN}$$

（3）验算连接承载力　在 M、V 和 N 共同作用下 1 号螺栓受力最大：

$$\frac{N_v}{N_v^b}+\frac{N_t^N+N_t^M}{N_t^b}=\frac{25}{62.775}+\frac{12.5+41.7}{124}=0.40+0.44=0.84<1\quad\text{满足要求}$$

4.7.6 高强度螺栓承压型连接的计算要点

受剪高强度螺栓承压型连接是以栓杆受剪破坏或孔壁承压破坏为极限状态，如图 4.50 所示曲线 a 上的“4”点。所以其计算方法基本与受剪普通螺栓连接相同。受拉高强度螺栓承压型连接则与受拉摩擦型完全相同，各种承压型高强度螺栓承载力设计值见表 4.14。

表 4.14　各种承压型高强度螺栓承载力设计值

连接种类	单个螺栓的承载力设计值	承受轴心力时所需螺栓数目	附注
受剪螺栓	抗剪　$N_v^b=n_v\frac{\pi d^2}{4}f_v^b$ 承压　$N_c^b=d\sum tf_c^b$	$n=\frac{N}{N_{min}^b}$	f_v^b、f_c^b 按附录中附表 1.3 中承压型高强度螺栓取用，N_{min}^b 为 N_v^b、N_c^b 中的较小值。 当剪切面在螺纹处时，其抗剪承载力设计值 $N_v^b=n_v\frac{\pi d^2}{4}f_v^b=n_vA_ef_v^b$
受拉螺栓	$N_t^b=A_ef_t^b=\frac{\pi d_e^2}{4}f_t^b$	$n=\frac{N}{N_t^b}$	f_t^b 按附录中附表 1.3 中承压型高强度螺栓取用
同时受剪和受拉的螺栓	$\sqrt{\left(\frac{N_v}{N_v^b}\right)^2+\left(\frac{N_t}{N_t^b}\right)^2}\leqslant1$ $N_v\leqslant N_c^b/1.2$		N_v、N_t 分别为某个高强度螺栓所受的剪力和拉力。 系数 1.2 是考虑由于螺栓同时承受外拉力，使连接件之间压紧力减少，导致孔壁承压强度降低的缘故

承压型连接的高强度螺栓的预拉力 P 应与摩擦型连接高强度螺栓相同。

因高强度螺栓承压型连接的剪切变形比摩擦型的大，所以只适于承受静力荷载或间接承受动力荷载的结构中。另外，高强度螺栓承压型连接在荷载设计值作用下将产生滑移，也不宜用于承受反向内力的连接。

小结：

(1)钢结构的连接，常用焊接连接和螺栓连接。焊接在制造和安装中均可应用。螺栓连接多用于安装连接，其中普通螺栓宜用于杆轴方向受力的连接或次要连接中用作受剪螺栓；高强度螺栓摩擦型连接，宜用于高层建筑和厂房钢结构的主要部位和直接受动力荷载连接。

(2)焊接根据焊缝的截面形状分为对接焊缝和角焊缝，其中角焊缝受力性能虽然较差，但加工方便，故应用很广；对接焊缝受力性能好，但加工要求精度高，只用于制造中材料拼接及重要部位的连接。

(3)焊透的对接焊缝连接，在计算中可作为构件的一个组成部分进行强度验算，即计算可能的最大正应力 $\sigma_{\max}$、最大剪应力 $\tau_{\max}$ 及某点的折算应力，使其分别满足相应的强度条件。应注意焊缝的抗拉强度设计值与焊缝的质量等级有关，焊缝的计算长度与施焊时是否加引弧板有关。

(4)直角角焊缝的强度条件通用公式为 $\sqrt{\left(\frac{\sigma_f}{\beta_f}\right)^2+\tau_f^2}\leqslant f_f^w$，式中的 σ_f、τ_f 是作用于焊缝形心的轴力 N、剪力 V、弯矩 M 和扭矩 T 引起的应力分量，该应力分量垂直于焊缝长度方向时，应力分量为 σ_f；应力分量平行于焊缝长度方向时，应力分量为 τ_f。根据应力分析，将焊缝受力最大点的各应力分量求出后，按矢量叠加原理，代入强度条件通用公式，可验算焊缝的承载能力。另外，角焊缝的焊脚尺寸、焊缝长度等必须满足《钢标》规定。

(5)焊接残余应力与残余变形是焊接过程中局部加热和冷却，导致焊件不均匀膨胀和收缩而产生的。焊缝附近的残余应力常常很高，可达钢材屈服点。残余应力是自相平衡的内应力。因此残余应力对结构的静力强度无影响。但它使构件截面部分区域提前进入塑性，截面弹性区减小，使构件的刚度和稳定承载力降低，并使受动力荷载的焊接结构应力实际是在 f_y 和 $f_y-\Delta\sigma$ 之间循环，因此焊接结构疲劳计算必须采用应力幅计算准则。另外，残余应力与荷载应力叠加可能产生二向或三向同号应力场，使钢材性能变脆。残余变形会影响结构设计尺寸准确。因此，在设计、制造、安装中应注意采取措施防止或减少焊接残余应力与残余变形产生。

(6)普通螺栓连接和高强度螺栓连接都有抗剪连接、抗拉连接和同时受剪受拉连接三种形式。对螺栓连接进行验算时，首先将外力简化到螺栓群形心，求得作用在螺栓群形心的各内力分量，分析出可能受力最大的螺栓，计算各内力分量在该螺栓引起的剪力 N_v 和拉力 N_t。对受剪或受拉螺栓连接，受力最大的螺栓所受的剪力 N_v 和拉力 N_t 不大于单个螺栓的承载力(N_v^b、N_c^b、N_t^b)；引入相关的强度条件，对同时受剪和受拉的螺栓连接，其受力最大螺栓应满足式(4.68)和式(4.69)(普通螺栓连接)或式(4.78)(强度螺栓连接摩擦型连接)等公式。对受剪螺栓连接还须验算构件净截面强度(高强度螺栓摩擦型连接还须验算构件毛截面强度);对普通螺栓连接偏心受力还须区分大小偏心情况。

思考题

4.1 钢结构常用的连接方法有哪几种?

4.2 钢结构连接方式和焊缝形式各有哪些类型?

4.3 为什么选择焊条型号宜与主体金属相匹配?焊接Q235钢和Q345钢须分别采用哪种焊条系列?

4.4 焊缝的质量等级有几个?与钢材等强度的受拉和受弯对接焊缝须采用几级?

4.5 轴心受拉的对接焊缝在什么情况下须进行强度验算?

4.6 角焊缝的构造要求有哪些?

4.7 角焊缝的基本计算公式 $\sqrt{\left(\dfrac{\sigma_f}{\beta_f}\right)^2+\tau_f^2}\leqslant f_f^w$ 中 σ_f、τ_f 和 β_f 如何确定?

3.8 残余应力对结构有哪些影响?

4.9 普通螺栓的受剪螺栓连接有哪几种破坏形式?用什么方法可以防止?

4.10 普通螺栓连接承载力设计值公式 $N_v^b=n_v\dfrac{\pi d^2}{4}f_v^b$ 和 $N_c^b=d\sum tf_c^b$ 中 n_v、d 和 $\sum t$ 各代表什么?

4.11 普通螺栓群受偏心力作用时的受拉螺栓计算怎样区分大小偏心?计算有什么不同?

4.12 在弯矩作用下的螺栓连接,其旋转中心,对于普通螺栓连接和高强度螺栓连接有何不同?为什么?

4.13 比较同进剪力和杆轴方向拉力的普通螺栓连接和高强度螺栓连接的计算方法。

4.14 在受剪连接中使用普通螺栓连接和高强度螺栓摩擦型连接,对构件开孔截面进行净截面强度验算时,有什么不同?

4.15 高强度螺栓承压型连接有哪些要点?并与普通螺栓连接和高强度螺栓摩擦型连接相比较。

习题

4.1 设计如图4.77所示的钢板对接焊缝拼接。已知轴心拉力设计值 $N=500$ kN(静荷载)。材料为Q235,焊条为E43型,手工电弧焊,焊缝质量为三级,施焊时未用引弧板。

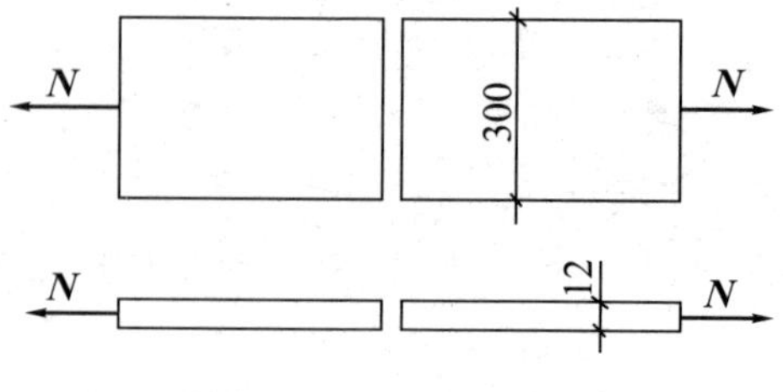

图4.77 习题4.1(单位:mm)

4.2　验算如图 4.78 所示柱与牛腿连接的对接焊缝。已知：静力荷载 $F=200$ kN（设计值），偏心距 $e=200$ mm。钢材为 Q390，采用 E55 型焊条，手工焊，焊缝质量为二级，施焊时采用引弧板。

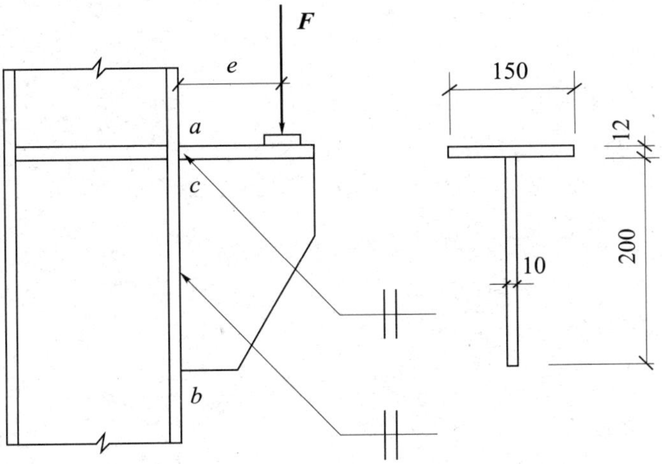

图 4.78　习题 4.2、习题 4.6 图（单位：mm）

4.3　设计一双盖板的钢板对接接头（图 4.79）。已知：钢板截面为 400 mm×12 mm，承受的轴心拉力设计值 $N=800$ kN（静力荷载），钢材为 Q345，焊条采用 E50 型，手工焊。

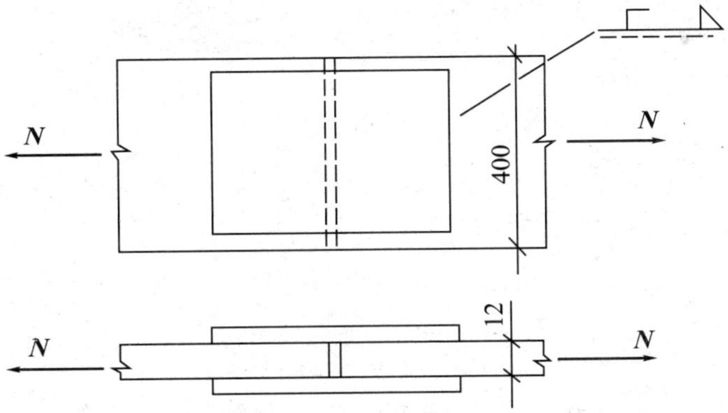

图 4.79　习题 4.3 图（单位：mm）

4.4　计算如图 4.80 所示连接中角钢与节点板间的角焊缝 A 的焊缝长度。轴心拉力设计值 $N=500$ kN（静荷载），材料为 Q345，焊条为 E50 型，手工焊，只用侧焊缝相连。

4.5　计算如图 4.80 所示节点板与端板的角焊缝 B 需要的焊脚尺寸 h_f。

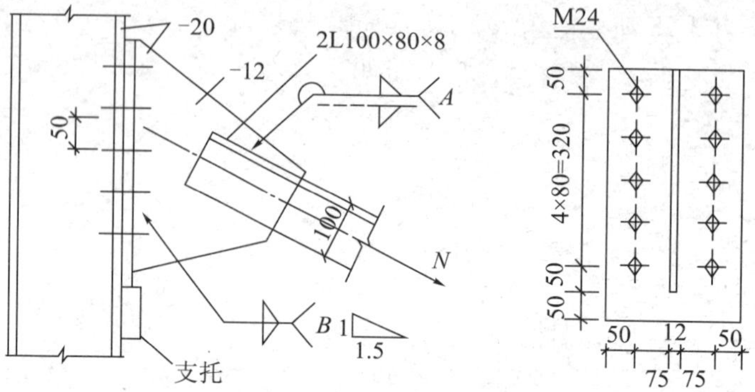

图 4.80　习题 4.4、习题 4.5、习题 4.9 图(单位:mm)

4.6　将习题 4.2 的连接改用角焊缝,试验算其连接强度。

4.7　试验算如图 4.81 所示连接角焊缝的强度。荷载设计值 $F=150$ kN,$N=50$ kN(均为静力荷载),钢材为 Q345,手工焊,焊条为 E50 型。

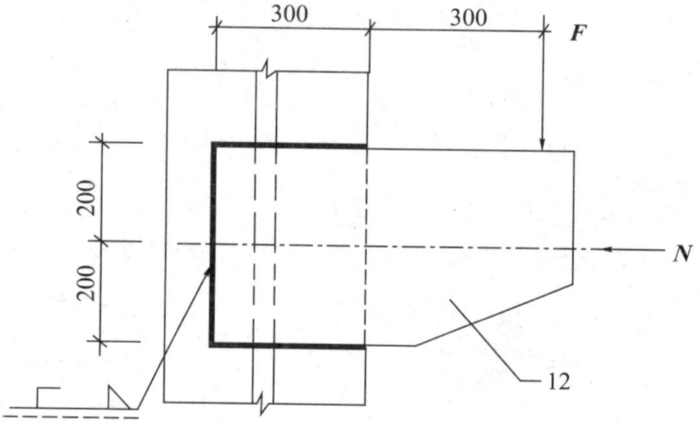

图 4.81　习题 4.7 图(单位:mm)

4.8　如图 4.82 所示为一用 M20C 级螺栓的钢板拼接,钢材为 Q390,$d_0=22$ mm。试计算此拼接能承受的最大轴心拉力设计值 N。

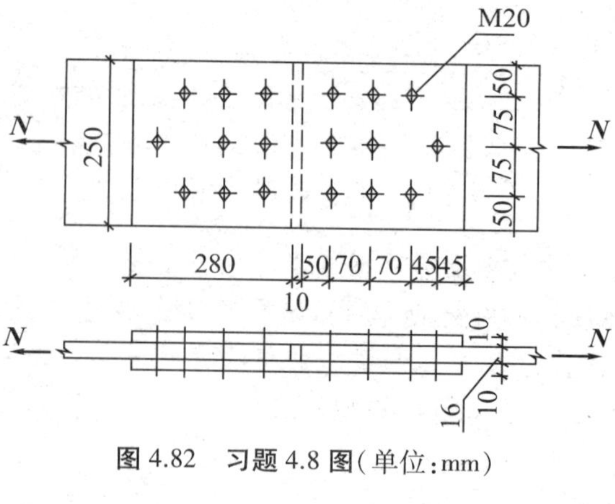

图 4.82　习题 4.8 图(单位:mm)

4.9　计算如图 4.80 中端板与柱连接的 C 级普通螺栓的强度。螺栓为 M24，钢材为 Q345。

4.10　试计算如图 4.83 所示连接中 C 级螺栓的强度。荷载设计值 $F=50$ kN，螺栓为 M22，钢材为 Q345。

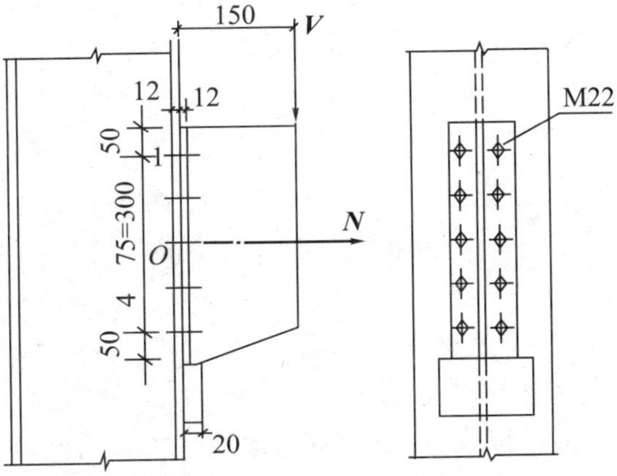

图 4.83　习题 4.10 图(单位:mm)

4.11　如图 4.84 所示牛腿用 C 级普通螺栓连接于钢柱上，螺栓为 M22，钢材为 Q235。试求：(1)牛腿下设支托承受剪力时，该连接所能承受的最大荷载设计值 F；(2)牛腿下不设支托时，该连接能承受多大的荷载设计值 F。

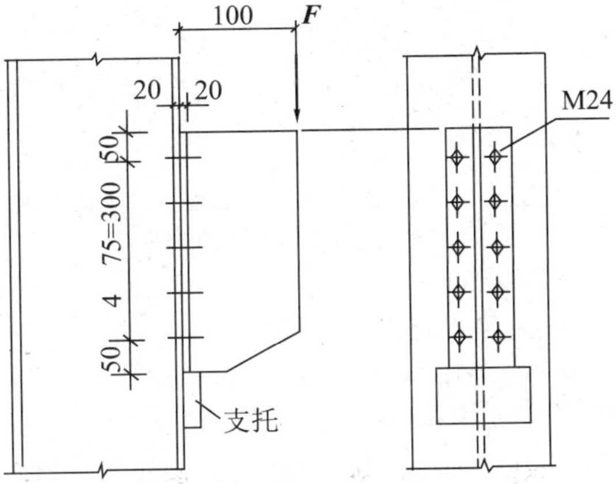

图 4.84　习题 4.13 图(单位:mm)

4.12　试设计用高强度螺栓摩擦型连接的钢板拼接连接。采用双盖板，钢板截面为 300 mm×24 mm，盖板截面为 300 mm×12 mm 的钢板。钢材为 Q390，接触面采用喷硬质石英砂处理，承受轴心拉力设计值 $N=1500$ kN。

4.13　验算如图 4.84 所示的高强度螺栓摩擦型连接。螺栓为 10.9 级，M24，构件钢材为 Q345，接触面采用喷硬质石英砂处理。

第五章　轴心受力构件

5.1　概述

轴心受力构件是指承受通过构件截面形心轴线的轴向力作用的构件,当这种轴向力为拉力时,称为轴心受拉构件;当这种轴向力为压力时,称为轴心受压构件或轴心压杆。

轴心受力构件广泛应用于各种平面桁架、空间桁架、塔架和网架、网壳、工业建筑平台,以及其他结构支柱、索结构(轴心受拉)和各种支撑系统等结构中。这些结构属于杆件体系,通常假设其节点为铰接连接,在无节间荷载作用下,杆件内力只是轴向拉力或压力。图 5.1 为轴心受力构件在工程中应用的一些实例。

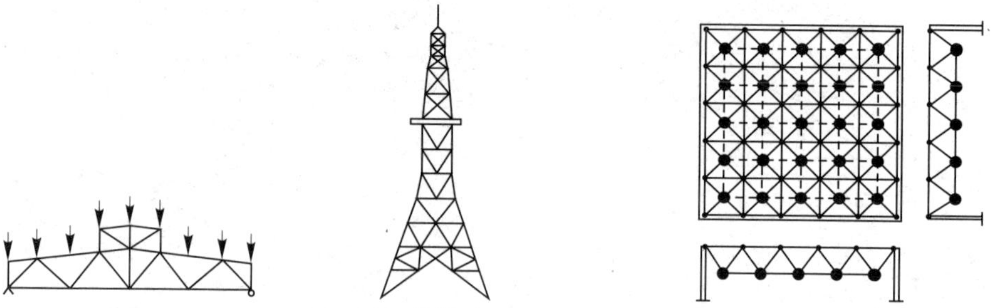

图 5.1　轴心受力构件在工程中的应用

(a)桁架;(b)塔架;(c)网架

由于材质不均匀、初始缺陷、残余应力等的影响,实际上真正的轴心受力构件并不存在。实际工程中轴心受拉构件工作特性较简单,设计容易;而轴心受压构件工作特性较复杂,设计及施工较麻烦,但应用广泛。

轴心受力构件的截面形式很多,一般分为两类:实腹式截面和格构式截面。实腹式截面是指截面整体连通,截面的主轴(x 轴和 y 轴)一定都是实轴,沿构件全长是连续分布的。格构式截面是指截面的主轴一定有虚轴存在,由柱肢和缀件组成截面,缀件沿构件全长是间隔分布的,柱肢是连续分布的。

(1)实腹式截面　实腹式构件制作简单,与其他构件连接也比较方便。常见的实腹式截面有两种截面形式:第一种是型钢截面,主要是热轧型钢截面;第二种是型钢或钢板主要通过焊接而成的组合截面。

1)型钢截面　热轧型钢截面因其构造简单,加工方便,省时省工,成本低,设计时应优先选用，在中小型及受力较小的构件中广泛应用。常用的型钢截面形式有单个型钢截面，如圆钢、钢管、角钢、槽钢、工字钢、H 型钢及 T 型钢等[图 5.2(a)]。圆钢截面回转半轻较小，一般只用作拉杆；圆管截面多用于以球节点相连的空间网架、网壳结构或节点处直接焊接的桁架等结构中，可用于拉杆或压杆；单角钢截面两主轴与角钢边不平行，角钢与其他构件连接时不便做到轴心受力，故一般用于次要受力构件；T 型钢多用于桁架结构中的弦杆或腹杆；工字形或 H 形截面是最常用的热轧型钢截面，工字钢两主轴刚度相差较大，若要做到等刚度，一般沿其强轴方向设置侧向支点，H 型钢因翼缘宽度较大，常用于柱。此外，冷弯型钢截面宽厚比较大，板件厚度较薄，如图 5.2(d)所示，多用于受力较小的轻型钢结构中，其设计应按照《冷弯薄壁型钢结构技术规范》GB 50018—2002 进行。

2)组合截面　当结构受力较大或者柱高度较大，型钢截面不能满足要求时，可采用组合截面。如焊接工字形截面、T 形截面、箱形截面、十字形截面等。根据构件受力的情况及大小，选用合适的截面，截面设计比较灵活，可以节约用钢，但构造比较复杂，费工、费时，如图 5.2(b)所示。一般桁架结构中的弦杆和腹杆，除 T 型钢外，常采用热轧角钢组合成 T 形或十字形的双角钢组合截面，如图 5.2(c)所示。

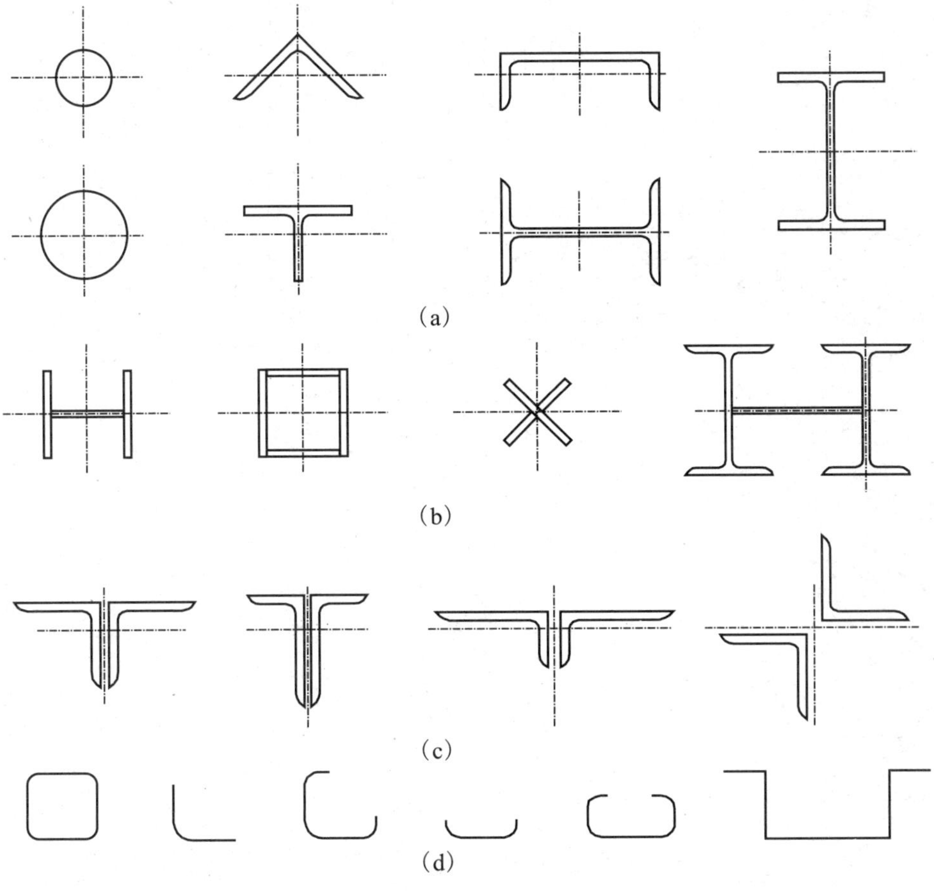

图 5.2　轴心受力实腹式截面形式

(a)型钢截面；(b)组合截面；(c)双角钢组合截面；(d)冷弯薄壁型钢组合截面

(2)格构式截面　当受压构件受力较大或高度很大,采用实腹式组合截面不经济时,则格构式组合截面的优势尤为突出,因为格构截面在用钢量增加不多的条件下,采取开展的截面形式,容易保证构件两主轴方向的稳定性,用较小的截面面积可获得较大的刚度,抗扭性能也好,用料较省,但制作比较费工。

格构式截面主要由两个或两个以上截面的分肢用缀材相连而成,如图 5.3 所示。分肢的截面常为热轧型钢,如热轧槽钢、热轧工字钢、热轧角钢等。用于连接分肢的缀材主要有缀条[图 5.4(a)]和缀板[图 5.4(b)]两类。缀条一般采用单角钢,由斜杆或斜杆与横杆共同组成,缀条与分肢组成桁架体系,其中缀条视为桁架腹杆,分肢视为桁架弦杆。缀板一般用厚度≥6 mm 的钢板,其与分肢组成桁架体系,缀板按受弯构件设计。柱肢按数量分为双肢柱(柱肢用槽钢或工字钢)、三肢柱(柱肢用角钢或钢管)和四肢柱(柱肢用角钢)。

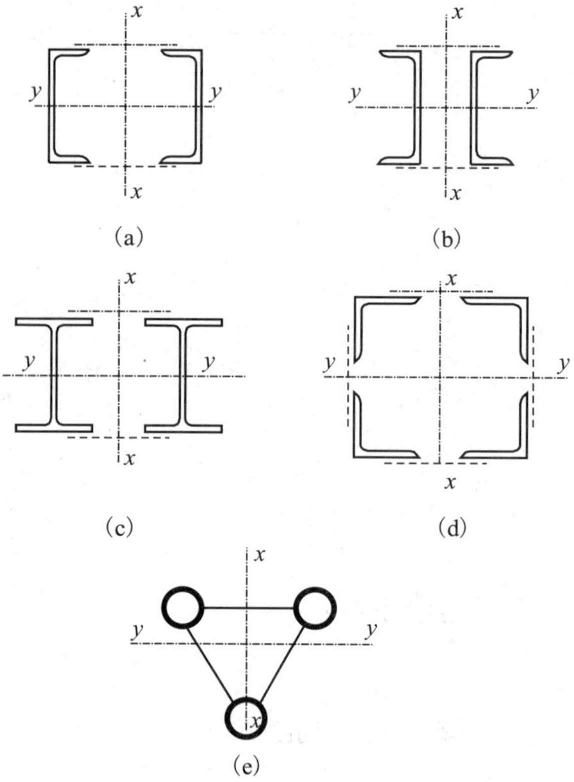

图 5.3　格构式构件的常用截面形式

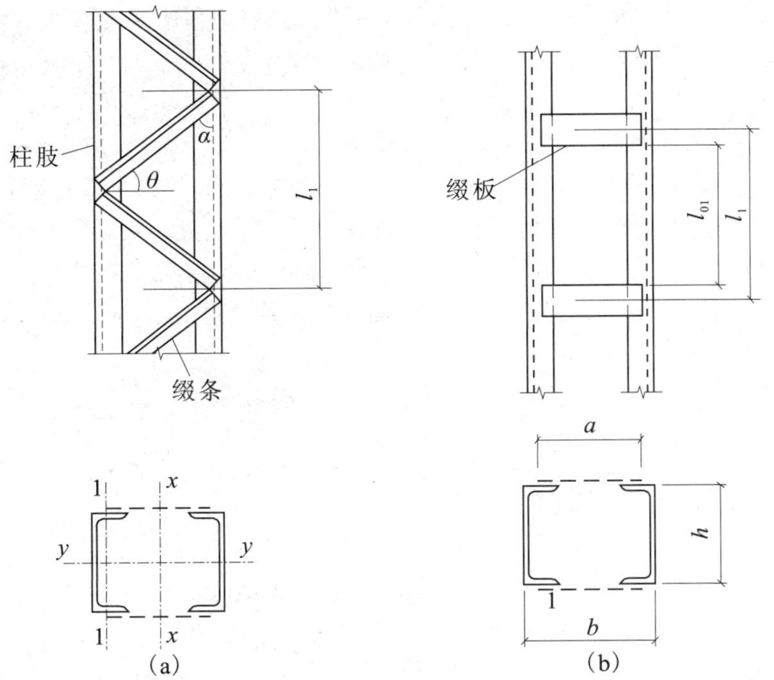

图 5.4　格构式构件的缀材布置

上述截面中，截面紧凑的(如圆钢和组成板件宽厚比较小截面)或对两主轴刚度相差悬殊者(如单槽钢、工字钢)，一般只用于轴心受拉构件；较为开展的或组成板件宽而薄的截面通常用作受压构件，这样更为经济。

轴心受拉构件一般采用实腹式截面，其截面形式选择一般遵循下列原则：宜优选圆钢、单角钢、工字钢、H 型钢、钢管；有时根据需要，可采用热轧 T 型钢或双角钢组成的 T 形截面(如屋架下弦)；若条件允许，刚度满足要求时，还可以考虑钢绞线、钢丝绳；若受力很大或构件长度过大，型钢截面不满足要求时，可采用组合截面。

5.2　轴心受力构件的强度和刚度

轴心受力构件的设计应同时满足承载能力极限状态和正常使用极限状态的要求。对承载能力极限状态，《钢标》规定，轴心受拉构件的承载力应由截面强度决定；轴心受压构件的承载力应由截面强度和构件稳定性的较低值决定。对正常使用极限状态，两类构件都需要满足刚度的要求。

5.2.1　截面强度计算

5.2.1.1　轴心受拉构件的强度

对截面无削弱位置，当截面的平均应力达到钢材的屈服强度时，构件虽未被拉断，但将出现较大拉伸变形，以致达到不适合继续承载的状态。因此，应控制毛截面的平均应力不超过材料的屈服强度。故以全截面平均应力达到屈服强度为承载能力极限状态。

对构件的截面有局部孔洞(如螺栓孔)削弱位置,在弹性阶段,孔洞附近有如图 5.5(a)所示的应力集中现象,截面上的应力分布不均匀,孔壁边缘的应力 σ_{max} 可能很大,若拉力继续增加,当孔壁边缘的最大应力达到材料的屈服强度以后,应力不再继续增加而只是产生塑性变形,截面上的应力发生重新分布,最后达到均匀分布并达到屈服强度如图 5.5(b)所示。此时,整个净截面屈服,但因截面无削弱位置尚未屈服,杆件整体的塑性变形尚小,还可继续承载。随着拉力再进一步增加,孔壁边缘的塑性变形进一步发展,最终可能使得整个净截面断裂。因此,对于截面削弱位置,应保证净截面不被拉断。

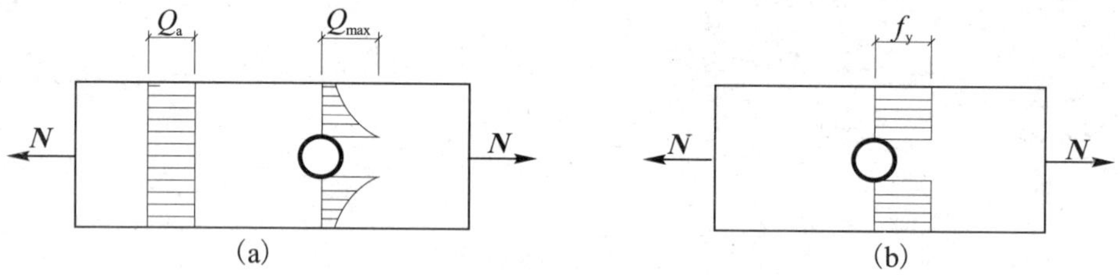

图 5.5 有孔洞拉杆的截面应力分布

(a) 弹性状态应力;(b)极限状态应力

《钢标》第 7.1.1 条规定,轴心受拉构件,当端部连接及中部拼接处组成截面的各板件都有连接件直接传力时,除采用高强度螺栓摩擦型连接者外,其截面强度计算公式为:

毛截面屈曲 $\sigma = \dfrac{N}{A} \leqslant f$ (5.1)

净截面断裂 $\sigma = \dfrac{N}{A_n} \leqslant 0.7f_u$ (5.2)

式中 N——构件的轴心拉力或压力设计值;

f——钢材的抗拉、抗压强度设计值;

f_u——钢材极限抗拉强度最小值;

A——构件的毛截面面积;

A_n——构件的净截面面积,当构件多个截面有孔时,取最不利的截面。

对有螺纹的拉杆,A_n 取螺纹处的有效截面面积。当轴心受力构件采用普通螺栓(承压型高强螺栓或铆钉)连接时,若螺栓为并列布置[图 5.6(a)],A_n 应按最危险的正交截面(I-I 截面)计算;若螺栓错列布置[图 5.6(b)(c)],构件可能沿正交截面破坏,也可能沿齿状截面破坏,A_n 应通过计算比较确定,即取I-I和II-II两者较小者为净截面面积。

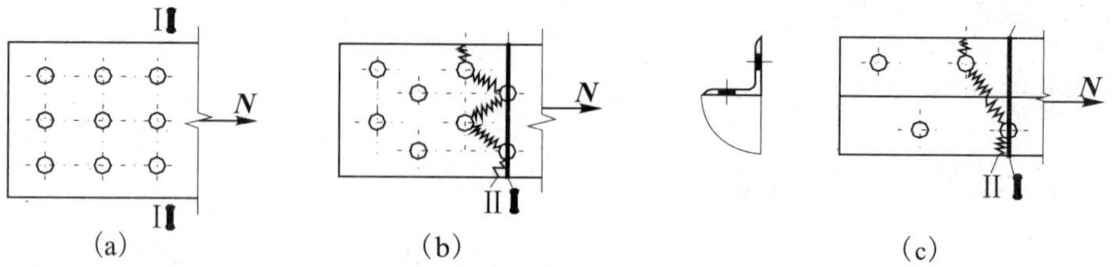

图 5.6 净截面面积 A_n 的计算

轴心受拉构件采用高强螺栓摩擦型连接,认为连接传力所依靠的摩擦力均匀分布于螺孔四周。在验算杆件的净截面强度时,截面上每个螺栓所传之力的一部分已经由摩擦力在孔前传走,净截面上所受内力应扣除已传走的力。净截面强度按下式计算:

$$\sigma = \left(1 - 0.5\frac{n_1}{n}\right)\frac{N}{A_n} \leqslant 0.7f_u \tag{5.3}$$

式中 n——在节点或拼接处,构件一端连接的高强度螺栓数目;

n_1——所计算截面(最外列螺栓处)上高强度螺栓数目。

《钢标》第 7.1.1 条规定,当构件为沿全长都有排列较密的摩擦型高强螺栓的组合构件时,为避免变形过大,其净截面强度公式如下:

$$\frac{N}{A_n} \leqslant f \tag{5.4}$$

此外,对于单边连接的单角钢轴心受力构件,只有一肢与节点板相连,节点板传来的力不会通过角钢截面形心,实际处于偏拉受力状态,截面上会出现剪切滞后以及正应力分布不均现象,因此《钢标》规定,单边连接的单角钢按轴心受力构件计算强度时,应考虑折减系数0.85。对于其他组成板件在节点或拼接处并非全部直接传力时,也应考虑相应的折减系数,具体见《钢标》第 7.1.3 条。

例 5.1 如图 5.7 所示,由 2 ∟ 75×5(面积为 7.41×2 cm^2)组成的水平放置的某桁架轴心拉杆。轴心拉力的设计值为 270 kN,只承受静力作用,计算长度为 3 m。杆端有一排直径为 20 mm 的螺栓孔。钢材为 Q235 钢(f=215 N/mm^2, f_u =370 N/mm^2)。计算时忽略连接偏心和杆件自重的影响。验算其强度是否满足要求。

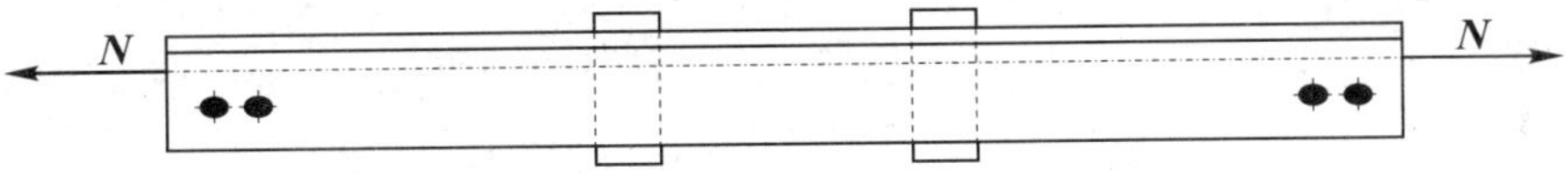

图 5.7 例 5.1 图

解 毛截面屈服验算:$\sigma = \dfrac{N}{A} = \dfrac{270000}{741\times 2} = 182.2\ N/mm^2 \leqslant f = 215\ N/mm^2$

净截面断裂验算:$\sigma = \dfrac{N}{A_n} = \dfrac{270000}{741\times 2 - 2\times 20\times 5} = 210.6 \leqslant 0.7f_u$

该拉杆强度满足要求。

例 5.2 一块—400×20 的钢板用两块拼接板—400×12 及摩擦型高强度螺栓进行拼接。螺栓孔径为 22 mm,排列如图 5.8 所示。钢板轴心受拉,N=1350 kN(设计值)。钢材为 Q235 钢,验算该连接的强度。

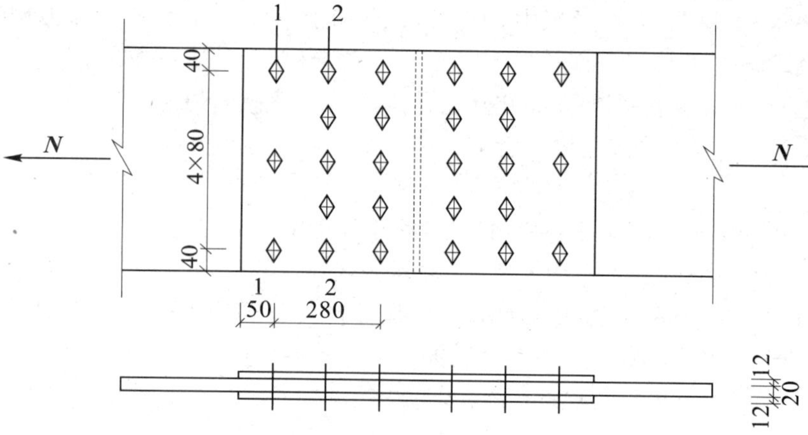

图 5.8 例 5.2 图(单位:mm)

解 由《钢标》,当板件厚度为 12 mm 时,Q235 钢材的抗拉强度设计值 $f=215\ \text{N/mm}^2$;当板件厚度为 20 mm 时,Q235 钢材的抗拉强度设计值 $f=205\ \text{N/mm}^2$。$f_u=370\ \text{N/mm}^2$。

(1)1-1 截面钢板的 $A_n=400\times20-3\times20\times22=6680\ \text{mm}^2$。

$$\sigma=\left(1-0.5\frac{n_1}{n}\right)\frac{N}{A_n}=\left(1-0.5\times\frac{3}{13}\right)\times\frac{1350000}{6680}=178.8\ \text{N/mm}^2\leqslant0.7f_u$$

(2)2-2 截面:

$$N'=(1-0.5\times\frac{5}{13})\times1350=1090.4\ \text{kN}$$

$$A'_n=(400-5\times22)\times20=5800\ \text{mm}^2$$

$$\sigma=\frac{1090.4\times10^3}{5800}=188\ \text{N/mm}^2\leqslant0.7f_u$$ 净截面强度满足

(3)钢板毛截面强度验算:

$$\sigma=\frac{N}{A}=\frac{1350000}{400\times20}=168.75\ \text{N/mm}^2\leqslant f$$ 毛截面强度满足

(4)拼接板的强度计算(忽略,自行计算)。

5.2.1.2 轴心受压构件的强度

《钢标》第 7.1.2 条规定,轴心受压构件,当端部连接(及中部拼接)处组成截面的各板件都有连接件直接传力时,轴压构件孔洞有螺栓填充者,不必验算净截面强度。其余情况下,轴心受压构件截面强度计算方法同轴心受拉构件。但含有虚孔的构件尚需在孔心所在截面按公式(5.2)计算。截面无削弱时,轴心受压构件的承载力一般由稳定条件控制,稳定计算相关问题见后续章节。

5.2.2 刚度计算

按正常使用极限状态的要求,组成钢结构的各构件应具有一定的刚度。若构件过于细长,会产生不利影响:

(1)在制作、运输、安装等过程中,容易发生弯曲或过大的变形而影响正常使用,从而也降低了结构的使用寿命。

(2)使用期间因其自重而明显下挠。

(3)在承受动力荷载的结构中,会引起较大的振动或晃动。

(4)受压杆过长时,除具有前述各种不利因素外,还使得构件的极限承载力显著降低,同时,初弯曲和自重产生的挠度也将对构件的整体稳定带来不利影响。

因此,为了满足结构正常使用要求,以保证构件不产生过度的变形,轴心受力构件不应做得过分柔细。设计时应使其满足《钢标》规定的各项刚度要求。

轴心受力构件的刚度是以长细比 λ 来控制的。长细比是构件的计算长度与构件截面的回转半径的比值。长细比越小,表示构件刚度越大,反之则刚度越小。《钢标》规定:构件的最大长细比 λ_{max} 不应超过对应构件的允许长细比[λ],即:

$$\lambda_{max}=\left(\frac{l_0}{i}\right)_{max}\leqslant[\lambda] \tag{5.5}$$

式中 λ——构件两主轴方向的最大长细比;

l_0——构件两个主轴方向的计算长度;

i——截面相应方向的回转半径;

[λ]——轴心受力构件的容许长细比,见表 5.1 和表 5.2。

《钢标》第 7.4.4 条和第 7.4.5 条在总结了钢结构长期使用经验的基础上,根据构件的重要性和荷载情况,对受拉构件的容许长细比规定了不同的要求和数值,见表 5.1。对受压构件容许长细比的规定更为严格,见表 5.2。

表 5.1 受拉构件的容许长细比

项次	构件名称	一般建筑结构	承受静力荷载或间接动力荷载的结构对腹杆提供面外支点的弦杆	有重级工作制起重机的厂房	直接承受动力荷载的结构
1	桁架杆件	350	250	250	250
2	吊车梁或吊车桁架以下柱间支撑	300	200	200	—
3	其他拉杆、支撑、系杆等(张紧的圆钢除外)	400	—	350	—

注:(1)除对腹杆提供面外支点的弦杆外,承受静力荷载的结构受拉构件,可仅计算竖向平面内的长细比。

(2)在直接或间接承受动力荷载的结构中,单角钢受拉构件长细比的计算方法,应采用角钢的最小回转半径,但计算在交叉点相互连接的交叉杆件平面外的长细比时,可采用与角钢肢边平行轴的回转半径。

(3)中、重级工作制吊车桁架下弦杆的长细比不宜超过 200。

(4)在设有夹钳或刚性料耙等硬钩起重机的厂房中,支撑的长细比不宜超过 300。

(5)受拉构件在永久荷载与风荷载组合作用下受压时,其长细比不宜超过 250。

(6)跨度等于或大于 60 m 的桁架,其受拉弦杆和腹杆的长细比不宜超过 300(承受静力荷载间接承受动力荷载)或 250(直接承受动力荷载)。

(7)吊车梁及吊车桁架下的支撑按拉杆设计时,柱子的轴力应按无支撑时考虑。

表 5.2 受压构件的容许长细比

项次	构件名称	容许长细比
1	轴压柱、桁架和天窗架中的压杆	150
	柱的缀条、吊车梁或吊车桁架以下的柱间支撑	
2	支撑(吊车梁或吊车桁架以下的柱间支撑除外)	200
	用以减小受压构件计算长度的杆件	

注:(1)桁架(包括空间桁架)的受压腹杆,当其内力等于或小于承载能力的50%时,容许长细比值可取为200。
(2)计算单角钢受压构件的长细比时,应采用角钢的最小回转半径,但计算在交叉点相互连接的交叉杆件平面外的长细比时,可采用与角钢肢边平行轴的回转半径。
(3)跨度等于或大于60 m的桁架,其受压弦杆和端压杆的容许长细比值宜取为100,其他受压腹杆可取为150(承受静力荷载或间接承受动力荷载)或120(直接承受动力荷载)。
(4)由容许长细比控制截面的杆件,在计算其长细比时,可不考虑扭转效应。

从表5.1和表5.2中可以看出:受压构件的允许长细比要小于受拉构件的允许长细比,对于受力比较小由刚度控制的截面,在杆件长度相同的情况下,受压构件计算所需构件的截面面积和截面的惯性矩要大于受拉构件。例如:在屋盖支撑体系中,其中柔性系杆(承受拉力),设计时可按允许$[\lambda]=400$控制,常采用单角钢或圆钢截面;而刚性系杆(承受压力),设计时可按允许$[\lambda]=200$控制,常采用双角钢组成T形截面或十字形截面。

【工程案例】

1990年2月16日16时20分,辽宁省大连重型机器厂计量处四楼会议室305人开会期间屋盖突然塌落,造成42人死亡、46人重伤、133人轻伤,直接经济损失300万元。事故发生后,由国家劳动部、机电部,辽宁省劳动局、总工会、检察院、计委、建委、机械委,以及大连市有关单位组成的大连市政府事故调查组,对事故进行了调查分析,认定这是一起因严重违反设计规范、施工中管理混乱而造成的重大责任事故。

大连重型机器厂计量处办公楼于1939年设计,1960年建成。1987年该厂在原建的计量办公楼三层楼上接层,扩建成四层。会议室位于接层部分的东倾,长21.85 m,宽14.9 m,面积为325.6 m^2,整体建筑为混合结构,现浇圈梁,轻型屋架,钢筋混凝土空心预制板屋面,室内水泥地面。屋顶共五榀梭形轻型钢屋架,两端采用平板支座与墙体连接,轻钢龙骨纸面石膏板吊顶,屋面板上设炉渣保温层、水泥砂浆找平层和三粘四油防水层。

1987年1月,大连重型机器厂将接层工程列入计划,并将接层工程的设计任务交本厂基建处设计室,由设计室主任娄某负责,娄某自己承担了该工程建筑及结构设计,建设任务交基建处工程科科长黄某负责,科测量员阎某为工地甲方代表。施工单位是大连市一建七工区,由工长王某负责。该工程从1987年2月中旬动工,5月25日竣工,7月14日投入使用。

1990年2月16日,该厂党委在计量处四楼会议室举办本年度第一期业余党训班。15时40分,参加培训的党员陆续进入会议室开始上课,16时20分,会议室的屋盖突然塌落,有305人遇险。

事故主要原因为梭形轻型钢屋架设计上误算。只有 14.4 m 跨的轻钢梭形屋架腹杆平面外出现半波屈曲，致使屋盖迅速塌落。误用重型屋盖结构，且错用了计算长度系数，$\lambda_y > 300$。

例 5.3　条件同例 5.1，已知 $i_x = 2.32$ cm，$i_y = 3.29$ cm，单肢最小回转半径 $i_1 = 1.50$ cm。试验算构件的刚度。

解　由表 5.1，$[\lambda] = 350$。仅需验算平面内长细比：

$$\lambda = \frac{l_0}{i_x} = \frac{300}{2.32} = 129.3 \leqslant [\lambda] \quad \text{满足要求}$$

5.2.3　轴心拉杆的设计

受拉构件的极限承载力一般由强度控制，设计时只考虑强度和刚度，不考虑整体稳定和局部稳定的问题。

钢材比其他材料更适于受拉，所以钢拉杆不但用于钢结构，还用于钢与钢筋混凝土或木材的组合结构中。此种组合结构的受压构件用钢筋混凝土或木材制作，而拉杆用钢材制作。

例 5.4　如图 5.9 所示的吊车厂房屋架的双角钢拉杆，截面为 2 ∟100×10，角钢上有交错排列的普通螺栓孔，孔径 $d = 20$ mm。试计算此拉杆所能承受的最大拉力及容许达到的最大计算长度。钢材为 Q235 钢。

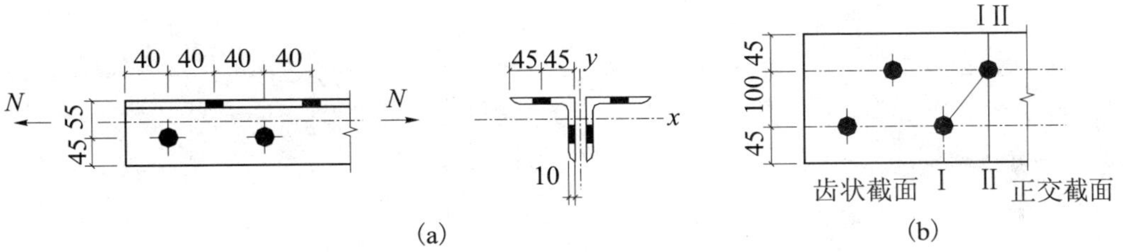

图 5.9　例 5.4 图（单位：mm）

解　查型钢表，2 ∟ 100×10 角钢，$i_x = 3.05$ cm，$i_y = 4.52$ cm，$f = 215$ N/mm²，$f_u = 370$ N/mm²。

正交截面的净截面面积为：

$$A_n = 2 \times (45 + 100 + 45 - 20 \times 1) \times 10 = 3400 \text{ mm}^2$$

齿状截面的净面积为：

$$A_n = 2 \times (45 + \sqrt{100^2 + 40^2} + 45 - 20 \times 2) \times 10 = 3154 \text{ mm}^2$$

危险截面是齿状截面。

此拉杆所能承受的最大拉力为：

$$N = 0.7 f_u A_n = 0.7 \times 370 \times 3154 = 816.9 \text{ kN}$$

容许的最大计算长度为：

对 x 轴　　$l_{0x} = [\lambda] \cdot i_x = 350 \times 3.05 = 1067.5$ cm

对 y 轴　　$l_{0y} = [\lambda] \cdot i_y = 350 \times 4.52 = 1582$ cm

5.3 轴心受压构件的稳定

(1)稳定性问题概述　稳定问题是钢结构最突出的问题,钢结构失稳破坏的事故屡见不鲜。例如,如图 5.10 所示在轴向压力作用下的细长杆,当压力超过一定数值时,压杆会由原来的直线平衡状态突然变弯,致使结构丧失稳定承载力;又如图 5.10(b)所示截面的梁受竖向荷载作用,将发生平面弯曲,但当荷载超过一定数值时,梁的平衡形式突然变为斜弯曲和扭转;再如图 5.10(c)所示受均匀压力的薄圆环,当压力超过一定数值时,圆环将不能保持圆对称的平衡形式,而突然变成非圆对称平衡形式。上述各种关于平衡形式突然变化,统称为稳定失效,简称失稳或屈曲,是指结构或构件丧失了整体稳定性或局部稳定性,属于承载力极限状态的范畴。

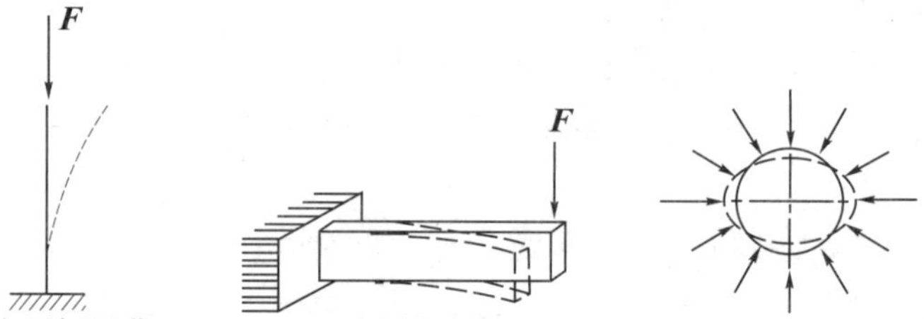

(a)压杆屈曲　　(b)梁屈曲　　(c)圆环屈曲

图 5.10　失稳屈曲

(2)三种平衡状态　在结构稳定计算中,从稳定角度来考察,平衡状态实际有三种情况:稳定平衡状态、临界平衡状态(随遇平衡)、不稳定平衡状态。通过下列现象来说明,如图 5.11(a)所示处于凹面上的球体,当球受到微小干扰后,偏离其平衡位置后,经过几次摆动,它会重新回到原来位置,则该球是处于稳定平衡状态;图 5.11(b)所示处于平面上的球体,当球受到微小干扰后,偏离其平衡位置,经过一段距离后,它会在新位置处于随遇平衡状态即临界平衡状态;图 5.11(c)处于凸面上的球体,当球受到微小干扰,偏离其平衡位置后,它不再会重新回到原来位置,则该球是处于不稳定平衡状态,从而丧失了稳定承载力,所以结构或构件绝对不能在不稳定状态下工作。

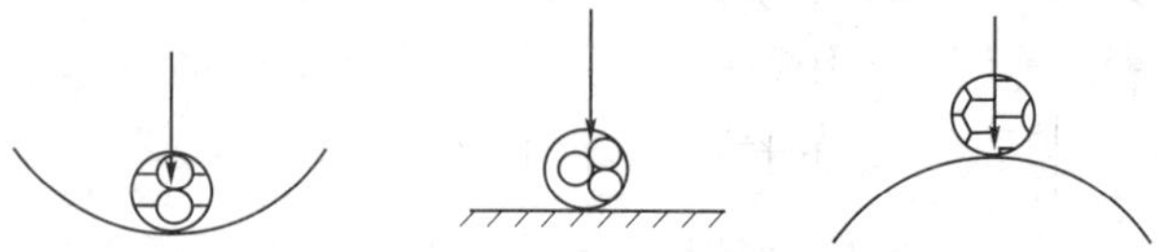

(a)　　(b)　　(c)

图 5.11　三种平衡状态

(3)两类失稳形式　结构的失稳有两类基本形式:第一类失稳,一般称分支点失稳,也称质变失稳;第二类失稳,一般称极值点失稳,也称量变失稳。现以压杆为例加以说明。

1) 第一类失稳　如图 5.12 所示两端铰接的理想中心受压直杆:①当压力小于某一临界力 F_{cr}时,杆件若受到某种微小干扰,它将偏离直线平衡位置后产生微弯,当干扰撤除后,杆件又回到原来的直线平衡位置[图 5.12(a)],此时杆件的直线形式是稳定的。②当压力等于某一临界力 F_{cr}时,当微小干扰撤除后,杆件不再回到原来的直线平衡位置,而是在微小弯曲变形 Δ 状态下保持平衡[图 5.12(b)],此时压杆的直线形式开始变得即将不稳定,出现了平衡形式的分肢点。③当压力超过某一临界力 F_{cr}时,这时轻微的干扰将使构件产生很大的弯曲变形,而导致杆件发生失稳破坏,此时,原来的直线状态成为不稳定平衡状态。我们称这种现象为压杆丧失第一稳定性,由于平衡形式出现了拐点,也叫分支点失稳。

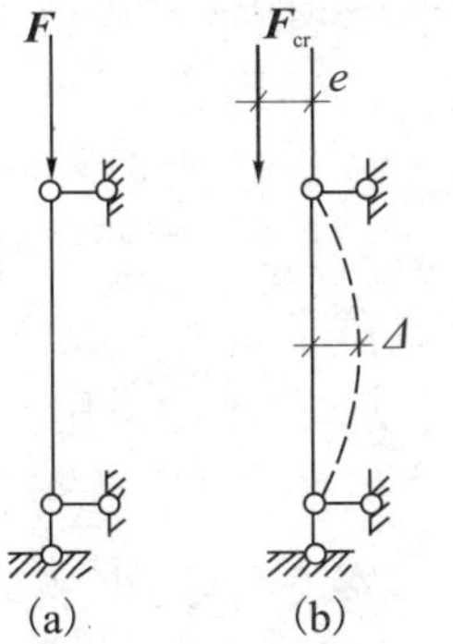

图 5.12　第一类失稳

丧失第一稳定性的特征:结构的平衡形式,即内力和变形状态,均发生质的突变,在达到临界状态时,原有的平衡形式发生变化,出现新的、有质的区别的平衡形式。

对于受压构件,随着荷载的增加,构件可能在材料强度屈服之前,就从稳定平衡状态经过临界平衡状态,进入变形过大的不稳定状态。为保证结构安全,要求结构要处于稳定平衡状态,其荷载不能超过临界平衡状态的荷载时的临界荷载。

2) 第二类失稳　实际轴压杆件并非是理想的轴心受压杆件,由于制作、运输、安装的初弯曲[图 5.13(a)]和初偏心[图 5.13(b)]的影响,不论荷载如何,构件一开始就处于压弯状态。

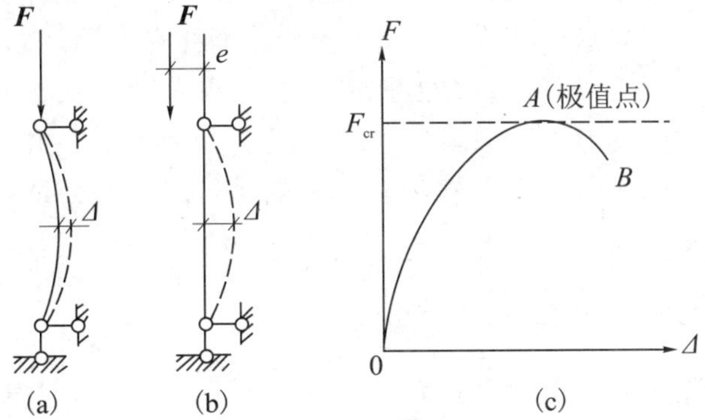

图 5.13　第二类失稳

在如图 5.13(c)所示曲线中,其加荷到破坏经历了下列过程:①当压力 $F<F_{cr}$时,随着压力的增加,弯曲变形不断增大,但在新的弯曲位置仍能处于稳定平衡状态,若不加大荷载,挠度不会增加;②压力等于某一临界力 F_{cr}时,构件达到稳定平衡状态的极限位置;

③压力超过临界力 F_{cr}时，即使荷载不增加甚至较小，挠度仍会继续增加，这种现象为压杆丧失了第二类稳定性，在 A 达到最大的承载力，亦称极值点失稳。第二类稳定理论通常也称压溃理论。

丧失第二稳定性的特征：平衡形式并不发生质的变化，变形按原有的形式迅速增长，只有量的变化，因此亦称量变失稳。

如上所述，第一类失稳只是一种理想情况，实际构件总是存在着一些缺陷，因此第一类失稳是不存在。但第一类失稳解决问题比较简单，理论也比较成熟，因此目前工程上解决受弯构件、偏心受力等受力较复杂的构件计算中，仍然按照第一类失稳为其临界荷载，再将实际构件存在的缺陷通过半经验及半理论的各种系数加以修正。第二类失稳是一种实际情况，但由于影响稳定承载力的因素很多，通常要涉及几何上和物理上的非线性关系，虽然近年来在其数值方面取得了一些突破性的进展，但目前只能解决一些简单的受力构件，如实际轴心受压构件。总之，不论采用何种稳定理论来研究失稳，其主要目的就是如何计算临界荷载，以及采取何种有效措施来提高临界荷载。

(4)强度与失稳区别　强度问题是要找出结构在稳定平衡状态下，其截面的最大内力或某点的应力不超过截面的承载力或材料强度设计指标。强度问题是一个应力问题，强度表达式是以未变形的结构作为计算简图进行分析，建立力的平衡条件(不是变形协调条件)，直接求解其内力，再根据截面形式、截面大小、截面削弱程度，求危险截面上最大应力，据此应力进行强度验算，所得变形与荷载之间是线性关系。

失稳是要找出荷载与结构抵抗力之间的不稳定平衡状态，即变形开始急剧增长的临界状态，并找出与临界状态相应的临界荷载，显见，结构的稳定计算必须依靠其变形状态进行，因此，失稳是一个变形问题。它是根据结构变形后的状态进行分析，变形与荷载不是线性关系，叠加原理在稳定中不能使用。

失稳要设计钢结构或构件在外力作用下发生的变形，而变形由主要和次要之分，对于有些构件，随着荷载的增加次要变形逐渐减小，其主要变形占主导地位，例如，初偏心或初曲率的拉杆，在荷载作用下的次要的弯曲变形，将随着荷载的增大而逐渐减小，构件总有拉紧绷直的倾向，它的平衡状态总是稳定的，并不存在失稳问题；对于有些构件，例如，初偏心或初曲率的压杆，随着荷载的增加，次要变形加速增长，当荷载加到一定程度时，将不能保持原来主要变形稳定平衡状态，平衡形式突然发生变化，次要变形将占据主导地位，最后出现失稳问题。工程中柱和桁架中的压杆、钢梁、薄壁容器等，只要有压力存在，多有可能发生失稳破坏。

5.3.1　轴心受压构件的整体稳定

一般情况下，短而粗或截面有明显削弱的轴心受压构件才可能发生强度破坏。对细而长的理想轴心受压构件，当截面上的平均应力还远低于材料的屈服应力时，一些微小的扰动可能使得构件产生很大的变形，使其不能保持原有的直线平衡状态，这种现象称为丧失整体稳定，或屈曲。因材料强度较高，钢结构构件的截面大多轻巧而薄壁，且长度较长，故轴心压杆的承载能力大多是由稳定条件控制。

5.3.1.1　理想轴心受压构件的屈曲形式

理想轴心受力杆件是指本身是绝对直杆，材料均匀、各向同性、无偏心荷载，在荷载作用之前，材料内部不存在初始残余应力。

在轴心压力的作用下，理想构件可能发生以下屈曲形式：

(1)弯曲屈曲　构件只绕一个截面主轴旋转而纵轴由直线变为曲线的一种失稳形式，这是双轴对称截面构件最基本的屈曲形式。图 5.14(a)所示为工字钢的弯曲屈曲情况。

(2)扭转屈曲　失稳时，构件各截面均绕其纵轴旋转的一种失稳形式。当双轴对称截面构件的轴力较大而构件较短时(或开口薄壁杆件)，可能发生此种失稳屈曲。图 5.14(b)所示是双轴对称的开口薄壁十字压杆的扭转屈曲。

(3)弯扭屈曲　构件产生弯曲屈曲的同时还伴有扭转屈曲。这是单轴对称截面(如 T 形等)构件绕对称轴失稳或无对称轴截面构件失稳的基本形式，如图 5.14(c)所示。

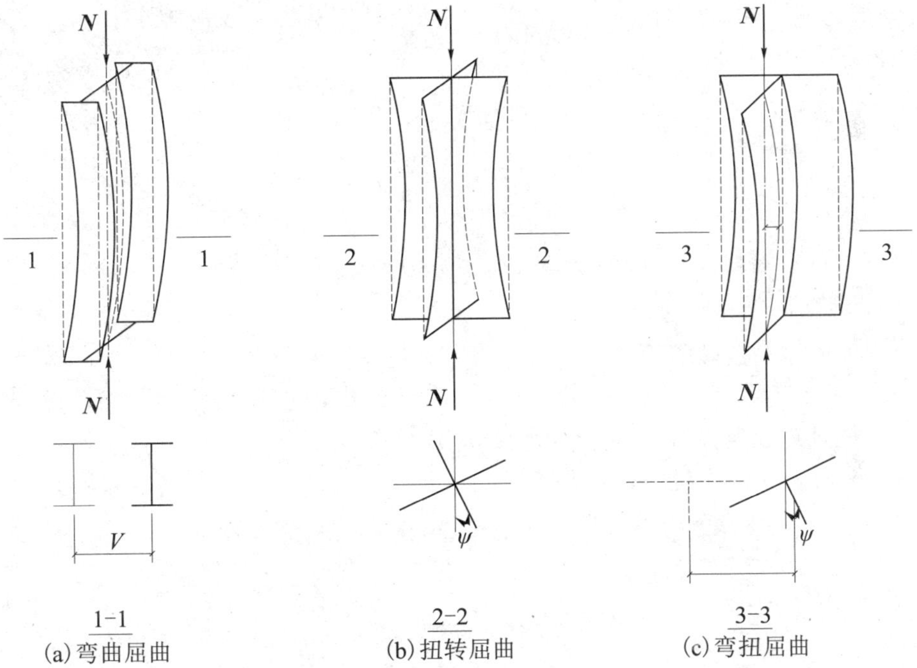

(a)弯曲屈曲　(b)扭转屈曲　(c)弯扭屈曲

图 5.14　轴心受压构件屈曲形式

轴心受压构件究竟以何种屈曲形式出现，主要取决于截面形式和尺寸、杆件长度、杆端支承条件等。实践表明，对于双轴对称的轴心受压细长杆件，主要是以弯曲屈曲为主(截面的剪切中心与截面形心轴重合)，如工字形、H 形截面，但也有特殊情况，如薄壁十字形截面，可能产生扭转屈曲；单轴对称截面，当构件绕对称轴弯曲的同时，由于截面的剪切中心与截面形心轴不重合，必然会产生扭转，对于无对称轴截面，也一定会产生弯扭屈曲。

《钢标》中将弯扭屈曲用换算长细比的方法换算为弯曲屈曲。因此，弯曲屈曲是确定轴心受压构件稳定承载力的主要依据。

5.3.1.2 理想轴心受压构件整体稳定临界力的确定

（1）确定整体稳定临界荷载的准则　轴心受压构件发生失稳时的轴向力称为构件的临界承载力（或临界力）。它与许多因素有关，而这些因素又相互影响。确定轴心受压构件临界力的三个准则：

1）屈曲准则　以理想轴心受压构件为依据，弹性阶段以欧拉临界力为基础，弹塑性阶段以切线模量临界力为基础，通过提高安全系数来弥补初始缺陷的影响。

2）边缘屈曲准则　以有初始缺陷的轴心压杆为依据，以截面边缘应力达到屈服点为构件承载力的极限状态来确定临界力。

3）最大强度准则　以有初始缺陷的轴心压杆为依据，以整个截面进入弹塑性状态时能够达到的最大压力值作为压杆的临界力。

（2）理想轴心受压构件的弹性弯曲屈曲——欧拉公式　18 世纪，欧拉（Euler）推导出了两端铰接的理想轴心压杆在弹性微弯状态下，不考虑剪切变形平衡时的欧拉临界力 N_{cr}，以及欧拉临界应力 σ_{cr}：

$$N_{cr}=\frac{\pi^2 EI}{l_0^2}=\frac{\pi^2 EA}{\lambda^2} \tag{5.6}$$

$$\sigma_{cr}=\frac{N_{cr}}{A}=\frac{\pi^2 E}{\lambda^2} \tag{5.7}$$

式中　E——材料弹性模量，钢材 $E=2.06\times10^5\ \mathrm{N/mm^2}$；

I——对应主轴的截面惯性矩；

A——构件毛截面的面积；

l_0——对应主轴杆件计算长度，$l_0=\mu l$，其中 l 为相应杆件的几何长度，μ 为杆件的计算长度系数（由端部约束决定），见表 5.3；

λ——杆件对应主轴方向的长细比。

表 5.3　轴心受压构件计算长度系数

构件的屈曲形式				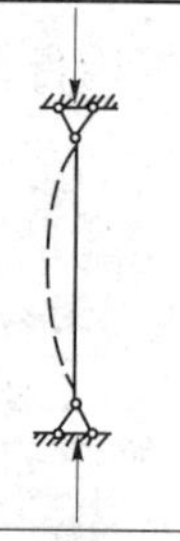		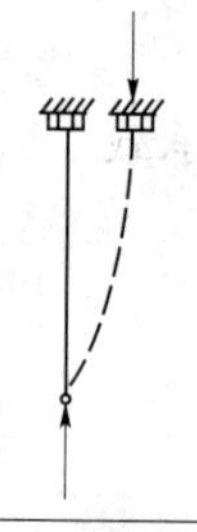
理论 μ 值	0.5	0.7	1.0	1.0	2.0	2.0
建议 μ 值	0.65	0.80	1.2	1.0	2.1	2.0
端部条件示意	无转动、无侧移；自由转运、无侧移			无转运、自由侧移；自由转运、自由侧移		

注：表中建议 μ 值是考虑到实际工程中实际支承条件与理想支承条件存在一定的差别后所做的修正。

上述欧拉公式中,假定弹性模量 E 为常量(即材料符合胡克定律),所以只有当求得的欧拉临界力不超过材料的比例极限时才有效,即有效条件如下:

$$\sigma_{cr} = \frac{\pi^2 E}{\lambda^2} \leqslant f_p \tag{5.8}$$

或

$$\lambda \geqslant \lambda_p = \pi\sqrt{E/f_p} \tag{5.9}$$

欧拉临界力仅与构件的抗弯刚度 EI 和计算长细比 λ 有关,而与材料本身抗压强度无关。当轴心压力 $N<N_{cr}$ 时,压杆处于直线平衡状态,不会发生弯曲失稳;当 $N=N_{cr}$ 时,压杆发生弯曲并处于曲线平衡状态,即临界状态。

(3)理想轴心受压构件的弹塑性弯曲屈曲　当杆件的长细比 $\lambda<\lambda_p$ 时,临界应力超过了比例极限,弹性模量 E 为变量。按式(5.5)计算得到的临界应力超过钢材的比例极限,构件将在弹塑性状态屈曲,应按弹塑性屈曲计算临界应力。

经典的理想轴心压杆弹塑性屈曲理论有两个:一个是切线模量理论,一个是双模量理论。香莱(Shanley)用力学模型证实了按切线模量理论计算的临界应力是弹塑性屈曲临界应力的下限,而双模量理论计算的则是上限,轴心压杆实际的弹塑性屈曲应力更接近于按切线模量计算的临界应力。因此,目前较多采用的是切线模量理论。

切线模量理论由恩格塞尔(Engesser F.)于 1889 年提出,建议用变化的切线模量 $E_t=d\sigma/d\varepsilon$ 代替欧拉公式中的弹性模量 E,从而获得弹塑性屈曲荷载:

$$N_{cr,t} = \frac{\pi^2 E_t I}{l_0^2} = \frac{\pi^2 E_t A}{\lambda^2} \tag{5.10}$$

$$\sigma_{cr,t} = \frac{N_{cr}}{A} = \frac{\pi^2 E_t}{\lambda^2} \tag{5.11}$$

5.3.1.3　实际轴心受压构件的弯曲屈曲

理想的轴心压杆在实际工程中是不存在的。实际工程中的轴心受压构件的屈曲性能受到初始缺陷和杆端约束的影响。初始缺陷主要有初弯曲、初偏心、焊接加工过程中残余应力等,它们使轴心受压构件的稳定承载能力降低;杆端约束使轴心受压构件的稳定承载能力提高。

(1)残余应力的影响　残余应力是一种结构受力前就在结构内部存在自相平衡的初应力(包括初始拉应力和压应力)。其产生的主要原因有:

①焊接时的不均匀受热和不均匀冷却。杆件在焊接过程中存在一个温度分布很不均匀的温度场,焊缝附近温度很高,可达 1600 ℃以上,而在以外的温度急剧下降,所以焊缝及母材纤维不能自由伸长,加之冷却各纤维收缩量不一致,在产生焊接残余变形的同时,其内部就产生相互制约的内应力,即焊接残余拉、压应力,以该残余应力最大。

②型钢热轧后的不均匀冷却。

③板边缘经火焰切割后的热塑性收缩。

④构件经冷弯、变形矫正等过程产生不均匀的塑性变形,也会产生初应力,但其影响不如焊接残余应力大。

构件加工条件不同,截面上残余应力的分布也不尽相同。残余应力对强度承载力没有影响,对稳定承载力有影响。以热轧 H 型钢为例,为了分析方便,将对受力性能影响不大的腹板部分略去,假设柱截面集中于两翼缘。

荷载作用下,轴心压应力与残余应力相叠加,若失稳时满足式(5.8)或式(5.9),则叠加后的最大压应力仍低于材料的屈服强度,构件处于弹性阶段,可按照式(5.6)、式(5.7)计算欧拉临界力及欧拉临界应力。

进入塑性状态后,截面的一部分将屈服,其截面应力不可能再增加,导致屈曲时的稳定承载力降低。当构件发生弯曲失稳时,能够抵抗外力矩(屈曲弯矩)的只有截面的弹性区,此时构件的欧拉临界力和临界应力为:

$$N_{cr}=\frac{\pi^2 EI_e}{l_0^2}=\frac{\pi^2 EI}{l_0^2}\frac{I_e}{I} \tag{5.12}$$

$$\sigma_{cr}=\frac{\pi^2 E}{\lambda^2}\frac{I_e}{I} \tag{5.13}$$

式中 I_e——截面弹性区惯性矩(弹性惯性矩);

I——全截面惯性矩。

由于 $I_e/I<1$,因此残余应力使轴心受压构件的临界力和临界应力降低了。

残余应力的影响,对杆件的强轴和弱轴是不一样的。

当杆件绕 x-x 轴(强轴)屈曲时:

$$\sigma_{crx}=\frac{\pi^2 E}{\lambda_x^2}\frac{I_{ex}}{I_x}=\frac{\pi^2 E}{\lambda_x^2}\frac{2t(kb)\cdot h^2/4}{2tb\cdot h^2/4}=\frac{\pi^2 E}{\lambda_x^2}k \tag{5.14}$$

当杆件绕 y-y 轴(弱轴)屈曲时:

$$\sigma_{cry}=\frac{\pi^2 E}{\lambda_y^2}\frac{I_{ey}}{I_y}=\frac{\pi^2 E}{\lambda_y^2}\frac{2t\cdot(kb)^3/12}{2t\cdot b^3/12}=\frac{\pi^2 E}{\lambda_y^2}k^3 \tag{5.15}$$

比较这两式,由于 $k<1$,当 $\lambda_x=\lambda_y$ 时,$\sigma_{crx}>\sigma_{cry}$,可以看出,残余应力对弱轴稳定承载力的影响要比对强轴的影响大。这是因为远离弱轴部分为残余应力压应力的最大部分,而远离强轴的部分则既有残余压应力又有残余拉应力。

(2)初弯曲、初偏心的影响　由于在制作、运输、安装等过程中不可避免地产生微小的初弯曲 ν_0(初弯曲约为杆长的 1/500～1/2000),其值虽然不大但对杆端影响较大。另外,由于构造原因和截面尺寸的变异,作用于杆端的力实际上或多或少不可避免地存在初偏心 e。例如:图 5.15(a)(b)所示两端铰接分别具有初弯曲、初偏心的轴心受压构件,在轴向压力 N 作用下产生附加挠度 y 后,处于临界平衡状态。具有初弯曲、初偏心的轴压构件的稳定属于第二类失稳。

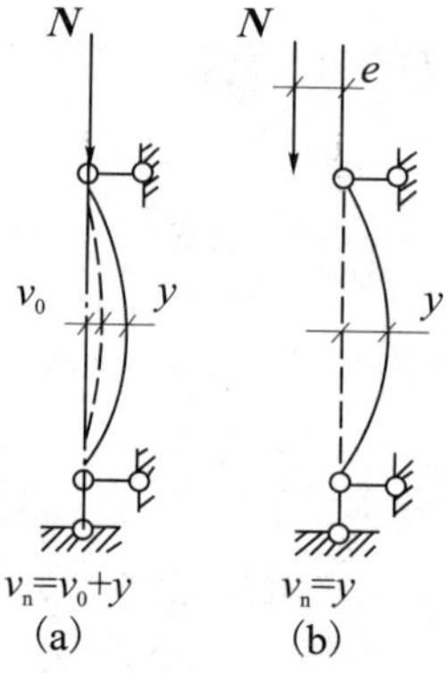

图 5.15　初弯曲和初偏心的实际轴心受压构件

具有初弯曲轴心受压构件的荷载-变形关系曲线如图 5.16(a)所示。在 N-ν 曲线中,当荷载增加不多时材料处于弹性阶段,到达 a 点时,构件弯曲变形凹面一侧危险截面上其边缘应力到达屈服点;若继续加荷材料进入弹塑性阶段,随着 N 的不断增加,该截面上弹性区域越来越小,塑性区域越来越大,其挠度增加速度明显加快,但曲线上升趋势趋于平缓,到 b 点时,其荷载达到极限值 N_u;在 b 点后,随着荷载不断降低,但变形不断加大,曲线进入下降段。

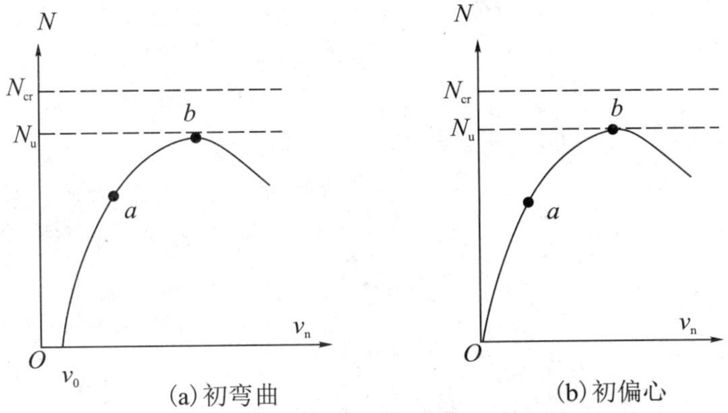

图 5.16 初弯曲和初偏心的实际轴压构件 N-ν 曲线

压溃理论认为,曲线的上升段,杆件处于稳定平衡状态,因为对该阶段某点来讲,若杆件由于某种原因受外界干扰而使变形加大,则在除去干扰后,杆件又回到原来稳定的平衡状态,因而是稳定的表现。曲线下降段,构件是处于不稳定状态,因为对该阶段某点来讲,若杆件由于某种原因受外界干扰而使变形加大,只有迅速降低荷载,才能维持平衡,否则杆件由于外干扰而使弯矩加大,并大于其抵抗能力而破坏,因此这种经不起干扰的平衡,是不稳定的表现。

极限荷载 N_u 既代表杆件的最大的承载力,又标志着从稳定平衡转向不稳定平衡的界限。

具有初偏心轴心受压构件的 N-ν 曲线如图 5.16(b)所示,在荷载作用下的工作特征基本同初弯曲。

总之,初弯曲、初偏心对构件在稳定状态工作影响可归纳为如下几点:①N-ν 呈非线性分布,当轴心压力作用较小时,构件就产生侧向挠度,且挠度增加大于荷载增加速度;前期增长挠度较慢,后期迅速增长。②考虑材料塑性发展,到达极值点 b 对应的荷载就是极限荷载 N_u,无论初弯曲 y_0 和初偏心 e_0 如何变化,极限荷载 N_u 总是小于欧拉临界荷载 N_{cr}。③其他条件相同时,初偏心 e_0 越大、初弯曲 y_0 越大,其构件的挠度越大,刚度越低,其 N_u 越小。

5.3.1.4 实际轴心受压构件的整体稳定承载力计算方法

如前所述,钢结构工程中的实际杆件都具有一定的初始缺陷,为了能更真实地反映杆件实际承载力,实际轴心受压杆件的稳定性按极限承载力理论计算较为合理。

(1)柱子曲线 实际计算中,在考虑不同截面形状和尺寸、不同加工条件和不同钢材种类时,主要考虑初始弯曲和残余应力两个最不利因素,将相对初始弯曲的矢高取杆长的1/1000且不大于 10 mm 作为“换算的几何缺陷”[《钢结构工程施工质量验收标准》(GB

50205)规定，初弯曲不得大于$\frac{l}{1000}$]，对残余应力则根据杆件的加工条件确定，计算出了一系列的$\sigma_{cr}/f_y-\lambda$曲线，取$\varphi = \sigma_{cr}/f_y$，$\varphi$称为轴心受压构件稳定系数，$\varphi-\lambda$曲线又称为柱子曲线，如图5.17所示。

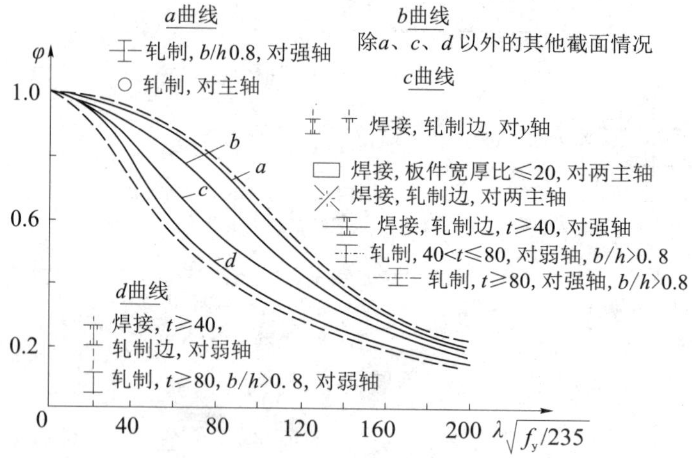

图5.17 柱子曲线

(2)截面类型划分　截面形式不同、加工方法不同、残余应力分布模式不同等，使得计算出的柱子曲线形成相当宽的分布带，不便应用。《钢标》按照合理经济、便于设计应用的原则，根据数理统计的原理及可靠度分析，将柱子曲线数值相近的分别归并一组，并归为a、b、c、d四条曲线，见图5.17，在每组曲线上，其残余应力对稳定影响是相近的，其中a类曲线影响最小，其φ值最高；d类曲线影响最大，其φ值最小。并将相应曲线上截面的类型也分为a、b、c、d四类；在厚板中，由于残余应力沿厚度方向变化比较显著，另外厚板的质量相对较差，应力集中较严重，《钢标》将厚度$t \geqslant 40$ mm的某些截面归为d类，残余应力影响是最大。其每一组截面类型见表5.4a和表5.4b。

特别强调的是，格构式轴心受压构件绕虚轴失稳时的稳定计算，不宜采用塑性发展较大的极限承载力理论，而应采用边缘纤维屈服准则，按此确定的φ值与曲线b接近，故将其划至b类截面。一般的截面情况属于b类。轧制圆管以及轧制普通工字钢绕x轴失稳时其残余应力影响较小，故属a类。

当槽形截面用于格构式柱的分肢时，由于分肢的扭转变形受到缀件的牵制，所以计算分肢绕其自身对称轴的稳定时，可用曲线b。翼缘为轧制或剪切边的焊接工字形截面绕弱轴失稳时，边缘的残余压应力使承载能力降低，故将其归入曲线c。

板件厚度$t \geqslant 40$ mm的轧制工字形截面和焊接实腹截面，残余应力不但沿板件宽度方向变化，在厚度方向的变化也比较显著，另外厚板质量较差也会对稳定带来不利影响，故应按照表5.4b进行分类。

表 5.4a　轴心受压构件的截面分类(板厚 $t<40$ mm)(见《钢标》第 7.2.1 条表 7.2.1)

截面形式		对 x 轴	对 y 轴
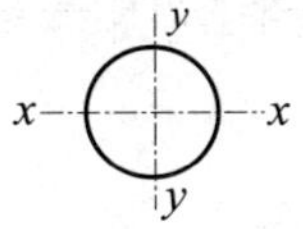		a 类	a 类
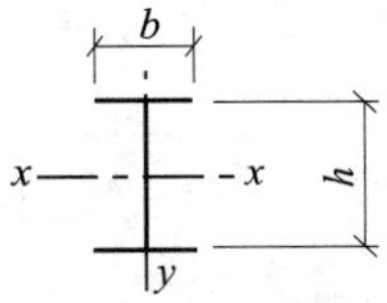	$b/h\leqslant0.8$	a 类	b 类
	$b/h>0.8$	a^* 类	b^* 类
轧制等边角钢 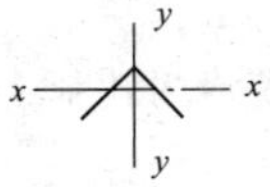		a^* 类	a^* 类
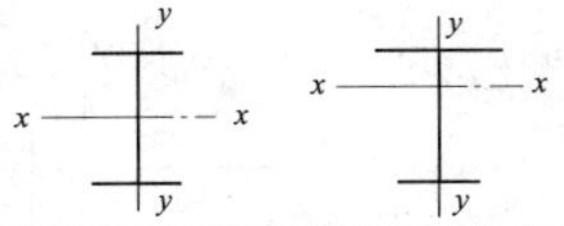	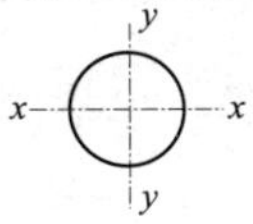	b 类	b 类
轧制 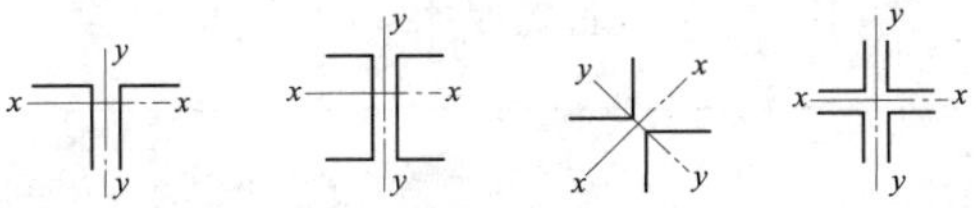			
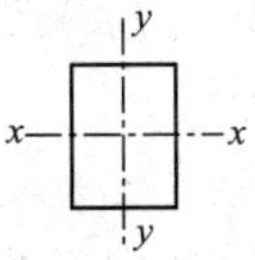	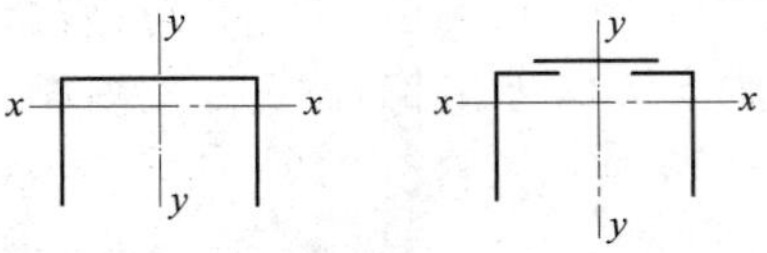		
焊接 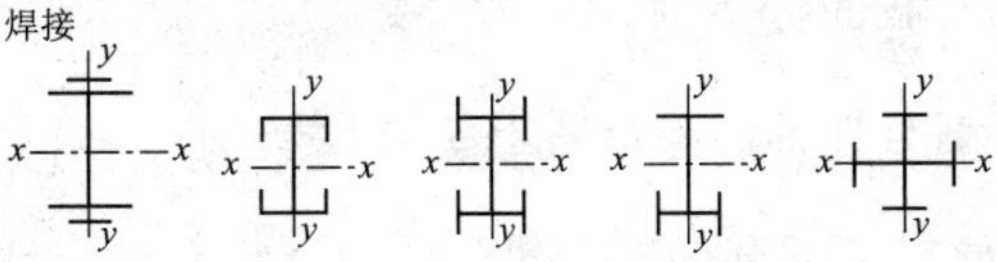	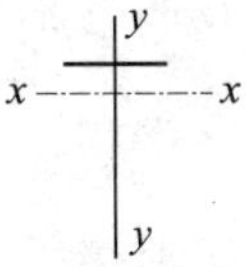		
格构式 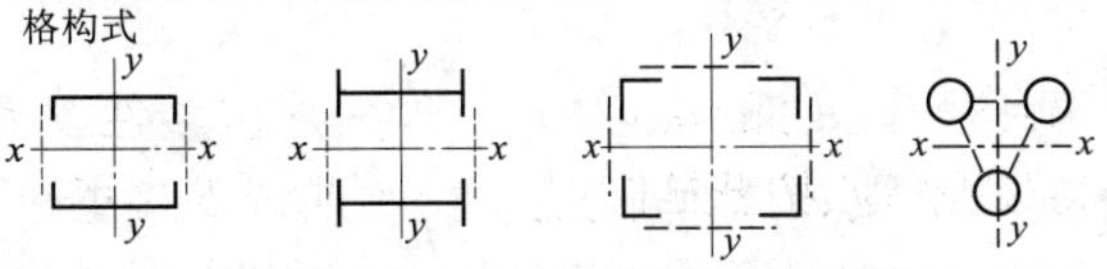	焊接,板件边缘焰切 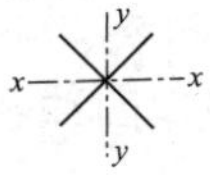		
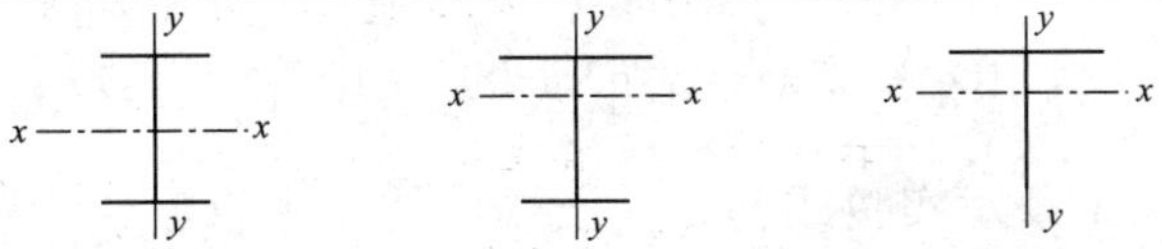		b 类	c 类
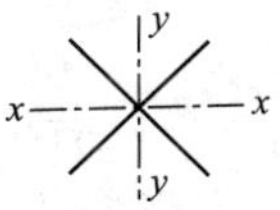	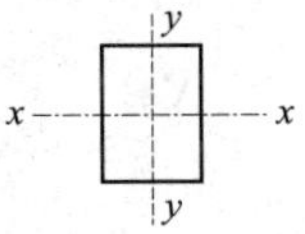	c 类	c 类

注:(1)a^* 类含义为 Q235 钢取 b 类,Q345、Q390、Q420 和 Q460 钢取 a 类,b^* 类含义为 Q235 钢取 c 类,Q345、Q390、Q420 和 Q460 钢取 b 类。

(2)无对称轴且剪心和形心不重合的截面,其截面分类可按有对称轴的类似截面确定,如不等边角钢采用等边角钢的类型,当无类似截面时,可取 c 类。

表 5.4b　轴心受压构件的截面分类(板厚 $t \geqslant 40$ mm)

截面形式		对 x 轴	对 y 轴
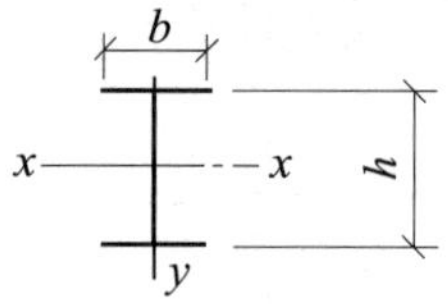	$t<80$ mm	b 类	c 类
	$t \geqslant 80$ mm	c 类	d 类
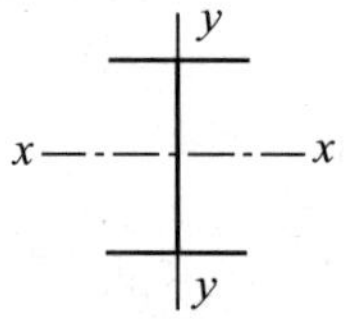	翼缘为焰切边	b 类	b 类
	翼缘为轧制或剪切边	c 类	d 类
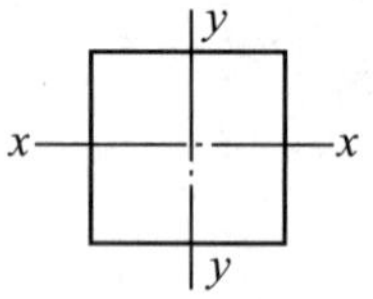	板件宽厚比>20	b 类	b 类
	板件宽厚比≤20	c 类	c 类

从表 5.4a 和表 5.4b 中可以看出:

①大部分截面和对应轴为 b 类。如格构柱均为 b 类,轧制 $\frac{b}{h}>0.8$ 工字钢和轧制 H 型钢为 b 类。

②实腹式截面,当强轴及弱轴不是同一个截面分类时,其强轴残余应力影响要小于弱轴,例如:轧制 $\frac{b}{h} \leqslant 0.8$ 工字钢和轧制 H 型钢对强轴(x 轴)属于 a 类,对弱轴(y 轴)为 b 类;又如:焊接,翼缘为轧制或剪切边的工字形或 T 形截面对强轴(x 轴)属于 b 类,对弱轴(y 轴)为 c 类。

为了便于计算,《钢标》根据四种截面分类和构件对应的长细比 $\lambda\sqrt{\frac{235}{f_y}}$(为了适用不同钢种,构件的长细比 λ 改用 $\lambda\sqrt{\frac{235}{f_y}}$),编制出稳定系数 φ 表可供设计选用(见附表 2)。

(3)计算方法　《钢标》第 7.2.1 条对实腹式轴心受压构件的整体稳定性计算采用下列公式:

$$\frac{N}{\varphi A f} \leqslant 1.0 \tag{5.16}$$

式中　N——轴心压力设计值;

A——构件的毛截面面积;

f——钢材抗压强度设计值;

φ——轴心受压构件整体稳定系数(取截面两主轴方向稳定系数 φ_x 和 φ_y 中的较

小值)，根据构件两个主轴方向的长细比(或换算长细比)、钢材屈服强度和表5.4a、表5.4b的截面分类，按附表查出。

构件长细比 λ 应根据其失稳模式，按照下列规定确定：

①截面形心与剪心重合的构件，计算弯曲屈曲时：

$$\left.\begin{aligned}\lambda_x = l_{0x}/i_x \\ \lambda_y = l_{0y}/i_y\end{aligned}\right\} \tag{5.17}$$

式中　l_{0x}、l_{0y}——构件对截面主轴 x 和 y 的计算长度；

i_x、i_y——构件截面对主轴 x 和 y 的回转半径。

②截面为单轴对称的构件，绕非对称轴的长细比 λ_x 仍按上式计算。但绕对称轴主轴的屈曲，由于截面形心与剪心(即剪切中心)不重合，在弯曲的同时总伴随着扭转，即形成扭转屈曲。在相同情况下，扭转失稳比弯曲失稳的临界应力要低。因此，对双板T形和槽形等单轴对称截面进行扭转分析后，认为绕对称轴(设为 y 轴)的稳定性应计及扭转效应，其换算长细比见《钢标》第7.2.2条。

③双角钢组合T形截面构件绕对称轴的换算长细比 λ_y 可采用下列简化方法确定。

等边双角钢截面[图5.18(a)]：

当 $\lambda_y \geqslant \lambda_z$ 时　$$\lambda_{yz} = \lambda_y\left[1 + 0.16\left(\frac{\lambda_z}{\lambda_y}\right)^2\right] \tag{5.18}$$

当 $\lambda_y < \lambda_z$ 时　$$\lambda_{yz} = \lambda_z\left[1 + 0.16\left(\frac{\lambda_z}{\lambda_y}\right)^2\right] \tag{5.19}$$

$$\lambda_z = 3.9\frac{b}{t} \tag{5.20}$$

长肢相并的不等边双角钢截面[图5.18(b)]：

当 $\lambda_y \geqslant \lambda_z$ 时　$$\lambda_{yz} = \lambda_y\left[1 + 0.25\left(\frac{\lambda_z}{\lambda_y}\right)^2\right] \tag{5.21}$$

当 $\lambda_y < \lambda_z$ 时　$$\lambda_{yz} = \lambda_z\left[1 + 0.25\left(\frac{\lambda_z}{\lambda_y}\right)^2\right] \tag{5.22}$$

$$\lambda_z = 5.1\frac{b_2}{t} \tag{5.23}$$

短肢相并的不等边双角钢截面[图5.18(c)]：

当 $\lambda_y \geqslant \lambda_z$ 时　$$\lambda_{yz} = \lambda_y\left[1 + 0.06\left(\frac{\lambda_z}{\lambda_y}\right)^2\right] \tag{5.24}$$

当 $\lambda_y < \lambda_z$ 时　$$\lambda_{yz} = \lambda_z\left[1 + 0.06\left(\frac{\lambda_z}{\lambda_y}\right)^2\right] \tag{5.25}$$

$$\lambda_z = 3.7\frac{b_1}{t} \tag{5.26}$$

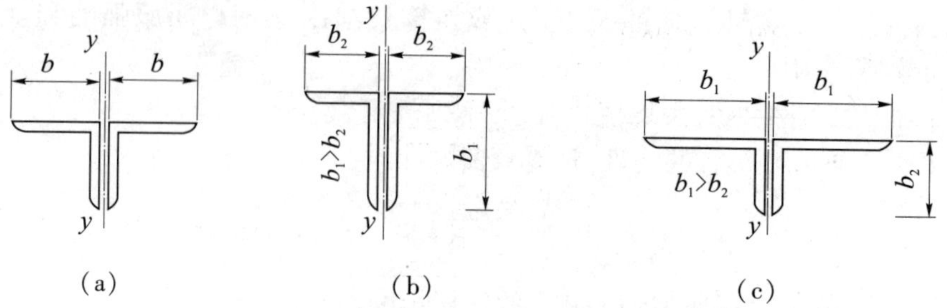

图 5.18 单角钢截面和双角钢组合 T 形截面

例 5.5 某轴心压杆,截面为 2∟125×10,如图 5.19 所示,承受轴心压力设计值 700 kN(静力),Q235 钢材。已知 $a=12$ mm,$A=48.75\ \text{cm}^2$,$i_x=3.85$ cm,$i_y=5.59$ cm,$l_{0x}=1.5$ m,$l_{0y}=3$ m,$f=215\ \text{N/mm}^2$。验算此压杆整体稳定性。

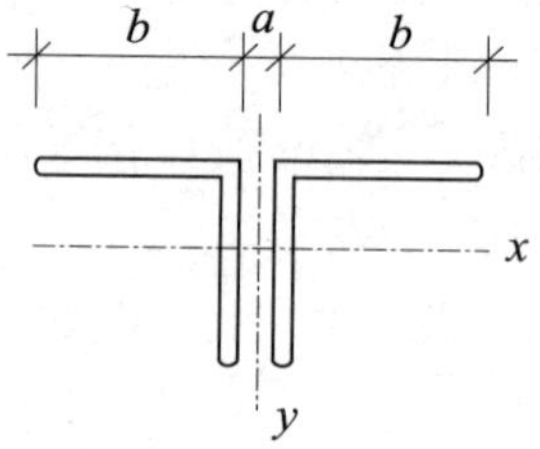

图 5.19 例 5.5 图

解 由题知

$$\lambda_x=\frac{l_{0x}}{i_x}=\frac{150}{3.85}=38.96$$

$$\lambda_y=\frac{l_{0y}}{i_y}=\frac{300}{5.59}=53.67$$

$$\lambda_z=3.9\frac{b}{t}=3.9\times\frac{125}{10}=48.75$$

因

$$\lambda_y>\lambda_z,\ \lambda_{yz}=\lambda_y\left[1+0.16\left(\frac{\lambda_z}{\lambda_y}\right)^2\right]=53.67\times\left[1+0.16\times\left(\frac{48.75}{53.67}\right)^2\right]=60.75$$

由表 5.4 知,绕 x,y 轴均属 b 类截面,$\lambda_{yz}>\lambda_x$,由长细比较大者查附表 2.2 知,$\varphi=0.803$。

整体稳定验算:

$$\frac{N}{\varphi Af}=\frac{700000}{0.803\times4875\times215}=0.83<1.0$$

由此压杆整体稳定满足要求。

例 5.6 如图 5.20 所示为一三角架,在 D 点承受集中荷载 F,杆件 AC 的轴压力 $N=500$ kN。该结构材料采用 Q235 钢。杆架 AC 采用:(1) H 型钢 HW175×175×7.5×11;(2)焊接方管□160×160×8。试验算杆件 AC。

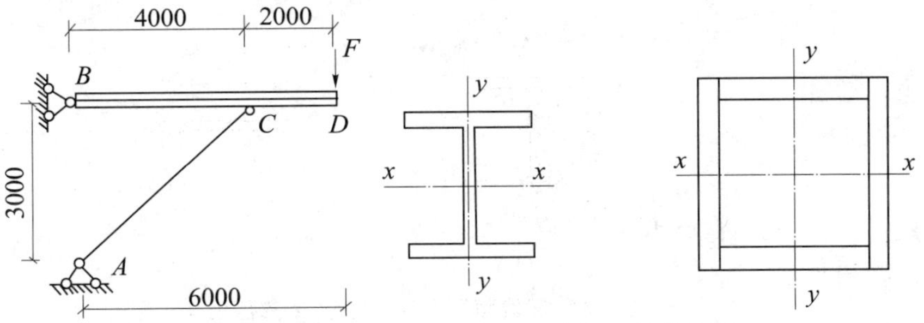

(a)三角架结构简图 (b)AC杆截面图

图 5.20 例 5.6 图

解 (1)H 型钢截面 HW175×175×7.5×11 的截面特征:

$$A=51.43\ cm^2,i_x=7.5\ cm,i_y=4.37\ cm$$

轴压杆的长细比:

$$\lambda_x=\frac{l_x}{i_x}=\frac{500}{7.5}=66.7\ ,\ \lambda_y=\frac{l_y}{i_y}=\frac{500}{4.37}=114.4$$

故 $\lambda_x<\lambda_y<[\lambda]=150$,刚度满足要求。

查轴压杆截面分类表 5.4 可知,由于 H 型钢截面 $\frac{b}{h}=\frac{175}{175}=1>0.8$,故对 x 轴属于 b 类截面,对 y 轴属于 c 类截面,查附表 2.2,得

$$\varphi_{\min}=\varphi_y=0.403-\frac{0.403-0.399}{10}\times 4=0.401$$

轴心受压杆 AC 截面无孔洞削弱,可不计算强度,而需验算其稳定性。

杆件 AC 的整体稳定性:

$$\frac{N}{\varphi_y Af}=\frac{500\times 10^3}{0.401\times 5143\times 215}=1.13>1.0$$

故整体稳定性不满足要求。

(2)焊接方管□160×160×8 计算焊接方管□160×160×8 的截面特征:

$$A=160\times 8\times 2+(160-2\times 8)\times 8\times 2=2560+2304=4864\ mm^2$$

$$I_x=I_y=\frac{2}{12}\times 0.8\times 16^3+2\times(14.4\times 0.8)\times 7.6^2=1876.9\ cm^4$$

$$i_x=i_y=\sqrt{\frac{I}{A}}=\sqrt{\frac{1876.9\times 10^4}{4864}}62.1\ mm$$

轴心受压杆长细比为:

$$\lambda_x=\lambda_y=\frac{l_x}{i_x}=\frac{5000}{62.1}=80.5<[\lambda]$$

故刚度满足要求。

查轴压杆截面分类表,焊接方管截面□160×160×8,因为板件宽厚比 $b/t=160/8=20$,故对 x、y 轴均属于 c 类截面。

查附表 2.3 知

$$\varphi_x = \varphi_y = 0.547$$

轴心受压杆 AC 截面无孔洞削弱，可不计算强度，而需要验算其稳定性。

杆件 AC 的整体稳定性：

$$\frac{N}{\varphi_x Af} = \frac{500 \times 10^3}{0.547 \times 4864 \times 215} = 0.877$$

故整体稳定性满足要求。

5.3.2 轴心受压构件的局部稳定

钢结构构件通常由一些板件组成，轴心受压构件截面设计时常选用肢宽壁薄的截面，以提高其整体稳定性，但如果这些板件的宽厚比很小，即板较薄时，在板平面内压力作用下，将可能发生平面的凹凸变形，而丧失局部稳定。如实腹式轴心受压构件截面一般由腹板和翼缘组成（圆管截面除外），为了获得较大的截面惯性矩，截面大都比较开展且厚度相对较薄。在轴向压力作用下，有可能在构件出现整体失稳前，部分板件不能继续维持平衡状态而产生波形凸曲。因板件失稳发生在构件的局部部位，所以把这种屈曲称为构件局部失稳。图 5.21 为一工字形截面轴心受压构件发生局部失稳时的变形形态，其中，图 5.21（a）表示腹板失稳情况，图 5.21（b）表示翼缘失稳情况。构件丧失局部稳定后还可能继续维持着整体的平衡状态，但由于部分板件屈曲后退出工作，使构件的有效承载截面减小，也可能使得截面变得不对称，从而降低构件的整体承载能力、加速构件的整体失稳。因此《钢标》要求设计轴心受压构件必须保证组成板件的局部稳定性。

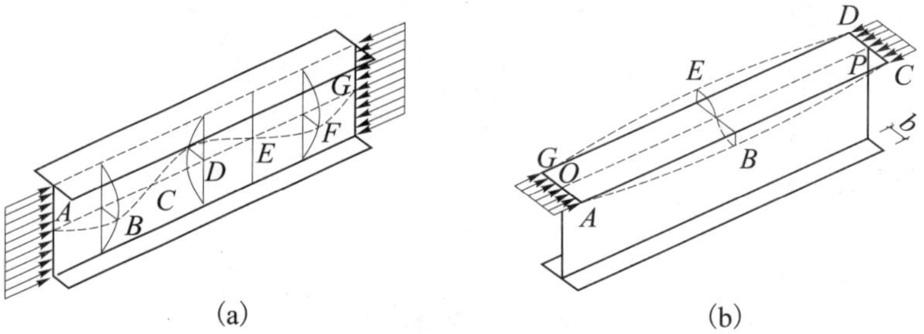

图 5.21 轴心受压构件的局部稳定

实腹式轴心受压构件因主要承受轴心压力作用，故应按均匀受压板计算其板件的局部稳定。板件失稳时的应力称为板件的临界应力或屈曲应力。实践证明，实腹式轴心受压构件的局部稳定与其自由外伸部分翼缘的宽厚比和腹板的高厚比有关，通过对这两方面的宽厚比的有效限制，保证在构件丧失整体稳定之前，不会发生局部失稳。即根据板的屈曲应力 σ_{cr} 和构件的整体稳定极限承载应力 σ_u 相等的稳定准则，计算板件的宽厚比限值。

5.3.2.1 板件的临界力 σ_{cr}

轴心受压构件的局部失稳实质就是薄板在轴向压力作用下的屈曲问题。以四边简支矩形薄板为例，图 5.22（a）是两对边承受均布压力作用下的板件变形示意图，图中虚线表示板的凹凸变形。

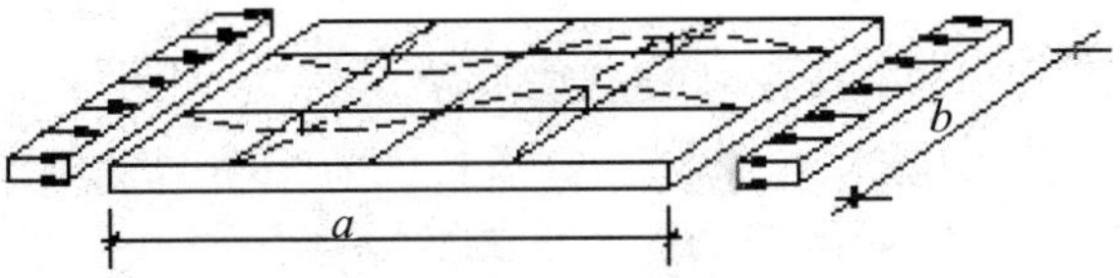

(a) 四边简支板，在均匀压力；虚线表示屈曲

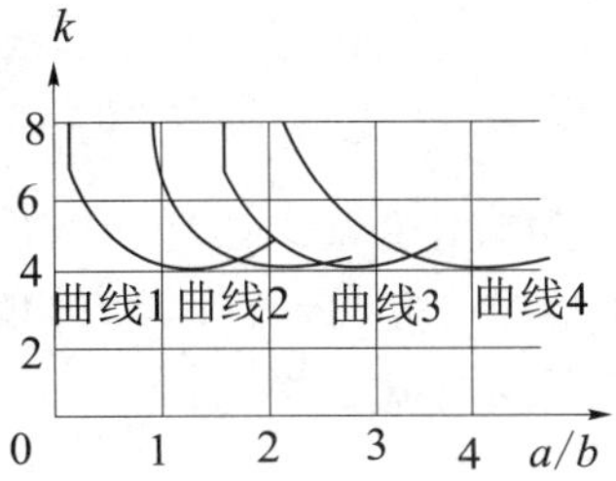

(b) 无论屈曲系数k多大，a/b多大，但k_{min}=4

图 5.22　四边简支单向均匀受压板的屈曲问题

根据弹性稳定理论，可得临界应力：

$$\sigma_{cr}=k\frac{\pi^2 E}{12(1-\mu^2)}\left(\frac{t}{b}\right)^2$$

式中　k——板的屈曲系数；

t——板件的厚度；

b——垂直受压方向板的宽度；

E——钢的弹性模量；

μ——钢材的泊松比。

考虑到实际轴心受压构件中，翼缘与腹板之间存在相互约束作用，临界应力公式中需引入嵌固系数χ。同时，当板的纵向压应力超过钢材的比例极限时，弹性模量不再是常量，构件纵向进入弹塑性工作阶段，这时可近似用$E\sqrt{\tau}$代替E，根据弹塑性稳定理论，薄板弹塑性失稳时的临界应力为：

$$\sigma_{cr}=k\frac{\chi\pi^2 E\sqrt{\tau}}{12(1-\mu^2)}\left(\frac{t}{b}\right)^2$$

式中　k——板的屈曲系数，与板的边长比例$\frac{a}{b}$（a受压方向板的长度）和板的变形曲线的形式有关。

从图 5.22(b) 可知：根据板的变形大小，图中绘出 4 条 k 与$\frac{a}{b}$曲线，无论曲线变化如何，但是曲线中的 $k_{min}=4$。

上述σ_{cr}的表达式也适用于其他支承情况，只是板的屈曲系数 k 取值不同而已，例如三边简支一边自由的均匀受压板，$k_{min}\approx0.425$。

关于板件稳定临界力，上述理论分析表明：①板件的稳定临界力与屈曲系数 k 有关，而屈曲系数 k 的大小又与板件在四周的支承情况和四周边长比例$\frac{a}{b}$大小有关（一般情况 $a>b$），板四周约束作用越强，其临界力越大；反之，越小。轴心受压构件，板件与板件有相互弹性约束作用，其稳定临界力要高于四边简支板件的临界力。②板件的稳定临界力与板件厚宽比$\frac{t}{b}$的平方成正比。所以提高板件抵抗凹凸变形能力的关键是：减小板件的宽厚比$\frac{b}{t}$或增大板的屈曲系数 k。

为了防止实腹式轴心受压构件组成板件的局部屈曲，由临界应力公式可知，板件的宽厚比不能过大，否则临界应力较低，局部屈曲会较早出现。目前，确定板件宽厚比限值的原则有两种，一种是屈服准则，即要求构件局部屈曲临界应力大于等于屈服应力，即：

$$k\frac{\chi\pi^2 E}{12(1-\mu^2)}\left(\frac{t}{b}\right)^2 \geqslant f_y$$

另一种是等稳定性准则，即要求构件局部屈曲临界应力不低于整体屈曲临界应力，即：

$$k\frac{\chi\pi^2 E\sqrt{\tau}}{12(1-\mu^2)}\left(\frac{t}{b}\right)^2 \geqslant \alpha\frac{\pi^2 E\tau}{\lambda^2}$$

式中　α——杆件初弯曲引起的应力增大系数。

《钢标》第 7.3.1 条在确定板件宽厚比时采用了将屈服准则和等稳定准则综合应用的办法。

5.3.2.2　实用计算公式

(1) H 形截面

1) 翼缘宽厚比限值：H 形截面柱子两侧的竖向翼缘板受到周围板件的约束作用，其纵向由腹板作支承，横向由横向加劲肋、柱顶板和柱脚底板作支承，所以每侧翼缘板被分割为三边支承的若干个区格板。H 形截面的腹板一般较翼缘板薄，腹板对翼缘板几乎没有嵌固作用，因此翼缘每一区格板可简化为三边简支一边自由的均匀受压板。

根据屈服准则与等稳定性准则，《钢标》拟合出如下实用计算公式：

$$\frac{b}{t_f} \leqslant (10+0.1\lambda)\sqrt{\frac{235}{f_y}} \tag{5.27}$$

式中　b、t_f——分别为翼缘板自由外伸宽度和厚度，对于焊接构件，b 取翼缘板宽度 B 的一半，对热轧构件取 $b=\frac{B}{2}-t_f$，但不小于$\frac{B}{2}-20$ mm。

λ——构件长细比，取两个方向长细比中较大者，当 $\lambda<30$ 时，取 $\lambda=30$，当 $\lambda>100$ 时，取 $\lambda=100$。

f_y——钢材的屈服强度。

2) 腹板高厚比限值

$$\frac{h_0}{t_w} \leqslant (25+0.5\lambda)\sqrt{\frac{235}{f_y}} \tag{5.28}$$

式中　h_0，t_w——分别为腹板计算高度和厚度；对于焊接构件，h_0 取为腹板高度 h_w，对热轧构件取 $h_0=h_w-2t_f$，但不小于 h_w-40 mm，t_f 为翼缘厚度。

λ——构件两方向长细比的较大值。当 $\lambda<30$ 时，取 $\lambda=30$；当 $\lambda>100$ 时，取 $\lambda=100$。

注：当 H 形截面的腹板高厚比 h_0/t_w 不满足式(5.28)的要求时，除了加厚腹板(此法不一定经济)外，还可采用有效截面的概念进行计算。计算时，腹板截面面积仅考虑两侧

宽度各为 $20t_w\sqrt{\frac{235}{f_y}}$ 的部分，但计算构件的稳定系数 φ 时仍可用全截面。

(2)箱形截面壁板

1)正方形箱形截面轴心受压构件的翼缘和腹板在受力上无区别，均为四边支承板，取屈曲系数 $k=4$，截面的壁板之间没有相互约束，取 $\chi=1$。根据屈服准则和等稳定性准则，《钢标》拟合出如下实用计算公式：

$$\frac{b}{t}\leqslant 40\sqrt{\frac{235}{f_y}} \tag{5.29}$$

2)对于长方形箱形截面，较窄壁板对较宽壁板有约束作用，即 $\chi>1.0$，较宽壁板的宽厚比限值应比式(5.29)大一些。考虑此因素，《钢标》规定，长方形箱形截面较宽壁板的宽厚比限值应按式(5.29)的值乘以调整系数 α_r：

$$\alpha_r = 1.12 - \frac{1}{3}(\eta - 0.4)^2 \tag{5.30}$$

式中　η——箱形截面宽度和高度之比，$\eta\leqslant 1.0$。

(3)T 形截面

1)翼缘宽厚比限值按式(5.27)确定。

2)腹板宽厚比限值：

热轧部分 T 形钢：

$$\frac{h_0}{t_w}\leqslant (15+0.2\lambda)\sqrt{\frac{235}{f_y}} \tag{5.31}$$

焊接 T 形钢：

$$\frac{h_0}{t_w}\leqslant (13+0.17\lambda)\sqrt{\frac{235}{f_y}} \tag{5.32}$$

对于焊接构件，h_0 取为腹板高度 h_w，对热轧构件取 $h_0=h_w-t_f$，但不小于 h_w-20 mm，t_f 为翼缘厚度。

(4)等边角钢　轴心受压构件的肢件宽厚比限值：

当 $\lambda\leqslant 80\sqrt{\frac{235}{f_y}}$ 时　　$\frac{w}{t}\leqslant 15\sqrt{\frac{235}{f_y}}$　　(5.33)

当 $\lambda > 80\sqrt{\frac{235}{f_y}}$ 时　　$\frac{w}{t}\leqslant 5\sqrt{\frac{235}{f_y}}+0.125\lambda$　　(5.34)

式中　w、t——分别为角钢的平板宽度和厚度，w 可取 $b-2t$，b 为角钢宽度。

λ——按角钢绕非对称主轴回转半径计算的长细比。

(5)圆管压杆　其外径与壁厚之比不应超过 $100\frac{235}{f_y}$。

若轴心受压构件的压力小于其稳定承载力，相应的局部屈曲临界力可以降低，板件的宽厚比限值可适当放宽。《钢标》第 7.3.2 条规定，此种情况下，上述相关公式算得的宽厚比限值乘以放大系数 $\alpha=\sqrt{\varphi fA/N}$。

对于某些大型的轴心受压构件，若必须满足《钢标》中的宽厚比限值，可能使得板件较厚,这样往往不经济,可采用纵向加劲肋加强(图 5.23),可对板件的屈曲后强度加以利用,进而放大板件宽厚比限值。《钢标》第 7.3.3 条基于有效屈服强度法,通过引入有效截面系数ρ来计算此类轴心压杆的稳定承载力,具体计算公式为:

强度计算:

$$\frac{N}{A_{\mathrm{ne}}} \leqslant f \tag{5.35}$$

稳定性计算:

$$\frac{N}{\varphi A_{\mathrm{e}} f} \leqslant 1.0 \tag{5.36}$$

$$A_{\mathrm{ne}} = \sum \rho_i A_{\mathrm{n}i} \tag{5.37}$$

$$A_{\mathrm{e}} = \sum \rho_i A_i \tag{5.38}$$

式中 A_{ne}、A_{e}——分别为有效净截面面积和有效毛截面面积;

$A_{\mathrm{n}i}$、A_i——分别为各板件净截面面积和毛截面面积;

φ——稳定系数,可按毛截面计算;

ρ_i——各板件有效截面系数,按《钢标》第 7.3.4 条规定计算。

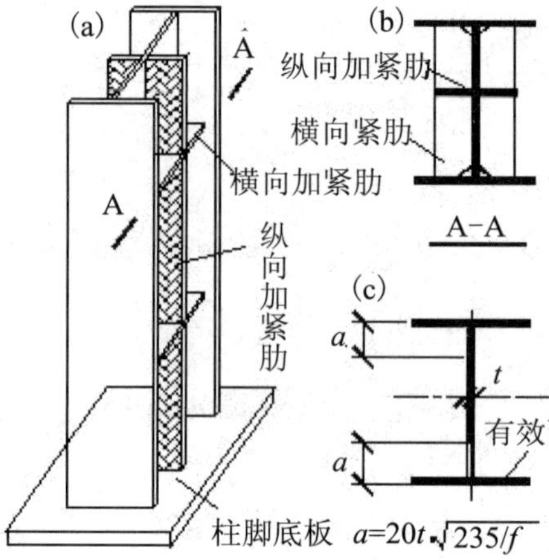

图 5.23 实腹柱的腹板加劲肋及有效截面

例 5.7 焊接工字形截面实腹轴心受压杆,截面如图 5.24 所示,Q345 钢。已知 $\lambda_x = 50$,$\lambda_y = 40$。验算工字形截面翼缘和腹板的局部稳定。

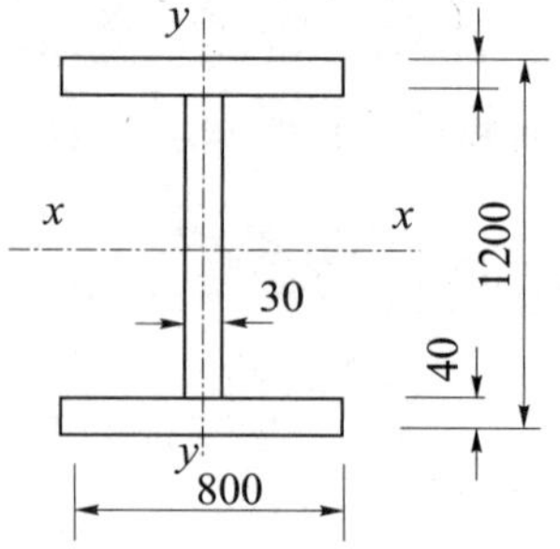

图 5.24 例 5.7 图(单位:mm)

解　由题知 $\lambda_x=50>\lambda_y$，Q345 钢，$f_y=345$。

$$翼缘：\frac{b}{t_f}=\frac{800-30}{2\times40}=9.625<(10+0.1\times50)\sqrt{\frac{235}{345}}=12.37$$

$$腹板：\frac{h_0}{t_w}=\frac{1200-2\times40}{30}=37.33<(25+0.5\times50)\sqrt{\frac{235}{345}}=41.27$$

例 5.8　某屋架上弦压杆，承受轴心压力设计值 $N=1000$ kN，计算长度 $l_{0x}=150.9$cm，$l_{oy}=301.3$ cm，节点板厚 14 mm，钢材用 Q235B 钢。采用双角钢组合 T 形截面，选用 2∟160×100×12（查型钢表得：$A=60.11$ cm^2 $i_x=2.82$ cm $i_y=7.9$cm）。另外在截面外伸之上开有两个 $d_0=21.5$ mm 螺栓孔，如图 5.25 所示。验算该截面的强度、刚度、整体稳定性、局部稳定性。

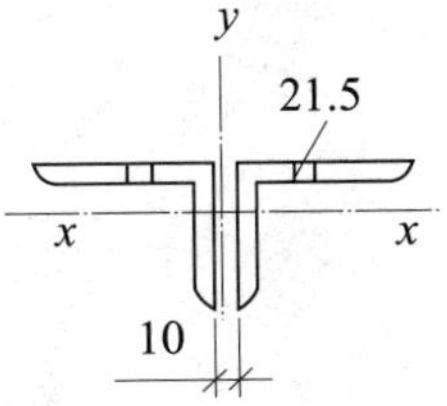

图 5.25　例 5.8 图
（单位：mm）

解　（1）强度验算

$$A_n=A-2d_0t=60.11-2\times2.15\times1.2=54.95\ \text{cm}^2$$

$$\sigma=\frac{N}{A_n}=\frac{1000\times10^3}{54.95\times10^2}=182\ \text{N/mm}^2<f=215\ \text{N/mm}^2 0.7f_u\quad 满足要求$$

（2）刚度验算

$$对非对称轴\ x\ 轴：\lambda_x=\frac{l_{0x}}{i_x}=\frac{150.9}{2.82}=53.5<[\lambda]=150$$

$$对称轴\ y\ 轴：\lambda_y=\frac{l_{0y}}{i_y}=\frac{301.3}{7.9}=38.1<[\lambda]\quad 满足要求$$

（3）整体稳定性验算

由于该截面对 x 轴和 y 轴均为 b 类截面，故由 $\lambda_{max}=53.5$，查附表 2 得：$\varphi_{min}=0.84$。

$$\frac{N}{\varphi_{min}A}=\frac{1000\times10^3}{0.840\times60.11\times10^2}=198\ \text{N/mm}^2<f=215\ \text{N/mm}^2\quad 满足要求$$

（4）局部稳定验算（只需验算其水平肢，公式同工字形截面翼缘）

水平肢的外伸长度：

$$b_1=160-12-13=135\ \text{mm}$$

$$\frac{b_1}{t}=\frac{135}{12}=11.3$$

$$<(10+0.1\lambda_{max})\sqrt{\frac{235}{f_y}}=(10+0.1\times53.5)\sqrt{\frac{235}{235}}=15.4\quad 满足要求$$

由上题分析可知，当截面无削弱时，可不计算强度。

5.4　轴心受压构件的截面设计和构造要求

5.4.1　实腹式轴心受压构件的设计

实腹式轴心受压构件截面设计的步骤：首先选择合适的截面形式，然后根据整体稳定和局部稳定等条件初步选择截面尺寸，最后进行强度、整体稳定、局部稳定、刚度等验算。

5.4.1.1 截面形式的选择

实腹式轴心受压构件一般采用双轴对称截面，以避免弯扭失稳。常用的截面形式有热轧型钢和组合截面两种类型，如轧制普通工字钢、H型钢、焊接工字形截面、型钢和钢板的组合截面、圆管和方管截面等，如图5.26所示。

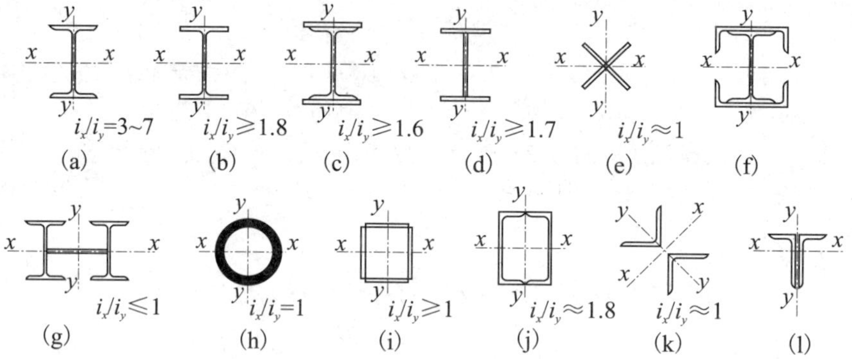

图5.26 轴心受压实腹柱常用截面

在选择截面形式时主要考虑下列原则：

(1)等稳定性 使构件两个主轴方向大的稳定承载力相同，即 $\varphi_x=\varphi_y$，以达到经济的效果。一般情况下，取 $\lambda_x \approx \lambda_y$ 来保证等稳定性。

(2)宽肢薄壁 在满足板件宽(高)厚比限值的条件下，使截面面积的分布尽量开展一些，以增加截面的惯性矩和回转半径，提高构件的整体稳定承载力和刚度，合理用料。

(3)连接方便 构件应便于与其他构件连接。一般情况下，截面以开敞式为宜，对封闭式的箱形和管形截面，由于连接比较困难，一般只在特殊情况下使用。

(4)制造省工 尽可能构造简单，加工方便，取材容易。能充分利用现代化的制造能力和减少制造工作量。设计时应尽量选用自动焊接截面和热轧型钢。

进行截面选择时一般应根据内力大小、两个方向的计算长度以及制造加工量、材料供应等情况综合进行考虑。单根轧制普通工字钢[图5.26(a)]由于 y 轴的回转半径小得多，因而只适用于计算长度 $l_{0x} \geq 3l_{0y}$ 的情况。热轧宽翼缘H型钢[图5.26(b)]的最大优点是制造省工，腹板较薄，可以做到与截面的高度相同(HW型)，因而具有很好的截面特性。用三块板焊接而成的工字形截面[图5.26(d)]及十字形截面[图5.26(e)]组合灵活，容易实现截面分布合理，制造并不复杂。用型钢组成的截面[图5.26(c)(f)(g)]适用于压力很大的柱。管形截面[图5.26(h)(i)(j)]从受力性能来看，由于两个方向的回转半径相近，因而最适合于两方向计算长度相等的轴心受压柱。这类构件为封闭式，内部不易生锈，但与其他构件的连接和构造比较麻烦。

5.4.1.2 截面尺寸的选择

首先根据截面设计原则和使用要求、加工方法、材料供应、轴心压力 N 的大小以及两方向的计算长度等条件确定截面形式和钢材牌号，然后按下述步骤试选型钢型号或组合截面尺寸。

(1)型钢截面

1)假定柱的长细比 λ，求出需要的截面面积 A。

一般假定 λ 在 50~100 选取，当轴力大而计算长度小时取较小值，反之取较大值。如果轴力很小，λ 可按容许长细比取值。然后根据长细比 $\lambda\sqrt{f_y/235}$、截面类别(a、b、c、d)和钢材牌号查得稳定系数 φ，则所需的截面面积为：

$$A=\frac{N}{\varphi f} \tag{5.39}$$

注：荷载小于 1500 kN，计算长度为 5~6 m 时，可假定 λ = 80~100；荷载在 1500~3500 kN时，可假定 λ = 60~80。所假定的 λ 不得超过 150。

2)求两个主轴所需要的回转半径：

$$i_x=\frac{l_{0x}}{\lambda},\ i_y=\frac{l_{0y}}{\lambda} \tag{5.40}$$

3)由已知截面面积 A 和两个主轴的回转半径 i_x、i_y，优先选用轧制型钢，如普通工字钢、H 型钢等。当现有型钢规格不满足所需截面尺寸时，可以采用组合截面。

(2)组合截面

1)假定长细比 λ，计算出 A、i_x 和 i_y。与型钢截面相同。

2)确定截面高度和宽度。

先初步定出截面的轮廓尺寸，一般是根据回转半径确定所需截面的高度 h 和宽度 b。

$$i_x\approx\alpha_1 h,i_y\approx\alpha_2 b$$

式中　α_1、α_2——分别表示截面高度 h、宽度 b 及回转半径 i_x 和 i_y 之间的近似数值关系的系数，常用截面可由附表 4 查得。例如，由三块钢板组成的工字形截面，$\alpha_1=0.45$，$\alpha_2=0.235$。

3) 确定截面其余尺寸。由所需要的 A、h、b 等，再考虑构造要求、局部稳定要求以及钢材规格等条件，确定截面其余尺寸。如焊接工字形截面，可取 $b\approx h$；腹板厚度 $t_w=(0.4\sim0.7)t$，但不小于 6 mm，t 为翼板厚度，为使用料合理，宜取一个翼缘截面面积 $A_1=(0.35\sim0.40)A$；腹板高度 h 翼缘宽度 b 宜取 10 mm 的倍数，t 和 t_w 宜取 2 mm 的倍数。

5.4.1.3　截面验算

对初选的截面须作强度、刚度、整体稳定性、局部稳定性等几方面验算：

(1)当截面有削弱时，需进行强度验算。若截面无削弱，可不验算。

$$\sigma=\frac{N}{A_n}\leqslant 0.7f_u$$

式中　A_n——构件的净截面面积。

(2)整体稳定验算。需同时考虑两个主轴方向，但一般可取其中长细比较大值进行计算。

$$\sigma = \frac{N}{\varphi A} \leqslant f$$

式中 A——构件的毛截面面积。

(3)局部稳定验算。轴心受压构件的局部稳定是以限制其组成板件的宽厚比来保证的。对于热轧型钢截面,板件的宽厚比较小,一般能满足要求,可不验算。对于组合截面,则应根据前述规定对板件的宽厚比进行验算。

(4)刚度验算。轴心受压实腹柱的长细比应符合规范所规定的容许长细比要求,一般应按两个主轴方向进行。事实上,在进行整体稳定验算时,长细比已预先求出,以确定整体稳定系数 φ,因而刚度验算可与整体稳定验算同时进行。

以上几方面验算若不满足要求,须调整截面重新验算。

5.4.1.4 构造要求

当 H 型或箱形截面柱的翼缘自由外伸宽厚比不满足要求时,可采用增大翼缘板厚的方法。但对腹板,当其宽厚比不满足要求时,常沿腹板腰部两侧对称设置纵向加劲肋,其厚度 t 不小于 0.75 t_w,外伸宽度 b 不小于 10 t_w,设置纵向加劲肋后,应根据新的腹板高度重新验算腹板的宽厚比。

为了提高构件的抗扭刚度,保证构件在施工和运输过程中不发生变形,当实腹柱腹板高厚比 $\frac{h_0}{t_w}>80$ 时,应成对设置间距不大于 $3h_0$ 的横向加劲肋,如图 5.27 所示。横向加劲肋的截面尺寸要求双侧加劲肋的外伸宽度 $b_s \geqslant (\frac{h_0}{30}+40)$ mm,厚度 $t_s \geqslant \frac{b_s}{15}$。

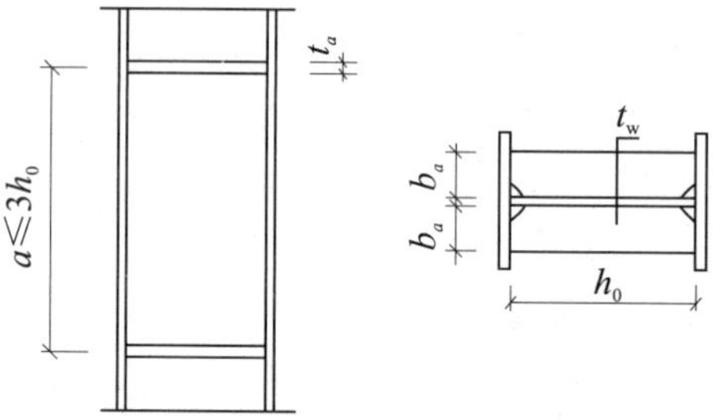

图 5.27 实腹式柱的横向加劲肋

对大型实腹式柱,为了增加其抗扭刚度和传布集中力的作用,在有较大水平力作用处、运输单元的端部和其他需要加强截面刚度的地方应设置横隔(即加宽的横向加劲肋)。横隔间距不得大于截面较大轮廓尺寸的 9 倍或 8 m。

轴心受压实腹柱板件间(如工字形截面翼缘与腹板间)的纵向焊缝只承受柱初弯曲或因偶然横向力作用等产生的力很小,因此不必计算,焊缝尺寸可按构造要求采用。

例 5.9 图 5.28(a)所示为一管道支架,其支柱的设计压力为 $N=1600$ kN(设计值),柱两端铰接,钢材为 Q235,截面无孔眼削弱。试设计此支柱的截面:①用普通轧制工字钢;②用热轧 H 型钢;③用焊接工字形截面,翼缘板为焰切边。

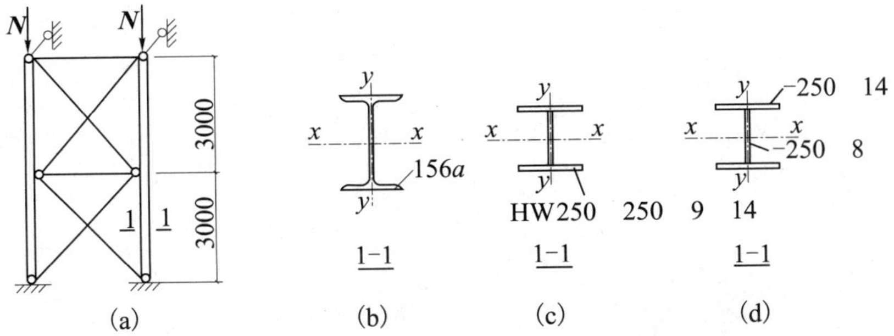

图 5.28　例 5.9 图(单位:mm)

解　支柱在两个方向的计算长度不相等,故取如图 5.28(b)所示的截面使强轴与 x 轴方向一致,弱轴与 y 轴方向一致。这样,柱在两个方向的计算长度分别为:$l_{0x}=600$ cm,$l_{0y}=300$ cm。

(1)轧制工字钢[图 5.28(b)]

1)试选截面　假定 $\lambda=90$,对于轧制工字钢,当绕 x 轴失稳时属于 a 类截面,由附表 2.1 查得 $\varphi_x=0.714$;当绕 y 轴失稳时,属于 b 类截面,由附表 2.2 查得 $\varphi_y=0.621$。需要的截面几何量为:

$$A=\frac{N}{\varphi_{\min}f}=\frac{1600\times10^3}{0.621\times215\times10^2}=119.8\ \text{cm}^2$$

$$i_x=\frac{l_{0x}}{\lambda}=\frac{600}{90}=6.67\ \text{cm}$$

$$i_y=\frac{l_{0y}}{\lambda}=\frac{300}{90}=3.33\ \text{cm}$$

由附表 4 中不可能选出同时满足 A、i_x 和 i_y 的型号,可适当照顾到 A 和 i_y 进行选择。试选 I56a,$A=135\ \text{cm}^2$,$i_x=22.0$ cm,$i_y=3.18$ cm。

2)截面验算　因截面无孔眼削弱,可不验算强度。又因轧制工字钢的翼缘和腹板均较厚,可不验算局部稳定。只需进行整体稳定和刚度验算。

长细比:

$$\lambda_x=\frac{l_{0x}}{i_x}=\frac{600}{22.0}=27.3<[\lambda]=150$$

$$\lambda_y=\frac{l_{0y}}{i_y}=\frac{300}{3.18}=94.3<[\lambda]=150$$

λ_y 远大于 λ_x,故由 λ_y 查附表 2.2 得 $\varphi=0.591$。

$$\frac{N}{\varphi A}=\frac{1600\times10^3}{0.591\times135\times10^2}=200.5\ \text{N/mm}^2<f=205\ \text{N/mm}^2$$

(2)热轧 H 型钢[图 5.28(c)]

1)试选截面　选用热轧 H 型钢宽翼缘的形式,其截面宽度较大,长细比的假设值可适当减小,因此假设 $\lambda=60$。对宽翼缘 H 型钢,因 $b/h>0.8$,所以不论对 x 轴或 y 轴都属于

b 类截面。根据 $\lambda=60$、b 类截面、钢材为 Q235，由附表 2.2 查得 $\varphi=0.807$，$i_x=\dfrac{l_{0x}}{\lambda}=\dfrac{600}{60}=$ 10.0 cm，所需截面几何量为：

$$A=\frac{N}{\varphi \cdot f}=\frac{1600\times10^3}{0.807\times215\times10^2}=92.2\ \text{cm}^2$$

$$i_x=\frac{l_{0x}}{\lambda}=\frac{600}{60}=10.0\ \text{cm}$$

$$i_y=\frac{l_{0y}}{\lambda}=\frac{300}{60}=5.0\ \text{cm}$$

由附表 8 中试选 HW250×250×9×14，$A=92.18\ \text{cm}^2$，$i_x=10.8$ cm，$i_y=6.29$ cm。

2）截面验算　因截面无孔眼削弱，可不验算强度。又因为热轧型钢，亦可不验算局部稳定，只需进行整体稳定和刚度验算。

$$\lambda_x=\frac{l_{0x}}{i_x}=\frac{600}{10.8}=55.6<[\lambda]=150$$

$$\lambda_y=\frac{l_{0y}}{i_y}=\frac{300}{6.29}=47.4<[\lambda]=150$$

因对 x 轴和 y 轴 φ 值均属 b 类，故由较大长细比 $\lambda_x=55.6$ 查附表 2.2 得 $\varphi=0.83$。

$$\frac{N}{\varphi A}=\frac{1600\times10^3}{0.83\times92.18\times10^2}=209\ \text{N/mm}^2<f=215\ \text{N/mm}^2$$

（3）焊接工字形截面[图 5.28(d)]

1）试选截面　参照 H 型钢截面，选用截面如图 5.28(d)所示，翼缘 2—250×14，腹板 1—250×8，其截面面积：

$$A=2\times25\times1.4+25\times0.8=90\ \text{cm}^2$$

$$I_x=\frac{1}{12}(25\times27.8^3-24.2\times25^3)=13250\ \text{cm}^4$$

$$I_y=2\times\frac{1}{12}\times1.4\times25^3=3650\ \text{cm}^4$$

$$i_x=\sqrt{\frac{13250}{90}}=12.13\ \text{cm}$$

$$i_y=\sqrt{\frac{3650}{90}}=6.37\ \text{cm}$$

2）整体稳定和长细比验算

长细比：

$$\lambda_x=\frac{l_{0x}}{i_x}=\frac{600}{12.13}=49.5<[\lambda]=150$$

$$\lambda_y=\frac{l_{0y}}{i_y}=\frac{300}{6.37}=47.1<[\lambda]=150$$

因对 x 轴和 y 轴 φ 值均属 b 类，故由较大长细比 $\lambda_x=49.5$，查附表 2.2 得 $\varphi=0.859$。

$$\frac{N}{\varphi A}=\frac{1600\times10^3}{0.859\times90\times10^2}=207\ \text{N/mm}^2<f=215\ \text{N/mm}^2$$

3）局部稳定验算

翼缘：

$$\frac{b}{t_f}=\frac{12.1}{1.4}=8.9<(10+0.1\times49.5)\sqrt{235/235}\quad 满足要求$$

腹板：

$$\frac{h_0}{t_w}=\frac{25}{0.8}=31.25<(25+0.5\times49.5)\sqrt{235/235}\quad 满足要求$$

截面无孔眼削弱，不必验算强度。

4）构造

因腹板高厚比小于 80，故不必设置横向加劲肋。翼缘与腹板的连接焊缝最小焊脚尺寸 $h_{min}=1.5\sqrt{t}=1.5\times\sqrt{14}=5.6$ mm，采用 $h_f=6$ mm。

以上采用三种不同截面的形式对本例中的支柱进行了设计，由计算结果可知，轧制普通工字钢截面要比热轧 H 型钢截面和焊接工字形截面约大 50%，因为普通工字钢绕弱轴的回转半径太小。在本例情况（1）中，尽管弱轴方向的计算长度仅为强轴方向计算长度的 1/2，但前者的长细比仍远大于后者，因而支柱的承载能力是由弱轴所控制的，对强轴则有较大富裕，这显然是不经济的，若必须采用此种截面，宜再增加侧向支撑的数量。对于轧制 H 型钢和焊接工字形截面，由于其两个方向的长细比非常接近，基本上做到了等稳定性，用料最经济。但焊接工字形截面的焊接工作量大，在设计轴心受压实腹柱时宜优先选用 H 型钢。

5.4.2　格构柱的设计

5.4.2.1　格构柱的截面形式

在截面积不变的情况下，将截面中的材料布置在远离形心的位置，使截面惯性矩增大，从而节约材料，提高截面的抗弯刚度，也可使截面对 x 轴和 y 轴两个方向的稳定性相等，由此而形成格构式组合柱的截面形式。

轴心受压格构柱一般采用双轴对称截面，如用两根槽钢[图 5.29（a）（b）]或 H 型钢[图 5.29（c）]作为肢件，两肢间用缀条[图 5.30（a）]或缀板[图 5.30（b）]连成整体，称为双肢柱。槽钢肢件的槽口可以向内[图 5.29（a）]，也可以向外[图 5.29（b）]，前者外观平整优于后者。通过调整格构柱的两肢件的距离可实现对两个主轴的等稳定性。

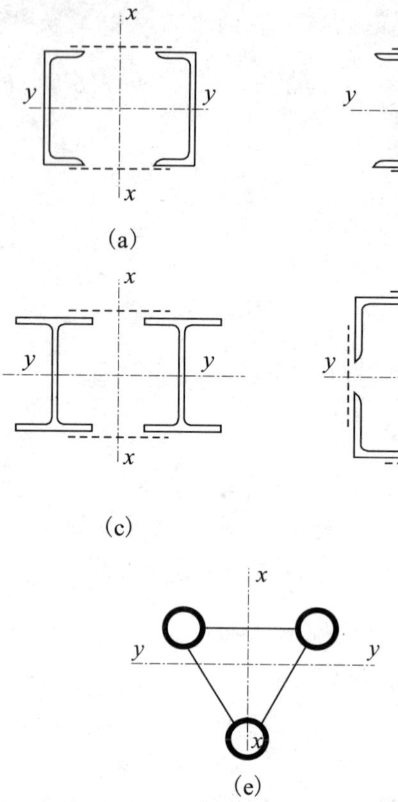

图 5.29 格构式构件的常用截面形式

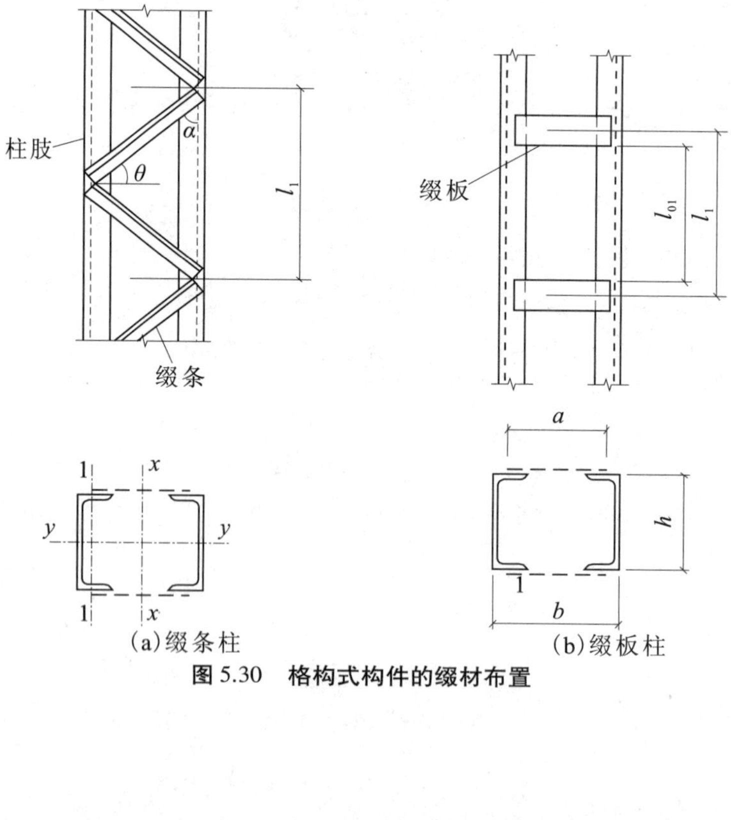

图 5.30 格构式构件的缀材布置

在柱的横截面上穿过肢件腹板的轴叫实轴[图 5.29(a)(b)(c)中的 y 轴]，穿过两肢之间缀材面的轴称为虚轴(图 5.29 中的 x 轴)。

用四根角钢组成的四肢柱[图 5.29(d)]，四面用缀材相连，适用于长度较大受力较小的柱，两个主轴 $x-x$ 和 $y-y$ 均为虚轴。三面用缀材相连的三肢柱[图 5.29(e)]，一般用圆管作肢件，其截面是几何不变的三角形，受力性能较好，两个主轴也都为虚轴。四肢柱和三肢柱的缀材通常采用缀条而不用缀板。

缀条一般采用单根角钢制成，而缀板通常采用钢板制成。缀条和缀板统称缀件。荷载较小的柱子可采用缀板组合；荷载较大时，即缀材截面剪力较大时，或者两肢相距较宽的格构柱，可采用缀条组合，缀条主要是保证分肢间的整体工作，并可以减少分肢的计算长度。

格构式轴心受压构件设计时，除满足强度、刚度、整体稳定、局部稳定(主要是分肢稳定)外，尚应包括缀材的设计。格构式轴心受压构件强度设计和刚度设计见 5.2 节，本节主要针对整体稳定、分肢稳定以及缀材设计进行讨论。

5.4.2.2　格构式轴心受压柱的整体稳定

(1)对实轴($y-y$ 轴)的整体稳定性计算　格构式双肢柱相当于两个并列的实腹式杆件，故其对实轴的整体稳定承载力与实腹式完全一致，因此可用对实轴的长细比 λ 查得稳定性系数 φ。其整体稳定性验算条件为：

$$\frac{N}{\varphi_y \cdot A} \leqslant f \tag{5.41}$$

式中　A——两个分肢的截面面积之和；

φ_y——对 y 轴的稳定系数，由 $\lambda_0 y\sqrt{\frac{f_y}{235}}$ 及 b 类截面查表 2.2 得出。

(2)对虚轴($x-x$ 轴)的整体稳定性计算　轴心受压构件整体弯曲后，沿杆长各截面上将存在弯矩和剪力。对实腹式构件，剪力引起的附加变形很小，对临界力的影响只占 3/1000 左右。因此，在确定实腹式轴心受压构件整体稳定的临界力时，仅仅考虑了由弯矩作用所产生的变形，而忽略了剪力所产生的变形。对于格构式轴心受压柱，当绕虚轴失稳时，情况有所不同，因肢件之间并不是连续的板而只是每隔一定距离用缀条或缀板联系起来。由于缀件较细，构件初始缺陷或因构件弯屈产生的横向剪力不可忽略。柱的剪切变形较大，剪力造成的附加挠曲影响就不能忽略。在格构式轴心受压柱的设计中，对虚轴失稳的计算，常以加大长细比的办法来考虑剪切变形的影响，加大后的长细比称为换算长细比。

当 $\lambda_x=\lambda_y$ 时，格构柱对虚轴的稳定性要比对实轴的稳定性要小，因为虚轴是穿过缀材的轴，而缀材是通过一定间距与柱肢连接，缀材的屈曲助长了柱子的屈曲，增大了柱子的附加变形，所以与实轴相比虚轴方向的临界力要降低。为了考虑这一不利影响，《钢标》采用换算长细比 λ_{0x} 的办法使计算大为简化，其稳定验算条件为：

$$\frac{N}{\varphi_x \cdot A} \leqslant f \tag{5.42}$$

式中 φ_x——对 x 轴的稳定系数，由 $\lambda_{0x}\sqrt{\frac{f_y}{235}}$ 及 b 类截面查附表 2.2 得出。

《钢标》对缀条柱和缀板柱采用不同的换算长细比计算公式。

(1)双肢缀条柱的换算长细比　根据弹性稳定理论，当考虑剪力的影响后，其临界力可表达为：

$$N_{cr}=\frac{\pi^2EA}{\lambda_x^2}\cdot\frac{1}{1+\frac{\pi^2EA}{\lambda_x^2}\cdot\gamma}=\frac{\pi^2EA}{\lambda_{0x}^2}$$

$$\lambda_{ox}=\sqrt{\lambda_x^2+\pi^2EA\gamma}$$

式中 λ_{0x}^2——格构柱绕虚轴临界力换算为实腹柱临界力的换算长细比；

γ——单位剪力作用下的轴线转角。

一般斜缀条与柱轴线间的夹角在 40°～70°，在此常用范围，双肢缀条柱的换算长细比为：

$$\lambda_{0x}=\sqrt{\lambda_x^2+27\frac{A}{A_{1x}}} \tag{5.43}$$

式中 λ_x——整个构件对虚轴(x 轴)的长细比；

A—— 整个构件的毛截面面积；

A_{1x}—— 构件截面中垂直于 x 轴的各斜缀条毛截面面积之和。

需要注意的是，当斜缀条与柱轴线间的夹角不在 40°～70°时，式(5.43)偏于不安全，此时应按《钢标》计算换算长细比 λ_{0x}。

(2)双肢缀板柱的换算长细比　根据《钢标》的规定，缀板线刚度之和 K_b 与分肢线刚度 K_1 之比应大于等于 6，即 $K_b/K_1\geqslant 6$。其中：$K_1=I_1/l_1$ 为一个分肢的线刚度，l_1 为缀板中心距，I_1 为分肢截面绕其弱轴的惯性矩；$K_b=I_b/a$ 为两侧缀板线刚度之和，I_b 为两侧缀板的惯性矩，a 为分肢轴线之间的距离。则双肢缀板柱的换算长细比采用：

$$\lambda_{0x}=\sqrt{\lambda_x^2+\lambda_1^2} \tag{5.44}$$

式中 λ_1——单个分肢对最小刚度轴 1-1 的长细比，即缀条平面内的分肢的长细比：

$$\lambda_1=\frac{l_{01}}{i_1} \tag{5.45}$$

i_1——单个分肢的最小回转半径，即对弱轴的回转半径。

l_{01}——单肢的计算长度，对缀条柱：取缀条节点之间的距离；对缀板柱：焊接时，取相邻两缀板之间的净距离，螺栓连接时，取相邻两缀板边缘螺栓间的距离。

在某些特殊情况无法满足 $K_b/K_1\geqslant 6$ 的要求时，换算长细比 λ_{0x}应按《钢标》计算。

三肢柱和四肢柱对虚轴的换算长细比计算公式见《钢标》第 7.2.2 条。

5.4.2.3 格构式轴心受压柱分肢的稳定性

对格构式构件，除需要验算整个构件对其实轴和虚轴两个方向的稳定性外，还应考虑其分肢的稳定性。

为了保证格构式柱整体稳定性，每个分肢不能因局部屈曲过大而先于整体失稳。格构柱的每个分肢可以看作是竖向连续的轴心受压实腹柱，缀材就是单肢的侧向支承点。《钢标》第 7.2.3 条和第 8.2.4 条通过控制分肢在缀条平面内的长细比 λ_1 来保证其稳定性，限制条件为：

缀条柱：λ_1不应大于构件两方向长细比（对虚轴取换算长细比）较大值的 0.7 倍。

缀板柱：λ_1不应大于构件两方向长细比（对虚轴取换算长细比）较大值的 0.5 倍并不应大于 40，当 $\lambda < 50$ 时，取 $\lambda = 50$。缀板柱中同一截面处缀板（或型钢横杆）的线刚度之和不得小于柱较大分肢线刚度的 6 倍。

5.4.2.4　格构式轴心受压柱缀材设计

（1）轴心受压格构柱的横向剪力　轴心压力作用下，格构柱绕虚轴发生弯曲而达到临界状态，轴心力因侧向变形而产生弯矩，进而引起横向剪力。如图 5.31 所示为一两端铰支轴心受压柱。根据《钢标》第 7.2.6 条，轴心受压格构柱平行于缀材面的剪力为：

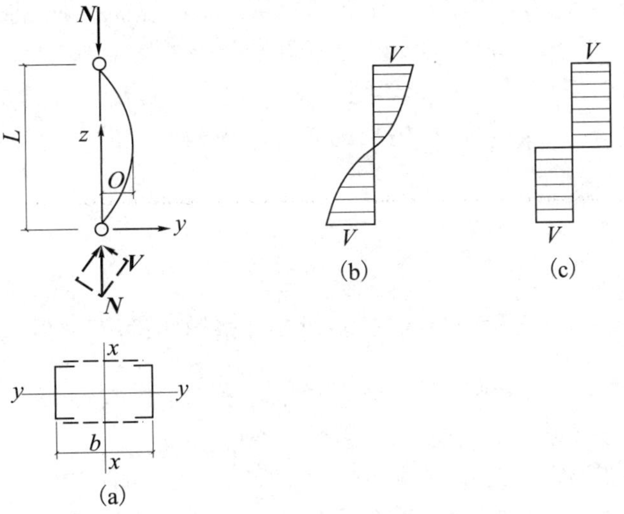

图 5.31　剪力计算简图

$$V = \frac{Af}{85}\sqrt{\frac{f_y}{235}} \tag{5.46}$$

在设计中，将剪力 V 沿柱长度方向取为定值，相当于简化图 5.31（c）的分布图形。即假设剪力沿构件全长不变，且仅由缀材承担，各分肢不承担。

（2）缀条的设计　缀条的布置一般采用单斜缀条，如图 5.32（a）所示，同一截面处其斜缀条数量 $n = 1$；也可采用交叉缀条（双斜缀条）［图 5.32（b）］，同一截面处其斜缀条数量 $n = 2$。

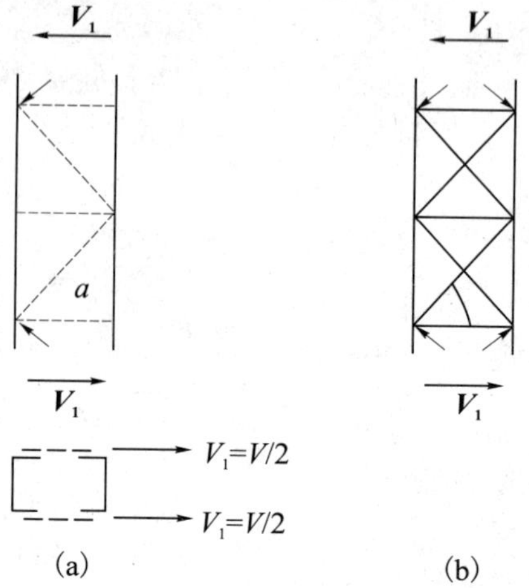

图 5.32 缀条的内力

由于缀条刚度不大，为计算方便，在确定缀条体系计算简图时，将其简化为竖向的平行弦桁架，对于双肢缀条柱，取对称一侧的缀条体系为研究对象，见图 5.32(a)(b)，缀条看作平行弦桁架的腹杆(缀条一般是斜缀条，但有时为了提高分肢的稳定性及刚度，根据需要也可增加横缀条)，分肢看作是桁架的弦杆。横截面上的剪力由缀条承担。在横向剪力作用下，一个斜缀条的轴心力为：

$$N_1 = \frac{V_1}{n\cos\alpha} \tag{5.47}$$

式中 V_1——分配到一个缀材面上的剪力；对双肢格构柱，每侧缀件承担的剪力 $V_1 = \frac{V}{2}$。

n——一个缀材面承受剪力 V_1 的斜缀条数。单系缀条时，$n=1$；交叉缀条时，$n=2$。

α——缀条与横向剪力的夹角，一般 $\alpha=(40°\sim70°)$。

由于构件弯曲变形方向是左、右随机变化，所以剪力方向可能向左或向右，因此同一根缀条的轴力可能受拉，也可能受压，为安全起见，不论横缀条和斜缀条，均按轴心受压杆件设计。

1)强度、刚度、稳定计算　将每根缀条看作两端铰接于柱肢的轴心受压腹杆。缀条一般采用单角钢，与柱单边连接，考虑到受力时的偏心和受压时的弯扭，《钢标》规定：强度、稳定计算时，其材料的强度设计值乘以折减系数 γ_r，并规定当计入 γ_r 后，其刚度、稳定性计算可不计扭转效应(即不再用换算长细比)。

按轴心受压计算构件的稳定性时：

$$\frac{N_t}{A\varphi} \leqslant \gamma_r f \tag{5.48}$$

式中 A——单缀条的截面面积。

φ——稳定影响系数，由 $\lambda_t\sqrt{\frac{f_y}{235}}$ 及 b 类截面查附表 2.2 可得。

γ_r——稳定计算强度折减系数，计算如下：等边角钢 $\gamma_r = 0.6 + 0.0015\lambda_t$ 且 $\gamma_r \leqslant 1.0$；短边相并的不等肢角钢 $\gamma_r = 0.5 + 0.0025\lambda_t$ 且 $\gamma_r \leqslant 1.0$；长边相并的不等肢角钢 $\gamma_r = 0.7$。

λ_t 为缀条的长细比并满足刚度要求，对中间无联系的单角钢压杆，按最小回转半径计算，当 $\lambda<20$ 时，取 $\lambda=20$。

$$\lambda_t = \frac{l_t}{i_{min}} \leqslant [\lambda] = 150 \tag{5.49}$$

式中　l_t——缀条的计算长度，其端点从两肢中心线算起；

i_{min}——缀条的回转半径，取最小值（见附表5、附表6）。

当缀条截面有削弱时，还应进行强度计算，其强度折减系数 $\gamma_r=0.85$。

2）缀条与分肢连接焊缝计算　轴向力作用下，角钢连接角焊缝计算（见钢结构连接），由于是单面角钢，角焊缝强度 f_f^w 要乘以系数0.85。

交叉缀条体系的横缀条按压力 $N = V_1$ 进行设计。为了减小分肢的计算长度，单系缀条一般需加横缀条，其截面尺寸一般取与斜缀条相同；不论横缀条或斜缀条，均应满足容许长细比 $[\lambda] = 150$ 的要求。

（3）缀板的设计　当缀材采用缀板时，缀板一般为钢板，个别情况下也采用型钢。由于缀板的刚度较大，将缀板与柱肢连接处简化为刚节点，在确定缀板体系计算简图时，将其简化为多层的框架结构体系（柱肢视为框架立柱，缀板视为横梁）。取对称一侧的缀板体系为研究对象，框架结构在水平荷载 V_1 下，当它整体挠曲时，假定各层分肢中点、缀板中点为反弯点。从柱中取出如图5.33（b）所示脱离体，利用反弯点法的原理，列平衡方程可得每个缀板剪力 V_j 和缀板与分肢连接处的弯矩 M_j：

剪力：

$$V_j = \frac{V_1 l_1}{a} \tag{5.50}$$

弯矩（与肢件连接处）：

$$M_j = 0.5V_1 l_1 \tag{5.51}$$

式中　l_1——两相邻缀板轴线间的距离；

a——分肢轴线间的距离。

缀板与分肢采用角焊缝连接，缀板与分肢的搭接长度每边一般不小于30 mm，可采用三面围焊或缀板上下两端各回焊 $2h_f$（此时角焊缝的计算长度为缀板宽 d）。因角焊缝强度设计值低于缀板强度设计值，故角焊缝强度足够，缀板强度不需另行计算。

剪力 V_j 弯矩 M_j 一般较小，缀板的尺寸主要由刚度条件确定。《钢标》规定，同一截面各缀板（或型钢横杆）的线刚度之和不得小于构件较大分肢线刚度的6倍，即 $\sum (I_b/a) \geqslant 6(I_1/l_1)$，式中 I_b、I_1 分别为缀板和分肢的截面惯性矩。当柱截面的高度与宽度大致相等、截面两个方向的长细比又相差不多时，可取缀板宽度 $b_p \geqslant \frac{2a}{3}$［图5.30（b）］，厚度 $t_p \geqslant \frac{a}{40}$，且不小于6 mm。构件端部第一缀板宜适当加宽，一般取 $b_p = a$。与肢件的搭接长度一般不小于 30 mm。

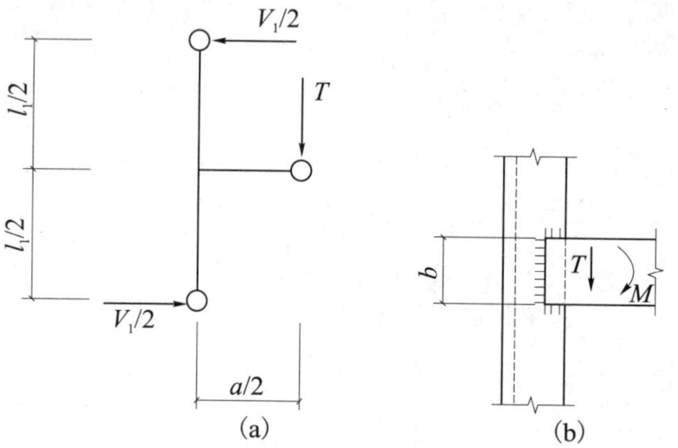

图 5.33 缀板计算简图

5.4.2.5 柱的横隔

格构柱的横截面为中部空心的矩形,抗扭刚度较差。为了提高格构柱的抗扭刚度,保证柱子在运输和安装过程中的截面形状不变,沿柱长度方向应每隔一定的距离设置一系列横隔结构。根据我国的实践经验,《钢标》规定,在受有较大水平力处和每个运送单元的两端应设置横隔,横隔的间距不得大于构件截面较大宽度的 9 倍或 8 m。格构式构件的横隔可用钢板[图 5.34(a)(c)(d)]或交叉角钢[图 5.34(b)]做成。

对于大型实腹柱,如工字形或箱形截面,也应设置横隔,如图 5.34 所示。

(1)当柱身某一处受有较大水平集中力作用时,也应在该处设置横隔,以免柱肢局部受弯,有效地传递外力。

(2)工字钢截面实腹柱的横隔只能用钢板,它与横向加劲肋的区别在于它与翼缘宽度相同[图 5.34(c)],而横向加劲肋则通常较窄。

(3)箱形截面实腹柱的横隔,有一边或两边不能预先焊接,可先焊两边或三边,装配后再在柱壁钻孔用电渣焊焊接其他边[图 5.34(d)]。

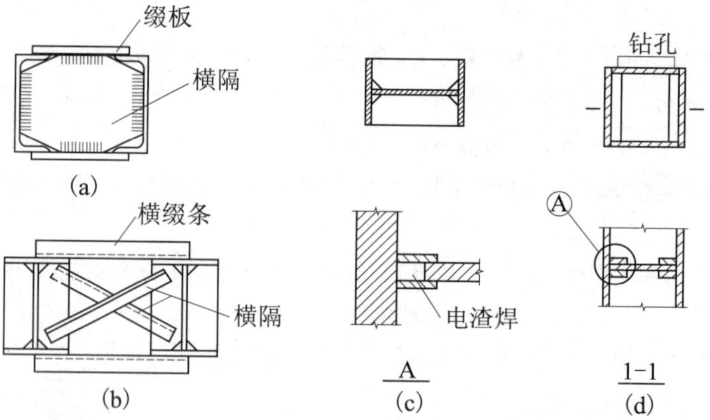

图 5.34 柱的横隔

综上分析可知:保证格构式受压构件的整体稳定性必须要求有一定刚度和稳定性的柱肢做保证,而柱肢的刚度、稳定性与侧向支承点有关,即与侧面连接的缀材的刚度、缀材强度等有关,所以缀材虽小,但是绝对不能忽视,一旦小小的疏忽就会酿成大祸。至今影响最大的事故是 1907 年加拿大魁北克一座跨度 548 m 大桥在施工中破坏,9000 t 钢结构全部坠入河中,桥上施工的人员 75 人遇难。该桥梁的悬臂部分的杆系结构,其下弦是通过缀条将分肢组合起来的格构式组合受压截面,事故原因是由于缀条过于柔细,不能有效给分肢提供支承点,分肢屈曲过大,提前失稳,降低了整体稳定性,最终导致格构式下弦整体失稳。

5.4.2.6　格构柱的设计步骤

格构式轴心受压构件的截面设计步骤如下:

(1)根据初始条件(轴心压力大小、计算长度、使用要求等)确定合适的截面形式,即选择肢柱截面和缀材的形式。通常情况下,中小型柱可用缀板或缀条柱,大型柱受力较大宜用缀条柱。

(2)根据对实轴(y-y 轴)的整体稳定性计算,选择合适的肢柱截面,方法与实腹柱的计算相同。

(3)根据对虚轴(x-x 轴)的整体稳定性计算,确定分肢间距。

按等稳定性条件,应使两方向的长细比相等,即以对虚轴的换算长细比与对实轴的长细比相等,$\lambda_{0x} = \lambda_y$,代入换算长细比公式。

缀条柱(双肢)对虚轴的长细比:

$$\lambda_x = \sqrt{\lambda_y^2 - 27\frac{A}{A_1}} \tag{5.52}$$

计算时可假定 $A_1 = 0.1A$。

缀板柱(双肢)对虚轴的长细比:

$$\lambda_x = \sqrt{\lambda_y^2 - \lambda_1^2} \tag{5.53}$$

计算时可假定 λ_1 为 30~40,且 $\lambda_1 \leqslant 0.5\lambda_y$。

按上式计算得出 λ_x 后,即可得到对虚轴的回转半径 $i_x = l_{0x}/\lambda_x$,查附表 4,可得柱在缀材方向的宽度 $b \approx i_x/\alpha_1$,也可由已知截面的几何量直接算出柱的宽度 b。一般按 10 mm晋级,且两肢间距宜大于 100 mm,便于内部刷漆。

(4)对初选截面进行强度、刚度、整体稳定、分肢稳定、分肢局部稳定验算。尤其是对虚轴的稳定性和分肢的稳定性进行验算,如不合适,重新选取截面,直至合适为止。

(5)设计缀条或缀板(包括它们与分肢的连接),并应使其符合上述各种构造要求。

(6)按照规定设置横隔。

进行以上计算时应注意:

(1)柱对实轴的长细比 λ_y 和对虚轴的换算长细比 λ_{0x} 均不得超过容许长细比 $[\lambda]$。

(2)缀条柱的分肢长细比 $\lambda_1 = l_1/i_1$ 不得超过柱两方向长细比(对虚轴为换算长细比)较大值的 0.7 倍,否则分肢可能先于整体失稳。

(3)缀板柱的分肢长细比 $\lambda_1 = l_{01}/i_1$ 不应大于 40,并不应大于柱较大长细比 λ_{max} 的

0.5倍（当 λ_{max} < 50 时，取 λ_{max} = 50），亦是为了保证分肢不先于整体失稳。

例 5.10 如图 5.35 所示，设计一缀板柱，柱高 6 m，两端铰接，轴心压力为 1000 kN（设计值），钢材为 Q235 钢，截面无孔眼削弱。

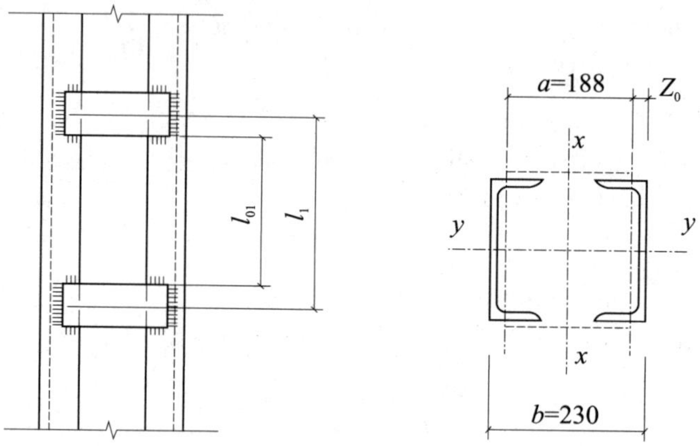

图 5.35 例 5.10 图

解 柱的计算长度为 $l_{0x} = l_{0y} = 6$ m。

（1）按实轴的整体稳定选择柱的截面 假设 $\lambda_y = 70$，截面类别：b 类，钢材：Q235 钢。查附表 2.2，得 $\varphi_y = 0.751$。

所需的截面面积为：

$$A = \frac{N}{\varphi_y f} = \frac{1000\times10^3}{0.751\times215} = 6190\ \text{mm}^2 = 61.9\ \text{cm}^2$$

按附表 8，选用 2[22a，$A = 63.6$ cm^2，$i_y = 8.67$ cm。

验算整体稳定性：

$$\lambda_y = \frac{l_{0y}}{i_y} = \frac{600}{8.67} = 69.2 < [\lambda] = 150$$

查得 $\varphi_y = 0.756$，则：

$$\frac{N}{\varphi_y A} = \frac{1000\times10^3}{0.756\times63.6\times10^2} = 208\ \text{N/mm}^2 < f = 215\ \text{N/mm}^2$$

（2）确定柱宽 b 假定 $\lambda_1 = 35$（约等于 $0.5\lambda_y$），则：

$$\lambda_x = \sqrt{\lambda_y^2 - \lambda_1^2} = \sqrt{69.2^2 - 35^2} = 59.7$$

$$i_x = \frac{l_{0x}}{\lambda_x} = \frac{6000}{59.7} = 10.05\ \text{cm}$$

采用图 5.35 的截面形式，由 $i_x \approx 0.44b$，得 $b \approx i_x/0.44 = 22.8$ cm，取 $b = 230$ mm。

单个槽钢的截面数据（图 5.35）：

$$z_0 = 2.1\ \text{cm},\ I_1 = 158\ \text{cm}^4,\ i_1 = 2.23\ \text{cm}$$

整个截面对虚轴的数据：

$$I_x = 2\times(158 + 31.8\times9.4^2) = 5936\ \text{cm}^4$$

$$i_x=\sqrt{\frac{5936}{63.6}}=9.66\ \text{cm}$$

$$\lambda_x=\frac{600}{9.66}=62.1$$

$$\lambda_{0x}=\sqrt{\lambda_x^2+\lambda_1^2}=\sqrt{62.1^2+35^2}=71.3<[\lambda]=150$$

查得 $\varphi_x=0.743$，则：

$$\frac{N}{\varphi_x A}=\frac{1000\times10^3}{0.743\times63.6\times10^2}=212\ \text{N/mm}^2<f=215\ \text{N/mm}^2$$

(3)缀板和横隔

$$l_{01}=\lambda_1 i_1=35\times2.23=78.1\ \text{cm}$$

选用—180×8，$l_1=78.1+18=96.1$ cm，采用 $l_1=96$ cm。

分肢线刚度

$$K_1=\frac{I_1}{l_1}=\frac{158}{96}=1.65\ \text{cm}^3$$

两侧缀板线刚度之和：

$$K_b=\frac{I_b}{a}=\frac{1}{18.8}\times2\times\frac{1}{12}\times0.8\times18^3=41.36\ \text{cm}^3>6K_1=9.84\ \text{cm}^3$$

横向剪力：

$$V=\frac{Af}{85}\sqrt{\frac{f_y}{235}}=\frac{63.6\times10^2\times215}{85}\sqrt{\frac{235}{235}}=16087.1\ \text{N}$$

$$V_1=\frac{V}{2}=8043.53\ \text{N}$$

缀板与分肢连接处的内力：

$$T=\frac{V_1 l_1}{a}=\frac{8045\times960}{188}=41080\ \text{N}$$

$$M=T\cdot\frac{a}{2}=\frac{V_1 l_1}{2}=\frac{8045\times960}{2}=3.86\times10^6\ \text{N}\cdot\text{mm}$$

取角焊缝的焊脚尺寸 $h_f=6$ mm，不考虑焊缝绕角部分长，采用 $l_w=180$ mm。剪力 T 产生的剪应力(顺焊缝长度方向)：

$$\tau_f=\frac{41080}{0.7\times6\times180}=54.3\ \text{N/mm}^2$$

弯矩 M 产生的应力(垂直焊缝长度方向)：

$$\sigma_f=\frac{6\times3.86\times10^6}{0.7\times6\times180^2}=170.2\ \text{N/mm}^2$$

合应力：

$$\sqrt{\left(\frac{\sigma_f}{1.22}\right)^2+\tau_f^2}=\sqrt{\left(\frac{170.2}{1.22}\right)^2+54.3^2}=150\ \text{N/mm}^2<f_f^w=160\ \text{N/mm}^2$$

横隔采用钢板[图 5.34(a)]，间距应小于 9 倍柱宽(即 9×23＝207 cm)。此柱的简图如图 5.36 所示。

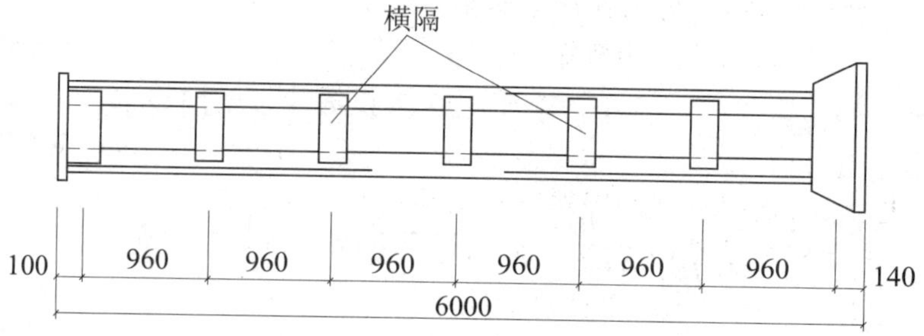

图 5.36 缀板柱简图

5.5 柱头与柱脚

单个构件必须通过相互连接才能形成结构整体，轴心受压柱通过柱头直接承受上部结构传来的荷载，同时通过柱脚将柱身的内力可靠地传给基础。最常见的上部结构是梁格系统。即使每个构件满足了安全使用的要求，连接节点的破坏也将导致结构整体的破坏，因此可见连接节点设计的重要性。由于连接节点处于复杂的受力状态中，无法精确地确定其工作状况，给设计带来不少困难，所以在处理连接节点时，要求遵循下列基本原则：

(1)安全可靠　应尽可能使受力分析接近于实际工作状况，采用和构件实际连接状况相符或相接近的计算简图；连接处应有明确的传力路线和可靠的构造保证。

(2)便于制作、运输、安装　减少节点类型；拼接的尺寸应留有调节的余地；尽量方便施工时的操作，如避免工地焊缝的仰焊、设置安装支托等。

(3)经济合理　对于用材、制作、施工等综合考虑后确定最经济的方法，而不应单纯理解为用钢量的节省。

梁与柱的连接节点可以归纳为铰接与刚接两大类，实际的处理方法是各不相同的，轴压柱与梁的连接一般均用铰接。

5.5.1 梁与柱的连接(柱头)

一般来说，从受力性能上来看，梁与柱的连接有铰接、半刚性连接和刚性连接三种。传统的钢框架分析和设计为了简化，假定梁柱连接是完全刚性或理想铰接，但实际上，任何刚性连接都具有一定的柔性，铰接都具有一定的刚性。理想中的刚接和铰接是不存在的。换句话说，目前梁柱连接全部是处在刚接和铰接之间的半刚性连接。不过，为了设计和研究的方便，习惯上，只要连接对转动约束达到理想刚接的 90%以上，即可视为刚接，而把外力作用下梁柱轴线夹角的改变量达到理想的铰接的 80%以上的连接视为铰接。那么，处在两者之间的连接，就全部是半刚性连接。在我国，钢框架梁柱连接只限于铰接和刚接两种。

5.5.1.1　铰接连接类型

按照工程分析中的规定,外力作用下梁柱轴线夹角的改变量达到理想的铰接的 80%的连接都属于铰接连接,因此连接弯矩-转角刚度很小,柔性很大的单腹板角钢连接、单板连接属于典型的铰接连接。另外柔性较小的双腹板连接有时也属于铰接连接。单腹板角钢连接由一个角钢,用螺栓或用焊缝连接到柱子及梁的腹板上,最常用的形式是角钢在制造厂与柱焊接,而梁在现场用螺栓与角钢连接。单板连接是用一块板来取代连接角钢,它所消耗的材料比单角钢连接少,同时偏心的影响也小。

图 5.37(a)(b)(c)是梁支承于柱顶的铰接构造图。梁的反力通过柱的顶板传给柱;顶板与柱用焊缝连接,顶板厚度一般取 16~20 mm;为了便于安装定位,梁与顶板用普通螺栓相连。

图 5.37(a)的构造方案,将梁的反力通过支承加劲肋直接传给柱的翼缘。两相邻梁之间留一空隙,以便于安装,最后用夹板和构造螺栓连接。这种连接方式构造简单,对梁长度方向尺寸的制作要求不高;缺点是当柱顶两侧梁的反力不等时将使柱偏心受压。如图 5.37(b)所示的构造方案,梁的反力通过端部加劲肋的突出部分传给柱的轴线附近,因此即使两相邻梁的反力不等,柱仍接近于轴心受压。梁端加劲肋的底面应刨平顶紧于柱顶板。由于梁的反力大部分传给柱的腹板,因而腹板不能太薄且必须用加劲肋加强。两相邻梁之间可留一些空隙,安装时嵌入合适尺寸的填板并用普通螺栓连接。对于格构柱,如图 5.37(c)所示,为了保证传力均匀并托住顶板,应在两柱肢之间设置竖向隔板。

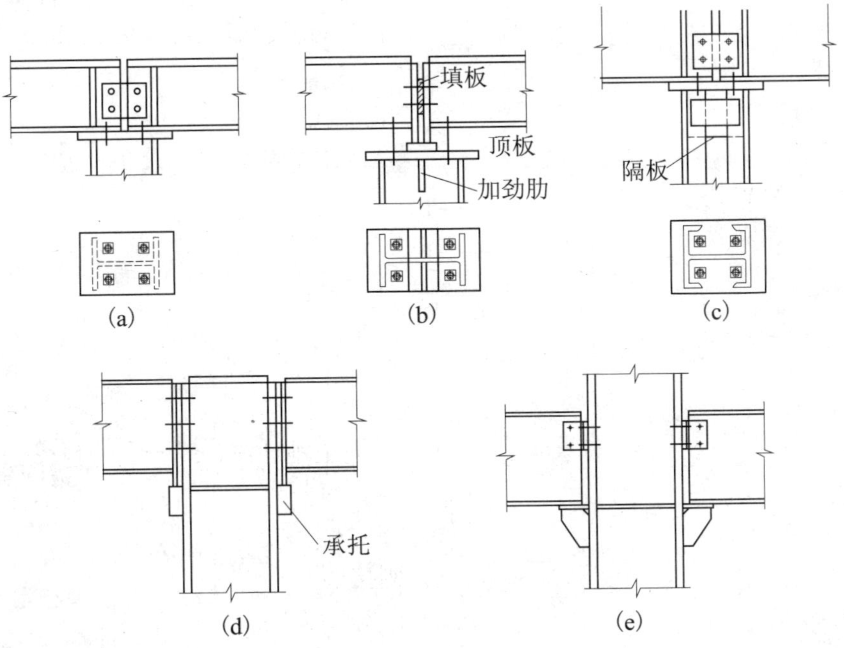

图 5.37　梁与柱的铰接连接

在多层框架中,横梁与柱只能在柱侧相连,其铰接构造如图 5.37(d)(e)所示。梁的反力由端加劲肋传给支托,支托可采用 T 形[图 5.37(e)],也可用厚钢板做成[图 5.37(d)],支托与柱翼缘间用角焊缝相连。用厚钢板作支托的方案适用于承受较大的压力,但制作与安装的精度要求较高。支托的端面必须刨平并与梁的端加劲肋顶紧以便直接传递压力。考虑到荷载偏心的不利影响,支托与柱的连接焊缝按梁支座反力的 1.25 倍计算。为方便安装,梁端与柱间应留空隙加填板并设置构造螺栓。当两侧梁的支座反力相差较大时,应考虑偏心按压弯构件计算。

5.5.1.2 刚性连接类型

钢框架结构的梁柱连接多按刚性连接设计。梁柱刚性连接的主要构造形式有以下三种:①全焊接节点,即梁的上下翼缘用全熔透坡口对接焊缝,腹板用角焊缝与柱翼缘连接;②全栓接节点,即梁的翼缘和腹板通过 T 形连接件使用高强度螺栓与柱翼缘连接;③栓焊混合节点,即梁的上下翼缘通过全熔透坡口对接焊缝与柱翼缘,梁腹板使用高强度螺栓与预先焊在柱翼缘上的剪切板相连接。全焊接节点适用于工厂连接,不适用工地连接,而全栓接节点的费用较高,因而栓焊混合节点在多高层建筑钢结构中成为典型的梁柱刚性节点形式。

(1)加强连接型

1)加腋节点　加腋节点是在节点部位梁的下面加上三角形的梁腋,其目的在于通过加腋增加节点处截面的有效高度,从而迫使塑性铰在梁腋区域外形成,减少梁下翼缘处对接焊缝的应力。梁腋由 H 型钢或工字钢切割而成,梁腋的腹板、翼缘分别通过角焊缝、对接焊缝与梁柱焊接,如图 5.38 所示。

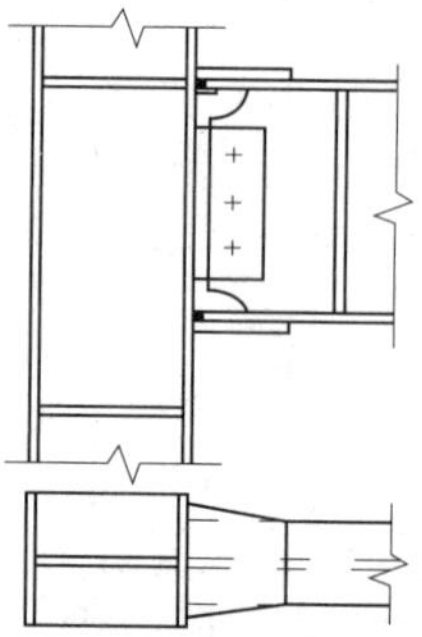

图 5.38　加腋节点

试验结果表面,此种形式节点的塑性转角达到 0.04 弧度以上。此外,由于与柱焊接的梁端截面高度增大,柱翼缘出现厚度方向裂缝的可能性有所减少。其缺点是,梁腋与柱翼缘之间的斜向坡口焊缝,施焊比较困难。

2)加盖板节点　加盖板节点是在节点部位梁的上下翼缘外表面焊上楔形的钢板,在现场采用坡口全熔透对接焊缝和角焊缝分别与柱翼缘和梁翼缘连接,使焊缝截面面积不小于单独翼缘截面面积的 1.2 倍,盖板的长度宜取 $0.3h_b$(h_b 为梁截面高度)且不小于 180 mm。加设盖板后,减少了柱表面区域的应力集中程度,迫使较大应力和非弹性应变远离焊缝、切割孔,使三向拉应力状态向梁中转移,如图 5.39 所示。

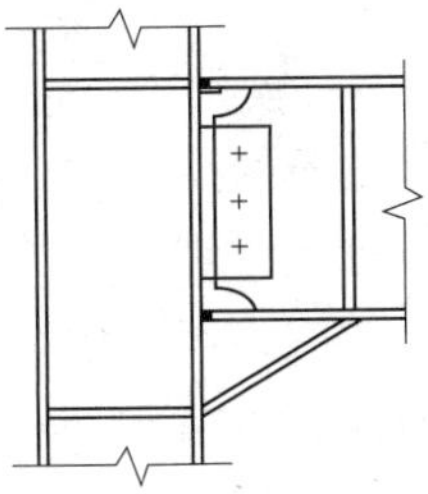

图 5.39　加盖板节点

根据试验,此类节点具有较好的塑性转动能力,多数试件的塑性转角大于 0.025 弧度。但也有少数构件出现脆性断裂,原因是梁翼缘的有效厚度加大,坡口焊缝因过厚而出现残余三轴拉应力,以及柱翼缘热影响区扩大并严重变脆,加大了柱翼缘层状撕裂的危险性。

(2)梁翼缘削弱型　梁翼缘削弱型,是按照“强节点弱构件”的抗震设计概念,采取削弱节点附近梁翼缘的办法,以保护梁柱间的连接焊缝,实现梁端塑性铰位置的外移。试验结果表明,梁的塑性转角在 0.03 弧度以上。

1)狗骨式梁柱刚性　狗骨式梁柱刚性连接节点是在靠近柱边的等截面钢梁上,将上、下翼缘沿梁的纵向对称于腹板进行圆弧切割,其翼缘的切除宽度约为 40%;梁腹板与柱翼缘之间用角焊缝代替通常的螺栓连接;上下翼缘的全熔透坡口焊缝要用引弧板;下翼缘焊接衬板要割除,割除后,焊根用焊缝补焊;上翼缘衬板焊后保留,用焊缝封闭;柱翼缘加劲板与梁翼缘等厚,等等,如图 5.40 所示,其实质是削弱了梁翼缘从而将塑性铰人为外移,从实际发展情况看,因削弱梁截面的方法省工、效果好,已在某些工程中采用。

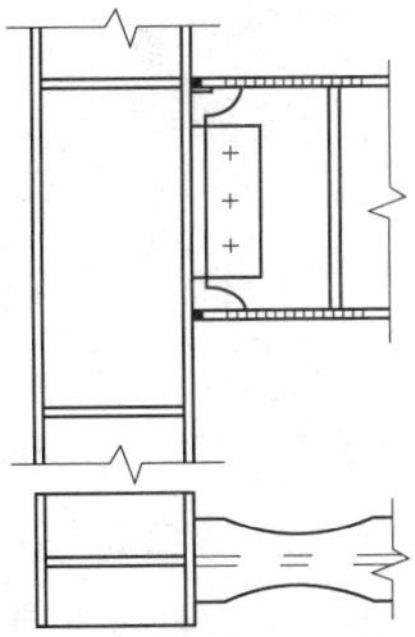

图 5.40　狗骨式节点

对于这类节点应特别注意削弱处气割后,应磨平,避免在刻痕处产生应力集中效应,减少梁的塑性变形能力。

2)梁翼缘钻孔　削弱梁翼缘的一种更简单的方法是,在离开柱面一段距离处,在梁的上翼缘和下翼缘各钻两排圆孔。一种方法是,所有孔径都相等;另一种方法是,由柱面算起,由近到远,孔径逐渐加大,如图 5.41 所示。

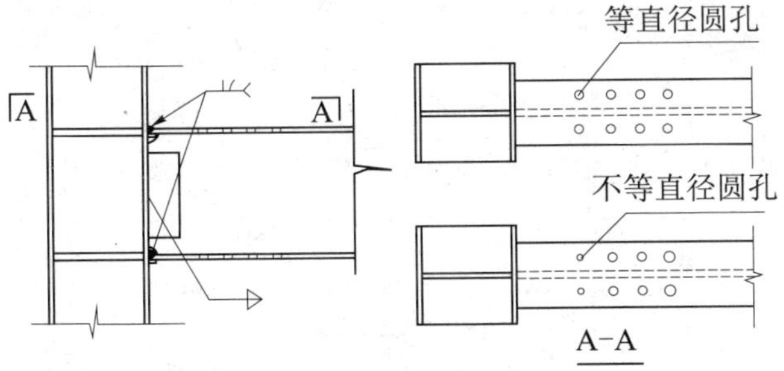

图 5.41　梁翼缘钻孔节点

梁翼缘削弱型节点的最突出优点是构造简单、造价低、施工方便;缺点是可能需要加大整根梁的截面尺寸,以满足承载力和刚度的需要。

(3)预应力型

1)设计概念

①一般的抗震钢结构是利用结构的延性和非弹性耗能来吸收输入结构的地震能量。然而,地震时结构的过大塑性变形,往往导致结构承载力的下降,以致危及结构安全。

②美国里海大学通过实验研究,借鉴预制混凝土结构后张无黏结预应力组装原理,以顶底角钢连接的半刚性连接节点为基础,增设后张预应力拉杆。使结构在增大耗能容量的同时,提高梁柱节点在往复地震作用下梁端转动变形的可恢复性,减少节点角变形的积累,如图 5.42 所示。

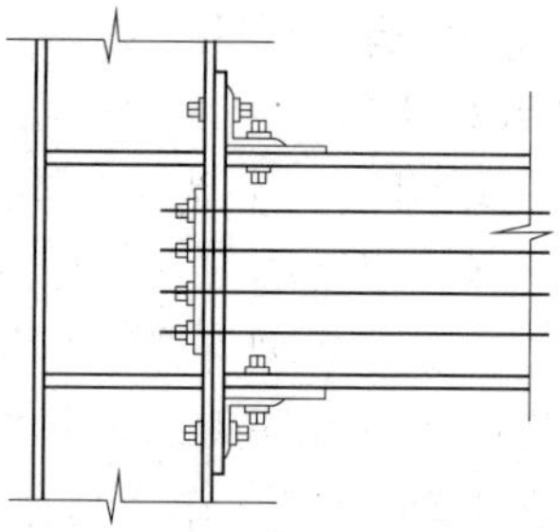

图 5.42 预应力型节点

2)细部构造

①在梁端上、下翼缘设置角钢,采用高强度螺栓与柱进行摩擦型连接,并在梁的上、下翼缘设置盖板,以防梁翼缘局部屈曲。

②在梁翼缘与柱翼缘之间设置承压型钢垫板,以保证梁翼缘及其盖板与柱翼缘接触。

③在梁柱节点处,沿梁轴线设置数根后张预应力高强度钢丝束,并将其在节点区段以外锚固。

(4)加强梁段型　这类节点的基本构造是,在工厂里将一段较宽翼缘短梁焊于柱上,形成带有各层悬臂梁段的树枝状柱,然后,在工地现场再采用栓焊连接或全螺栓连接将悬臂梁段与梁拼接,如图 5.43 所示。短梁特意做得稍强一些,短梁翼缘可以是变宽度或等宽度,使梁端塑性铰位置由柱面向外转移,这种梁柱连接方法在日本得到广泛应用。

这种节点的优点:关键性梁柱连接焊缝,可以在工厂内制作,质量可以得到较为严格的控制;现场仅有高强度螺栓连接工作,安装费用较低。缺点:树形柱的运输较复杂、费用较高。

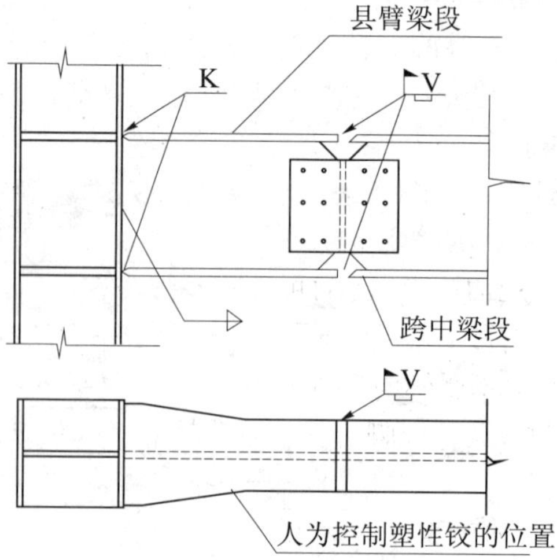

图 5.43 加强梁段型节点

5.5.2 柱脚

柱脚的作用是将柱身的压力均匀地传递给基础并与基础固定。由于柱脚的耗钢量大、制造费工,因此设计时应使其构造简单,尽可能符合结构的计算简图,并便于安装固定。

柱脚的作用是把柱下端固定并将其内力传给基础。由于混凝土的强度远比钢材低,所以,必须把柱的底部放大,以增加其与基础顶部的接触面积。柱脚按其与基础的连接方式不同,又分为铰接和刚接两种。前者主要承受轴心压力,后者主要用于承受压力和弯矩。但轴心受压柱常用铰接柱脚,而框架柱则多用刚接柱脚。本节只讲述铰接柱脚。

铰接柱脚主要用于轴心受压柱,图 5.44 是常用的铰接柱脚的几种形式。图 5.44(a)所示为铰接柱脚的最简单形式,柱身压力通过柱端与底板间的焊缝传给底板,底板再传给基础,它只适用于柱轴力很小的柱。当柱轴力较大时,可采用图 5.44(b)(c)(d)的形式,由于增设了靴梁、隔板、肋板,可使柱端和底板间的焊缝长度增加,焊脚尺寸减小。同时,底板因被靴梁分成几个较小的区格,减小了底板在基础反力作用下的最大弯矩值,底板厚度亦可减小。当采用靴梁后,底板的弯矩值仍较大时,可再采用隔板和肋板。

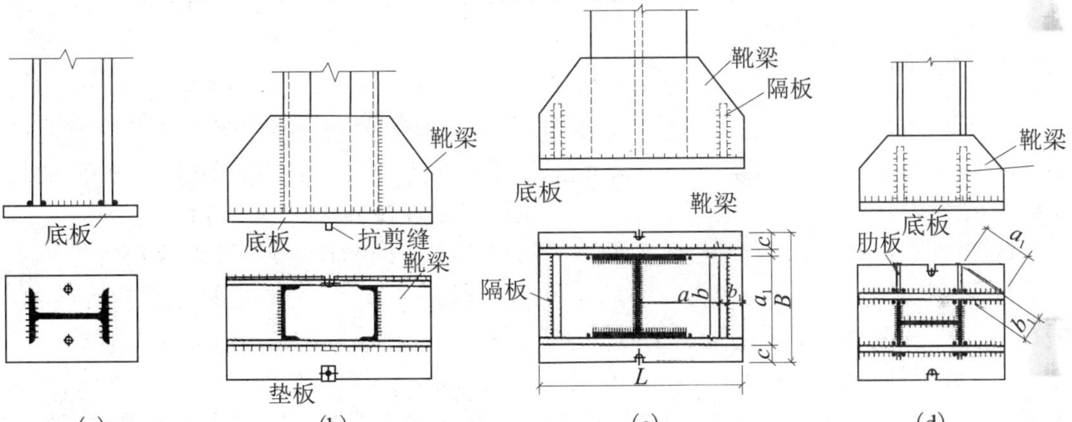

图 5.44 铰接柱脚

柱脚是利用预埋在基础中的锚栓来固定其位置的。铰接柱脚连接中,两个基础预埋锚栓在同一轴线。图 5.44 所示均为铰接柱脚,底板的抗弯刚度较小,锚栓受拉时,底板会产生弯曲变形,柱端的转动抗力不大,因而可以实现柱脚铰接的功能。如果用完全符合力学图形的铰,将给安装工作带来很大困难,而且构造复杂,一般情况没有此种必要。

铰接柱脚不承受弯矩,只承受轴向压力和剪力。剪力通常由底板与基础表面的摩擦力传递。当此摩擦力不够时,应在柱脚底板下设置抗剪键(图 5.45),抗剪键可用方钢、短 T 字钢或 H 型钢做成。

铰接柱脚通常仅按承受轴向压力计算,轴向压力 N 一部分由柱身传给靴梁、肋板等,再传给底板,最后传给基础;另一部分是经柱身与底板间的连接焊缝传给底板,再传给基础。然而实际工程中,柱端难以做到齐平,而且为了便于控制柱长的准确性,柱端可能比靴梁缩进一些[图 5.44(c)]。

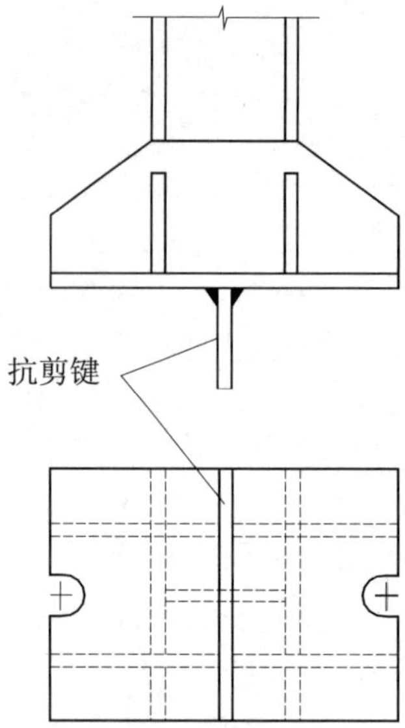

图 5.45　柱脚的抗剪键

5.5.2.1　**底板的计算**

(1)底板的面积　底板的平面尺寸决定于基础材料的抗压能力,基础对底板的压应力可近似认为是均匀分布的,这样所需要的底板净面积(底板轮廓面积减去锚栓孔面积)应按下式确定:

$$A_n \geqslant \frac{N}{f_c} \tag{5.54}$$

式中　f_c——基础混凝土的抗压强度设计值。

(2)底板的厚度　底板厚度由板的抗弯强度决定。底板可视为一支承在靴梁、隔板和柱端的平板,它承受基础传来的均匀反力。靴梁、肋板、隔板和柱端面均可视为底板的支承边,并将底板分隔成不同的区格,其中有四边支承[图 5.46(a)]、三边支承[图 5.46(b)]、两相邻边支承[图 5.46(c)]和一边支承等区格。

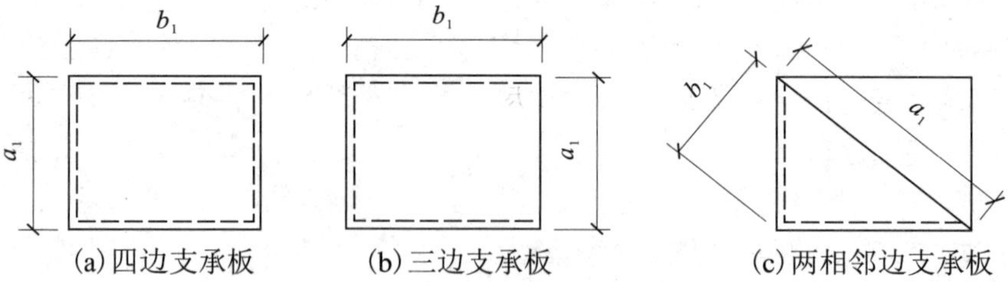

图 5.46　支撑板示意图

1)四边支承区格板单位宽度上的最大弯矩:

$$M = \alpha \cdot q \cdot a_1^2 \tag{5.55}$$

式中　q——作用于底板单位面积上的压应力,$q = N/A_n$;

a_1——四边支承区格的短边长度；

α——系数，根据长边 b_1 与短边 a_1 之比按表 5.5 取用。

表 5.5　α 值

b_1/a_1	1.0	1.1	1.2	1.3	1.4	1.5	1.6
α	0.048	0.055	0.063	0.069	0.075	0.081	0.086
b_1/a_1	1.7	1.8	1.9	2.0	3.0	4.0	>4.0
α	0.091	0.095	0.099	0.101	0.129	0.125	1.25

2）三边支承区格和两相邻边支承区格：

$$M = \beta \cdot q \cdot a_1^2 \tag{5.56}$$

式中　a_1——对三边支承区格为自由边长度图[5.46(b)]；对两相邻边支承区格为对角线长度[图 5.46(c)]。

β——系数，根据 b_1/a_1 值由表 5.6 查得。对三边支承区格 b_1 为垂直于自由边的宽度[图 5.46(b)]；对两相邻边支承区格，b_1 为内角顶点至对角线的垂直距离[图 5.46(c)]。

表 5.6　β 值

b_1/a_1	0.3	0.4	0.5	0.6	0.7	0.8	0.9	1.0	1.1	≥1.2
β	0.026	0.042	0.056	0.072	0.085	0.092	0.104	0.121	0.120	0.125

当三边支承区格的 $b_1/a_1<0.3$ 时，可按悬臂长度为 b_1 的悬臂板计算。

3）一边支承区格（即悬臂板）：

$$M = 0.5qc^2 \tag{5.57}$$

式中　c——悬臂长度。

这几部分板承受的弯矩一般不相同，取各区格板中的最大弯矩 $M_{\max}$ 来确定底板厚度 t：

$$t \geqslant \sqrt{\frac{6M_{\max}}{f}} \tag{5.58}$$

设计时要注意到靴梁和隔板的布置应尽可能使各区格板中的最大弯矩相差不大，以免计算所需的底板过厚。

底板厚度通常为 20~40 mm，最薄一般不得小于 14 mm，以保证底板具有必要的刚度，从而满足基础反力是均布的假设。

5.5.2.2　靴梁的计算

靴梁的高度由其与柱边连接所需的焊缝长度决定，此连接焊缝承受柱身传来的压力。靴梁的厚度比柱翼缘厚度略小。

靴梁按支承于柱边的双悬臂梁计算，根据所承受的最大弯矩和最大剪力值，验算靴梁的抗弯和抗剪强度。

5.5.2.3 **隔板与肋板的计算**

为了支承底板，隔板应具有一定刚度，因而隔板的厚度不得小于其宽度的 1/50，一般比靴梁略薄些，高度略小些。

隔板可视为支承于靴梁上的简支梁，荷载可按承受图 5.44(c) 中阴影面积的底板反力计算，按此荷载所产生的内力验算隔板与靴梁的连接焊缝以及隔板本身的强度。隔板内侧的焊缝不易施焊，计算时不能考虑其承担力。

肋板按悬臂梁计算，承受的荷载为图 5.44(d) 所示的阴影部分的底板反力。肋板与靴梁间的连接焊缝以及肋板本身的强度均应按其承受的弯矩和剪力来计算。

例 5.11 根据例 5.9 所选择的焊接工字形截面柱设计其柱脚。轴心压力的设计值为 1700 kN，柱脚钢材为 Q235 钢，焊条为 E43 型。基础混凝土的抗压强度设计值 $f_c = 7.2\ \mathrm{N/mm^2}$。

解 采用如图 5.47(b) 所示的柱脚形式。

(1) 底板尺寸

需要的底板净面积：

$$A_n = \frac{N}{f_c} = \frac{1700\times10^3}{7.2} = 236111.1\ \mathrm{mm^2}$$

采用 450 mm×600 mm 的底板(图 5.47)，毛面积为 450×600 = 270000 $\mathrm{mm^2}$，减去锚栓孔面积(约 4000 $\mathrm{mm^2}$)，大于所需净面积。

基础对底板压应力：

$$q = \frac{N}{A_n} = \frac{1700 \times 10^3}{270000 - 4000} = 6.4\ \mathrm{N/mm^2}$$

底板的区格有三种，现分别计算其单位宽度的弯矩。

区格①为四边支承板，$b_1/a_1 = 278/200 = 1.39$，查表 5.5，$\alpha = 0.0744$。

$$M_1 = \alpha \cdot q \cdot a_1^2 = 0.0744 \times 6.4 \times 200^2 = 19050\ \mathrm{N \cdot mm}$$

区格②为三边支承板，$b_1/a_1 = 100/278 = 0.36$，查表 5.6，$\beta = 0.0356$。

$$M_2 = \beta \cdot q \cdot a_1^2 = 0.0356 \times 6.4 \times 278^2 = 17610\ \mathrm{N \cdot mm}$$

区格③为悬臂部分：

$$M_3 = \frac{1}{2} \cdot q \cdot c^2 = \frac{1}{2} \times 6.4 \times 76^2 = 18480\ \mathrm{N \cdot mm}$$

这几种区格的弯矩值相差不大，不必调整底板平面尺寸和隔板位置。

最大弯矩：

$$M_{max} = 19050\ \mathrm{N \cdot mm}$$

底板厚度：

$$t \geqslant \sqrt{\frac{6M_{max}}{f}} = \frac{6 \times 19050}{205} = 23.62\ \mathrm{mm}，取\ t = 24\ \mathrm{mm}$$

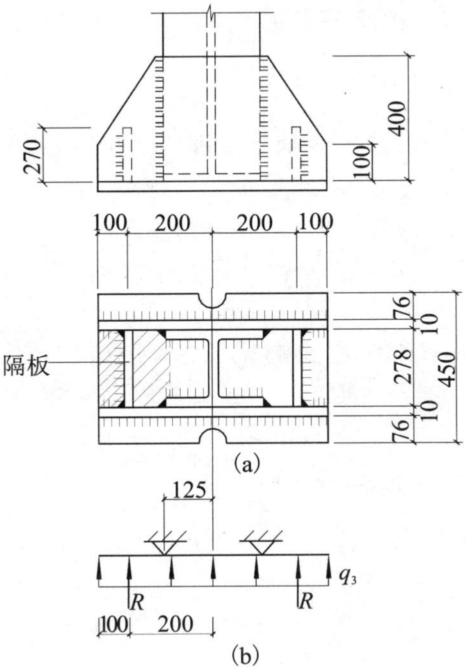

图 5.47 例 5.11 图(单位:mm)

(2)隔板计算

将隔板视为两端支于靴梁的简支梁,其线荷载为:

$$q_1 = 200 \times 6.4 = 1280 \text{ N/mm}$$

隔板与底板的连接(仅考虑外侧一条焊缝)为正面角焊缝,$\beta_f = 1.22$。取 $h_f = 10$ mm,焊缝强度计算:

$$\sigma_f = \frac{1280}{1.22 \times 0.7 \times 10} = 150 \text{ N/mm}^2 < f_f^w = 160 \text{ N/mm}^2$$

隔板与靴梁的连接(外侧一条焊缝)为侧面角焊缝,所受隔板的支座反力为:

$$R = \frac{1}{2} \times 1280 \times 278 = 177920 \text{ N}$$

设 $h_f = 8$ mm,求焊缝长度(即隔板高度):

$$l_w = \frac{R}{0.7 h_f f_f^w} = \frac{178000}{0.7 \times 8 \times 160} = 199 \text{ mm}$$

取隔板高 270 mm,设隔板厚度 $t = 8$ mm $> b/50 = 278/50 = 5.6$ mm,验算隔板抗剪抗弯强度:

$$V_{max} = R = 177920 \text{ N}$$

$$\tau = 1.5 \frac{V_{max}}{ht} = 1.5 \times \frac{177920}{270 \times 8} = 124 \text{ N/mm}^2 < f_v = 125 \text{ N/mm}^2$$

$$M_{max} = \frac{1}{8} \times 1280 \times 278^2 = 12.37 \times 10^6 \text{ N} \cdot \text{mm}$$

$$\sigma = \frac{M_{max}}{W} = \frac{6\times12.37\times10^6}{8\times270^2} = 127\ \text{N/mm}^2 < f = 215\ \text{N/mm}^2$$

(3)靴梁计算

靴梁与柱身的连接(4 条焊缝),按承受柱的压力 $N=1700$ kN 计算,此焊缝为侧面角焊缝,设 $h_f=10$ mm,求其长度:

$$l_w = \frac{N}{4\times0.7h_f f_f^w} = \frac{1700\times10^3}{4\times0.7\times10\times160} = 379\ \text{mm}$$

取靴梁高 400 mm。

靴梁作为支承于柱边的悬伸梁[图 5.47(b)],设厚度 $t=10$ mm,验算其抗剪和抗弯强度:

$$V_{max} = 178000+86\times6.4\times175 = 274300\ \text{N}$$

$$\tau = 1.5\frac{V_{max}}{ht} = 1.5\times\frac{274300}{400\times10} = 103\ \text{N/mm}^2 < f_v = 125\ \text{N/mm}^2$$

$$M_{max} = 177920\times75+\frac{1}{2}\times86\times6.4\times175^2 = 21.78\times10^6\ \text{N}\cdot\text{mm}$$

$$\sigma = \frac{M_{max}}{W} = \frac{6\times21.78\times10^6}{10\times400^2} = 81.645\ \text{N/mm}^2 < f = 215\ \text{N/mm}^2$$

靴梁与底板的连接焊缝和隔板与底板的连接焊缝传递全部柱的压力,设焊缝的焊脚尺寸均为 $h_f=10$ mm。

所需的焊缝总计算长度为:

$$\sum l_w = \frac{N}{1.22\times0.7h_f f_f^w} = \frac{1700\times10^3}{1.22\times0.7\times10\times160} = 1244\ \text{mm}$$

显然焊缝的实际计算总长度已超过此值。

柱脚与基础的连接按构造采用两个 20 mm 的锚栓。

思考题

5.1 轴心受力构件当截面有开孔时,是否可以采用截面应力均匀分布的假定?为什么?

5.2 什么叫高强度螺栓的孔前传力?摩擦型连接的高强度螺栓和承压型连接的高强度螺栓都需要考虑孔前传力吗?为什么?

5.3 轴心受力构件的刚度用什么衡量?轴心受拉构件需要限制刚度吗?为什么?

5.4 理想轴心受压构件的三种屈曲形式各有什么区别和特点?

5.5 轴心受压构件的整体稳定承载力与哪些因素有关?其中哪些因素被称为初始缺陷?

5.6 轴心受压构件的整体稳定系数 φ 有哪些因素确定?

5.7 什么叫轴心受压构件的柱子曲线?影响柱子曲线的主要因素有哪些?

5.8 实腹式轴心受压构件需做哪几方面的验算?计算公式分别是什么?

5.9 轴心受压构件的整体稳定和局部稳定有什么区别?什么是等稳定性?

5.10 实腹式轴心受压构件的局部稳定,《钢标》规定的板件宽厚比限值是根据什么原则制定的?

5.11 格构式轴心受压构件计算整体稳定时,对虚轴采用的换算长细比表示什么意义？缀条式和缀板式双肢柱的换算长细比 λ_{0x} 计算公式有何不同？

5.12 格构式轴心受压构件的分肢稳定是怎样保证的？

5.13 梁与柱的铰接连接和刚接连接各适用于哪些情况？

5.14 柱脚的铰接和刚接各适用于哪些情况？

习题

5.1 如图 5.48 所示，验算由 2 ∟ 63×5 组成的水平放置的某桁架轴心拉杆的强度和刚度。轴心拉力的设计值为 270 kN，只承受静力作用，计算长度为 3 m。杆端有一排直径为 20 mm 的螺栓孔。钢材为 Q235 钢（$f=215\ \text{N/mm}^2$，$f_u=370\ \text{N/mm}^2$）。计算时忽略连接偏心和杆件自重的影响。如截面尺寸不够，应改用什么角钢？

5.2 计算一屋架下弦杆所能承受的最大拉力 N，下弦杆截面为 2 ∟110×8，如图 5.49 所示，有 2 个安装螺栓，螺栓孔径为 21.5 mm，钢材为 Q235。

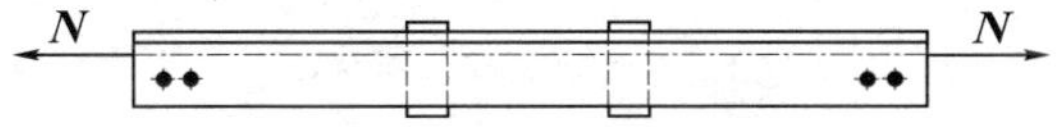

图 5.48 习题 5.1 图

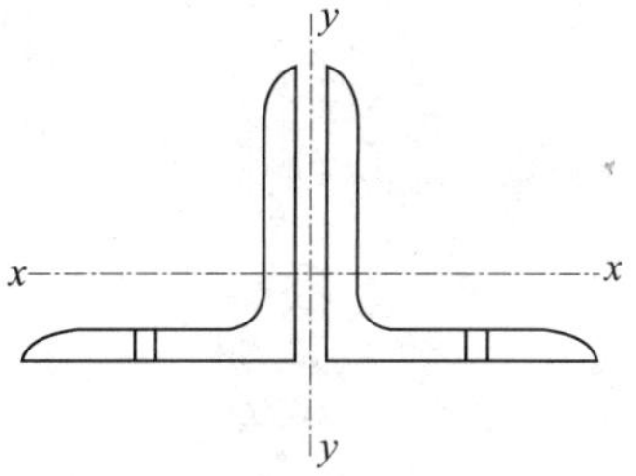

图 5.49 习题 5.2 图

5.3 某吊车桁架，其下弦采用双角钢组成的 T 形截面，其截面为 2 ∟100×10，节点板厚 10 mm，$A=19.261\times2=38.522\ \text{cm}^2$，$i_x=3.52\ \text{cm}$，$i_y=4.52\ \text{cm}$；由于构造原因，在角钢的肢背、肢尖上设并列式排列的螺栓，孔径 $d_0=21.5\ \text{mm}$，如图 5.50 所示；钢材为 Q235 钢，$[\lambda]=350$，$f=215\ \text{N/mm}^2$，$f_u=370\ \text{N/mm}^2$。计算此拉杆所能承受的最大拉力 N_u 及容许的最大计算长度 l_{0x} 及 l_{0y}

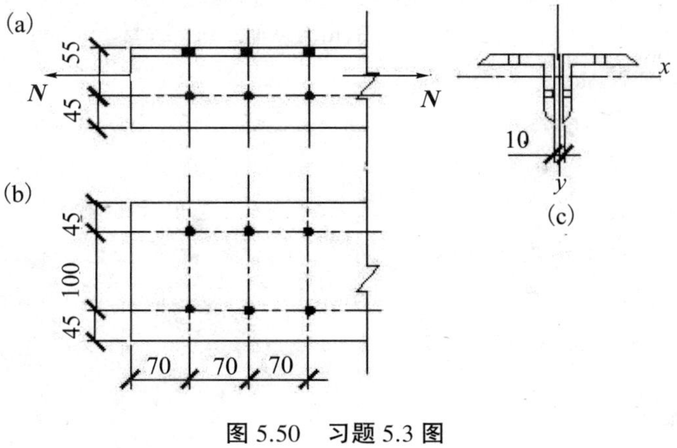

图 5.50 习题 5.3 图

5.4　某车间工作平台柱高 2.6 m,按两端铰接的轴心受压柱考虑。如果柱采用 16 号热轧工字钢,试经计算解答:

(1)钢材采用 Q235 钢时,设计承载力是多少?

(2)改用 Q345 钢时,设计承载力是否显著提高?

(3)如果轴心压力设计值为 330 kN,16 号热轧工字钢能否满足要求?如不满足,在截面不变的条件下,可以采取什么措施就能满足要求?

5.5　图 5.51 所示两个轴心受压柱,两端铰接,两个工字形截面面积相等,翼缘为轧制边,柱高 6.6 m,钢材为 Q235。比较两个柱的承载能力的大小,并验算截面的局部稳定。

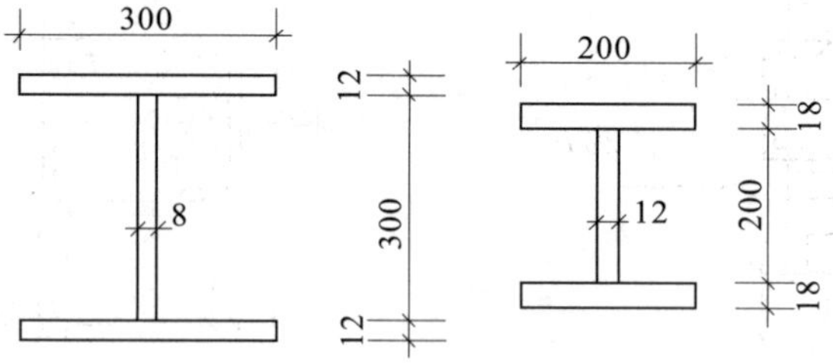

图 5.51　习题 5.5 图

5.6　试设计焊接工字形截面柱(翼缘为焰切边),两端铰接,轴心压力设计值 N=4200 kN,柱的计算长度 $l_{0x}=l_{0y}=6$ m。钢材为 Q235,截面无削弱。

5.7　两端铰接的轴心受压柱,由上部结构传来的轴向力(包括自重)N=1500 kN,柱高 6 m,设绕弱轴(y 轴)设有侧向支撑点,其计算长度 $l_{0x}=600$ mm,$l_{0y}=300$ mm,柱截面为焊接工字形截面,翼缘为轧制边,截面尺寸如图 5.52 所示,钢材为 Q345,焊条为 E50。

要求:验算该截面的刚度、整体稳定性、局部稳定性。

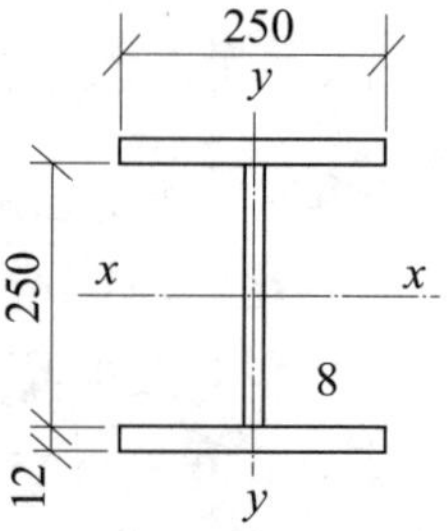

图 5.52　习题 5.7 图

5.8　如图 5.53 所示为轴心受压缀条柱,格构柱截面由两个槽钢 2［20a 组成,柱肢之间距离 $a=310$ mm,缀条采用单角钢∟ 45×4,荷载设计值 N= 1350 kN,柱计算长度 $l_{0x}=3$ m,$l_{0y}=6$ m,钢材为 Q345 ,焊条为 E50,f=315 N/mm^2,$f_f^w=200$ N/mm^2,截面无削弱。

要求:(1)验算柱子的刚度、整体稳定性、分肢稳定性;

(2)验算缀条刚度、稳定性;

(3)缀条与柱肢连接角焊缝计算(设只有侧焊缝,焊角尺寸 $h_f=4$ mm)。

5.9　如图 5.54 所示格构式轴心受压缀板柱,试确定满足整体稳定性所能承受的最大轴向力设计值。已知:格构柱截面用两个槽钢 2［20a 组成,柱计算长度 $l_{0x}=7$ m,$l_{0y}=3.5$ m,单肢长细比 $\lambda_1=28$,钢材为 Q235 ,f=215 N/mm^2。

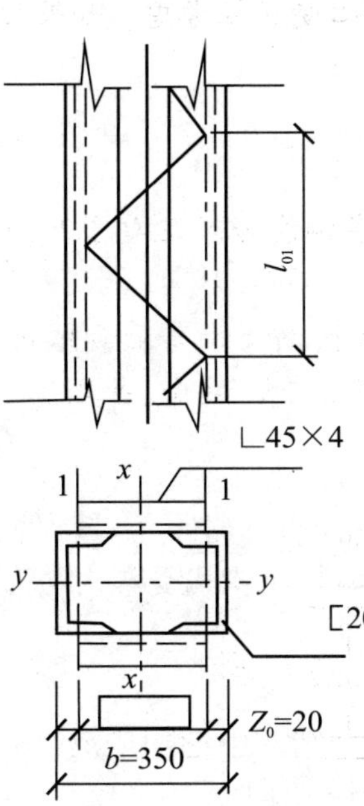

图 5.53　习题 5.8 图

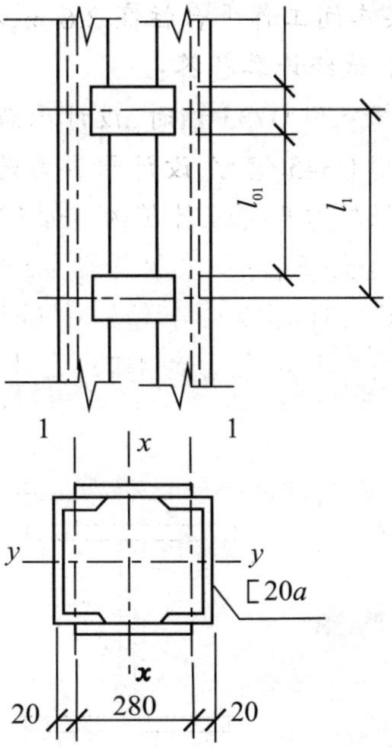

图 5.54　习题 5.9 图

第六章　受弯构件

6.1　受弯构件的形式和应用

受弯构件指截面上通常有弯矩和剪力共同作用而轴力忽略不计的构件。受弯构件有实腹式和格构式之分,钢结构中实腹式受弯构件称为梁,格构式受弯构件称为梁桁架。

6.1.1　实腹式受弯构件

钢结构中最常用的受弯构件就是钢梁。钢梁在建筑结构中应用广泛,例如工作平台梁(图 6.1)、楼盖梁、墙梁、吊车梁及屋面檩条等,临时性结构也常用型钢梁。钢梁按加工制作方式分为型钢梁和组合梁;型钢梁又可分为热轧型钢梁和冷弯薄壁型钢梁两种。

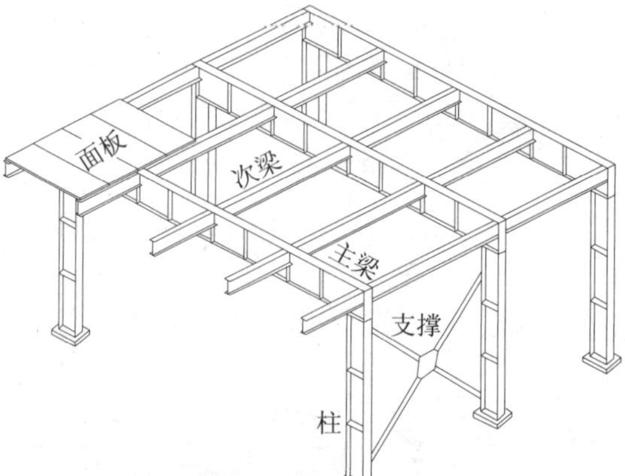

图 6.1　工作平台梁格

钢梁常用的截面形式如图 6.2 所示。热轧型钢梁加工简单,成本较低,应优先选用,如图 6.2(a)~(f)所示;组合梁由钢板或型钢连接而成,常用三块钢板焊接成 H 形和四块钢板焊接成箱形截面,后者具有较好的抗扭刚度。组合钢梁截面合理,但加工量大,多用于截面高度受到限制的情况,如图 6.2(g)~(k)所示。

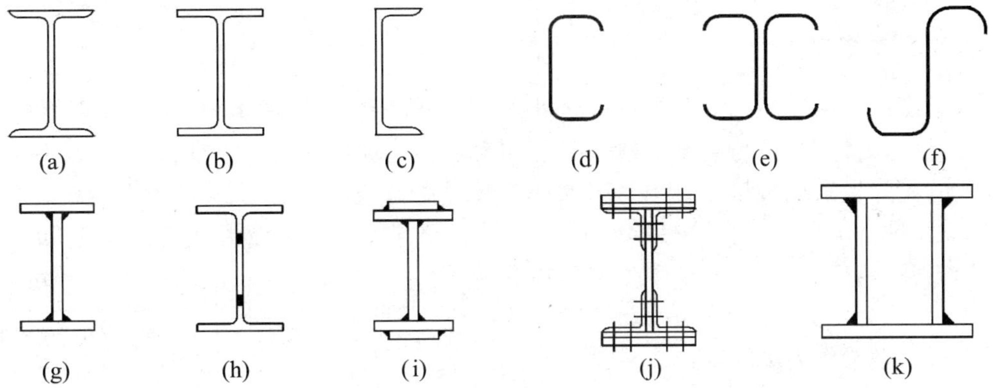

图 6.2　钢梁的截面形式

6.1.2　格构式受弯构件

格构式受弯构件又称为桁架,与梁相比,其特点是以弦杆代替翼缘,以腹杆代替腹板,而在各节点将腹杆与弦杆连接。这样,桁架整体受弯时,弯矩表现为上、下弦杆的轴心压力和拉力,剪力则表现为各腹杆的轴心压力或拉力。

钢桁架的结构形式如图 6.3 所示。

(1)简支梁式[图 6.3(a)~(d)]　此种桁架受力明确,不受支座沉陷的影响,施工方便,使用最广泛。

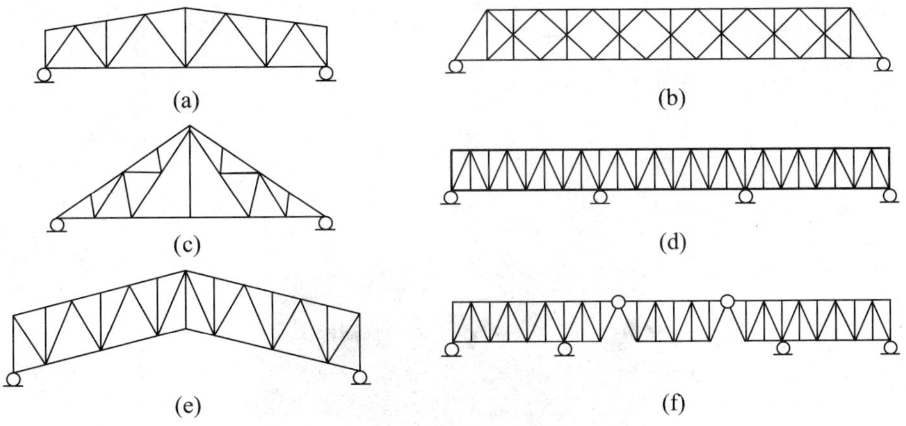

图 6.3　桁架结构的形式

(2)钢架横梁式[图 6.3(a)~(c)]　钢架横梁式的桁架顶端上、下弦与钢柱相连组成单跨或多跨钢架,可提高水平刚度,常用于单层厂房结构。

(3)连续式[图 6.3(e)]　连续式钢桁架常用于跨越较大的桥架,可增加刚度并节约材料。

(4)伸臂式[图 6.3(f)]　此种桁架节约材料且不受支座影响,但铰接处的构造较复杂。

(5)悬臂式　此种桁架主要承受水平荷载引起的弯矩,主要用于塔架等。

6.1.3　新型受弯构件

除了广泛应用的型钢梁和组合梁之外,还有一些特殊形式的钢梁,如异种钢组合梁、蜂窝梁、预应力钢梁、钢与混凝土组合梁等。为了充分利用钢材的强度,在组合梁中对受力较大的翼缘板采用强度等级较高的钢材,面对受力较小的腹板则采用强度较低的钢材,形成异种钢组合梁;为了增加梁的高度,使钢梁有较大的截面惯性矩,可将型钢梁按锯齿形割开,然后把上、下两个半工字形左右错动,并焊接成为腹板上有一系列六角形孔的空腹梁,称为蜂窝梁[图 6. 4(a)(c)];利用钢筋混凝土楼板兼作梁的受压翼缘用支撑混凝土板的钢梁作为梁的受拉翼缘,发挥混凝土结构良好的抗压性能和钢结构优良的抗拉性能,可制成钢与混凝土组合梁[图 6.4(b)]。

与轴心受压构件相同,钢梁设计应考虑强度、刚度、整体稳定和局部稳定四个方面,其中强度、整体稳定及局部稳定承载力为梁的承载能力极限状态;而梁的刚度为正常使用极限状态,通过控制梁的挠曲变形满足要求。此外,钢梁设计还包括梁的拼接、梁与梁的连接、梁与柱的连接以及组合梁翼缘板与腹板的连接计算等。

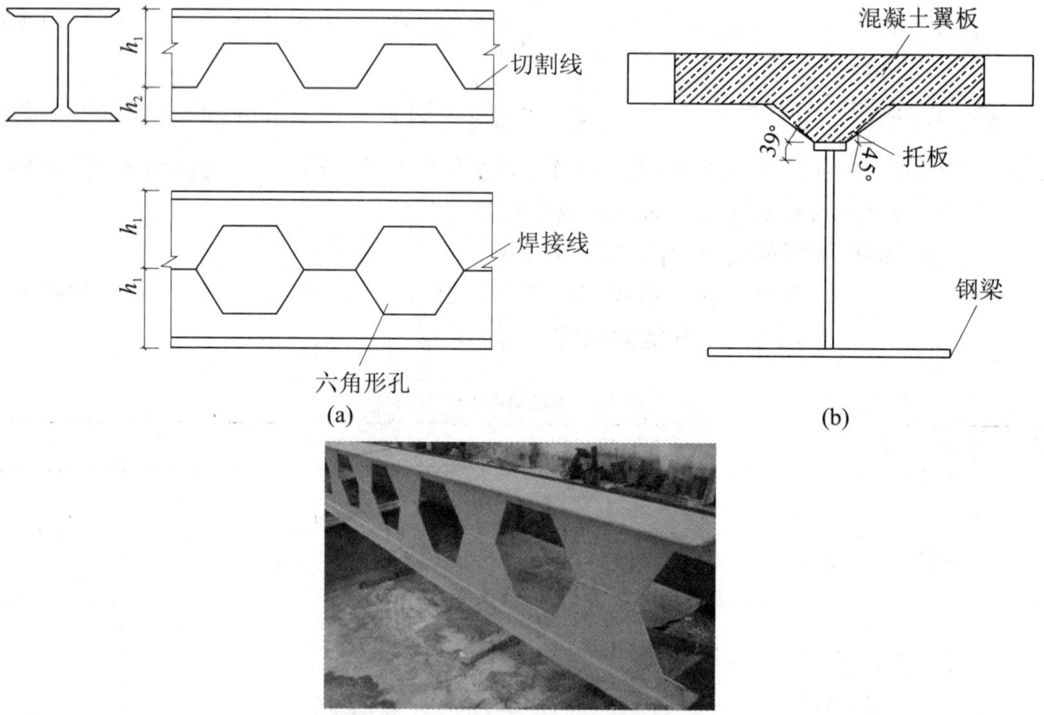

图 6.4　蜂窝梁和钢与混凝土组合梁

6.2 梁的强度和刚度

6.2.1 梁的强度

梁在承受弯矩作用时，一般还伴随有剪力作用，有时局部还有压力作用，故对于钢梁，要保证强度安全，就要求在设计荷载作用下梁的正应力、剪应力及局部压应力不超过规范规定的强度设计值。此处，对于梁内有正应力、剪应力及局部压应力共同作用处，还应验算其折算应力。

6.2.1.1 梁的抗弯强度

梁在弯矩作用下，截面上正应力的发展过程可分为三个阶段：弹性工作阶段、弹塑性工作阶段及塑性工作阶段。

梁按塑性工作状态设计可以取得一定的经济效益，但截面上塑性过分发展不仅会导致梁的挠度过大，而且受压翼缘可能过早失去局部稳定，因此《钢标》规定用定值的截面塑性发展系数 γ 进行控制，以限制截面的塑性发展深度，即只考虑部分截面发展塑性。因此梁的抗弯强度应按下列公式计算：

单向弯曲时

$$\frac{M_x}{\gamma_x W_{nx}} \leqslant f \tag{6.1}$$

双向弯曲时

$$\frac{M_x}{\gamma_x W_{nx}} + \frac{M_y}{\gamma_y W_{ny}} \leqslant f \tag{6.2}$$

式中 M_x、M_y——同一截面处绕 x 轴和 y 轴的弯矩(对工字形截面，x 轴为强轴，y 轴为弱轴)。

W_{nx}、W_{ny}——对 x 轴和 y 轴的净截面模量。

f——钢材抗弯强度设计值，见附表 1.1。

γ_x、γ_y——截面塑性发展系数，对工字形截面，$\gamma_x = 1.05$，$\gamma_y = 1.2$；对箱形截面 $\gamma_x = \gamma_y = 1.05$；对其他截面按表 6.1 采用。

表 6.1 截面塑性发展系数

项次	截面形式	γ_x	γ_y
1	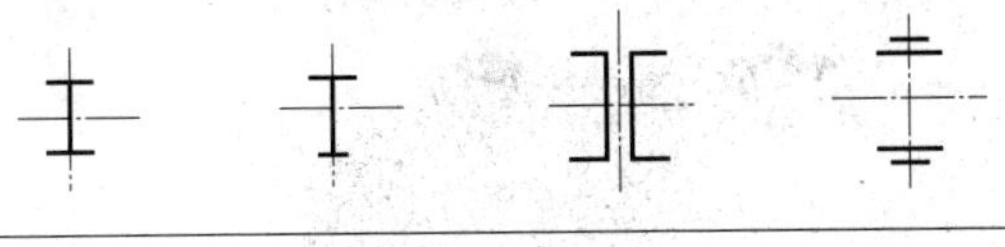	1.05	1.2
2	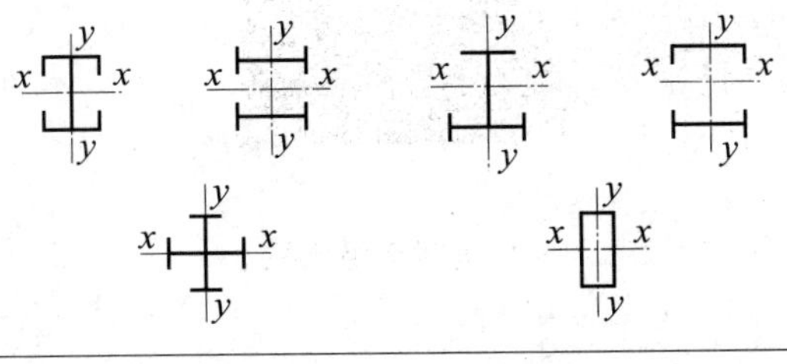		1.05

续表 6.1

<table>
<tr><th>项次</th><th>截面形式</th><th>γ_x</th><th>γ_y</th></tr>
<tr><td>3</td><td></td><td rowspan="2">$\gamma_{x1}=1.05$
$\gamma_{x2}=1.2$</td><td>1.2</td></tr>
<tr><td>4</td><td></td><td>1.05</td></tr>
<tr><td>5</td><td></td><td>1.2</td><td>1.2</td></tr>
<tr><td>6</td><td>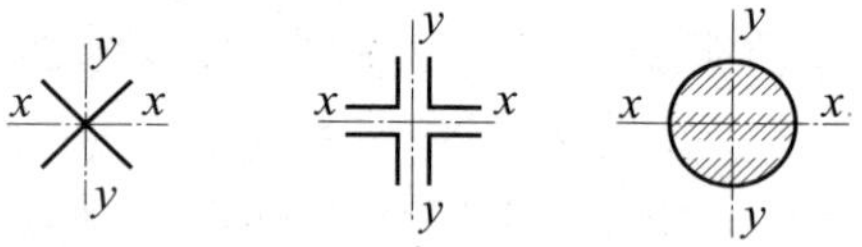</td><td>1.15</td><td>1.15</td></tr>
<tr><td>7</td><td>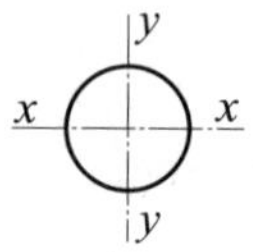</td><td rowspan="2">1.0</td><td>1.05</td></tr>
<tr><td>8</td><td></td><td>1.0</td></tr>
</table>

注：(1)当梁和压弯构件受压翼缘的自由外伸宽度与其厚度之比大于 13 $\sqrt{235/f_y}$ 而不超过 15 $\sqrt{235/f_y}$ 时，应取 $\gamma_x=1.0$。

(2)需要计算疲劳的梁、拉弯及压弯构件，宜取 $\gamma_x=\gamma_y=1.0$。

6.2.1.2　梁的抗剪强度

梁的抗剪强度按弹性设计，《钢标》以截面的最大剪应力达到钢材的抗剪屈服点作为抗剪承载能力的极限状态。由此对于绕强轴（x 轴）受弯的梁，抗剪强度设计公式如下：

$$\tau=\frac{VS}{I_x t_w}\leqslant f_v \tag{6.3}$$

式中　V——计算截面沿腹板平面作用的剪力；

I_x——毛截面绕强轴（x 轴）的惯性矩；

S——中和轴以上或以下截面对中和轴的面积矩，按毛截面计算；

t_w——腹板厚度；

f_v——钢材抗剪强度设计值，见附表 1.1。

轧制工字钢和槽钢因受轧制条件限制，腹板厚度相对较大，当较大截面削弱时，一般可不计算剪应力。

6.2.1.3　梁腹板局部压应力

当梁上翼缘承受沿腹板平面作用的固定集中荷载，且该处又未设支承加劲肋[图 6.5

(b)]，或承受移动集中荷载[如吊车轮压，如图 6.5(a)]作用时，腹板上边缘局部范围的压应力可能达到钢材的抗压屈服点，为保证这部分腹板不致受压破坏，必须对集中荷载引起的腹板局部横向压力进行计算。在集中荷载作用下，翼缘类似于支承在腹板上的弹性地基梁，腹板在计算高度边缘处的局部压应力分布如图 6.5(a)所示，计算时通常假定集中荷载从作用点处在 h_y 高度范围内以 1:2.5 的斜率，在 h_R 高度范围内以 1:1 的斜率扩散，并均匀分布于腹板的计算高度边缘。《钢标》规定腹板计算高度 h_0 的边缘局部横向压应力 σ_c 应满足下式要求：

$$\sigma_c=\frac{\psi F}{t_w l_z}\leqslant f \tag{6.4}$$

式中　F——集中荷载，对动荷载应考虑动力系数；

ψ——集中荷载增大系数，对于重级工作制吊车的轮压荷载取 1.35，其他情况取 1.0；

l_z——集中荷载载腹板计算高度边缘的假定分布长度，按下式计算：

$$l_z=a+5h_y+2h_R \tag{6.5a}$$

如果集中荷载位于梁的端部，荷载外侧端距 x 小于 $2.5h_y$[图 6.5(b)]，即 $0\leqslant a_1<2.5h_y$ 时，则取：

$$l_z=a+a_1+2.5h_y \tag{6.5b}$$

式中　a——集中荷载作用处沿跨度方向的分布长度，对吊车轮压可取为 50 mm；

h_y——梁顶面至腹板计算高度上边缘的距离；

h_R——轨道的高度，计算处无轨道时 $h_R=0$。

腹板计算高度 h_0 的边缘处(图 6.5 中 1-1 截面)是指：

(1)轧制型钢梁为腹板上、下翼缘相接处内弧起点，如图 6.5(b)所示；

(2)焊接为腹板端部。

当局部承压强度不满足式(6.4)的要求时，在固定集中荷载处(包括支座处)，应设置支承加劲肋，这时集中荷载全部由加劲肋传递，腹板局部压应力可以不计算；对移动集中荷载(如吊车轮压)，则应增加腹板厚度，或采取各种措施使 l_z 增加，从而加大荷载扩散长度，减小 σ_c 值。

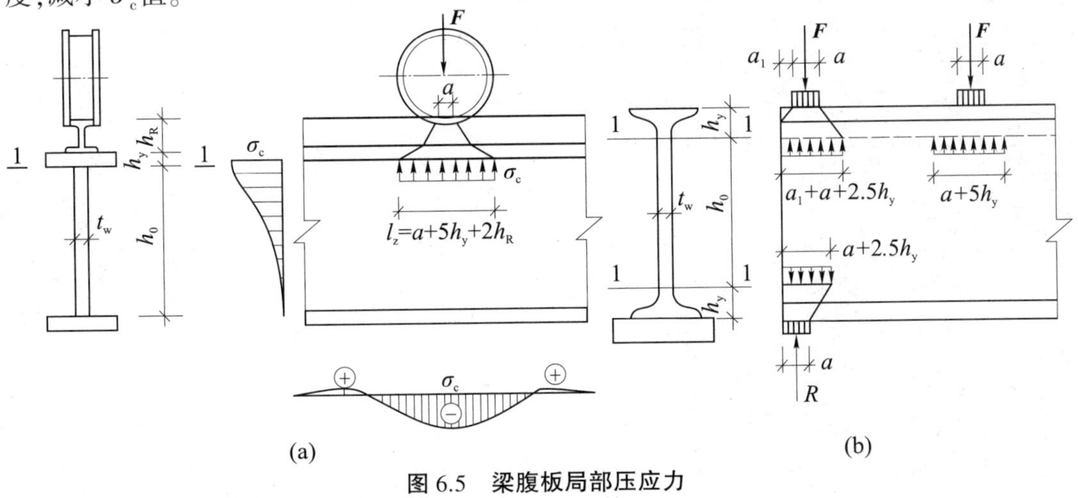

图 6.5　梁腹板局部压应力

6.2.1.4 折算应力

在组合梁的腹板计算高度边缘处，若同时受有较大的正应力、剪应力和局部压应力，或同时受有较大的正应力和剪应力（如连续梁支座处或梁的翼缘截面改变处等）时，应按复杂应力状态计算其折算应力。例如对于受集中荷载作用的梁，在跨中截面处，弯矩及剪力均为最大值，同时还有集中荷载引起的局部横向压应力，这时梁截面腹板（计算高度）边缘 A 点处，同时有正应力 σ、剪应力 τ 及横向压应力共同作用，应按下式验算其折算应力：

$$\sigma_{eq}=\sqrt{\sigma^2+\sigma_c^2-\sigma\sigma_c+3\tau^2}\leqslant\beta_1 f \tag{6.6}$$

式中 σ——验算点处的正应力。

M——验算截面的弯矩。

y——验算点至中和轴的距离。

I_{nx}——绕 x 轴的净截面惯性矩。

τ——验算点处的剪应力，按式(6.3)计算。

σ_c——验算点处的局部压应力，按式(6.4)计算。当验算截面处设有加劲肋或无集中荷载时，取 $\sigma_c=0$。

β_1——计算折算应力的强度设计增大系数，当 σ 与 σ_c 异号时取 $\beta_1=1.2$；当 σ 与 σ_c 同号或 $\sigma_c=0$ 时，取 $\beta_1=1.1$。

式(6.6)中将强度设计值乘以系数 β_1，是考虑最大折算应力的部位只是梁的局部区域，同时几种应力在同一处都达到最大值且材料强度又同时为最低值的几率较小，故将设计强度适当提高；并且 σ 与 σ_c 异号时易于塑性变形，故 β_1 取值较大。

例 6.1 某简支梁，梁跨 7.5 m，采用焊接工字形截面，如图 6.6 所示。梁上作用有均布荷载设计值 30 kN/m（含钢梁自重），距梁端 3 m 处作用有集中荷载设计值 65 kN，支承长度 200 m。钢材为 Q235B。试验算钢梁截面是否满足强度要求。（点 1、2 的位置）

解 (1)截面特性

$$A=414\times12+(150\times18)\times2=10\ 368\ \text{mm}^2$$

$$W_{nx}=1.44\times10^6\ \text{mm}^3$$

1 点处的面积距 $S_1=150\times18\times216=5.83\times10^5\ \text{mm}^3$

2 点处的面积距 $S_2=150\times18\times216+\dfrac{12\times207^2}{2}=8.40\times10^5\ \text{mm}^3$

(2)内力

$$M_{x\max}=319.5\ \text{kN}\cdot\text{m}\qquad V_{\max}=61.5\ \text{kN}$$

(3)验算截面强度

抗弯强度：

$$\sigma_{\max}=\frac{M_{x\max}}{\gamma_x W_{nx}}=\frac{319.5\times10^6}{1.05\times1.44\times10^6}=211.3\ \text{N/mm}^2<215\ \text{N/mm}^2\quad 满足要求$$

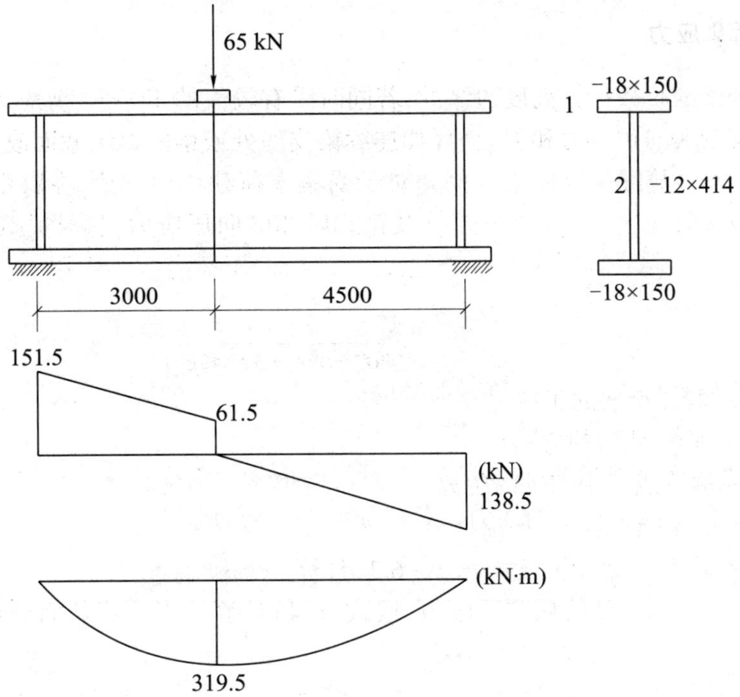

图 6.6 例 6.1 图

抗剪强度：

$$\tau_{\max}=\frac{V_{\max}S_2}{I_x t_w}=\frac{151.5\times10^3\times8.40\times10^5}{3.23\times10^8\times12}=32.83\ \text{N/mm}^2<125\ \text{N/mm}^2\quad 满足要求$$

局部承压强度：

$$I_x=a+5\ h_y=200+5\times18=290\ \text{mm}$$

$$\sigma_c=\frac{\varphi F}{t_w l_z}=\frac{1.0\times65\times10^3}{12\times290}=18.678\ \text{N/mm}^2\quad 满足要求$$

计算点取在腹板与翼缘的交界点 1 处：

正应力 $\sigma_1=\frac{M_{xB}}{I_x}\times207=\frac{319.5\times10^6}{3.23\times10^8}\times207=204.7\ \text{N/mm}^2$

剪应力 $\tau_1=\frac{V_B S_1}{I_x t_w}=\frac{61.5\times10^3\times5.83\times10^5}{3.23\times10^8\times12}=9.25\ \text{N/mm}^2$

局部承压强度 $\sigma_c=20.7\ \text{N/mm}^2$

折算应力：

$$\sigma_{eq}=\sqrt{\sigma^2+\sigma_c^2-\sigma\sigma_c+3\tau^2}=\sqrt{204.7^2+18.678^2-204.7\times18.678+3\times9.25^2}$$
$$=196.68\ \text{N/mm}^2<1.1\times215=236.5\ \text{N/mm}^2\quad 满足要求$$

6.2.2 梁的刚度

梁必须具有一定的刚度才能保证正常使用。刚度不足时,会产生较大的挠度。如平台挠度过大,会使人产生不舒适感和不安全感,并影响操作;吊车梁挠度过大,可能使吊车不能正常运行,因此对梁的最大挠度或相对挠度 ν/l 应加以限制,即应符合下式要求:

$$\nu \leqslant [\nu] \tag{6.7}$$

或

$$\frac{\nu}{l} \leqslant \frac{[\nu]}{l} \tag{6.8}$$

式中 ν——梁的最大挠度,计算时荷载取标准值;

$[\nu]$——梁的容许挠度,见表 6.2。

梁的刚度属于正常使用极限状态,故计算时应采用荷载标准值,且可不考虑螺栓(或铆钉)孔引起的截面削弱。对动力荷载标准值不乘动力系数。

表 6.2 受弯构件的容许挠度(见《钢标》附表 B.1.1)

项次	构件类别	挠度容许值	
		$[\nu_T]$	$[\nu_Q]$
1	吊车梁和吊车桁架(按自重和起重量最大的一台吊车计算挠度) (1)手动吊车和单梁吊车(包括悬挂吊车) (2)轻级工作制桥式吊车 (3)中级工作制桥式吊车 (4)重级工作制桥式吊车	 $l/500$ $l/800$ $l/1000$ $l/1200$	—
2	手动或电动葫芦的轨道梁	$l/400$	—
3	有重轨道(质量等于或大于 38 kg/m)的工作平台梁 有轻轨道(质量等于或大于 24 kg/m)的工作平台梁	$l/600$ $l/400$	—
4	楼(屋)盖梁、工作平台梁(第 3 项除外)、平台板 (1)主梁或桁架(包括设有悬挂起重设备的梁和桁架) (2)抹灰顶棚的梁 (3)除(1)和(2)款外的其他梁(包括楼梯梁) (4)屋盖檩条 支承无积灰的瓦楞铁和石棉瓦屋面者 支承压型钢板、有积灰的瓦楞铁和石棉瓦等屋面者 支承其他屋面材料者 (5)平台板	 $l/400$ $l/250$ $l/250$ $l/150$ $l/200$ $l/200$ $l/150$	 $l/500$ $l/350$ $l/300$ — — — —

续表 6.2

项次	构件类别	挠度容许值	
		$[\nu_T]$	$[\nu_Q]$
5	墙架构件(风荷载不考虑阵风系数) (1)支柱 (2)抗风桁架(作为连续支柱的支承时) (3)砌体墙的横梁(水平方向) (4)支承压型金属板、瓦楞铁和石棉瓦墙面的横梁(水平方向) (5)带有玻璃窗的横梁(垂直和水平方向)	 — — — — $l/200$	 $l/400$ $l/1000$ $l/300$ $l/200$ $l/200$

注:(1)l 为受弯构件的跨度(对悬臂和伸臂梁为悬伸长度的两倍)。

(2)$[\nu_T]$为全部荷载标准值产生的挠度(如有起拱应减去拱度)的容许挠度值;$[\nu_Q]$为可变荷载标准值产生的挠度的容许挠度值。

6.3 梁的整体稳定和支撑

6.3.1 整体稳定的概念

梁是受弯构件,为了有效利用材料,梁截面常设计成窄而高且壁厚较薄的开口截面,以提高梁的承载能力和刚度,但其抗扭和侧向抗弯能力则较差。当梁在最大刚度平面内受弯时,若弯矩 M_x 较小,梁仅在弯矩作用平面内弯曲,无侧向干扰力作用下,会突然向刚度较小的侧向弯曲,并伴随扭转。此时若除去侧向干扰力,侧向弯扭变形也不再消失。若弯矩再略增加,则弯扭变形将迅速增大,梁也随之失去承载能力,这种现象称为梁的整体失稳。梁的整体失稳是突然发生的,并且在强度未充分发挥之前,往往事先又无明显征兆,因此必须特别加以重视。

从受力特性上看,当压应力增加到一定数值后,受压翼缘将沿起侧向压曲,并带动梁整个截面一起侧向位移,即整体失稳(图 6.7)。梁失稳时表现为不同程度(受压翼缘大,受拉翼缘小)侧向变形的弯扭屈曲,因此梁丧失整体稳定,又称为梁发生侧向弯曲扭转屈曲。

从以上失稳机制来看,梁的整体失稳是弯曲压应力引起的,而且梁丧失整体稳定时的承载力往往低于其抗弯强度确定的承载能力,因此,对于侧向没有足够的支撑且侧向刚度较小的梁,其承载力往往由整体稳定所控制。

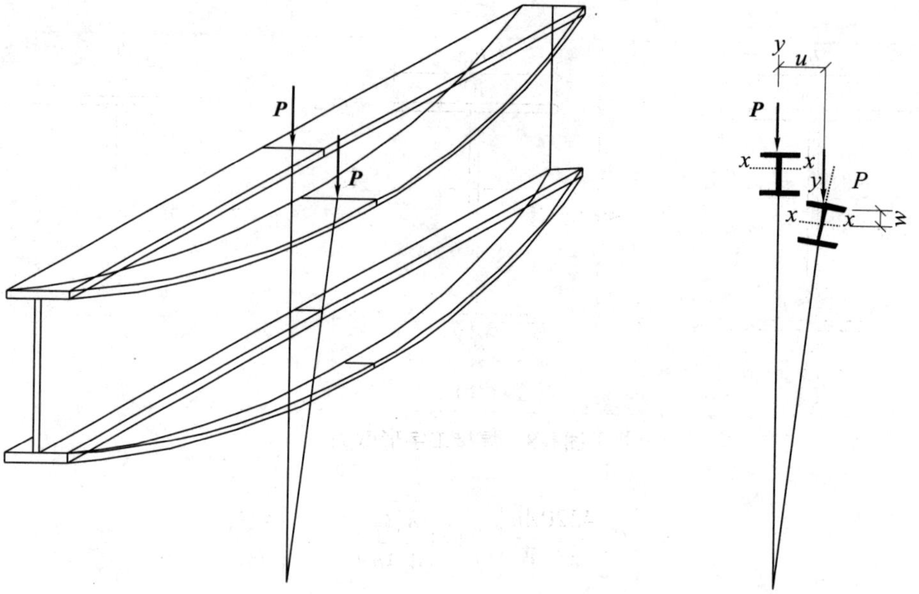

图 6.7 梁丧失整体稳定的情况

6.3.2 梁整体稳定的验算及整体稳定系数 φ_b 的计算

根据梁整体稳定临界弯矩 M_{cr} 可求得与其相应的临界应力 σ_{cr}：

$$\sigma_{cr}=M_{cr}/W_x \tag{6.9}$$

式中 W_x——按受压纤维确定的梁毛截面模量。

为保证梁整体稳定，要求梁在荷载设计值作用下最大应力 σ 应满足下式要求：

$$\sigma=\frac{M_x}{W_x}\leqslant\frac{\sigma_{cr}}{\gamma_R}=\frac{\sigma_{cr}f_y}{f_y\ \gamma_R}=\varphi_b f \tag{6.10}$$

式中 M_x——荷载设计值在梁内产生的绕强轴（x 轴）作用的最大弯矩；

γ_R——钢材抗力系数；

$\varphi_b=\dfrac{\sigma_{cr}}{f_y}$——梁的整体稳定系数。

《钢标》对各类情况的计算方法如下：

6.3.2.1 焊接工字形等截面支梁

《钢标》实用计算公式：

$$\varphi_b=\frac{4320Ah}{\lambda_y^2\ W_x}\sqrt{1+\left(\frac{\lambda_y t_1}{4.4h}\right)^2} \tag{6.11}$$

焊接工字形截面（图 6.8）简支梁整体稳定系数 φ_b 的通用公式可写为：

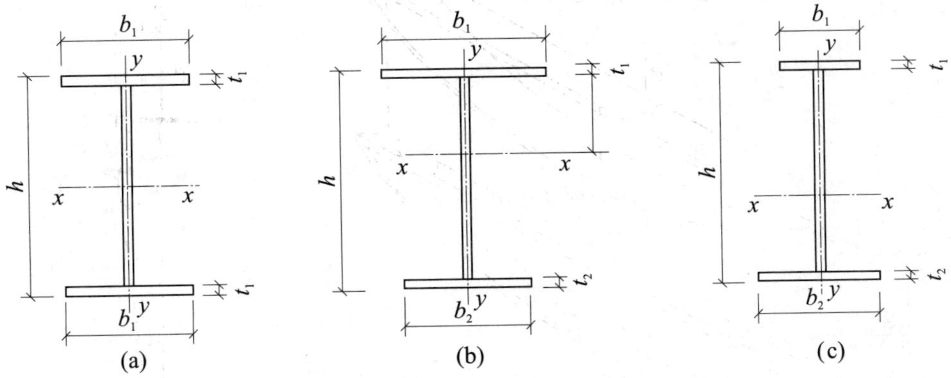

图 6.8　焊接工字形截面

$$\varphi_b = \beta_b \frac{4320Ah}{\lambda_y^2 W_x}\left[\sqrt{1+\left(\frac{\lambda_y t_1}{4.4h}\right)^2}+\eta_b\right]\frac{235}{f_y} \tag{6.12}$$

式中　W_x——按受压纤维确定的梁毛截面模量。

λ_y——梁对弱轴（y 轴）的长细比，$\lambda_y=\frac{l_1}{i_y}$，为梁毛截面对 y 轴的回转半径。

t_1——梁受压翼缘厚度。

β_b——梁整体稳定等效临界弯矩系数，由表 6.3 查得。

η_b——截面不对称影响系数，对双轴对称工字形截面如图 6.8（b）所示，$\eta_b=0$；对单轴对称工字形截面如图 6.8（c）（d）所示，加强受压翼缘 $\eta_b=0.8(2\alpha_b-1)$。加强受拉翼缘 $\eta_b=2\alpha_b-1$。

α_b——$\alpha_b=\frac{I_1}{I_1+I_2}$，$I_1$ 和 I_2 分别为受压翼缘和受拉翼缘对 y 轴的惯性矩。

上述整体稳定系数 φ_b 是按弹性稳定理论推导出来的，而大量中等跨度的梁失稳时常处于弹塑性阶段。

经分析，在残余应力等因素影响下，梁进入弹塑性阶段明显提前，约相当于 $\varphi_b=0$ 时，其后临界应力显著降低。当 $\varphi_b>0.6$ 时，应采用一个较小的 φ_b' 代替 φ_b。

《钢标》规定 φ_b' 可按下式计算：

$$\varphi_b' = 1.07-\frac{0.282}{\varphi_b}\leqslant 1.0 \tag{6.13}$$

H 型钢 φ_b 值计算方法与上述方法相同，其中 $\eta_b=0$。

表 6.3　工字形截面简支梁系数

<table>
<tr><th rowspan="2">项次</th><th rowspan="2">侧向支承</th><th rowspan="2" colspan="2">荷载</th><th colspan="2">$\xi=\frac{l_1t_1}{b_1h}$</th><th rowspan="2">适用范围</th></tr>
<tr><th>$\xi\leqslant2.0$</th><th>$\xi>2.0$</th></tr>
<tr><td>1</td><td rowspan="4">跨中无侧向支承</td><td rowspan="2">均布荷载作用在</td><td>上翼缘</td><td>$0.69+0.13\xi$</td><td>0.95</td><td rowspan="4">图 6.8(b)(c)的截面</td></tr>
<tr><td>2</td><td>下翼缘</td><td>$1.73-0.20\xi$</td><td>1.33</td></tr>
<tr><td>3</td><td rowspan="2">集中荷载作用在</td><td>上翼缘</td><td>$0.73+0.18\xi$</td><td>1.09</td></tr>
<tr><td>4</td><td>下翼缘</td><td>$2.23-0.28\xi$</td><td>1.69</td></tr>
<tr><td>5</td><td rowspan="3">跨度中点有一个侧向支承点</td><td rowspan="2">均布荷载作用在</td><td>上翼缘</td><td colspan="2">1.15</td><td rowspan="6">图 6.8 中所有截面</td></tr>
<tr><td>6</td><td>下翼缘</td><td colspan="2">1.40</td></tr>
<tr><td>7</td><td colspan="2">集中荷载作用在截面高度上任意位置</td><td colspan="2">1.75</td></tr>
<tr><td>8</td><td rowspan="2">跨中点有不少于两个等距离侧向支承点</td><td rowspan="2">任意荷载作用在</td><td>上翼缘</td><td colspan="2">1.20</td></tr>
<tr><td>9</td><td>下翼缘</td><td colspan="2">1.40</td></tr>
<tr><td>10</td><td colspan="3">梁端有弯矩，但跨中无荷载作用</td><td colspan="2">$1.75-1.05\left(\frac{M_2}{M_1}\right)^2+0.3\left(\frac{M_2}{M_1}\right)^2$，且$\leqslant2.3$</td></tr>
</table>

注：(1)$\xi=\frac{l_1t_1}{b_1h}$，为参数，其中 b_1 和 t_1 如图 6.8 所示，l_1 同式(6.5a)。

(2)M_1 和 M_2 为梁的端弯矩，使梁产生同向曲率时，M_1 和 M_2 取同号，产生反向曲率时，取异号，$|M_1|\geqslant|M_2|$。

(3)表中项次 3、4 和 7 的集中荷载是指一个或少数几个集中荷载位于跨中央附近的情况，对其他情况的集中荷载，应按表中项次 1、2、5、6 内的数值采用。

(4)表中项次 8、9，当集中荷载作用在侧向支承点处时，取 1.20。

(5)荷载作用在上翼缘系指荷载作用点在翼缘表面，方向指向截面形心，荷载作用在下翼缘系指荷载作用点在翼缘表面，方向背向截面形心。

(6)对 $\alpha_b>0.8$ 的加强受压翼缘工字形截面，下列情况的 β_b 值应乘以相应的系数：项次 1，当 $\xi\leqslant1.0$ 时系数为 0.95；项次 3，当 $\xi\leqslant0.5$ 时系数为 0.90，当 $0.5<\xi\leqslant1.0$ 时系数为 0.95。

6.3.2.2　轧制普通工字钢简支梁

由于轧制普通工字钢简支梁的截面尺寸有一定规格，《钢标》按式(6.12)将其 φ_b 计算结果编制成表格以便于计算。

6.3.2.3　均匀弯曲受弯构件

当 $\lambda_y\leqslant120\sqrt{235/f_y}$ 时，其整体稳定系数 φ_b 可按下列近似公式计算，按下列公式计算得到的 $\varphi_b>0.6$ 时，不需按式(6.13)换算成 φ_b'。

(1)工字形截面

双轴对称时：

$$\varphi_b = 1.07 - \frac{\lambda_y^2}{44\ 000} \cdot \frac{f_y}{235} \leqslant 1.0 \tag{6.14}$$

单轴对称时：

$$\varphi_b = 1.07 - \frac{W_x}{(2\alpha_b + 0.1)Ah} \cdot \frac{\lambda_y^2}{14\ 000} \cdot \frac{f_y}{235} \leqslant 1.0 \tag{6.15}$$

(2) T 形截面（弯矩作用在对称轴平面，绕 x 轴）

1) 弯矩使翼缘受压时：

双角钢 T 形截面：

$$\varphi_b = 1 - 0.001\ 7\lambda_y \sqrt{\frac{f_y}{235}} \tag{6.16}$$

部分 T 型钢和两板组合 T 形截面：

$$\varphi_b = 1 - 0.002\ 2\lambda_y \sqrt{\frac{f_y}{235}} \tag{6.17}$$

2) 弯矩使翼缘受拉且腹板宽厚比不大于 $18\sqrt{235/f_y}$ 时：

$$\varphi_b = 1 - 0.000\ 5\lambda_y \sqrt{\frac{f_y}{235}} \tag{6.18}$$

注意，截面为箱形时 $\varphi_b = 1.0$。

6.3.3　梁整体稳定的计算方法

当梁满足下述条件之一时，梁已具有足够的侧向抗弯和抗扭能力，其整体稳定可以得到保证，因此不必计算其整体稳定：

(1) 有铺板（各种钢筋混凝土板和钢板）密铺在梁的受压翼缘上并与其牢固相连，能阻止梁受压翼缘的侧向位移时。

(2) H 型钢或等截面工字形简支梁受压翼缘的自由长度 l_1 与其宽度 b_1 之比不超过表 6.4 所规定的数值时。

表 6.4　H 型钢或工字形截面简支梁不需计算整体稳定性的最大值

钢号	跨中无侧向支承点的梁		跨中有侧向支承点的梁，不论荷载作用于何处
	荷载作用在上翼缘	荷载作用在下翼缘	
Q235	13.0	20.0	16.0
Q345	10.5	16.5	13.0
Q390	10.0	15.5	12.5
Q420	9.5	15.0	12.0

对于不符合上述条件的梁，可以按下列公式验算其整体稳定性。

(1) 在最大刚度主平面内（单向）受弯的梁，其整体稳定性应按下式计算：

$$\frac{M_x}{\varphi_b W_x} \leqslant f \tag{6.19}$$

(2)在两个主平面内双向受弯的工字形截面或 H 型钢截面梁，其整体稳定性应按下式计算：

$$\frac{M_x}{\varphi_b W_x} + \frac{M_y}{\gamma_y W_y} \leqslant f \tag{6.20}$$

式中 M_x、M_y——绕 x 轴及 y 轴作用的弯矩；

W_x、W_y——绕 x 轴及 y 轴按受压纤维确定的毛截面模量；

γ_y——对 y 轴的截面塑性发展系数(表 6.1)；

φ_b——梁的整体稳定系数。

例 6.2 如图 6.9 所示焊接工字钢梁，均布荷载作用在上翼缘，Q235B 钢，验算该梁的整体稳定。

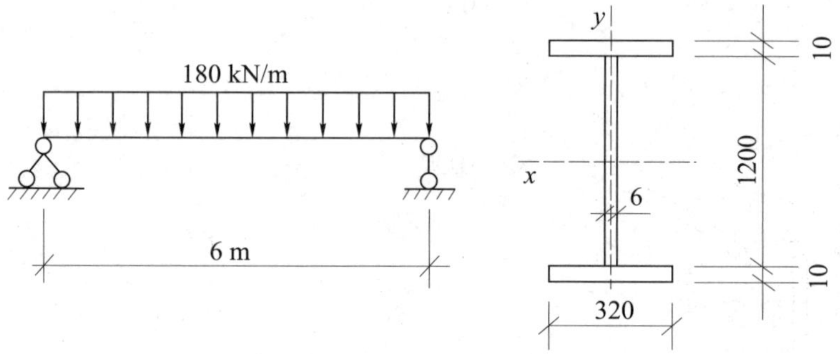

图 6.9 例 6.2 图

解 (1)截面特性

$$A = 13200\ \text{mm}^2, W_x = 5016.4\ \text{cm}^3, I_y = 45019392\ \text{mm}^4$$

$$i_y = \sqrt{\frac{I_y}{A}} = \sqrt{\frac{45019392}{13200}} = 58.4\ \text{mm}, \lambda_y = \frac{l_{0y}}{i_y} = \frac{6000}{58.4} = 102.74$$

(2)梁的整体稳定

$$\varphi_b = \beta_b \frac{4320}{\lambda_y^2} \times \frac{Ah}{W_x}\left[\sqrt{1+\left(\frac{\lambda_y t_1}{4.4h}\right)^2} + \eta_b\right]\frac{235}{f_y}$$

$$\beta_b = 0.71, \varphi_b' = 1.07 - \frac{0.282}{\varphi_b} \leqslant 1.0, f = 215\ \text{N/mm}^2$$

$$M_x = \frac{ql^2}{8} = \frac{180 \times 6^2}{8} = 810\ \text{kN} \cdot \text{m}$$

$$\begin{aligned}\varphi_b &= \beta_b \frac{4320}{\lambda_y^2} \times \frac{Ah}{W_x}\left[\sqrt{1+\left(\frac{\lambda_y t_1}{4.4h}\right)^2} + \eta_b\right]\frac{235}{f_y} \\ &= 0.71 \times \frac{4320}{102.74^2} \times \frac{13200 \times 1220}{5016.4 \times 10^3}\left[\sqrt{1+\left(\frac{102.74 \times 10}{4.4 \times 1220}\right)^2} + 0\right]\frac{235}{235} = 0.95 > 0.6\end{aligned}$$

$$\varphi_b' = 1.07 - \frac{0.282}{0.95} = 0.773$$

$$\frac{M_x}{\varphi_b' W_x} = \frac{810\times10^6}{0.773\times5016.4\times10^3} = 209\ \text{N/mm}^2 < f = 215\ \text{N/mm}^2$$

满足要求。

6.4　梁的局部稳定和腹板加劲肋设计

在进行梁截面设计时,为了节省材料,要尽可能选用较薄的截面。这样在总截面面积不变的条件下,可以提高梁的高度和宽度,以增加梁的承载力。但是如果当其高度比(或宽度比)过大时,有可能在弯曲压应力、剪应力和局部压应力作用下,出现偏离其平面位置的波状屈曲(图 6.10),这称为梁的局部失稳。

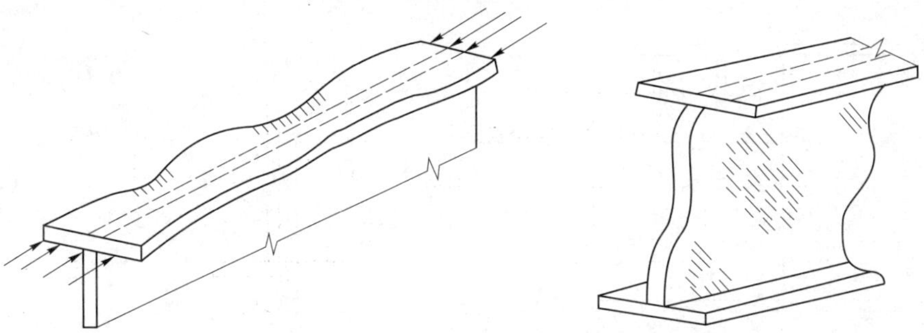

(a)　　(b)

图 6.10　梁翼缘和腹板的失稳变形

轧制型钢梁的规格和尺寸都已考虑了局部稳定的要求,不需验算,本节仅分析组合梁的局部稳定问题。

组合梁的翼缘和腹板出现局部失稳,虽然不会使梁立即失去承载能力,但是板局部屈曲部位退出工作后,将使梁的刚度减小,强度和整体稳定性降低。梁的局部稳定问题,其实质是组成梁的矩形薄板在各种应力如弯曲压应力、剪应力及局部压应力作用下的屈曲问题。

6.4.1　受压翼缘的局部稳定

《钢标》对梁翼缘采取限制宽厚比措施来保证其局部稳定。

$$\frac{b_1}{t} \leqslant 13\sqrt{\frac{235}{f_y}} \tag{6.21}$$

组合梁受压翼缘的外伸部分可按三边简支 、一边自由的纵向均匀受压板计算。

6.4.2　腹板的局部稳定

对于承受静力载荷和间接受动力荷载的组合梁,《钢标》允许考虑腹板屈曲后的强度,即此时允许腹板发生局部屈曲失稳,并按失稳后的腹板屈曲后强度计算承载力。有关腹板屈曲后强度的概念及设计方法可参见《钢标》。对于直接承受动力荷载的吊车梁及类似构件或其他不考虑腹板屈曲后强度的组合梁,《钢标》要求配置加劲肋,并通过计算保证局部稳定要求,下面就针对这种情况讲述腹板加劲肋布置的规定和局部稳定计算的要求。

梁腹板的应力分布比较复杂,并且腹板面积又相对较大,如果同样采用高厚比限值,当不能满足时,则在腹板高度一定的情况下,只有增加腹板厚度,这明显是不经济的。《钢标》采取设置加劲肋,即将腹板分割成若干小尺寸的矩形板段,这样各板段的四周由于翼缘和加劲肋构成支承,就能有效地提高腹板的临界应力,从而使其局部稳定得到保证。

加劲肋分横向加劲肋、纵向加劲肋和短加劲肋,如图 6.11 所示。一般情况下,沿垂直梁轴线方向每隔一定间距设置的加劲肋,称为横向加劲肋。当腹板高度比较大时,还应在腹板受压区沿梁跨度方向设置纵向加劲肋。必要时在腹板受压区还要设短加劲肋。此外,《钢标》还规定在梁的支座处及上翼缘受有较大固定集中荷载处,宜设置支承加劲肋以便安全地传递支座反力和集中荷载。

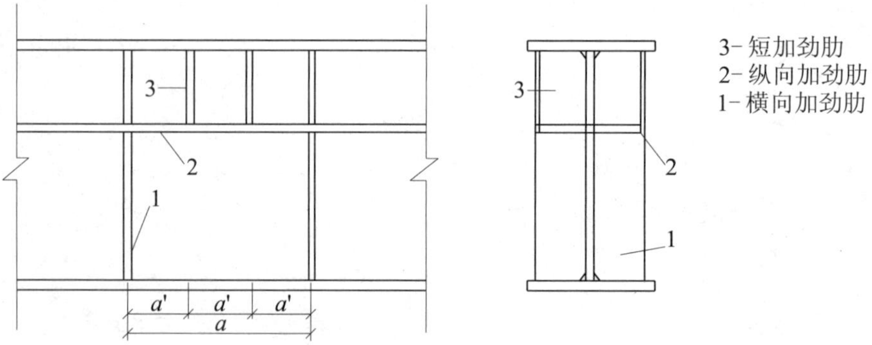

图 6.11　腹板上加劲肋的布置

当腹板高厚比 $h_0/t_w \leqslant 84\sqrt{235/f_y}$ 时,腹板在局部压应力作用下不会失稳;当 $h_0/t_w \leqslant 84\sqrt{235/f_y}$ 时,腹板在剪应力作用下不会失稳;当 $h_0/t_w \leqslant 177\sqrt{235/f_y}$ 或 $h_0/t_w \leqslant 153\sqrt{235/f_y}$ 时,腹板在弯曲压应力作用下不会失稳。

为了保证组合梁的局部稳定性,应根据腹板高度比 h_0/t_w 的比值配置加劲肋。参考各种应力单独作用时的临界高厚比以及考虑可能还有其他应力的同时作用,《钢标》做出了如下规定:

(1)当 $h_0/t_w \leqslant 80\sqrt{235/f_y}$ 时,对有局部压应力($\sigma_c \neq 0$)的梁,宜按构造配置横向加劲肋,其间距不大于 $2h_0$。对无局部压应力($\sigma_c = 0$)的梁,可不配置加劲肋。

(2)当 $h_0/t_w > 80\sqrt{235/f_y}$ 时,应配置横向加劲肋。其中,当 $h_0/t_w > 170\sqrt{235/f_y}$(受压翼缘扭转受到约束,如连有刚性铺板、制动板或焊有钢轨)时或 $h_0/t_w > 150\sqrt{235/f_y}$(受压翼缘扭转未受到约束)时,或按计算需要时,应在弯曲应力较大区格的受压区增加配置纵向加劲肋。局部压应力很大的梁,必要时尚宜在受压区配置短加劲肋。

任何情况下,h_0/t_w 均不应超过 250,这是为了避免腹板高厚比过大时产生过大的焊接变形。

(3) 梁的支座处和上翼缘受有较大固定集中荷载处，宜配置支承加劲肋。

《钢标》对梁腹板加劲肋的布置规定可参见表 6.5。

表 6.5　组合梁腹板加劲肋布置规定

<table>
<tr><th>项次</th><th colspan="2">腹板情况</th><th>加劲肋布置规定</th></tr>
<tr><td>1</td><td rowspan="2">$\frac{h_0}{t_w}\leqslant 80\sqrt{\frac{235}{f_y}}$</td><td>$\sigma_c=0$</td><td>可以不设加劲肋</td></tr>
<tr><td>2</td><td>$\sigma_c\neq 0$</td><td>宜按构造要求设置横向加劲肋</td></tr>
<tr><td>3</td><td colspan="2">$\frac{h_0}{t_w}\leqslant 80\sqrt{\frac{235}{f_y}}$</td><td>宜设置横向加劲肋，并满足构造要求和计算要求</td></tr>
<tr><td>4</td><td colspan="2">$\frac{h_0}{t_w}\leqslant 170\sqrt{\frac{235}{f_y}}$，受压翼缘扭转受约束</td><td rowspan="3">应在弯应力较大区格的受压区增加配置纵向加劲肋，并满足构造要求和计算要求</td></tr>
<tr><td>5</td><td colspan="2">$\frac{h_0}{t_w}\leqslant 80\sqrt{\frac{235}{f_y}}$，受压翼缘扭转无约束</td></tr>
<tr><td>6</td><td colspan="2">按计算需要时</td></tr>
<tr><td>7</td><td colspan="2">局部压应力很大时</td><td>必要时宜在受压区配置短加劲肋，并满足构造要求和计算要求</td></tr>
<tr><td>8</td><td colspan="2">梁支座处</td><td rowspan="2">宜设置支承加劲肋，并满足构造要求和计算要求</td></tr>
<tr><td>9</td><td colspan="2">上翼缘有较大固定集中荷载处</td></tr>
<tr><td>10</td><td colspan="2">任何情况下</td><td>$\frac{h_0}{t_w}$不应超过 $250\sqrt{\frac{235}{f_y}}$</td></tr>
</table>

注：横向加劲肋间距 a 应满足 $0.5h_0\leqslant a\leqslant 2h_0$，但对于 $\sigma_c=0$ 并且 $h_0\leqslant 100\sqrt{235/f_y}$ 的梁，允许 $a\leqslant 2.5h_c$。

对腹板进行局部稳定验算之前，首先按表 6.5 要求布置加劲肋，然后再按区格逐一进行验算。经验算不满足要求，或者富裕过多，还应重新调整加劲肋间距，然后再做验算，直到适合为止。

6.4.3　加劲肋的构造与截面尺寸

6.4.3.1　加劲肋的布置和构造要求

加劲肋一般用钢板做成，对于大型梁也可以用肢尖焊于腹板的角钢。加劲肋宜在腹板两侧成对配置，为了节约钢材，对于一般梁也可单侧配置。但对支承加劲肋和重级工作制吊车梁的加劲肋必须两侧布置。横向加劲肋的最小间距为 $0.5h_0$，最大间距为 $2h_0$（对无局部压应力的梁，当 $h_0/t_w\leqslant 100$ 时，最大间距可采用 $2.5h_0$）。纵向加劲肋至腹板计算高度边缘的距离应为 $h_c/2.5\sim h_c/2$ 。

6.4.3.2　加劲肋的截面尺寸

加劲肋作为腹板的支承边（图 6.12），必须具备足够的刚度。在腹板两侧成对配置的钢板横向加劲肋，其截面尺寸应满足下列要求：

外伸宽度：

$$b_s \geqslant \frac{h_s}{30}+40 \quad (\text{mm}) \tag{6.22}$$

厚度：

$$\text{承压加劲肋 } t_s \geqslant \frac{b_s}{15}\text{，不受压加劲肋 } t_s \geqslant \frac{b_s}{19} \tag{6.23}$$

在腹板一侧配置的钢板横向加劲肋，外伸宽度应大于按式(6.22)算得值的1.2倍，厚度应大于外伸宽度得1/15和1/19。同时设横向加劲肋和纵向加劲肋时，横向加劲肋还作为纵向加劲肋的支承。

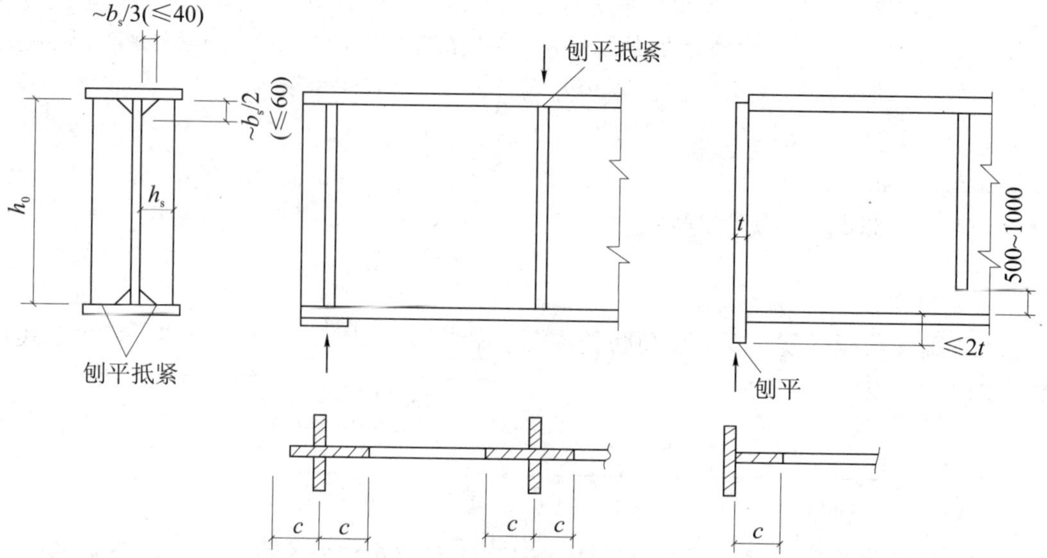

图 6.12 支承加劲肋

当腹板同时用横向加劲肋和纵向加劲肋加强时，应在其相交处切断纵向加劲肋而使横向加劲肋保持连续。此时，横向肋的断面尺寸除应符合上述规定外，其截面惯性矩(对 z-z 轴)尚应满足下列要求：

$$I_z \geqslant 3h_0t_w^3 \tag{6.24}$$

纵向加劲肋的截面惯性矩(对 y-y 轴)，应满足下列公式的要求：

当 $a/h_0 \leqslant 0.85$ 时
$$I_y \geqslant 1.5h_0t_w^3 \tag{6.25}$$

当 $a/h_0 \leqslant 0.85$ 时
$$I_y \geqslant \left(2.5-0.45\frac{a}{h_0}\right)\left(\frac{a}{h_0}\right)^2 h_0t_w^3 \tag{6.26}$$

计算加劲肋截面惯性矩的 y 轴和 z 轴，双侧加劲肋为腹板轴线；单侧加劲肋为与加劲肋相连的腹板边缘。

大型梁可采用以肢尖焊于腹板的角钢加劲肋，其截面惯性矩不得小于相应钢板加劲肋的惯性矩。

为了避免焊缝交叉，在加劲肋端部应切去宽约 $b_s/3$、高约 $b_s/2$ 的斜角。对直接承受动力荷载的梁（如吊车梁），中间横向加劲肋下端不应与受拉翼缘焊接，一般在距受拉翼缘 50~100 mm 处断开。

6.4.4 支承加劲肋构造与计算

支承加劲肋一般由成对布置的钢板做成，也可以用凸缘式加劲肋，其凸缘长度不得大于其厚度的 2 倍。支承加劲肋除保证腹板局部稳定外，还要将支反力或固定集中力传递到支座或梁截面内，因此支承加劲肋的截面除应满足加劲肋的各项要求外，还应按传递支反力或集中力的轴心压杆进行计算，其截面常常比一般加劲肋截面稍大一些。

支承加劲肋的设计主要包括下面三个方面：

（1）按轴心受压构件计算腹板平面外的稳定性　为了保证支承加劲肋能安全地传递支反力或集中荷载 N，梁的支承加劲肋应按承受梁支座反力或固定集中荷载的轴心受压构件计算其在腹板平面外的稳定性。此受压构件的截面应包括加劲肋和加劲肋每侧 $15t_w\sqrt{235/f_y}$ 范围内的腹板面积，计算长度取 h_0（梁端处若腹板长度不足时，按实际长度取值）；当其截面对称时，其截面分类为 b 类，当截面不对称时为 c 类，平板式按 b 类，凸缘式按 c 类。其稳定性验算条件为：

$$\frac{N}{\varphi A}\leqslant f \tag{6.27}$$

（2）端面承压强度　支承加劲肋的端部一般刨平顶紧于梁翼缘或支座，应按下式计算端面承压应力：

$$\sigma_{ce}=\frac{N}{A_{ce}}\leqslant f \tag{6.28}$$

式中　A_{ce}——端面承压面积（接触处净面积）；

f_{ce}——钢材端面承压强度设计值（$f_{ce}\approx 1.5f$）。

支承加劲肋端部也可以不用刨平顶紧，而用焊缝连接传力，此时应计算焊缝强度。

（3）支承加劲肋与腹板的连接焊缝　可假定 N 力沿焊缝全长均匀分布进行计算。支承加劲肋与腹板的连接焊缝应按承受全部支座反力或集中荷载 N 计算。通常采用角焊缝连接，焊脚尺寸应满足构造要求，计算公式为：

$$\frac{N}{0.7h_f\sum l_w}\leqslant f_f^w \tag{6.29}$$

在确定每条焊缝长度 l_w 时，要扣除加劲肋端部的切角长度；且由于焊缝所受内力可看作沿焊缝全长均布，故不必考虑 l_w 是否大于 60 h_f。

6.5 型钢梁的设计

型钢梁的设计方法是先初选截面，然后进行强度、刚度及整体稳定性的验算，若不满足要求，重新修改截面，再次进行验算，直到满意为止。下面主要讲述单向受弯型钢梁设计。

6.5.1 单向受弯型钢梁

单向受弯型钢梁的设计步骤如下：

(1)根据梁的荷载、跨度和支承条件，计算梁的最大弯矩设计值 M_{max}，并按所选的钢材确定抗弯强度设计值 f。

(2)根据梁的抗弯强度要求，计算型钢所需的净截面模量 W_T：

$$W_T = \frac{M_{max}}{\gamma_x f} \tag{6.30}$$

式(6.30)中 γ_x 可取 1.05，当梁最大弯矩处截面上有孔洞(如螺栓孔)时，可将式(6.30)算得的 W_T 增大 10%~15%，然后由 W_T 查附表 5~附表 9，选择与其相近的型钢号。

(3)截面验算

1)强度验算　抗弯强度按式(6.1)计算，式中 M_x 应包括钢梁自重荷载产生的弯矩。抗剪强度按式(6.3)计算。局部承压强度按式(6.4)计算。

由于型钢梁腹板较厚，一般截面无削弱情况，可不验算剪应力及折算应力。对于翼缘上只承受均布荷载的梁，局部承压强度亦可不验算。

2)整体稳定验算　若没有能阻止梁受压翼缘侧向位移的密铺板和支承，且受压翼缘的自由长度 l_1 与其宽度 b_1 之比不满足表 6.4 规定的数值时，应按式(6.19)或式(6.20)计算整体稳定性。

3)刚度验算　按式(6.8)计算。注意刚度按荷载标准值计算。

6.5.2 双向弯曲型钢梁

双向弯曲型钢梁承受两个主平面方向的荷载，设计方法与单向弯曲型钢梁相同，应考虑抗弯强度、整体稳定、挠度等的计算，而剪应力和局部稳定一般不必计算，局部压应力只有在有较大集中荷载或支座反力的情况下，必要时才验算。一般檩条和墙梁均为双向弯曲型钢梁。檩条是由于荷载作用方向与梁的两主轴有夹角，沿两主轴方向均有荷载分量，成为双向受弯；而墙梁因兼受墙体材料的承力和墙面传来的水平风荷载，故也是双向受弯梁。现以檩条为例，对双向弯曲型钢梁加以论述。

(1)截面选择。可先单独按 M_x(或 M_y)计算所需净截面系数 W_{nx}(或 W_{ny})，然后考虑 M_y(或 M_x)作用，适当加大 W_{nx}(或 W_{ny})选定型钢截面。

(2)按式(6.4)、式(6.20)验算强度和整体稳定。

(3)按式 $\sqrt{\nu_x^2+\nu_y^2} \leqslant [\nu]$ 验算刚度，ν_x、ν_y 分别为沿截面主轴 x 和 y 方向的分挠度，它们分别由各自方向的标准荷载产生。

双向弯曲型钢梁最常用于檩条，沿屋面倾斜放置，竖向荷载 q 可对截面两个主轴分解成 $q_y = q\cos\varphi$，$q_x = q\sin\varphi$ 两个分力，从而引起双向弯曲。檩条支承在屋架处，用焊于屋架的短角钢檩托，并用 C 级螺栓或焊缝连接，并保证支座处的侧向稳定和传力。

6.6 组合梁的设计

6.6.1 试选截面

当梁的内力较大或型钢梁不能满足要求时，需采用组合梁。常用的形式为由三块钢板焊成的工字形截面，本节以焊接双轴对称工字形钢板梁为例，来说明组合梁截面的设计步骤。需确定的截面尺寸有截面高度 h（腹板高度 h_0）、腹板厚度 t_w、翼缘宽度 b 及翼缘厚度 t。设计的顺序是首先定出 h_0，然后选定 t_w，最后定出翼缘尺寸 b 和 t。

6.6.1.1 截面高度 h 和腹板高度 h_0

梁截面高度应根据建筑高度、刚度要求和用钢经济三方面条件确定。

建筑高度是指满足使用要求所需的净空尺寸，给定了建筑高度也就决定了梁的最大高度 h_{max}。设计梁截面时要求 $h \leqslant h_{max}$。

刚度要求是指在正常使用时，梁的挠度不超过容许挠度，它控制梁的最小高度。现以承受均布荷载的简支梁为例，推导最小高度 h_{min}。

$$\nu = \frac{5}{384} \cdot \frac{q_k l^4}{EI} \leqslant [\nu]$$

上式中 q_k 为均布荷载标准值，若取荷载分项系数为恒荷载和活荷载的平均值 1.3，则弯矩设计值为 $M = 1/8 \times 1.3 q_k l^2$，应力设计值为 $\sigma = \frac{M}{W} = \frac{Mh}{2I}$，代入上式得：

$$\nu = \frac{5}{1.3 \times 48} \cdot \frac{Ml^2}{EI} = \frac{5}{1.3 \times 24} \frac{\sigma l^2}{Eh} \leqslant [\nu]$$

如果材料强度得到充分利用，σ 可达到 f，若考虑塑性发展系数可达 $1.05f$，将 $\sigma = 1.05f$ 代入上式后得：

$$h \geqslant \frac{5}{1.3 \times 24} \times \frac{1.05 f l^2}{206\ 000[\nu]} = \frac{f l^2}{1.25 \times 10^6} \times \frac{1}{[\nu]} = h_{min} \tag{6.31}$$

对于非简支梁，非均布荷载，按同样方法可以导出 h_{min} 算式，其值与式（6.31）相近。

从用料最省出发，可以定出梁的经济高度 h_e。一般来讲，梁的高度大，腹板用钢量多，而翼缘板用钢量相对减少；梁高度小，情况则相反。最经济的截面高度是在满足使用要求的前提下使梁的总用钢量为最小。实际梁的用钢量不仅与腹板、翼缘尺寸有关，还与加劲肋布置等因素有关。经分析梁的经济高度可按下式计算：

$$h_e = 2\sqrt[5]{W_T^2} = 2W_T^{0.4} \text{ (mm)} \tag{6.32}$$

梁的经济高度也可用下列近似公式计算：

$$h_e = 7\sqrt[3]{W_T} - 300 \text{ mm} \tag{6.33}$$

根据上述三个要求，实际所选梁高 h 应满足 $h_{min} \leqslant h \leqslant h_{max}$。腹板高度 h_0 与梁高 h 接近，因此 h_0 取比 h 稍小的数值，同时考虑钢板规格尺寸，宜取 50 mm 的倍数。

6.6.1.2 腹板厚度

梁的腹板主要承受剪力，确定腹板厚度要满足抗剪强度要求。可近似地假定最大剪应力为腹板平均剪应力的 1.2 倍，即：

$$\tau_{\max}=\frac{VS}{I_x t_w}\approx 1.2\frac{V}{h_0 t_w}\leqslant f_v$$
$$t_w\geqslant 1.2\frac{V}{h_0 f_v} \tag{6.34}$$

由上式算出的 t_w 一般偏小，考虑局部稳定和构造因素，还宜用下列经验公式估算：

$$t_w=\frac{\sqrt{h_0}}{3.5} \tag{6.35}$$

式中单位均以 mm 计算。选用腹板厚度时还应符合钢板现有规格，一般不宜小于 8 mm，跨度较小时，不宜小于 6 mm，并取 2 mm 的倍数。

6.6.1.3 翼缘宽度 b 及厚度 t

腹板尺寸确定后，可按所需截面模量 W_T，确定翼缘面积 $A_f=bt$。对于工字形截面：

$$W=\frac{2I}{h}=\frac{2}{h}\left[\frac{1}{12}t_w h_0^3+2A_f\left(\frac{h_0+t}{2}\right)^2\right]\geqslant W_T$$

初选截面时近似地取 $h_0\approx h_0+t\approx h_0$。整理后上式可写成：

$$A_f\geqslant\frac{W_T}{h_0}-\frac{h_0 t_w}{6} \tag{6.36}$$

由上式求出 A_f 之后，再选定 b、t 中的一个数值，即可确定另一个数值。一般可取 $b=(1/3\sim1/5)h$，且不小于 180 mm。翼缘宽度太小，不利于梁的整体稳定，翼缘宽度太大，则翼缘中应力分布不均匀的程度增大。翼缘宽度和厚度的比值还必须符合局部稳定的要求，即 $\frac{b}{t}\leqslant 26\sqrt{\frac{235}{f_y}}$（不考虑塑性发展即 $\gamma_x=1$ 时，可取 $\frac{b}{t}\leqslant 26\sqrt{\frac{235}{f_y}}$），翼缘厚度不应小于 8 mm，一般为 2 mm 的倍数。同时应符合钢板的规格。

根据试选的截面尺寸，计算截面各种几何特性，然后进行强度、刚度和整体稳定及翼缘局部稳定的验算。腹板局部稳定一般由设置加劲肋来保证，腹板加劲肋的配置将在下一节讨论。

6.6.2 组合梁截面沿长度的改变

上述截面的选择是按跨中最大弯矩来估算所需模量，但是梁的弯矩值一般都是沿梁的长度方向变化的。靠近支座处，弯矩减小。为了节省钢材，可以改用小截面，但改变截面又会增加制造工作量。对于跨度较小的组合梁，综合经济效益不大。因此当梁跨度较大时，才考虑采用变截面梁。

梁截面的改变一般宜采用改变翼缘的宽度方式。通常在每个半跨度内改变一次截面可节约钢材 10%～12%，而改变两次截面的经济效果不显著，并且给制造增加工作量。如图 6.13 所示，先确定截面改变点 x，取 $x=1/6$ 较为经济，然后算出 x 处梁的弯矩 M_1，再算出该处截面所需模量 $W_{1T}=\dfrac{M_1}{\gamma_x f}$，按式(6.36)算出所需翼缘面积 A_f，翼缘厚度保持不变，则变窄翼缘的宽度 $b'=\dfrac{A_{1f}}{t}$。同时 b'的选定也要考虑与其他构件连接方便等构造要求。

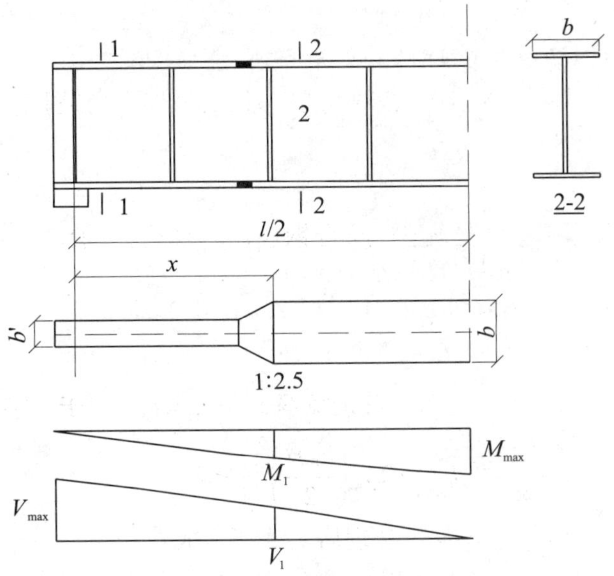

图 6.13　梁翼缘宽度的改变

确定 b'及 x 后，为了减小应力集中，应将梁跨中央宽翼缘板从 x 处以≤1∶2.5 的斜度向弯矩较小的一方延伸至窄翼缘板等宽处才切断，并用对接直焊缝和窄翼缘板相连。但当焊缝质量为三级时，受拉翼缘处需用斜焊缝。

截面改变的梁，应对改变截面处的强度进行验算，其中包括对腹板计算高度边缘的折算应力验算。验算时取 x 处的弯矩及剪力按窄翼缘截面验算。

梁的挠度计算因截面改变而比较复杂，对翼缘截面改变的简支梁，受均布荷载或多个集中荷载作用时，刚度验算可按下列近似公式计算：

$$\nu=\frac{M_k l^2}{10EI}\left(1+\frac{3}{25}\frac{I-I_1}{I}\right)\leqslant[\nu] \tag{6.37}$$

式中　M_k——最大弯矩标准值；

I——跨中毛截面惯性矩；

I_1——端部毛截面惯性矩。

6.6.3　焊接组合梁翼缘的计算

翼缘与腹板间的焊缝常采用角焊缝。角焊缝主要承受翼缘和腹板间的水平方向剪力。当梁弯曲时，由于在相邻截面作用于翼缘的弯曲应力有差值，因此翼缘与腹板间将产生水平剪力。其单位梁长上的水平剪力见《钢标》相关内容。

例 6.3 某一工作平台尺寸为 14 m×12 m，次梁跨度为 6 m，次梁间距为 2.0 m，预制钢筋混凝土铺板焊于次梁上翼缘，平台永久荷载（不包括次梁自重）为 7.5 kN/m²，荷载分项系数为 1.2，活荷载为 16 kN/m，荷载分项系数为 1.4，主梁跨度为 14 m，钢材为 Q235B，焊条为 E43，手工电焊。（若考虑次梁叠接在主梁上，其支承长度 $a=15$ cm）

解 设计数据：$f=215\ \text{N/mm}^2$。

(1) 次梁的荷载及内力

均布荷载设计值：$g=(1.2\times7.5+1.4\times16)\times2.0=62.8\ \text{kN/m}$

最大弯矩：$M_x=\dfrac{1}{8}gl^2=\dfrac{1}{8}\times62.8\times6^2=282.6\ \text{kN}\cdot\text{m}$

(2) 初选截面

$$W_x=\frac{M_x}{\gamma_x f}=\frac{282.6\times10^6}{1.05\times215}=1252\times10^3\ \text{cm}^3$$

选用 I 45b，$W_x=1500\ \text{cm}^3$，$I_x=33759\ \text{cm}^4$，$A=111\ \text{cm}^2$，$r=13.5$ mm

$g_1=87.4\ \text{kg/m}=874\ \text{N/m}$，$t_w=13.5$ mm，$b=152$ mm，$t=18$ mm

(3) 强度验算

1) 正应力验算：

次梁自重弯矩：$M_1=\dfrac{1}{8}\times1.2\times0.874\times6^2=4.72\ \text{kN}\cdot\text{m}$

$$\frac{152-13.5-13.5}{2\times18}=3.5<13\sqrt{235/235},\ \gamma_x=1.05$$

$$\sigma=\frac{M_x+M_1}{\gamma_x W_x}=\frac{(282.6+4.72)\times10^6}{1.05\times1500\times10^3}=182\ \text{N/mm}^2<f=215\ \text{N/mm}^2$$

2) 剪应力验算：

支座剪力：$V=0.5\times(62.8+1.2\times0.874)\times6=191.55\ \text{kN}$

$$\tau=\frac{VS}{It_w}=\frac{191.55\times10^3\times886.1\times10^3}{33\ 759\times10^4\times13.5}=37.2\ \text{N/mm}^2<f_v=125\ \text{N/mm}^2$$

3) 次梁承受均布荷载作用，其上翼缘没有局部集中荷载作用，可不验算局部压应力，但考虑次梁叠接在主梁上，应验算支座处腹板局部压应力。

支座反力：$R=191.55\ \text{kN}\quad \psi=1.0$

设支承长度：$a=15$ cm

支承面至腹板边缘的垂直距离：

$$h_r=r+t=13.5+18=31.5\ \text{mm}$$

$$l_z=a+5h_y=15+5\times3.15=30.75\ \text{cm}=307.5\ \text{mm}$$

局部承压强度：

$$\sigma=\frac{\psi F}{t_w l_z}=\frac{1.0\times191.55\times10^6}{13.5\times307.5}=46.14\ \text{N/mm}^2<f=215\ \text{N/mm}^2$$

4) 整体稳定性验算：由于次梁受压翼缘与刚性面板焊接（钢筋混凝土铺板焊于上翼

缘)，能保证其整体稳定性，按标准要求，可不验算整体稳定性。

5)局部稳定性：由于次梁采用型钢梁，可不验算其局部稳定性。

6)刚度验算：刚度验算按正常使用极限状态进行验算，采用荷载的标准组合：

$$q_k=(7.5+16)\times 2.0+0.874=47.874\ \text{kN/m}=47.874\ \text{N/mm}$$

$$\nu=\frac{5}{384}\frac{q_k l^4}{EI_x}=\frac{5}{384}\times\frac{47.874\times 6000^4}{2.06\times 10^5\times 33759\times 10^4}=1.162\ \text{mm}<\frac{l}{400}=15\ \text{mm}$$

(4)主梁设计

1)主梁荷载及内力：

由次梁传来的集中荷载：

$$P=2V=2\times 191.55=383.1\ \text{kN}$$

假设主梁自重为 3 kN/m，加劲肋等的附加重量构造系数为 1.1，荷载分项系数为1.2，则自重荷载的设计值为 1.2×1.1×3＝3.96 kN/m。

跨中最大弯矩：

$$M_x=\frac{7}{2}\times 383.1\times 7-383.1\times(1+3+5+3.5)+\frac{1}{8}\times 3.96\times 14^2=4\ 694.22\ \text{kN}\cdot\text{m}$$

支座最大剪力：

$$V=\frac{7}{2}\times 383.1+\frac{1}{2}\times 3.96\times 14=1368.57\ \text{kN}$$

2)截面设计及验算：

①截面选择：考虑到主梁跨度较大，翼缘板厚度在 16～40 mm 范围内选用，$f=205\ \text{N/mm}^2$。

需要的净截面抵抗矩为：

$$W_{nx}=\frac{M_x}{\gamma_x f}=\frac{4694.44\times 10^6}{1.05\times 205}=21808.223\ \text{cm}^3$$

梁的经济高度为：

$$h_e=7\sqrt[3]{W_x}-30=7\times\sqrt[3]{21808.223}-30=165.6\ \text{cm}$$

因此取梁腹板高 $h_0=170$ cm。

腹板抗剪所需的厚度为：

$$t_w\geqslant\frac{1.2\ V_{max}}{h_w f_v}=\frac{1.2\times 1368.57\times 10^3}{1700\times 120}=8.1\ \text{mm}$$

可得：

$$t_w=\frac{\sqrt{h_0}}{3.5}=\frac{\sqrt{1700}}{3.5}=11.78\ \text{mm}$$

取腹板厚 $t_w=14$ mm，腹板采用—1700×14 的钢板。

需要的净截面惯性矩：$I_{nx}=W_{nx}\dfrac{h_0}{2}=21808.223\times\dfrac{170}{2}=1853699\ \text{cm}^4$

腹板惯性矩：$I_w=\dfrac{1}{12}t_w h_0^3=\dfrac{1}{12}\times 1.4\times 170^3=573183.33\ \text{cm}^4$

所需翼缘板的面积：

$$bt=\frac{2(I_x-I_w)}{h_0^2}=\frac{2(1853699-573183.33)}{170^2}=88.62\ \text{cm}^2$$

取 $b=500$ mm，$t=20$ mm，梁高 $h=20+20+1700=1740$ mm。

b 为 $h/3\sim h/5=580\sim348$ mm。

②梁截面特性计算：

$$I_x=\frac{1}{12}(50\times174^3-48.6\times170^3)=2052450\ \text{cm}^3$$

$$W_x=I_x\div\frac{h}{2}=2052450\times\frac{2}{174}=23591.4\ \text{cm}^3$$

$$A=2\times50\times2.0+170\times1.4=438\ \text{cm}^2$$

③截面验算：

a.受弯强度验算：

梁自重：$g=1.1A\gamma=1.1\times0.04648\times7.85\times10=3.782$ kN/m

$$M_x=\frac{7}{2}\times383.1\times7-383.1(1+3+5+3.5)+\frac{1}{8}\times4\times14^2=4689.9\ \text{kN}\cdot\text{m}$$

$$\sigma=\frac{M_x}{\gamma_x W_x}=\frac{4696\times10^6}{1.05\times23591.4\times10^3}=189.3\ \text{N/mm}^2<f=205\ \text{N/mm}^2$$

b.剪应力、刚度不需验算，因选择梁高及腹板厚度时已得到满足。

c.整体稳定性验算：因次梁与刚性铺板连接，主梁的侧向支承点间距等于次梁的间距，即 $l_1=200$ cm，则有 $\frac{l_1}{b}=\frac{200}{50}=4<16.0$，故不需验算梁的整体稳定性。

3）主梁截面改变及验算：

①截面改变：为节约钢材，在距支座 $l/7=14/2=2$ m 处开始改变翼缘的宽度，所需翼缘的宽度由截面改变处的抗弯强度确定，截面改变点的弯矩和剪力为：

$$M_1=\frac{6}{2}\times383.1\times2-\frac{1}{2}\times3.782\times2^2=2291\ \text{kN}\cdot\text{m}$$

$$V_1=\frac{6}{2}\times383.1-3.782\times2=1141.736\ \text{kN}$$

则

$$W_1=\frac{M_1}{\gamma_x f}=\frac{2291\times10^6}{1.05\times205}=10644\ \text{cm}^3$$

$$A_1=\frac{2(I_x-I_w)}{h_0^2}=\frac{W_1}{h_0}-\frac{1}{6}t_w h_0=\frac{10644}{170}-\frac{1}{6}\times1.4\times170=23\ \text{cm}^2$$

$A_1=b_1t$，则 $b_1=\frac{23}{2}=11.5$ cm，取改变后的翼缘宽度为 14 cm。

②截面改变处折算应力验算：

$$I_1=\frac{1}{12}\times1.4\times170^3+2\times18\times2\times(170/2+1)^2$$

$$= 1105695.3\ \text{cm}^4\ S_1 = 18\times2\times86 = 3096\ \text{cm}^3$$

$$\sigma_1 = \frac{M_1}{I_1}y_1 = \frac{2291\times10^6}{1105695.3\times10^4}\times\frac{1700}{2} = 176.1\ \text{N/mm}^2$$

$$\tau_1 = \frac{V_1S_1}{I_1t_w} = \frac{1141.736\times10^3\times3096\times10^3}{1105695.3\times10^4\times14} = 22.84\ \text{N/mm}^2$$

$$\sigma_z = \sqrt{\sigma_1^2+3z_1^2} = \sqrt{176.1^2+22.84^2} = 180.5\ \text{N/mm}^2$$

4)主梁翼缘焊缝设计：

支座最大剪力：$V_{max} = \frac{6}{2}\times383.1 = 1149.3\ \text{kN}$

则需要的焊缝厚度为：

$$h_f \geqslant \frac{1}{1.4f_f^w}\frac{V_{max}S_1}{I_1} = \frac{1}{1.4\times160}\times\frac{1149.3\times10^3\times3096\times10^3}{1105695.3\times10^4} = 1.44\ \text{mm}$$

按构造要求：$h_f \geqslant 1.5\sqrt{20} = 6.7$ mm，选取翼缘焊缝的焊脚尺寸 $h_f = 8$ mm。

5)腹板加劲肋设计：

根据腹板的局部稳定性要求，因 $80 < \frac{h_0}{t_w} = \frac{1700}{14} = 121.43 < 170$，按标准要求，应设置横向加劲肋，而不需设置纵向加劲肋。首先，按构造要求，在每根次梁下面和支座处设置加劲肋，即取加劲肋的间距为 $a = 2.5$ m，将半跨范围内划分为三个区段，分别验算每个区段的局部稳定性。

①加劲肋的设计：

在腹板两侧成对配置加劲肋：

加劲肋截面外伸宽度：$b_s \geqslant \frac{h_0}{30}+40 = \frac{1700}{30}+40 = 96.7$ mm，取 $b_s = 100$ mm

加劲肋的厚度：$t_s \geqslant \frac{b_s}{15} = \frac{100}{15} = 6.7$ mm，取 $t_s = 8$ mm

②区段Ⅰ：

区段左边截面内力：$M = 0, V_{max} = 1149.3$ kN

区段右边截面内力：$M_1 = 2291$ kN·m，$V_1 = 1141.736$ kN

区段截面平均内力：$M = \frac{2291}{2} = 1145.5$ kN ·m

$$V = \frac{1145.5+1141.736}{2} = 1143.618\ \text{kN}$$

腹板计算高度边缘处由平均弯矩和剪力所引起的应力：

$$\sigma_1 = \frac{M_1}{I_1}y_1 = \frac{1145.5\times10^6}{1105695.3\times10^4}\times\frac{1700}{2} = 88.06\ \text{N/mm}^2$$

$$\tau_1 = \frac{V_1S_1}{I_1t_w} = \frac{1141.736\times10^3\times3096\times10^3}{1105695.3\times10^4\times14} = 23\ \text{N/mm}^2$$

临界应力计算：

a.σ_{cr}的计算：

$$\lambda_b=\frac{2h_c/t_w}{153}\sqrt{f_y/235}=\frac{170/1.4}{153}=0.794<0.85$$

$$\sigma_{cr}=f=205\ \text{N/mm}^2$$

b.τ_{cr}的计算：

$$\frac{a}{h_0}=\frac{200}{170}=1.18>1.0$$

$$\lambda_s=\frac{h_0/t_w}{41\sqrt{5.34+4\ (h_0/a)^2}}\sqrt{\frac{f_y}{235}}=\frac{170/1.4}{41\sqrt{5.34+4\ (170/200)^2}}=1.032$$

$$0.8<\lambda_s>1.2$$

$$\tau_{cr}=[1-0.59(\lambda_s-0.8)]f_v=[1-0.59\times(1.032-0.8)]\times120=103.574\ \text{N/mm}^2$$

腹板局部稳定验算：

$$\left(\frac{\sigma_1}{\sigma_{cr}}\right)^2+\left(\frac{\tau_1}{\tau_{cr}}\right)^2=\left(\frac{88.06}{205}\right)^2+\left(\frac{23}{103.55}\right)^2=0.23<1$$

区段Ⅰ的局部稳定满足要求。

③区段Ⅱ：

区段左边截面内力：

$$M_1=2291\ \text{kN·m},\ V_1=1141.736-383.1=738.636\ \text{kN}$$

区段右边截面内力：

$$M_2=\frac{6}{2}\times383.1\times4-\frac{1}{2}\times4\times4^2-383.1\times2=3799\ \text{kN·m}$$

$$V_2=\frac{6}{2}\times383.1-4\times4-383.1=750.2\ \text{kN}$$

区段截面平均内力：

$$M=(2291+3799)/2=3045\ \text{kN·m}$$

$$V=(766.2+750.2)/2=754.418\ \text{kN}$$

$$S=50\times2\times86=8600\ \text{cm}^3$$

腹板计算高度边缘处由平均弯矩和剪力所引起的应力：

$$\sigma_1=\frac{M_1}{I_1}y_1=\frac{3045\times10^6}{2052450\times10^4}\times\frac{1700}{2}=126.11\ \text{N/mm}^2$$

$$\tau_1=\frac{V_1S_1}{I_1t_w}=\frac{754.418\times10^3\times8600\times10^3}{2052450\times10^4\times14}=22.58\ \text{N/mm}^2$$

临界应力计算：

a.σ_{cr}的计算：

$$\lambda_b=\frac{2h_c/t_w}{153}\sqrt{f_y/235}=\frac{170/1.4}{153}=0.794<0.85$$

$$\sigma_{cr}=f=205\ \text{N/mm}^2$$

b.τ_{cr}的计算：

$$\frac{a}{h_0}=\frac{20}{170}=1.18>1.0$$

$$\lambda_s=\frac{h_0/t_w}{41\sqrt{5.34+4\ (h_0/a)^2}}\sqrt{\frac{f_y}{235}}=\frac{170/1.4}{41\sqrt{5.34+4\times(175/250)^2}}=1.105$$

$$0.8<\lambda_s<1.2$$

$$\tau_{cr}=[1-0.59(\lambda_s-0.8)]f_v=[1-0.59\times(1.032-0.8)]\times120=98.406\ \text{N/mm}^2$$

腹板局部稳定验算：

$$\left(\frac{\sigma_1}{\sigma_{cr}}\right)^2+\left(\frac{\tau_1}{\tau_{cr}}\right)^2=\left(\frac{126.11}{205}\right)^2+\left(\frac{22.58}{98.406}\right)^2=0.431<1$$

区段Ⅱ的局部稳定满足要求。

④区段Ⅲ：

区段左边截面内力：

$$M_1=4602\ \text{kN}\cdot\text{m},V_1=1141.736-383.1\times2=375.536\ \text{kN}$$

区段右边截面内力：

$$M_2=\frac{6}{2}\times383.1\times6-\frac{1}{2}\times4\times6^2-383.1\times(2+4)=4525.2\ \text{kN}\cdot\text{m}$$

$$V_2=\frac{6}{2}\times383.1-4\times6-383.1\times2=359.1\ \text{kN}$$

区段截面平均内力：

$$M=(4602+4525.2)/2=4563.6\ \text{kN}\cdot\text{m}$$

$$V=(383.1+359.1)/2=371.1\ \text{kN}\cdot\text{m}$$

$$S=50\times2\times86=8600\ \text{cm}^3$$

腹板计算高度边缘处由平均弯矩和剪力所引起的应力：

$$\sigma_1=\frac{M_1}{I_1}y_1=\frac{4563.6\times10^6}{2352340\times10^4}\times\frac{1700}{2}=164.9\ \text{N/mm}^2$$

$$\tau_1=\frac{V_1S_1}{I_1t_w}=\frac{371.1\times10^3\times8600\times10^3}{2352340\times10^4\times14}=9.7\ \text{N/mm}^2$$

临界应力计算：

a.σ_{cr}的计算：

$$\lambda_b=\frac{2h_c/t_w}{153}\sqrt{f_y/235}=\frac{170/1.4}{153}=0.794<0.85$$

$$\sigma_{cr}=f=205\ \text{N/mm}^2$$

b.τ_{cr}的计算：

$$\frac{a}{h_0}=\frac{20}{170}=0.118<1$$

$$\lambda_s=\frac{h_0/t_w}{41\sqrt{5.34+4\ (h_0/a)^2}}\sqrt{\frac{f_y}{235}}=\frac{170/1.4}{41\sqrt{5.34+4\ (175/250)^2}}=1.105$$

$$0.8<\lambda_s<1.2$$

$$\tau_{cr}=[1-0.59(\lambda_s-0.8)]f_v=[1-0.59\times(1.105-0.8)]\times120=98.406\ \text{N/mm}^2$$

腹板局部稳定验算：

$$\left(\frac{\sigma_1}{\sigma_{cr}}\right)^2+\left(\frac{\tau_1}{\tau_{cr}}\right)^2=\left(\frac{164.9}{205}\right)^2+\left(\frac{9.7}{98.406}\right)^2=0.431<1$$

区段Ⅲ的局部稳定满足要求。

⑤区段Ⅳ：

区段截面平均内力：

$$M=(4602+4525.2)/2=4563.6\ \text{kN·m}$$

$$V=(383.1+359.1)/2=371.1\ \text{kN·m}$$

$$S=50\times2\times86=8600\ \text{cm}^3$$

腹板计算高度边缘处由平均弯矩和剪力所引起的应力：

$$\sigma_1=\frac{M_1}{I_1}y_1=\frac{4694.2\times10^6}{2352340\times10^4}\times\frac{1700}{2}=169.62\ \text{N/mm}^2$$

$$\tau_1=\frac{V_1S_1}{I_1t_w}=\frac{371.1\times10^3\times8600\times10^3}{2352340\times10^4\times14}=9.7\ \text{N/mm}^2$$

临界应力计算：

a.σ_{cr}的计算：

$$\lambda_b=\frac{2h_c/t_w}{153}\sqrt{f_y/235}=\frac{170/1.4}{153}=0.794<0.85$$

$$\sigma_{cr}=f=205\ \text{N/mm}^2$$

b.τ_{cr}的计算：

$$\frac{a}{h_0}=\frac{20}{170}=0.118<1$$

$$\lambda_s=\frac{h_0/t_w}{41\sqrt{5.34+4\ (h_0/a)^2}}\sqrt{\frac{f_y}{235}}=\frac{170/1.4}{41\sqrt{5.34+4\ (175/250)^2}}=1.105$$

$$0.8<\lambda_s<1.105$$

$$\tau_{cr}=[1-0.59(\lambda_s-0.8)]f_v=[1-0.59\times(1.105-0.8)]\times120=98.406\ \text{N/mm}^2$$

腹板局部稳定验算：

$$\left(\frac{\sigma_1}{\sigma_{cr}}\right)^2+\left(\frac{\tau_1}{\tau_{cr}}\right)^2=\left(\frac{169.62}{205}\right)^2+\left(\frac{9.7}{98.406}\right)^2=0.694<1$$

区段Ⅳ的局部稳定满足要求。

6.7　梁的拼接、连接和支座

6.7.1　梁的拼接

梁的拼接有工厂拼接和工地拼接两种，由于钢材尺寸的限制，必须将钢材接长或拼大，这种拼接常在工厂中进行，称为工厂拼接。由于运输或安装条件的限制，梁必须分段运输，然后在工地拼装连接，称为工地拼装。

型钢梁的拼接如图 6.14 所示，可采用对接焊缝连接，但由于翼缘与腹板连接处不易焊透，故有时采用拼接板拼接。拼接位置均宜设在弯矩较小处。

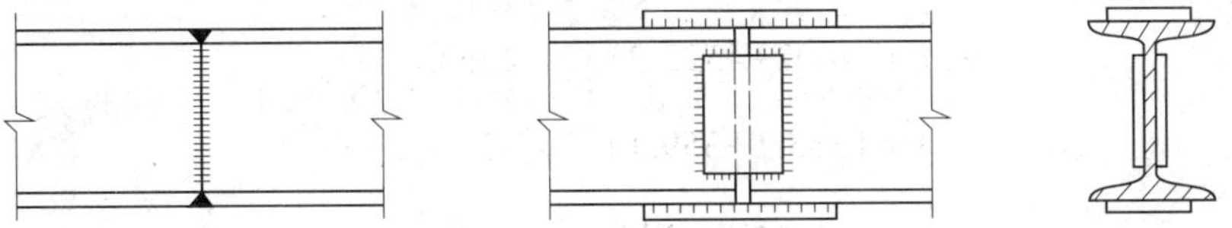

图 6.14　型钢梁的拼接

6.7.1.1　工厂拼接

组合梁工厂拼接的位置常由钢材尺寸决定。翼缘与腹板的拼接位置宜错开，并避免与加劲肋或次梁连接处重合，以防止焊缝密集与交叉。腹板的拼接焊缝与横向加劲肋之间至少应相距 $10t_w$，如图 6.15 所示。

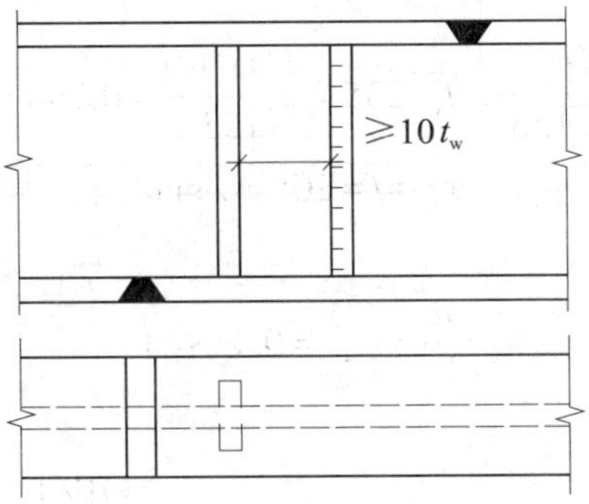

图 6.15　组合梁工厂拼接

在焊接时要遵循一定的施焊顺序，先焊腹板，再焊受拉翼缘，然后焊受压翼缘，预留的角焊缝最后补焊可以减少焊接应力。翼缘与腹板的拼接位置略为错开，可以改善受力情况，但在运输时需要对端头突出部位加以保护，以免碰伤。

6.7.1.2　工地拼接

工地拼接的位置由运输及安装条件决定，但宜布置在弯矩较小处。梁的翼缘与腹板一般宜在同一截面处断开，如图 6.16(a)所示，以减少运输碰损。当采用对接焊缝时，上、下翼缘宜加工成朝上的V形坡口,以便于工地焊接。为了减小焊接应力,应将翼缘和腹板的工厂焊缝在端部留约500 mm长度不焊,以使工地焊接时有较多的收缩余地。

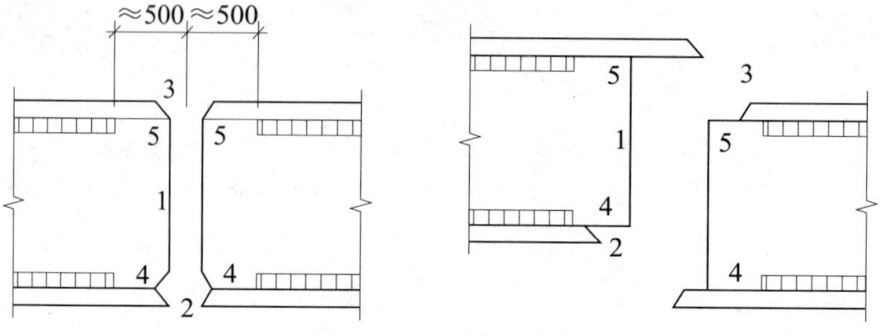

图6.16 组合梁工地拼接

现场施焊条件较差,焊缝质量难于保证,所以较重要或受动力荷载的大型梁,其工地拼接宜采用高强度螺栓,如图6.17所示。

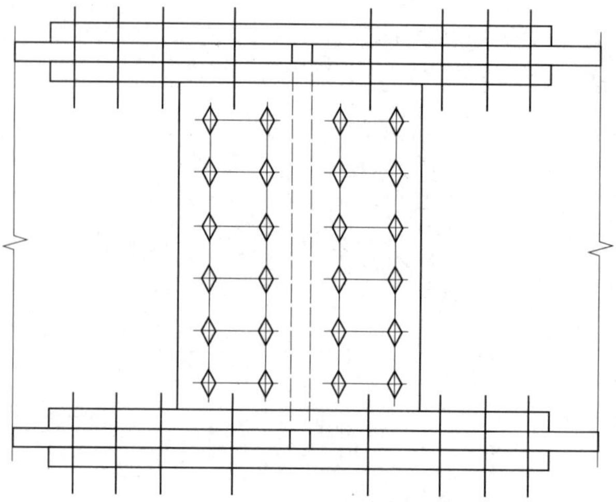

图6.17 采用高强度螺栓的工地拼接

6.7.2 次梁与主梁的连接

6.7.2.1 简支次梁与主梁的连接

次梁与主梁的连接形式有叠接和平接两种。连接的特点是次梁只有支座反力传递给主梁。

叠接(见图6.18)时,次梁直接搁置在主梁上,用螺栓和焊缝固定,这种形式构造简单,但占用建筑高度大,连接刚性差一些,其使用常受到限制。图6.18(a)是次梁为简支梁时与主梁连接的构造,而图6.18(b)是次梁为连续梁时与主梁连接的构造。如次梁截面较大,应另采取构造措施防止支承处截面的扭转。

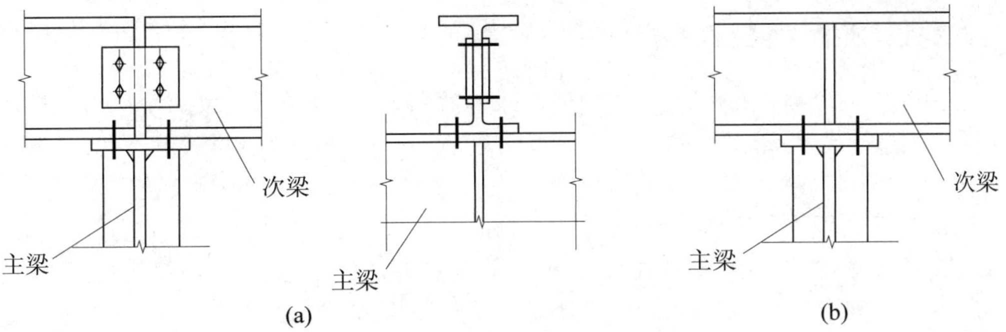

图 6.18　次梁与主梁叠接

平接(图 6.19)是将次梁端部上翼缘切去,端部下翼缘则切去一边,使次梁顶面与主梁相平或略高、略低于主梁顶面,从侧面与主梁的加劲肋或在腹板上专设的短角钢或支托相连,次梁端部与主梁加劲肋用螺栓相连。如果次梁反力较大,螺栓承载力不够,可用围焊缝(角焊缝)将次梁端部腹板与加劲肋连牢传递反力,这时螺栓只作安装定位用,实际设计时,考虑连接偏心,通常将反力加大 20%~ 30%来计算焊缝或螺栓。图 6.19(a)~(c)是次梁为简支梁时与主梁连接的构造,图 6.19(d)是次梁为连续梁时与主梁连接的构造。平接虽构造复杂,但可降低结构高度,在实际工程中应用较广泛。

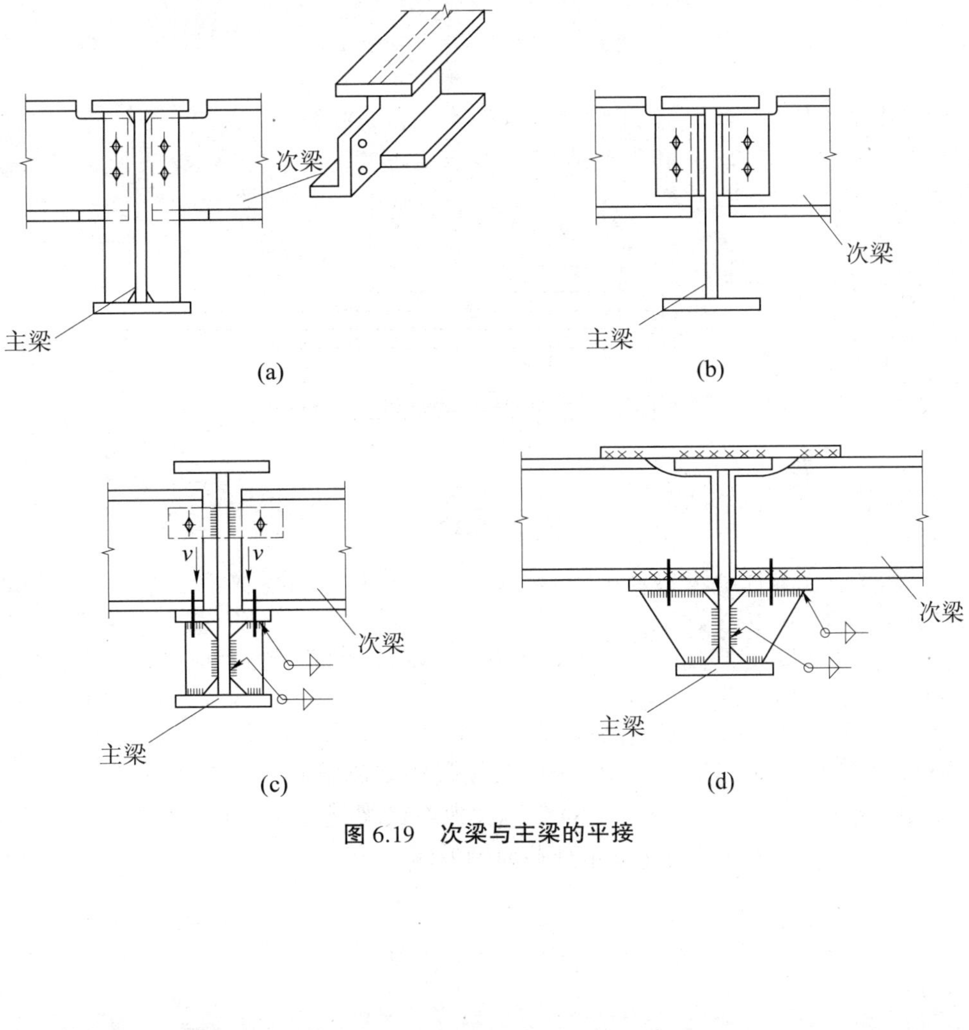

图 6.19　次梁与主梁的平接

6.7.2.2 连续次梁与主梁的连接

这种连接也分叠接和侧面连接两种形式。叠接时,次梁在主梁处不断开,直接搁置于主梁并用螺栓或焊缝固定。次梁只有支座反力传给主梁。当次梁荷载较重或主梁上翼缘较宽时,可在主梁支承处设置焊于主梁的中心垫板,以保证次梁支座反力中心地传给主梁。

当次梁荷载较重采用侧面连接时,次梁在主梁上要断开,分别连于主梁两侧。除支座反力传给主梁外,连续次梁在主梁支座处的左右弯矩也要通过主梁传递,因此其构造稍复杂一些,常用的形式如图 6.19(d)所示。按图中构造,先在主梁上次梁相应位置处焊上承托,承托由竖板及水平顶板组成。安装时先将次梁端部上翼缘切去后安放在主梁承托水平顶板上,再将次梁下翼缘与顶板焊牢,最后用连接盖板将主次梁上翼缘用焊缝连接起来。为避免仰焊,连接盖板的宽度应比次梁上翼缘稍窄,承托顶板的宽度则应比次梁下翼缘稍宽。

在图 6.19(d)的连接中,次梁支座反力直接传递给承托顶板,再传至主梁。左右次梁的支座负弯矩则分解为上翼缘的拉力和下翼缘的压力组成的力偶。上翼缘的拉力由连接盖板传递,下翼缘的压力则传给承托顶板后,再由承托顶板传给主梁腹板。这样,次梁上翼缘与连接盖板之间的焊缝、次梁下翼缘与承托顶板之间的焊缝以及承托顶板与主梁腹板之间的焊缝,应按各自传递的拉力或压力设计。

6.7.3 梁的支座

平台梁可以支承在柱上,也可以支承在墙上,支承在墙上需要有一个支座,以分散传给墙的支座压力。梁的支座形式有平板支座、弧形支座、滚轴支座、铰轴式支座、球形支座、桩台支座及凸缘支座(见图 6.20)。

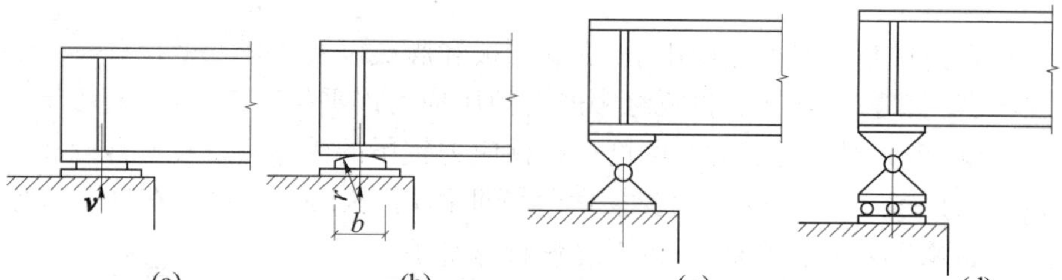

图 6.20 梁的支座

平板支座在支承板下产生较大的摩擦力,梁端不能自由转动,支承板下的压力分布不太均匀,底板厚度应根据支座反力对底板产生的弯矩进行计算。弧形支座的构造与平板支座相同,只是与梁接触面为弧形,当梁产生挠度时可以自由转动,不会引起支承板下的不均匀受力。这种支座用在跨度较大(Z= 20~40 m)的梁中。梁与支承板之间仍用螺栓固定。

(1)弧形支座弧面与平板自由接触的承压应力应按下式计算:

$$\sigma=\frac{25R}{2rl}\leqslant f \tag{6.38}$$

式中 r ——支座板弧形表面的半径;

l ——弧形表面与平面的接触长度；

R ——支座反力。

(2)滚轴支座的滚轴与平板自由接触的承压应力应按下式计算：

$$\sigma=\frac{25R}{ndl}\leqslant f \tag{6.39}$$

式中　d ——滚轴直径；

n ——支座反力。

(3)铰轴式支座的圆柱形枢轴当两相同半径的圆柱形弧面自由接触的中心角 $\theta\geqslant 90°$时，承压应力应按下式计算：

$$\sigma=\frac{2R}{dl}\leqslant f \tag{6.40}$$

式中　d ——枢轴直径；

l ——枢轴纵向接触面长度。

6.8　其他类型的梁

6.8.1　异种钢组合梁

异种钢组合梁在梁受力大处的翼缘板采用强度较高的钢材，而腹板采用强度稍低的钢材。按弯矩图的变化，沿跨长方向分段采用不同强度等级的钢材，既可更充分地发挥钢材强度的作用，又可保持梁截面尺寸沿跨长不变。

6.8.2　预应力钢梁

拉索预应力实腹式梁的截面由上、下翼缘板和腹板以及布置在受拉翼缘一侧的拉索共同组成。利用张拉钢索在受拉翼缘中产生预压应力以平衡荷载拉应力，从而延长梁的弹性受力范围，提高梁的承载力及刚度。在预应力钢梁的受拉侧设置具有较高预拉力的高强度钢筋或钢索，使梁在受荷前受反向的弯曲作用，从而提高钢梁在外荷载作用下的承载能力。但预应力钢梁的制作、施工过程较为复杂。

单跨简支梁的拉索布置都在受拉的下翼缘一侧，连续梁的原理类似。拉索虽不一定布置在下翼缘，但必须是布置在受拉翼缘一侧。拉索的形式主要有三种(图 6.21)：一是直线形，最常用；二是折线形，用在梁需要较大卸载弯矩时；三是曲线形，用在支座反力较大时。一般情况下可直线布索，索锚头置于梁端，构造简单方便。跨度较大时为节省材料也可只在跨中布索，同时锚头也移向跨中，锚头构造容易对翼缘及腹板产生应力集中而降低耐久性，尤其对承受动力荷载的结构不利。考虑引入较大卸载弯矩时可以加大预应力力臂而在下翼缘下部增设撑杆，预应力索从梁端及撑杆端通过形成折线。当支座反力较大时可以考虑提高预应力效应亦可沿全跨曲线布置，梁端拉索的方向与主拉应力方向一致，对卸载有利。梁跨较长时可在跨中区段重叠布索，拉索根数随梁跨弯矩大小变化，可节约材料。关于拉索预应力梁的节点设计根据受力力度可选用钢缆、钢绞线、高强钢丝束作拉索。力度较小时可采用高强圆钢借助螺帽拧紧，力度较大时也可采用环形钢丝束用顶推法张拉。在锚头连接处拉索的巨大集中荷载传至梁上，在梁的腹板及翼缘处引起很大的局部应力，应在相应位置设置辅助加劲肋，以保证腹板的稳定性及均匀受力。为了保证张拉过程中下翼缘的稳定性，应设定位板沿索长方向将拉索与下翼缘相连以保证索与下翼缘共同工作。

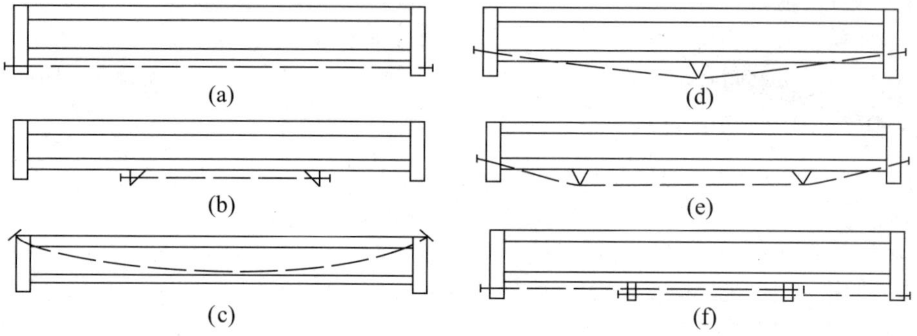

图 6.21　拉索预应力简支梁形式

多跨连续梁多跨连续梁拉索同样布置在受拉翼缘处。在跨中布置索于梁下翼缘，在中间支座处布置索于上翼缘[图 6.22(a)]。拉索可断续布置，但锚点较多，亦可连续布索[图 6.22(b)]，但拉索过长时，张拉力有损失。在实腹梁中布索应注意：①引入预应力的符号与荷载应力的相反；②卸载弯矩图形与荷载弯矩图相应或相似；③锚着点尽量少些，且位于应力较小部位；④与梁截面竖轴对称布索，并适应张拉设备能力及工艺要求。

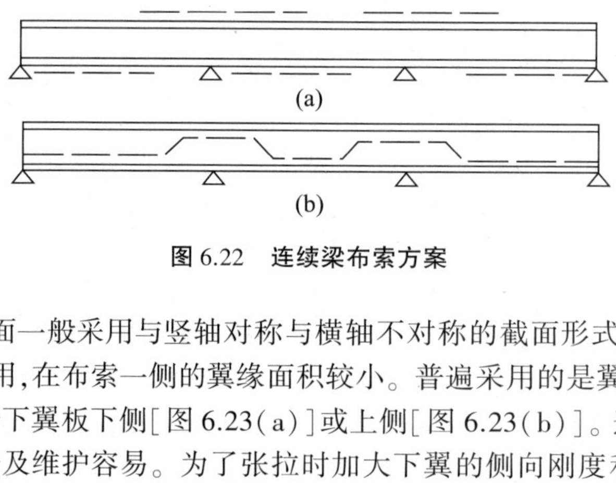

图 6.22　连续梁布索方案

预应力钢梁截面一般采用与竖轴对称与横轴不对称的截面形式(图 6.23)。由于拉索的卸载及参与作用，在布索一侧的翼缘面积较小。普遍采用的是翼缘上大下小的三块板式截面，拉索位于下翼板下侧[图 6.23(a)]或上侧[图 6.23(b)]。这种截面构造简单、制作方便，索的检查及维护容易。为了张拉时加大下翼的侧向刚度和保护拉索，有时采用轧制型钢作下翼缘，如角钢、槽钢、钢管等[图 6.23(c)~(e)]。重型梁中为加大梁的侧向刚度，可做成双腹板式的三角形或矩形截面[图 6.23(f)(g)]，具有良好的预应力效果。但拉索位于腹板之中，略增加制造难度。预应力悬挑梁截面一般采用如图 6.24 所示形式。截面不对称的最佳形式取决于荷载作用下，梁内上、下翼缘边缘应力皆达到材料的强度设计值。而拉索中的应力也同步达到其设计强度。截面不对称的比例还受荷载类型、梁的受力特性(弹性、弹塑性或多次预应力)和材料的力学性能影响。适宜的上、下翼面积比一般为 1.5~1.7。

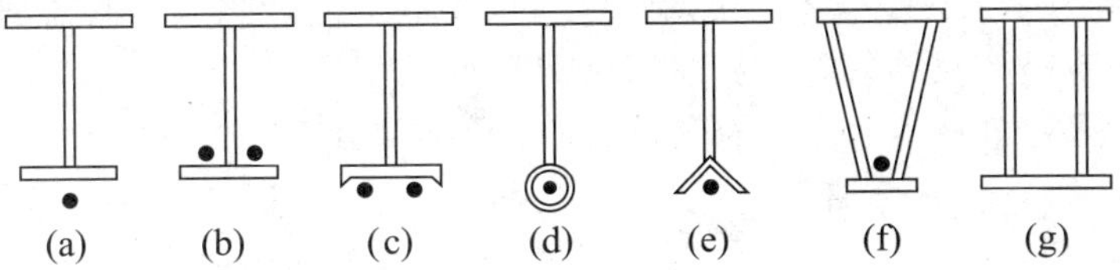

图 6.23 预应力实腹梁截面形式

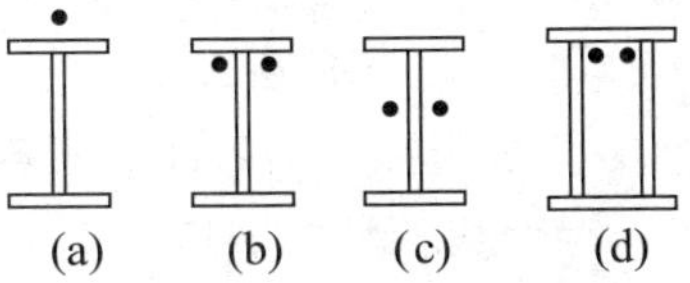

图 6.24 预应力悬挑梁截面形式

6.8.3 钢与混凝土组合梁

钢与混凝土组合梁是在钢结构和混凝土结构基础上发展起来的一种新型结构形式。它主要通过在钢梁和混凝土翼缘板之间设置剪力连接件(栓钉、槽钢、弯筋等),抵抗两者在交界面处的分离及相对滑移,使之成为一个整体而共同工作。

压型钢板上现浇混凝土翼板并通过抗剪连接件与钢梁连接组合成整体后,钢梁与楼板成为共同受力的组合梁结构。

6.8.3.1 组合梁的组成

压型钢板组合梁通常由三部分组成:钢筋混凝土翼板、抗剪连接件、钢梁。

(1)钢筋混凝土翼板　组合梁的受压翼缘。

(2)抗剪连接件　混凝土翼板与钢梁共同工作的基础,主要用来承受翼板与钢梁接触面之间的纵向剪力,同时可承受翼板与钢梁之间的掀起力。

(3)钢梁　在组合梁中主要承受拉力和剪力,钢梁的上翼缘用作混凝土翼板的支座并用来固定抗剪连接件,在组合梁受弯时,抵抗弯曲应力的作用远不及下翼缘,故钢梁宜设计成上翼缘截面小于下翼缘截面的不对称截面。

6.8.3.2 组合梁的工作原理

(1)组合梁混凝土翼板的形式　组合梁混凝土翼板可用现浇混凝土板、混凝土叠合板或压型钢板混凝土组合板。混凝土叠合板翼板由预制板和现浇混凝土层组成,施工时可在混凝土预制板表面采取拉毛及设置抗剪钢筋等措施,以保证预制板和现浇混凝土层形成整体。压型钢板上现浇混凝土翼板并通过抗剪连接件与钢梁连接组合成整体后,钢梁与楼板成为共同受力的组合梁结构。

(2)钢梁的形式　钢梁的形式应根据组合梁跨度、荷载、施工条件等综合考虑。一般来说,采用上窄下宽的焊接工字形截面耗钢量较少。当荷载或跨度较小时,也可采用热轧 H 型钢或普通工字钢,或在其下面加一块盖板。当跨度较大而荷载相对较小时,可考虑采用 H 型钢的腹板切割为锯齿形,错开半齿焊合而成的蜂窝梁。它将 H 型钢高度提高约 50%,有较好的经济效果,而空洞又便于铺设管线。

(3)混凝土翼板的计算宽度　计算组合梁时,将其截面视为 T 形截面,上部受压翼缘为混凝土板的一部分甚至全部。

小结:

(1)钢结构中最常用的受弯构件是用型钢或钢板制造的实腹式构件——梁。

(2)梁的计算包括强度、刚度、整体稳定和局部稳定。

(3)梁的强度包括抗弯强度 σ、抗剪强度 τ、局部承压强度 σ_c 和折算应力四项,其中 σ 必须计算,后三项则视情况而定。如型钢梁若截面无太大削弱可不计算 τ,且可不计算 σ_c 和折算应力。组合梁在固定集中荷载处设有支承加劲肋时也不须计算 σ_c。

(4)梁的抗弯强度在单向弯曲时按式(6.1)计算,双向弯曲时按式(6.2)计算。式中 γ_x 和 γ_y 是用来考虑部分截面发展塑性,且其受压翼缘外伸宽度之比应符合 $b_1/t \leq 13\sqrt{235/f_y}$。但对于需要计算疲劳强度的梁,则不考虑,即 $\gamma_x = \gamma_y = 1$。

(5)梁的抗剪强度、局部承压强度和折算应力分别按式(6.3)、式(6.4)和式(6.6)计算。折算应力只在同时受有较大弯曲应力 σ_1、剪应力 τ_1 或还有局部压应力 σ_c 的部位才作计算(如梁截面改变处的腹板计算高度边缘)。

(6)梁的刚度按式(6.7)或式(6.8)计算。荷载应采用标准值,即不乘荷载分项,动力荷载也不乘动力系数。计算时取用的荷载(全部荷载或可变荷载)应与表 6.3 的要求对应。

(7)梁的失稳是在轻度破坏前突然发生的,往往事先无明显征兆。故而应尽量采取措施以提高整体稳定性能,如将密铺的铺板与受压翼缘焊牢、增设受压翼缘的侧向支承等。对等截面工字型和 H 型钢简支梁,当其受压翼缘的侧向自由长度 l_1 与其宽度 b 之比不超过规定时可不计算整体稳定性,否则须作计算。

(8)梁的整体稳定性计算按式(6.11)。式中 φ_b 为梁的整体稳定系数,其值小于 1。对等截面工字型简支梁、H 型钢简支梁和双轴对称工字型等截面悬臂梁的 φ_b 按式(6.14)、式(6.15)计算。当通过上式得到的 $\varphi_b>0.6$ 时,须将 φ_b 换算成 φ_b'(弹塑性阶段整体稳定系数)计算。

(9)梁失稳的临界应力和梁截面的几何形状及尺寸(受压翼缘宽有利)、受压翼缘的侧向自由长度(长度度有利)、荷载类型(均布荷载比集中荷载不利)和作用位置(作用在上翼缘比在下翼缘不利)等因素有关,故梁整体稳定计算公式中的有关系数(如 φ_b、β_b、η_b)也与上述因素有关。另外在梁端处需采取构造措施防止端部截面扭转,否则梁的整体稳定性能将会降低。

(10)梁的局部稳定对型钢梁可不考虑。对工字型组合梁以板件宽厚比控制。

思考题

6.1　影响梁整体稳定的因素有哪些?提高梁整体稳定的措施有哪些?

6.2　截面塑性发展系数的意义是什么?

6.3　型钢梁和组合梁在截面设计方法上有何区别？

6.4　受压翼缘和腹板的局部稳定如何保证？腹板加劲肋的种类及配置有何规定？

6.5　不用计算梁整体稳定的条件是什么？

6.6　组合梁腹板加劲肋有哪些？分别设在哪些位置？设置原则是什么？

6.7　梁的工厂拼接和工地拼接有何不同？

习题

6.1　焊接工字型截面梁配置横向加劲肋的目的是增强梁的　　　　(　　)

A.抗弯刚度　　B.抗剪刚度　　C.整齐稳定性　　D.局部稳定性

6.2　梁的支承加劲肋应设置在　　　　(　　)

A.弯曲用力大的区段　　B.剪应力大的区段

C.上翼缘或下翼缘有固定作用力的部位　　D.有吊车轮压的部位

6.3　验算工字形截面梁的折算应力公式为 $\sigma_{eq}=\sqrt{\sigma^2+\sigma_c^2-\sigma\sigma_c+3\tau^2}\leqslant\beta_1 f$，式中 σ、τ 应为　　　　(　　)

A.验算截面中的最大正应力和最大剪应力

B.验算截面中的最大正应力和验算点的剪应力

C.验算截面中的最大剪应力和验算点的正应力

D.验算截面中验算点的正应力和剪应力

6.4　某车间操作平台梁，铰接于柱顶。梁跨度 15 m，柱距 5 m，梁上承受均布恒载标准值 3 kN/m(已包括自重)，在梁的三分点处各承受一个固定集中活载，其标准值为 $F=340$ kN，且在固定集中活载处有可靠的侧向支承点，钢材为 Q345 钢，焊条为 E50 系列。钢梁截面及内力计算结果如图 6.25 所示。

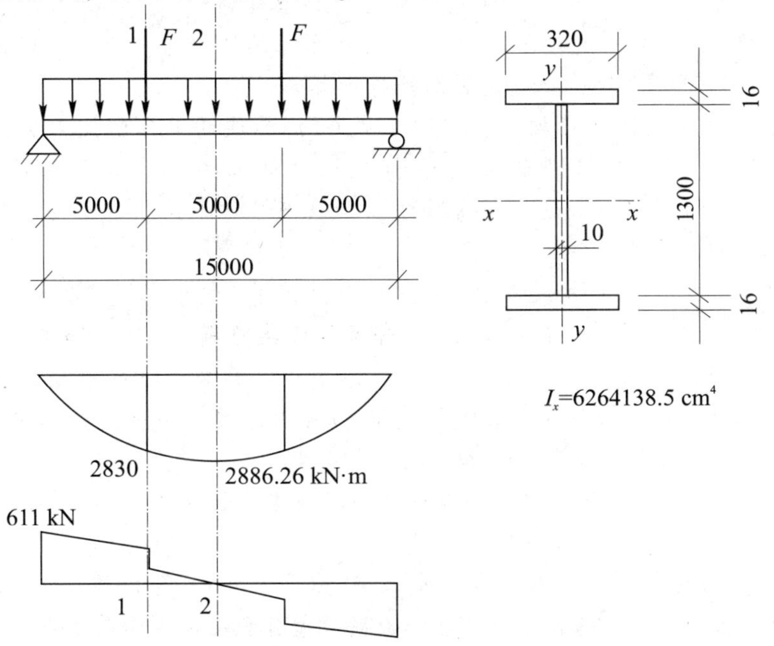

图 6.25　习题 6.4 图

(1)验算此梁的折算应力时,应计算 (　　)

A.1 截面的腹板计算高度边缘处　　B.2 截面的腹板计算高度边缘处

C.1 截面的翼缘最大纤维处　　D.2 截面的翼缘最大纤维处

(2)梁的折算应力应为(　　)N/mm^2。

A.270.2　　B.297.6　　C.301.7　　D.306

(3)梁的最大剪应力值应为(　　)N/mm^2。

A.35　　B.53　　C.70　　D.110

6.5　如图 6.26 所示简支梁,采用哪项措施后,整体稳定还可能起控制作用? (　　)

A.梁上翼缘未设置侧向支承点,但有刚性铺板并与上翼缘连牢

B.梁上翼缘侧向支承点间距离 $l_1=6000$ mm,梁上设有刚性铺板但并未与上翼缘连牢

C.梁上翼缘侧向支承点间距离 $l_1=6000$ mm,梁上设有刚性铺板并与上翼缘连牢

D.梁上翼缘侧向支承点间距离 $l_1=3000$ mm,但上翼缘没有钢性铺板

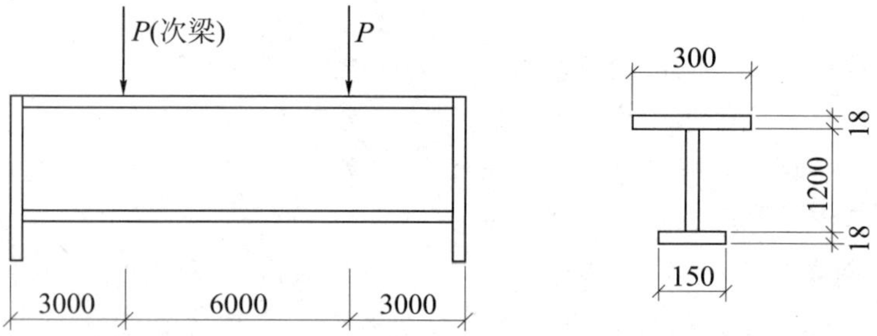

图 6.26　习题 6.5 图

6.6　计算梁的整体稳定性时,当整体稳定性系数 φ_b 大于多少时,应以弹塑性工作阶段整体稳定系数代替 φ_b? (　　)

A. 0.8　　B. 0.7　　C. 0.6　　D. 0.5

6.7　对于组合梁的腹板,若 $h_0/t_w=100$,按要求应 (　　)

A.无须配置加劲肋　　B.配置横向加劲肋

C.配置纵向、横向加劲肋　　D.配置纵向、横向和短加劲肋

6.8　焊接梁的腹板局部稳定常采用配置加劲肋的方法来解决,当 $\frac{h_0}{t_w}=100\sqrt{\frac{235}{f_y}}$ 时,梁腹板可能 (　　)

A.可能发生剪切失稳,应配置横向加劲肋

B.可能发生弯曲失稳,应配置横向和纵向加劲肋

C.可能发生弯曲失稳,应配置横向加劲肋

D.可能发生剪切失稳和弯曲失稳,应配置横向和纵向加劲肋

6.9　如图 6.27 所示,一焊接组合截面板梁,截面尺寸:翼缘板宽度 $b=340$ mm,厚度 $t=12$ mm;腹板高度 $h_0=450$ mm,厚度 $t_w=10$ mm,Q235A 钢材。梁的两端简支,跨度为 6 m,跨中受一集中荷载作用,荷载标准值:恒载 40 kN,活载 70 kN(静力荷载)。试对梁

的抗弯强度、抗剪强度、折算应力、整体稳定性和挠度进行验算。

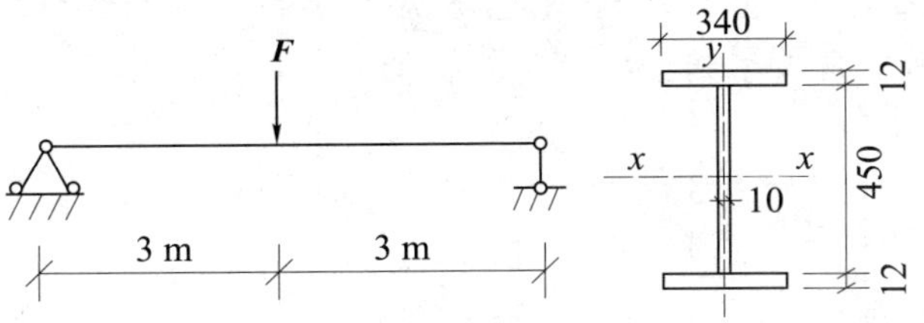

图 6.27　习题 6.9 图

6.10　一平台的梁格布置如图 6.28 所示。铺板为预制钢筋混凝土板，与次梁牢固焊接，恒荷载标准值（包括铺板自重）为 18 kN/m^2，静力活荷载标准值为 25 kN/m^2，钢材为 Q235，焊条为 E50，手工焊接，试选次梁截面，并对梁进行验算。

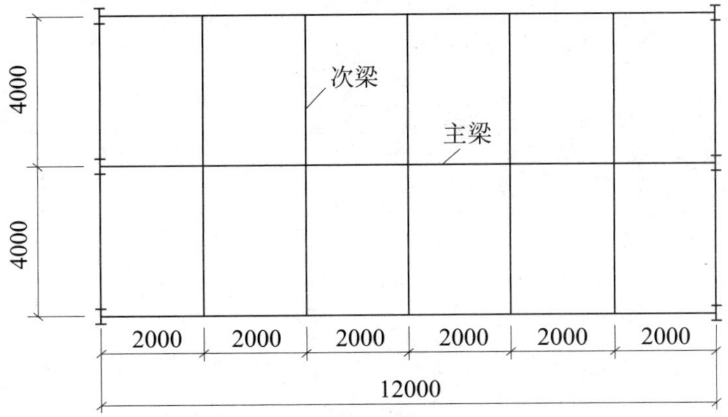

图 6.28　习题 6.10 图

6.11　工作平台的主梁为等截面简支梁，如图 6.29 所示，承受由次梁传来的集中荷载，标准值为 20 kN，设计值为 260 kN，钢材为 Q235，焊条为 E43，手工焊接，在次梁连接处设置有支承加劲肋，试验算该梁是否满足要求。

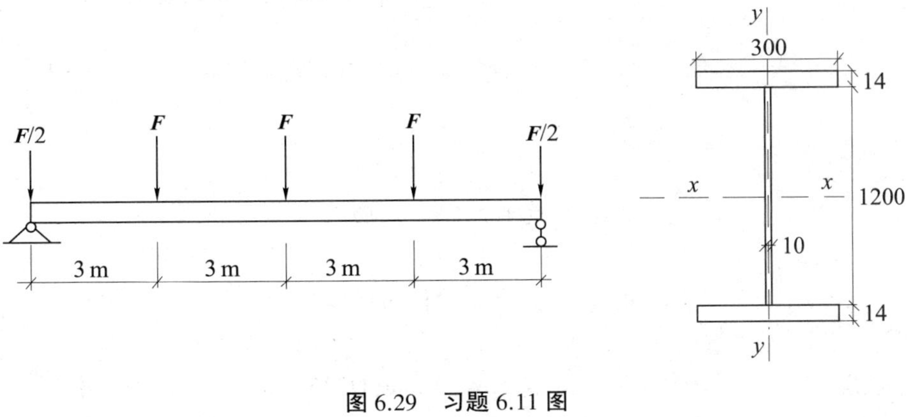

图 6.29　习题 6.11 图

6.12　如图6.30所示,次梁支于主梁上面,平台板未与次梁翼缘牢固连接。次梁承受板和面层自重标准值为3.0 kN/m^2(不包括次梁自重),活荷载标准值为12 kN/m^2(静力荷载)。次梁采用轧制工字钢I36a,钢材为Q235B。验算次梁整体稳定,如不满足,另选次梁截面。

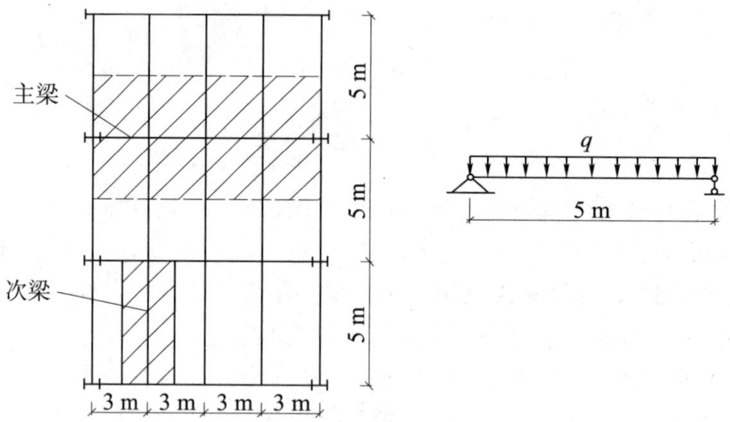

图6.30　习题6.12图

第七章　拉弯构件和压弯构件

拉弯构件是指同时承受轴心拉力和弯矩作用的构件，也常称为偏心受拉构件；压弯构件是指同时承受轴心压力和弯矩作用的构件，也常称为偏心受压构件。拉弯构件和压弯构件中的弯矩，可由不通过截面形心的偏心纵向荷载引起，或由构件端部转角约束引起的端部弯矩所引起。

拉弯、压弯构件在钢结构中的应用十分广泛，有节间荷载作用的桁架、塔架支柱、厂房框架柱及高层建筑的框架柱等都属于拉弯或压弯构件。

例如，图 7.1 所示钢结构厂房，屋架下弦杆 AB 在屋架面内为拉弯构件，上弦杆 CD 在屋架面内为压弯，因为此二杆件在竖向屋面荷载作用下分别承受拉力和压力，在跨中则分别承受可引起弯矩效应的竖向集中荷载 P_1 和 P_2，荷载效应组合后即为拉弯和压弯构件。竖向变截面下柱在框架面内为压弯构件，因为竖向上由上柱传来的集中力和吊车荷载通过吊车梁传来的集中力，对于下柱的形心来说，往往都是偏心力，因此在下柱中不仅引起压力，还引起由于偏心导致的弯矩。

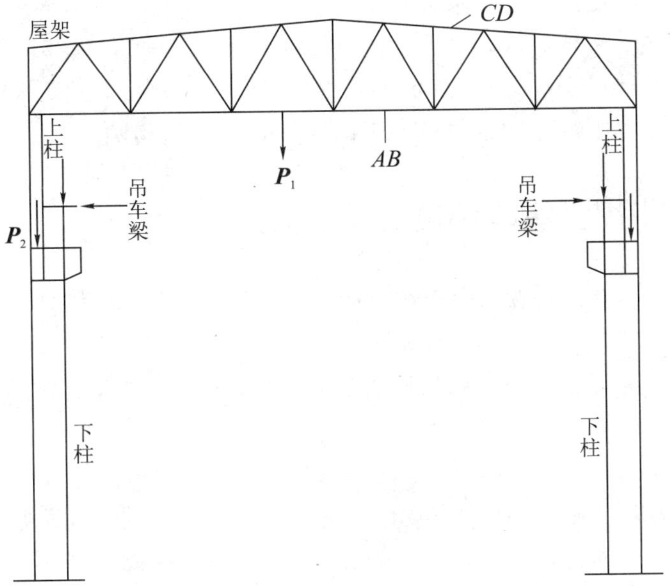

图 7.1　钢结构厂房拉弯压弯构件示意

拉弯、压弯构件的截面形式可分为型钢截面和组合截面两类。组合截面又分为实腹式和格构式两种。当弯矩较小时，拉弯、压弯构件的截面形式与轴心受力构件相同；当弯矩较大时，除采用双轴对称截面[图 7.2(a)]外，还可以采用单轴对称截面[图 7.2(b)]，并应使较大翼缘位于受压(受压构件)或受拉(拉弯构件)一侧;当弯矩很大并且构件较大时,可选用格构式截面[图 7.2(c)],以获得较好的经济效果。

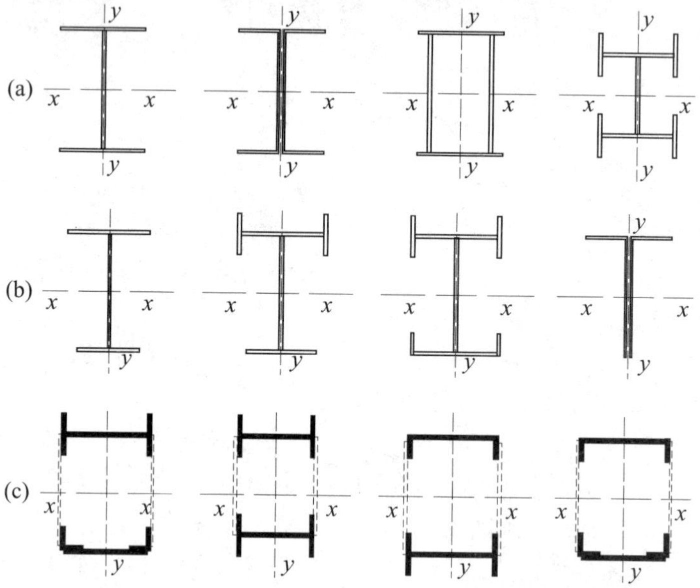

图 7.2 压弯构件截面形式

压弯构件在实际使用中,可能发生强度、刚度、整体稳定和局部稳定四个方面的问题,因此在设计之初,必须对这四个方面的问题进行深入学习和理解,掌握防止每个问题发生的方法。在设计过程中,通过截面形式和截面尺寸的合理选择,即可保证该构件在设计完毕后安装和使用过程中就不会发生前述四个方面的问题了。

7.1 拉弯构件和压弯构件的强度和刚度

沿杆件纵向不同截面处,杆件所受的轴心压力可能不同(如杆件自重的逐段累加效应),所受弯矩也可能发生变化(如横向荷载引起的杆件各截面弯矩是不同的),甚至杆件截面本身尺寸特性发生变化(如变截面柱或带孔洞截面,不同截面处的截面尺寸和相应的净抗弯惯性矩和净抗弯惯性模量均发生变化);并且由材料力学知,同一截面,离中和轴距离不同位置处的应力也有明显不同。

因此在轴心力和弯矩共同作用下,沿杆件纵向的各截面的不同部位存在着大小不同的压应力或拉应力。随着轴心力或弯矩的逐渐增大,不同截面上的不同部位的应力以不同的幅度逐渐增大,并且必有沿纵向的某一截面或某些截面上应力绝对值最大的点(σ_{max}处)的应力值首先达到材料的塑性屈服点,然后在该点附近有更多的部位先后进入塑性屈服状态,最终全截面进入塑性屈服状态,形成塑性铰,达到强度承载能力极限状态。我们把该截面称为强度危险截面。

构件截面出现塑性铰时,将发生过大的变形而不能正常使用。因此《钢标》考虑截面

在弹塑性阶段工作,并像受弯构件一样用截面塑性发展系数 γ 控制其塑性区发展深度。《钢标》计算公式:

①对单向拉弯、压弯构件

$$\frac{N}{A_n}\pm\frac{M_x}{\gamma_x W_n}\leqslant f \tag{7.1}$$

上式也适用于单轴对称截面,因此在弯曲正应力项前有正、负号。

②双向拉弯、压弯的非圆形截面构件

$$\frac{N}{A_n}\pm\frac{M_x}{\gamma_x W_{nx}}\pm\frac{M_y}{\gamma_y W_{ny}}\leqslant f \tag{7.2}$$

③双向拉弯、压弯的圆形截面构件

$$\frac{N}{A_n}+\frac{\sqrt{M_x^2+M_y^2}}{\gamma_m W_n}\leqslant f \tag{7.3}$$

式中　N——计算截面处轴心压力设计值。

M_x、M_y——计算截面处对 x 轴和 y 轴的弯矩设计值(N·mm)。

A_n——计算截面处构件的净截面面积。

$W_{nx}W_{ny}$——计算截面处对 x 轴和 y 轴的净截面模量。

γ_x、γ_y——截面塑性发展系数,根据其受压板件的内力分布情况确定其截面板件宽厚比等级,当截面板件宽厚比等级不满足 S3 级要求时取 1.0,满足 S3 级要求时,可按表 6.1 采用;需要验算疲劳强度的拉弯、压弯构件,宜取 1.0。

γ_m——圆形截面塑性发展系数,对于圆形实腹截面,取值 1.2,当圆管截面宽厚比不满足 S3 级要求时取值 1.0,满足 S3 级要求时可按表 6.1 采用;需要验算疲劳强度的拉弯、压弯构件,宜取 1.0。

拉弯、压弯构件的刚度除个别情况(如弯矩较大、轴力较小或有其他特殊要求)需做变形验算外,一般仍采用长细比来控制,即:

$$\lambda_{max}\leqslant[\lambda] \tag{7.4}$$

式中　$[\lambda]$——构件容许长细比,见表 5.1、表 5.2。

例 7.1　如图 7.3 所示拉弯构件,承受轴心拉力设计值 $N=200$ kN,杆中点横向集中荷载设计值 $F=20$ kN,均为静力荷载。构件的截面为 2 ∟140×90×10,钢材为 Q235,腹板宽厚比等级满足 S3 级要求,$[\lambda]=350$。试验算该拉弯构件的强度和刚度。

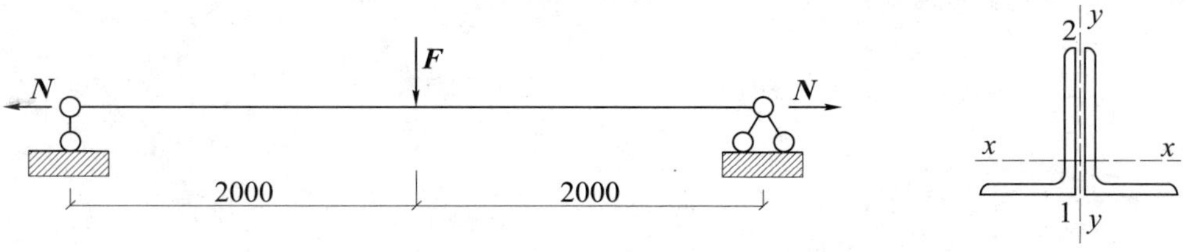

图 7.3　例 7.1 图

解 (1)截面几何特性 由附表 6.2 查得 2 ∟140×90×10 的截面几何特性为：

$A=44.52\ \text{cm}^2, W_{1x}=194.54\ \text{cm}^3, W_{2x}=94.62\ \text{cm}^3, i_x=4.47\ \text{cm}, i_y=3.66\ \text{cm}$

(2)构件的内力设计值 轴心拉力设计值为：

$$N=200\ \text{kN}$$

最大弯矩位于跨中，其设计值为：

$$M_x=\frac{1}{4}Fl=0.25\times20\times4=20\ \text{kN}\cdot\text{m}\quad(\text{不计杆自重})$$

(3)强度验算 查附表 1.1 得 $f=215\ \text{N/mm}^2$，查表 6.1 得 $\gamma_{1x}=1.05, \gamma_{2x}=1.2$。

肢背处(1 边缘)为拉应力：

$$\frac{N}{A_n}+\frac{M_x}{\gamma_{1x}W_n}=\frac{200000}{4452}+\frac{20000000}{1.05\times194540}=142.84\ \text{N/mm}^2<f=215\ \text{N/mm}^2\quad\text{满足要求}$$

肢尖处(2 边缘)为压应力：

$$\frac{N}{A_n}-\frac{M_x}{\gamma_{2x}W_n}=\frac{200000}{4452}-\frac{20000000}{1.2\times94620}=-131.22\ \text{N/mm}^2$$

$$131.22\ \text{N/mm}^2<f=215\ \text{N/mm}^2\quad\text{满足要求}$$

(4)刚度验算 由于 $i_x>i_y$，故：

$$\lambda_{\max}=\lambda_{0y}=l_{0y}/i_y=400/3.66=109.29\leqslant[\lambda]=350\quad\text{满足要求}$$

7.2 实腹式压弯构件的整体稳定和局部稳定

7.2.1 实腹式压弯构件的整体稳定

拉弯构件通常不存在整体稳定问题。压弯构件的截面尺寸往往取决于整体稳定计算。

单向压弯构件由于弯矩通常绕截面强轴作用(在最大刚度平面内)，因此构件既可能发生在弯矩作用平面内的弯曲屈曲，称为平面内失稳；也可能发生在弯矩作用平面外的弯扭屈曲，称为平面外失稳。故对压弯构件需进行弯矩作用平面内和平面外的稳定计算。

7.2.1.1 实腹式压弯构件在弯矩作用平面内的整体稳定

《钢标》规定的实腹式压弯构件在弯矩作用平面内的稳定计算公式为：

$$\frac{N}{\varphi_x A}+\frac{\beta_{mx}M_x}{\gamma_x W_{1x}\left(1-0.8\dfrac{N}{N'_{Ex}}\right)}\leqslant f \tag{7.5}$$

式中 N——所计算构件段范围内的轴心压力设计值。

N'_{Ex}——参数，$N'_{Ex}=\dfrac{\pi^2EA}{1.1\lambda_x^2}$。

φ_x——弯矩作用平面内的轴心受压构件稳定系数，由附表 2 查得。

M_x——所计算构件段范围内的最大弯矩。

W_{1x}——在弯矩作用平面内对较大受压纤维的毛截面模量。

γ_x——与 W_{1x} 相应的截面塑性发展系数，由表 6.1 查得。

β_{mx}——等效弯矩系数，按下列规定采用：

①无侧移框架柱和两端支承的构件：

a.无横向荷载作用时：$\beta_{mx}=0.6+0.4\dfrac{M_2}{M_1}$，$M_1$ 和 M_2 为端弯矩，使构件产生同向曲率（无反弯点）时取同号；使构件产生反向曲率（有反弯点）时取异号，$|M_1|\geqslant|M_2|$。

b.无端弯矩但有横向荷载作用时：横向荷载为跨中单个集中荷载，$\beta_{mx}=1-0.36N/N_{cr}$；横向荷载为全跨均布荷载，$\beta_{mx}=1-0.18N/N_{cr}$，其中，$N_{cr}=\pi^2EI/(\mu l)^2$，为弹性临界力；$\mu$ 为构件计算长度系数。

c.端弯矩和横向荷载同时作用时：$\beta_{mx}M_x=\beta_{mqx}M_{qx}+\beta_{m1x}M_1$，式中 M_1 为跨中单个横向集中荷载产生的弯矩最大值；β_{m1x} 为按第（1）款计算的等效弯矩系数；β_{mqx} 为按第（2）款计算的等效弯矩系数。

②有侧移框架柱和悬臂构件：

a.有横向荷载的柱脚铰接的单层框架柱和多层框架的底层柱，$\beta_{mx}=1.0$。

b.其他框架柱，$\beta_{mx}=1-0.36\ N/N_{cr}$。

c.自由端作用有弯矩的悬臂柱，$\beta_{mx}=1-0.36(1-m)N/N_{cr}$，$m$ 为自由端弯矩与固定端弯矩之比，当弯矩图无反弯点时取正号，有反弯点时取负号。

对单轴对称压弯构件，当弯矩作用在对称轴平面内且使较大翼缘受压时，有可能使受拉区（较小翼缘一侧）首先进入塑性状态，并发展而导致构件破坏，对这类构件，除应按公式（7.5）计算其稳定性外，还应按下式作补充计算：

$$\left|\frac{N}{Af}+\frac{\beta_{mx}M_x}{\gamma_x W_{2x}(1-1.25N/N'_{Ex})f}\right|\leqslant 1 \tag{7.6}$$

式中　W_{2x}——在弯矩作用平面内，对较小翼缘的毛截面模量；

γ_x——与 W_{2x} 相应的截面塑性发展系数。

7.2.1.2　实腹式压弯构件在弯矩作用平面外的整体稳定

当压弯构件的弯矩作用于截面的主刚度平面内时，如果构件在侧向没有可靠的支承阻止其侧向挠曲变形，由于构件在垂直于弯矩作用平面的刚度较小，构件就可能在弯矩作用平面外发生侧向弯扭屈曲而破坏。

《钢标》对实腹式压弯构件在弯矩作用平面外的稳定性验算公式为：

$$\frac{N}{\varphi_y A}+\eta\frac{\beta_{tx}M_x}{\varphi_b W_{1x}}\leqslant f \tag{7.7}$$

式中　η——截面影响系数，闭口截面 $\eta=0.7$，其他截面 $\eta=1.0$；

β_{tx}——等效弯矩系数。①在弯矩作用平面外有支承的构件，应根据两相邻构件段内的荷载和内力情况确定：无横向荷载作用时，$\beta_{tx}=0.6+0.4\dfrac{M_2}{M_1}$；端弯矩和横向荷载同时作用，使构件产生同向曲率时，$\beta_{tx}=1.0$，使构件产生反向曲率时，$\beta_{tx}=0.85$；无端弯矩但有横向荷载作用时，$\beta_{tx}=1.0$。②在弯矩作用平面外为悬臂构件时，$\beta_{tx}=1.0$。

φ_b——均匀弯曲的受弯构件整体稳定系数，按第六章规定计算。

对闭口截面取 $\varphi_b=1.0$，对工字形（含 H 型钢）和 T 形截面的非悬臂构件，当 $\lambda_y\leqslant120\varepsilon_k$ 时，可按下列近似公式计算 φ_b：

a.工字形截面（含 H 型钢）：

双轴对称：

$$\varphi_b=1.07-\frac{\lambda_y^2}{44000\varepsilon_k^2}\leqslant1 \tag{7.8a}$$

单轴对称：

$$\varphi_b=1.07-\frac{W_x}{(2\alpha_b+0.1)Ah}\cdot\frac{\lambda_y^2}{14000\varepsilon_k^2}\leqslant1 \tag{7.8b}$$

式中$\alpha_b=\dfrac{I_1}{I_1+I_2}$（$I_1$、$I_2$ 分别为受压翼缘和受拉翼缘对 y 轴的惯性矩）。

b.T 形截面（弯矩作用在对称轴平面，绕 x 轴）：

a）弯矩使翼缘受压时：

双角钢 T 形截面：

$$\varphi_b=1-0.0017\lambda_y/\varepsilon_k \tag{7.9}$$

剖分 T 型钢和两板组合 T 形截面：

$$\varphi_b=1-0.0022\lambda_y/\varepsilon_k \tag{7.10}$$

b）弯矩使翼缘受拉且腹板宽厚比不大于 $18\varepsilon_k$ 时：

$$\varphi_b=1-0.0005\lambda_y/\varepsilon_k \tag{7.11}$$

按近似计算式（7.8）至式（7.11）算得的 $\varphi_b>0.6$ 时，不需作 φ_b'换算。

7.2.2 实腹式压弯构件的局部稳定

构件的局部稳定即组成构件的钢板在板面内压应力作用下的板面稳定问题，表达为公式，即为钢板失稳临界应力与板内压应力之间的大小对比关系问题。板内最大压应力大于失稳临界应力值，则板件受压失稳。

因此，组成构件的受压应力作用的钢板存在失稳问题（包括局部受压板件，如受弯构件的腹板）。而受剪应力作用的钢板内，根据微元体力学平衡，与剪应力成 45°角方向必然存在压应力作用，因此受剪应力作用的钢板也存在板面失稳问题。而组成构件的受拉应力作用的钢板完全不存在失稳问题。

如前面章节所述，失稳临界应力值的大小和板件宽厚比、长宽比和四周约束情况及钢材模量密切相关。宽厚比越小，失稳临界应力值越大；长宽比约接近 1，失稳临界应力值越大；四周约束越多，失稳临界应力值越大。而失稳临界值越大，则板件越不容易失稳。当钢板失稳临界值达到或超过材料屈服点时，则局部失稳现象完全没有机会发生（强度问题会先产生）。基于此概念，考虑长宽比无限大的最不利情况（四周约束情况，一般情况下是确定的），可以确定板件最大宽厚比，即宽厚比限值。该限值与材料模量，特别是表示塑性程度大小的有效模量等有关系，在《钢标》里根据强度破坏标准不同，即允许塑性程度不同，进行了更详细的规定。具体规定如下：

压弯构件受压翼缘的受力情况与受弯构件受压翼缘类似，对于不同宽厚比等级要求的翼缘板，其宽厚比限值不同。《钢标》第 8.4.1 条规定，非屈曲设计情况下，构件翼板和腹板宽厚比应满足压弯构件 S4 级要求（《钢标》第 3.5.1 条）。以下列示对应 S4 级的板件宽厚比具体要求：

7.2.2.1　翼板宽厚比要求

H 形截面压弯构件，其翼缘板自由外伸宽度 b_1（见图 7.4）与其厚度 t 之比应满足 S4 级截面要求，即：

$$\frac{b_1}{t} \leqslant 15\varepsilon_k \tag{7.12a}$$

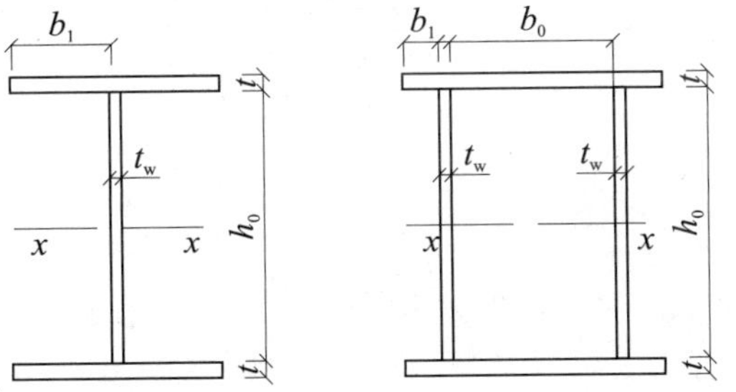

图 7.4　压弯构件的截面尺寸

箱形截面压弯构件翼缘板在两腹板之间的无支承宽度 b_0［图 7.4（b）］与其厚度 t 之比要求：

$$\frac{b_0}{t} \leqslant 45\varepsilon_k \tag{7.12b}$$

圆钢管截面径厚比要求：

$$D/t \leqslant 100\varepsilon_k^2 \tag{7.13}$$

7.2.2.2　腹板宽厚比要求

压弯构件腹板的应力状态比较复杂，腹板上既有不均匀的压应力存在，又有剪应力存在。《钢标》对压弯构件保证腹板局部稳定性的规定如下：

对 H 形截面和单向受弯作用的箱型截面压弯构件：

$$\frac{h_0}{t} \leqslant (45+25\alpha_0^{1.66})\varepsilon_k \tag{7.14}$$

其中

$$\alpha_0=\frac{\alpha_{max}-\alpha_{min}}{\alpha_{max}}$$

式中 α_{max}——腹板计算高度边缘的最大压应力,计算时不考虑构件的稳定系数和截面塑性发展系数;

α_{min}——腹板近似高度另一边缘相应的应力,压应力取正值,拉应力取负值。

对于H形和箱形截面压弯构件,当腹板高厚比超过S4级要求时(不应超过S5级要求),可在腹板沿杆件纵向布置加劲肋加强以改变腹板宽厚比值,满足宽厚比S4级限值要求,此时加劲肋宜在板件两侧成对配置,其一侧外伸宽度不应小于腹板厚度的10倍,厚度不宜小于腹板厚度的0.75倍。

或在计算构件承载力时,以有效截面代替实际截面,但计算稳定系数时仍用全截面。有效截面概念对应参数如下:

(1) 工字形截面腹板受压区的有效宽度应取为:

$$h_e=\rho h_c \tag{7.15}$$

$\lambda_{n,p}\leqslant 0.75$ 时:

$$\rho=1.0$$

$\lambda_{n,p}>0.75$ 时:

$$\rho=\frac{1}{\lambda_{n,p}}\left(1-\frac{0.91}{\lambda_{n,p}}\right)$$

$$\lambda_{n,p}=\frac{h_w/t_w}{28.1\sqrt{k_\sigma}}\cdot\frac{1}{\varepsilon_k} \tag{7.16}$$

$$k_\sigma=\frac{16}{2-\alpha_0+\sqrt{(2-\alpha_0)^2+0.112\alpha_0^2}} \tag{7.17}$$

式中 h_c、h_e——分别为腹板受压区宽度和有效宽度,当腹板全部受压时,$h_e=h_c$;

ρ——有效宽度系数;

α_0——应力梯度。

(2)工字形截面腹板有效宽度(见图7.5)应按下列公式计算:

当截面全部受压,即 $\alpha_0\leqslant 1$ 时:

$$h_{e1}=2h_e/(4+\alpha_0),h_{e2}=h_e-h_{e1}$$

当截面部分受拉,即 $\alpha_0>1$ 时:

$$h_{e1}=0.4h_e,h_{e2}=0.6h_e$$

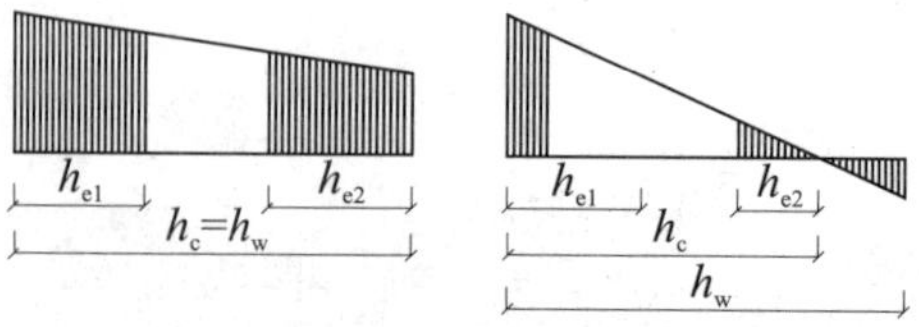

图7.5 压弯构件有效截面示意

箱形截面压弯构件翼缘宽厚比超限时也应按式(7.16)计算其有效宽度,计算时取 $k_\sigma=4.0$。有效宽度分布在两侧均等。应采用下列公式计算其承载力:

强度计算：

$$\frac{N}{A_{ne}}\pm\frac{M_x+Ne}{\gamma_x W_{nex}}\leqslant f$$

平面内稳定计算：

$$\frac{N}{\varphi_x A_e}+\frac{\beta_{mx}M_x+Ne}{\gamma_x W_{e1x}\left(1-0.8\frac{N}{N'_{Ex}}\right)}\leqslant f$$

平面外稳定计算：

$$\frac{N}{\varphi_y A_e}+\eta\frac{\beta_{tx}M_x+Ne}{\varphi_b W_{e1x}}\leqslant f$$

式中　A_{ne}、A_e——分别为有效净截面面积和有效毛截面面积(mm^2)；

W_{nex}——有效截面的净截面模量(mm^3)；

W_{e1x}——有效截面对较大受压纤维的毛截面模量(mm^3)；

e——有效截面形心至原截面形心的距离(mm)。

7.3　实腹式压弯构件的设计

实腹式压弯构件的设计包括下面几个方面的内容：①截面选择；②强度验算；③ 弯矩作用平面内和平面外的整体稳定验算；④局部稳定验算；⑤刚度验算。具体的计算步骤和过程如下。

7.3.1　截面选择

实腹式压弯构件的设计首先要根据其弯矩的大小和方向来决定截面形式。可以采用双轴对称截面，也可以采用单轴对称截面。如弯矩较大时可采用单轴对称截面，且使较大翼缘一侧受压。从经济的角度出发，设计时应尽量使两个方向(弯矩作用平面内和平面外)的稳定性接近相等(长细比相等，或整体稳定系数相等)，同时尽量做到宽肢薄壁。但也要考虑制造省工和方便连接的设计原则。

截面形式确定后，即可根据设计弯矩 M_x 和轴力值 N，以及构件的计算长度 l_{0x} 来确定截面的尺寸。具体的步骤如下：

(1)先假定 λ_x(根据经验，常假定其为 60)，并由 λ_x 和 l_{0x} 计算 i_x：

$$i_x=l_{0x}/\lambda_x$$

(2)由 i_x 查附表 4 计算 h：

$$h=i_x/\alpha_1$$

式中α_1 由附表 4 查得。

(3)计算 A/W_{1x} 值：

$$A/W_{1x}=Ay_1/I_{1x}=y_1/i_x^2$$

(4)计算截面积 A：

$$\frac{\beta_{mx}}{\gamma_x(1-0.8N/N'_{Ex})}=1.0$$

$$A=\frac{N}{f}\left[\frac{1}{\varphi_x}+\frac{M_x}{N}\cdot\frac{A}{W_{1x}}\right]$$

式中φ_x为轴心受压构件整体稳定系数，可由λ_x查附表2得出，为了计算方便，可先假定。

(5)计算W_{1x}：

$$W_{1x}=A\cdot i_x^2/y_1$$

(6)计算φ_y和λ_y值：

$$\varphi_y=\frac{N}{A}\cdot\frac{1}{f-\dfrac{\beta_{tx}M_x}{\varphi_b W_{1x}}}$$

在上面的计算中，近似取$\beta_{tx}/\varphi_b=1.0$，由φ_y查附表2即可得λ_y值。

(7)计算截面宽度b：

由$i_y=l_{0y}/\lambda_y$和附表4，则：

$$b=i_y/\alpha_2$$

根据上面所求截面几何参数A、h、b即可选定截面。

7.3.2 强度验算

单向压弯构件按下式验算强度：

$$\frac{N}{A_{\mathrm{n}}}\pm\frac{M_x}{\gamma_x W_{\mathrm{n}x}}\leqslant f$$

7.3.3 整体稳定验算

(1)弯矩作用平面内的整体稳定验算：

$$\frac{N}{\varphi_x A}+\frac{\beta_{mx}M_x}{\gamma_x W_{1x}\left(1-0.8\dfrac{N}{N'_{Ex}}\right)}\leqslant f$$

对于单轴对称截面，若两翼的面积相差较大，当弯矩作用使较大翼缘一侧受压时，还应按下式进行补充计算：

$$\left|\frac{N}{Af}+\frac{\beta_{mx}M_x}{\gamma_x W_{2x}(1-1.25N/N'_{Ex})f}\right|\leqslant 1$$

(2)弯矩作用平面外的整体稳定验算：

$$\frac{N}{\varphi_y A}+\eta\frac{\beta_{tx}M_x}{\varphi_b W_{1x}}\leqslant f$$

7.3.4 局部稳定验算

(1)H形截面构件翼缘自由外伸部分：

$$\frac{b_1}{t}\leqslant 15\varepsilon_{\mathrm{k}}$$

箱形截面压弯构件翼缘板在两腹板之间的无支承宽度b_0[图7.4(b)]与其厚度t之比要求：

$$\frac{b_0}{t} \leqslant 45\varepsilon_k$$

(2)腹板,对 H 形截面和单向受弯作用的箱型截面压弯构件:

$$\frac{h_0}{t} \leqslant (45+25\alpha_0^{1.66})\varepsilon_k$$

7.3.5　刚度验算

刚度验算公式为:

$$\lambda_{max} \leqslant [\lambda]$$

如上面验算中有不满足者,则应调整 λ_x 重选截面。

例 7.2　设计如图 7.6 所示双轴对称工字形实腹式压弯构件,构件跨中作用一集中荷载设计值 $P=160$ kN,轴心压力设计值 $N=950$ kN。钢材为 Q345,截面无削弱,翼缘为焰切边。

解　(1)内力设计值:

$$M_{max}=\frac{1}{4}PL=\frac{1}{4}\times160\times18=720\ \text{kN}\cdot\text{m}, N=950\ \text{kN}$$

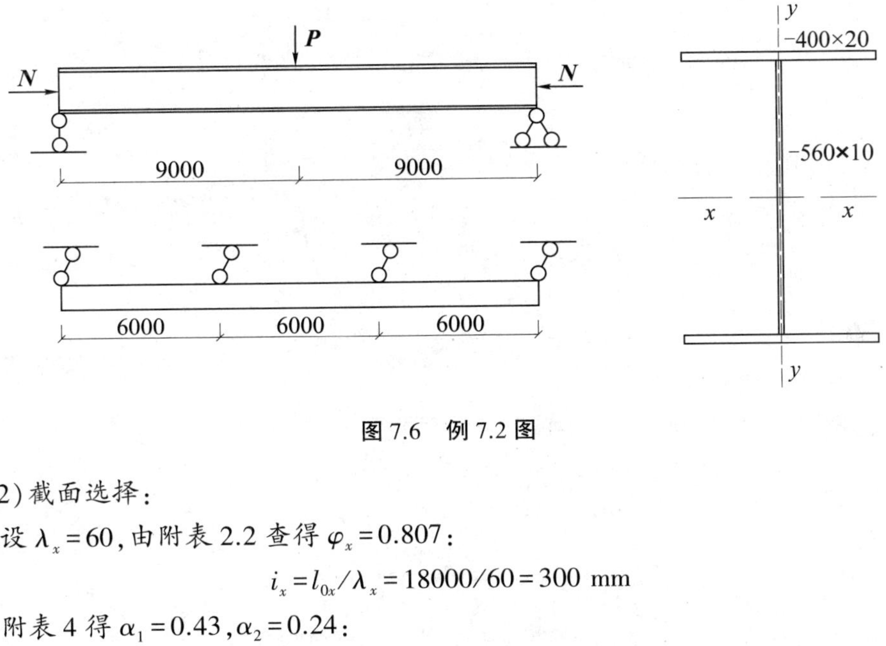

图 7.6　例 7.2 图

(2)截面选择:

假设 $\lambda_x=60$,由附表 2.2 查得 $\varphi_x=0.807$:

$$i_x=l_{0x}/\lambda_x=18000/60=300\ \text{mm}$$

查附表 4 得 $\alpha_1=0.43$,$\alpha_2=0.24$:

$$h=i_x/\alpha_1=300/0.43=697.7\ \text{mm}$$

$$A/W_{1x}=Ay_1/I_{1x}=y_1/i_x^2=h/2i^2=697.7/(2\times300^2)=0.00388\ \text{mm}^{-1}$$

取
$$\frac{\beta_{mx}}{\gamma_x(1-0.8N/N'_{Ex})}=1.0$$

则
$$A=\frac{N}{f}\left[\frac{1}{\varphi_x}+\frac{M_x}{N}\cdot\frac{A}{W_{1x}}\right]=\frac{950000}{215}\left[\frac{1}{0.807}+\frac{720000000}{950000}\times0.00387\right]=18468.83\ \text{mm}^2$$

$$W_{1x}=A/0.00387=18435/0.00387=4760009.02\ \text{mm}^2$$

近似取

$$\frac{\beta_{tx}}{\varphi_b}=1$$

$$\varphi_y=\frac{N}{A}\cdot\frac{1}{f-\dfrac{\beta_{tx}M_x}{\varphi_b W_{1x}}}=\frac{950000}{18591}\cdot\frac{1}{215-\dfrac{720000000}{4763565}}=0.802$$

查附表 2.2,得 $\lambda_y=56$:

$$i_y=l_{0y}/\lambda_y=6000/56=107.1\ \text{mm}$$

$$b=i_y/a_2=107.1/0.24=446.3\ \text{mm}$$

根据上面计算所得 A、h、b 选择截面:翼缘板 2—400×20,腹板 560×10。

(3)截面几何特性计算:

$$A=400\times20\times2+560\times10=21600\ \text{mm}^2$$

$$I_x=\frac{1}{12}(400\times600^3-390\times560^3)=1.492\times10^9\ \text{mm}^4$$

$$I_y=\frac{1}{12}(20\times400^3+560\times10^3)=1.067\times10^8\ \text{mm}^4$$

$$i_x=\sqrt{\frac{I_x}{A}}=\sqrt{\frac{1.492\times10^9}{21600}}=263\ \text{mm}$$

$$i_y=\sqrt{\frac{I_y}{A}}=\sqrt{\frac{1.067\times10^9}{21600}}=70.28\ \text{mm}$$

$$W_{1x}=\frac{I_x}{h/2}=\frac{2\times1.492\times10^9}{600}=4.973\times10^6\ \text{mm}$$

$$\lambda_x=18000/263=68.49,\lambda_y=6000/70.28=85.37$$

$$\varphi_x=0.76,\varphi_y=0.805$$

(4)强度验算(略)。

(5)弯矩作用平面内的稳定验算:

$$N'_{Ex}=\frac{\pi^2EA}{1.1\lambda_x^2}=\frac{\pi^2\times206000\times21600}{1.1\times(18000/263)^2}=8503\ \text{kN}$$

$$\beta_{mx}=1-0.36\times\frac{950}{8503}=0.96$$

$$\frac{N}{\varphi_xA}+\frac{\beta_{mx}M_x}{\gamma_xW_{1x}\left(1-0.8\dfrac{N}{N'_{Ex}}\right)}=\frac{950000}{0.76\times21600}+\frac{0.96\times720000000}{1.05\times4973000\left(1-0.8\dfrac{950}{8503}\right)}$$

$$=151.152\ \text{MPa}<215\ \text{MPa}$$

(6)弯矩作用平面外的稳定验算:

$$\varphi_b=1.07-\frac{\lambda_y^2}{44000\varepsilon_k^2}=1.07-\frac{85.37^2}{44000}=0.904$$

$$\beta_{tx}=1$$

$$\frac{N}{\varphi_y A}+\eta\frac{\beta_{tx}M_x}{\varphi_b W_{1x}}=\frac{950000}{0.805\times21600}+\frac{720000000}{0.904\times4973000}=165.62\ \text{MPa}<215\ \text{MPa}$$

(7)局部稳定验算：

翼缘：

$$\frac{b_1}{t}=\frac{195}{20}=9.75<15$$

腹板：

$$\sigma_{\max}=\frac{N}{A_n}+\frac{M_x}{W_n}\cdot\frac{h_0}{h}=\frac{950000}{21600}+\frac{720000000}{4973000}\times\frac{560}{600}=179\ \text{MPa}$$

$$\sigma_{\min}=\frac{N}{A_n}-\frac{M_x}{W_n}\cdot\frac{h_0}{h}=\frac{950000}{21600}-\frac{720000000}{4973000}\times\frac{560}{600}=-91.1\ \text{MPa}$$

$$\alpha_0=\frac{\alpha_{\max}-\alpha_{\min}}{\alpha_{\max}}=\frac{179+91.1}{179}=1.51<1.6$$

$$\frac{h_0}{t}=\frac{560}{10}=56<45+25\times1.51^{1.66}=94.5$$

(8)刚度验算：

$$\lambda_{\max}=68.4\leqslant[\lambda]=150$$

7.4　格构式压弯构件

格构式压弯构件在钢结构中应用广泛。由于其截面有实轴和虚轴之分，与实腹式压弯构件相比在计算方面有一些不同之处。格构式压弯构件的常用截面形式如图 7.7 所示。

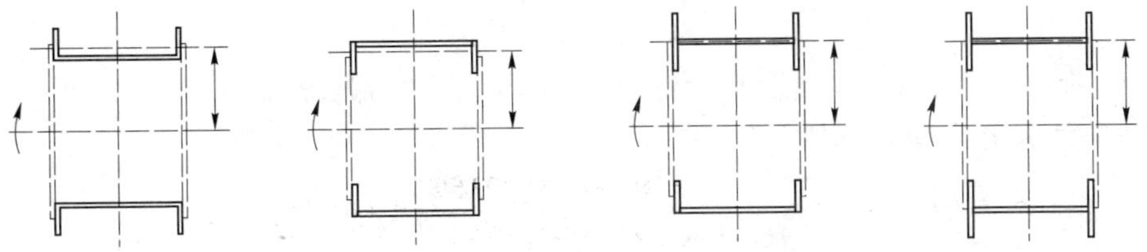

图 7.7　格构式压弯构件常用截面形式

格构式压弯构件的设计内容，包括整体构件的设计（初步确定分肢截面尺寸、分肢间距）、分肢整体稳定的核算、缀条或缀板的设计以及构造设计。具体的计算步骤和过程如下。

7.4.1　截面选择

格构式压弯构件的设计首先要根据其弯矩的大小和方向来决定截面形式。可以采用双轴对称截面，也可以采用单轴对称截面。为制作安装简便，常采用双轴对称截面，并使得弯矩作用轴与构件虚轴一致。从经济的角度出发，设计时应尽量使两个方向（弯矩作用平面内和平面外)的稳定性接近相等(长细比相等,或整体稳定系数相等),同时也要考虑制造省工和方便连接的设计原则。

截面形式和分肢形式确定后,即可根据设计弯矩 M_x、轴力值 N 及构件的计算长度 l_{0x} 来确定截面的尺寸(图 7.8)。具体步骤如下:

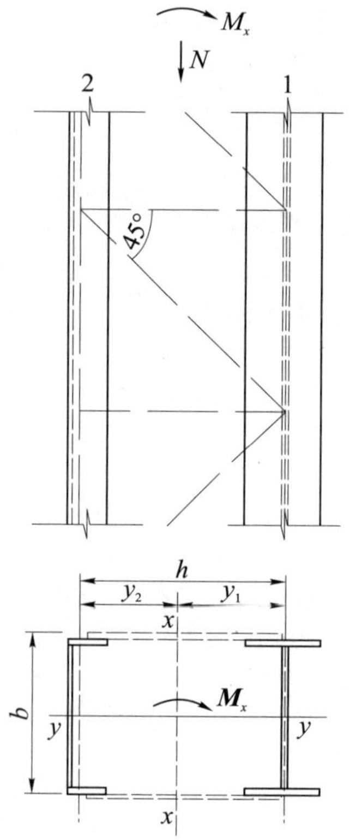

图 7.8　截面选择

(1)先假定 λ_x 和 λ_y(根据经验,常假定其为 60,x 轴为其虚轴),并由 λ_x 和 l_{0x} 计算 i_x,由 λ_y 和 l_{0y} 计算 i_y:

$$i_x = l_{0x}/\lambda_x$$
$$i_y = l_{0y}/\lambda_y$$

(2)由 i_x 和 i_y,查附表 4 计算 h(分肢轴线间距)和 b,并由此初步得到上下缀条或缀板轴线间尺寸关系:

$$h = i_x/\alpha_1$$
$$b = i_y/\alpha_2$$

(3)由 h,根据设计弯矩 M_x 和轴力值 N,初步算得单个分肢所受内力:

弯矩绕虚轴:

$$\begin{cases} N_1 = \dfrac{y_2+e}{h}N + M_x/h \\ N_2 = N - N_1 - M_x/h \end{cases}$$

弯矩绕实轴：

$$\begin{cases} N_1 = \dfrac{y_2+e}{h}N \\ N_2 = N-N_1 \end{cases}$$

$$\begin{cases} M_{y1} = \dfrac{I_1/y_1}{I_1/y_1+I_2/y_2} \cdot M_y \\ M_{y2} = \dfrac{I_2/y_2}{I_1/y_1+I_2/y_2} \cdot M_y \end{cases}$$

(4)根据分肢自身整体稳定和刚度要求，按照前面章节的内容，分别确定分肢 1 和 2 的截面型号和尺寸：

对于弯矩绕虚轴作用的压弯构件，分肢按初步假定分肢绕自身中和轴长细比 λ_{1x}（根据经验，常假定其为 60），并查得 φ_{1x}：

$$\begin{cases} i_{1x} = h/\lambda_{1x} \\ \dfrac{N_1}{\varphi_{1x}A} \leqslant f \Rightarrow A \geqslant \dfrac{N_1}{\varphi_{1x}f} \end{cases}$$

兼顾尺寸 b 的要求，查型钢表（附表 5～附表 9），即可初步确定分肢 1 截面型号和尺寸。按相同步骤确定分肢 2 截面型号和尺寸（具体参考轴心受力构件一章的计算内容）。

(5)根据安装简便要求，以及构件上下连接构造要求，可适当小幅度调整分肢间距和分肢截面型号。

7.4.2　截面强度验算

格构式压弯构件的强度计算公式同样可用式(7.1)，即：

$$\frac{N}{A_{\mathrm{n}}} \pm \frac{M_x}{\gamma_x W_{\mathrm{n}}} \leqslant f$$

弯矩绕虚轴作用时，取 $\gamma_x = 1.0$。

7.4.3　刚度验算

刚度验算仍按长细比控制，单对虚轴取换算长细比。

7.4.4　格构式压弯构件的稳定验算

(1)弯矩绕虚轴作用时

1)弯矩作用平面内的稳定计算　当弯矩绕虚轴作用时，格构式压弯构件由于截面中空，在弯矩作用平面内的整体稳定计算时不考虑塑性发展，按下式进行计算：

$$\frac{N}{\varphi_x A} + \frac{\beta_{mx} M_x}{W_{1x}\left(1-\dfrac{N}{N'_{Ex}}\right)} \leqslant f \tag{7.18}$$

式中符号意义同前，但 φ_x 和 N'_{Ex} 的计算按换算长细比考虑。另外，计算 $W_{1x} = I_x/y_0$ 时，

y_0 的取值为 x 轴到压力较大分肢轴线距离和 x 轴到压力较大分肢腹板边缘距离的大者。

2) 弯矩作用平面外的稳定计算　当弯矩绕虚轴作用时,格构式压弯构件在弯矩作用平面外的失稳与实腹式压弯构件不同,其失稳呈单肢失稳形式。因此,对格构式压弯构件在弯矩作用平面外的整体稳定不必计算,而代之以单肢稳定的计算。

(2) 弯矩绕实轴作用时

1) 弯矩作用平面内的整体稳定计算　当弯矩绕实轴作用时,格构式压弯构件在弯矩作用平面内的整体稳定计算与实腹式压弯构件相同,即按下式计算:

$$\frac{N}{\varphi_x A}+\frac{\beta_{mx}M_x}{\gamma_x W_{1x}\left(1-0.8\dfrac{N}{N'_{Ex}}\right)}\leqslant f \tag{7.19}$$

2) 弯矩作用平面外的稳定计算　格构式压弯构件当弯矩绕实轴作用时,弯矩作用平面外的整体稳定按实腹式闭合箱形截面计算,但取 $\varphi_b=1.0$,同时按换算长细比计算稳定系数 φ_x:

$$\frac{N}{\varphi_x A}+\eta\frac{\beta_{tx}M_x}{\varphi_b W_{1x}}\leqslant f \tag{7.20}$$

7.4.5 格构式压弯构件的分肢稳定验算

对于缀条柱的单肢,按照轴心受压构件整体稳定计算公式 $N/\varphi A\leqslant f$ 来验算其两个方向的稳定性。计算时分肢的计算长度:在弯矩作用平面内取两相邻缀条节点中心间距;在弯矩作用平面外取侧向支承点间距。

对于缀板柱,单肢计算时还应考虑由剪力作用引起的局部弯矩,在弯矩作用平面内按实腹式压弯构件计算其稳定性;在弯矩作用平面外则仍按轴心受压构件计算。计算局部弯矩时,剪力取实际剪力和 $V=\dfrac{Af}{85}\sqrt{f_y/235}$ 中的大值。单肢的计算长度在弯矩作用平面内取缀板间的净矩。

7.4.6 缀件设计

计算方法与轴心受压构件相同。

7.4.7 构造规定

与格构式轴心受压构件相同,主要是关于隔板设置。

7.5 压弯构件的柱头与柱脚

7.5.1 柱头

压弯构件多出现在框架结构中,框架结构梁与柱的连接一般采用刚性连接。梁端弯矩 M 只考虑由梁的上、下翼缘与柱的连接来承受;梁的剪力 V 则全部由梁腹板与柱的连接承受或由支托承受。

为了避免柱翼缘在水平拉力 N 作用下向外弯曲，柱腹板在水平拉力 N 作用下局部失稳，一般在柱子得腹板位于梁上、下翼缘处设置与翼缘厚度相同的横向加劲肋。

7.5.2　柱脚

压弯构件与基础的连接有铰接和刚接两种形式，铰接柱脚的构造和计算与第四章轴心受压相同。刚接柱脚要求能传递轴向压力和弯矩，柱端剪力由底板与基础表面的摩擦力传递，当剪力较大时，在底板下设置抗剪键传递剪力。刚接柱脚的构造形式有整体式和分离式两种，实腹式压弯构件的柱脚采用整体式的构造形式，如图 7.9 所示。

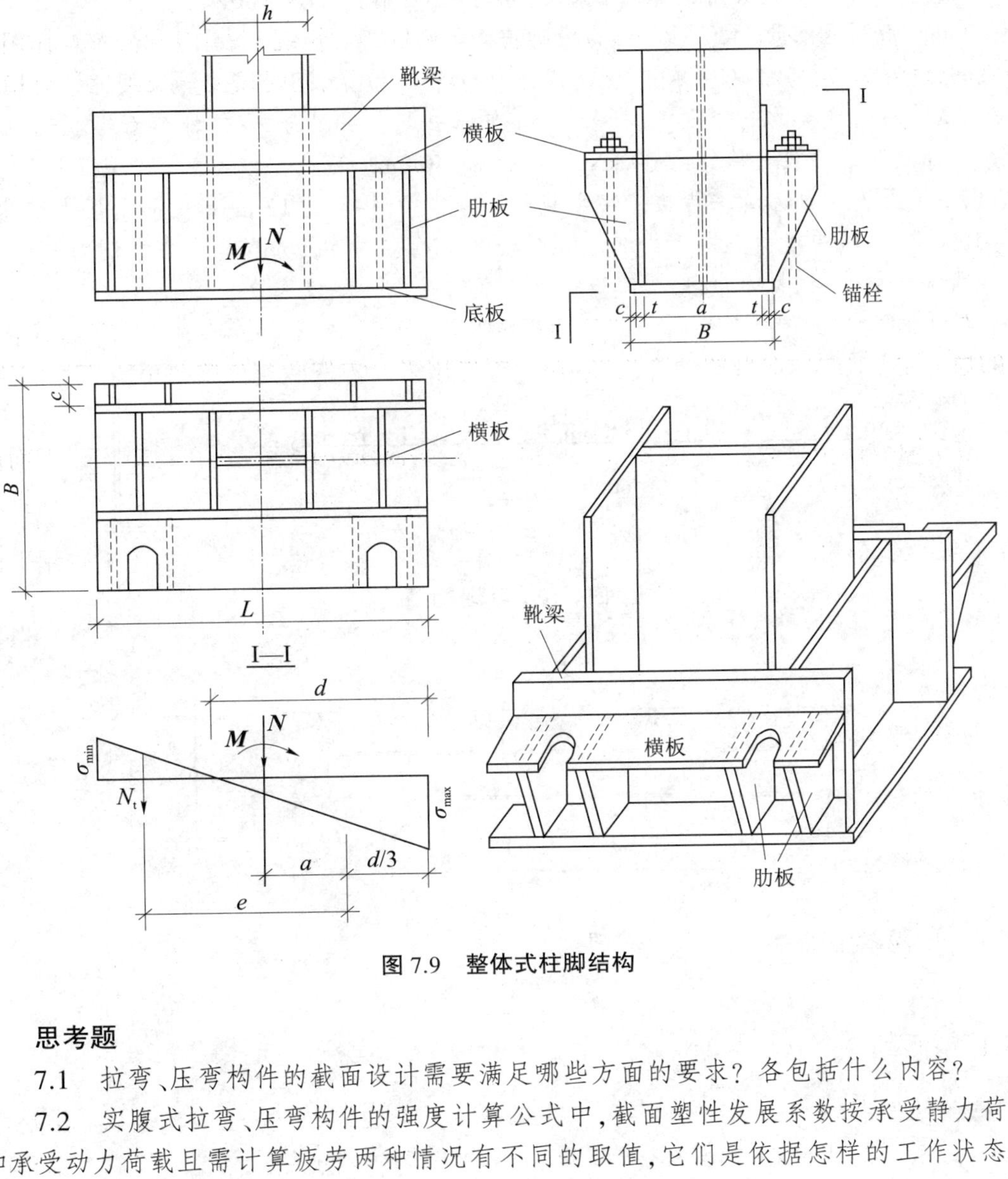

图 7.9　整体式柱脚结构

思考题

7.1　拉弯、压弯构件的截面设计需要满足哪些方面的要求？各包括什么内容？

7.2　实腹式拉弯、压弯构件的强度计算公式中，截面塑性发展系数按承受静力荷载和承受动力荷载且需计算疲劳两种情况有不同的取值，它们是依据怎样的工作状态制定的？

7.3　计算实腹式压弯构件在弯矩作用平面内稳定和平面外稳定的公式中，弯矩取值是否一定相同？β_{mx}和β_{tx}是什么系数？如何取值？

7.4　实腹式单轴对称截面的压弯构件，当弯矩作用在对称平面内且使较大翼缘受压时，其截面计算与双轴对称截面有何不同？为什么？

7.5　实腹式压弯构件整体稳定计算公式中W_{1x}和W_{2x}代表什么？如何计算？

7.6　实腹式压弯构件梁与柱的刚性连接有哪几种构造形式？压弯柱整体式柱脚与轴心受压柱柱脚在计算上的主要区别是什么？

习题

7.1　图7.10所示双角钢T形截面压弯构件，采用2 ∟100×80×7，长肢相连，节点板厚10 mm，截面无削弱，承受轴向压力设计值N=50 kN，均布荷载设计值q=4 kN/m，构件长4 m，两端铰接，跨中有一侧向支承，钢材为Q235。验算该压杆是否满足要求。

7.2　两端铰接的偏心压杆，杆长5 m，在杆中点有一侧向支撑，杆截面为I45a工字钢。杆承受的压力设计值N=500 kN，偏心距e=40 cm。试验算该压杆是否满足要求。

7.3　图7.11所示为一焊接工字形截面压弯构件，构件长12 m，承受轴心压力设计值N=1600 kN。跨中横向集中荷载设计值F=500 kN，在构件三分点处有2个侧向支撑，翼缘为火焰切割边，钢材为Q235。试验算该压弯构件。

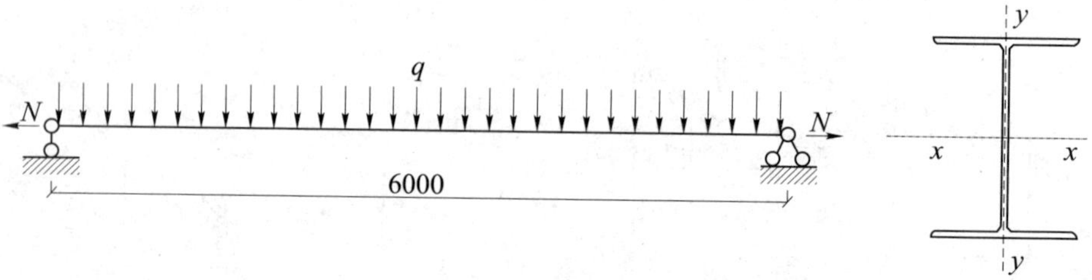

图7.10　习题7.1图

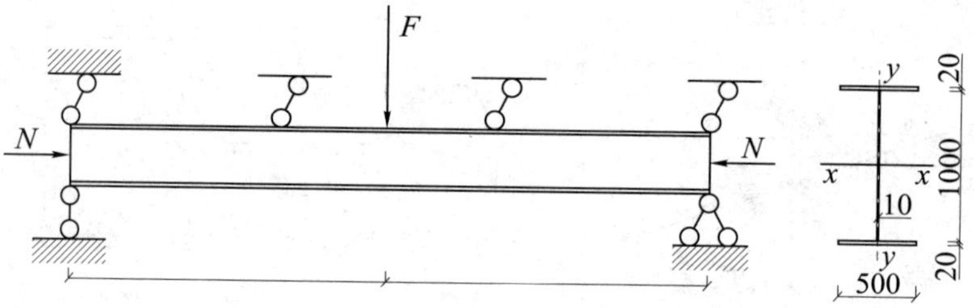

图7.11　习题7.3图

第八章　钢结构识图与加工制作

8.1　钢结构识图

施工图是工程师的语言,是设计者设计意图的体现,也是施工、监理、经济核算的重要依据。施工图是在满足建筑物的使用功能、美观、防火等要求的基础上,表明房屋的外形、内平面布置、细部构造和内部装修等内容。结构施工图则是在满足建筑物的安全、适用、耐久等要求的基础上,表明建筑结构体系和结构构件(如基础、梁、板、柱等)的布置、形状、尺寸、材料、细部构造和施工要求等内容的技术文件。钢结构与其他结构形式相比,由于所用的建筑材料不同,其结构施工图的内容和表示方法也与混凝土结构、砌体结构的内容和表示方法有所不同。

钢结构施工图的主要内容如下:

(1)首页和图纸目录　首页是反映工程项目名称、设计单位、设计单位的行政负责人与技术负责人,以及各专业负责人会签的技术文件。

图纸目录是反映该工程建筑施工图的图纸顺序编号、图纸名称和图幅的技术文件。

(2)结构设计说明　结构设计说明是统一描述该项工程的结构设计依据,构配件材料的选用及质量要求,地基的概况及施工要求,钢结构的制作与安装要求,钢结构的抗震与防火、保温隔热和节能要求,标准图集中所选用的内容与适用范围,图中的代号等有关结构方面共性问题的技术文件。

(3)结构平面构件布置示意图(结构布置平面图)　结构布置平面图与建筑平面图一样,属于全局性的图纸。对于多高层钢框架结构,通常包含以下内容:基础平面图、楼层结构平面布置图、屋顶结构平面布置图;对于单层钢排架结构,通常包含以下内容:钢屋架(钢桁架)平面布置图、屋面支撑平面布置图和剖面图、屋面檩条平面布置图、吊车梁平面布置图;对于单层门式刚架轻型房屋钢结构,通常包含以下内容:刚架平面布置图、屋面支撑平面布置图和剖面图、屋面檩条平面布置图、吊车梁平面布置图。

(4)结构立面构件布置示意图　结构立面构件布置示意图是结构立面构件布置的全局性图纸。其内容主要包括沿纵轴线柱网立面构件布置示意图和山墙立面构件布置示意图。

(5)构件截面选用表与构件详图　构件截面选用表是反映构件编号、构件分段简图或零件号、截面规格与几何尺寸、零件量、零件和构件的参考重量的图纸。其内容主要包括钢屋架或桁架材料表,钢刚架或框架、排架柱截面选用表,山墙柱系统选用表,支撑系统材料表,端板尺寸和高强螺栓选用表。

(6)节点详图　钢结构节点详图是反映构件间的连接和拼接方法,连接的构造做法及其零配件细部尺寸的技术文件。其主要内容包括柱脚节点、柱头节点、桁架上弦节点、桁架下弦节点、工地拼接点、支座节点、刚架肩部节点、支撑节点、端板及支撑节点详图等。

8.2 钢结构加工制作

钢结构是由多种规格尺寸的钢板、型钢等钢材,按设计要求剪裁加工成零件,经过组装、连接、校正、涂漆等工序后制成成品,然后再运到现场安装而成的。

由于钢结构生产过程中加工对象的材性、自重、精度、质量等特点,其原材料、零部件、半成品以及成品的加工、组拼、移位和运送等工序全需凭借专门的机具及设备来完成,所以要设立专业化的钢结构制造工厂进行工业化生产(图 8.1)。工厂的生产部门由原料库、放样车车间、机加工车间、焊接车间、喷涂车间、成品库等组成,同时还有设计、采购和质量检查部门。

图 8.1　钢结构工厂

8.2.1 钢结构构件加工工序

(1)钢构工厂设计部门拆图和审图　建筑设计院绘制交付的结构施工图往往只标明了型号和主要尺寸及大样,没有具体构件详图。钢构工厂取得建筑结构施工图后,要根据工厂设备和人员情况,分别绘制所有构件详图,俗称拆图。构件详图绘制完毕后工厂还需要专门安排资深设计人员进行审图,以避免出错:一方面是检查构件详图样设计的深度能否满足施工的要求,核对图样上构件的量和安装尺寸,检查构件之间有无矛盾等;另一方面也对图样进行工艺审核,即审查在技术上是否合理,在构造上是否便于施工,图样上的技术要求按加工单位的施工水平能否实现等。

(2)钢构工厂采购部门进料　采购部门接到设计部门审核完毕的构件详图后,根据图样材料表算出各种材质、规格的材料净用量,再加一定数量的损耗,提出材料需用量计划,俗称提料。提料时,需根据使用尺寸合理订货,以减少不必要的拼接和损耗。工程预算一般可按实际用量所需的数值再增加 10%进行提料和进料。如果技术要求不允许拼接,其实际进料损耗还要增加。

如果要进行材料代用,必须经设计部门同意,并将图样上的相应规格和有关尺寸全部进行修改,同时应按下列原则进行:①当钢材牌号满足设计要求,而生产厂商提供的材质保证书中缺少设计提出的部分性能要求时,应做补充试验,合格后方可使用,每炉钢材、每种型号,一般不宜少于3个试件。②当钢材性能满足设计要求,而钢材牌号的质量优于设计提出的要求时,应注意节约,不应任意地以优质高钢号代替低钢号。③当钢材性能满足设计要求,而钢材牌号的质量低于设计提出的要求时,一般不允许代用,如代用必须经设计单位同意。④当钢材的钢材牌号和技术性能都与设计提出的要求不符时,首先检查钢材,然后按设计重新计算,改变结构截面、连接方式、连接尺寸和节点构造。⑤对于成批混合的钢材,如用于主要承重结构时,必须逐根进行化学成分和力学性能的实验。⑥钢材的化学成分允许偏差在规定的范围内可以使用。⑦当采用进口钢材时,应验证其化学成分和力学性能是否满足相应钢材牌号的标准。⑧当钢材规格、品种供应不全时,可根据钢材选用原则灵活调整。建筑结构对材质的要求一般如下:受拉高于受压构件;焊接高于螺栓或铆接连接构件;厚钢板高于薄钢板构件;低温构件高于高温构件;受动力荷载高于受静力荷载的结构。⑨当钢材规格与设计要求不符时,不能随意以大代小,须经计算后才能代用。⑩钢材力学性能所需保证项目仅有一项不合格时,当冷弯合格时,抗拉强度的上限值可以不限;伸长率比规定的数值低1%时允许使用,但不宜用于塑性变形构件;冲击功值一组三个试件,允许其中一个单值低于规定值,但不得低于规定值的70%。

然后进料。采购订货后,根据钢结构施工安装进度,经采购部和供应商协调,钢材先后分批有序进入工厂原料库(也称为存料场)。

钢材可露天堆放,也可堆放在有顶棚的仓库里(图8.2)。露天堆放时,堆放场地要平整,并应高于周围地面,四周留有排水沟,雪后要易于清扫。堆放时要尽量使钢材截面的背面向上或向外,以免积雪、积水,两端应有高差,以利排水。

(a)露天堆放

(b)室内堆放

图8.2　钢材堆场

堆放在有顶棚的仓库内时,可直接堆放在地坪上,下垫楞木。对于小钢材也可堆放在架子上,堆与堆之间应留出通道。钢材的堆放要尽量减少钢材的变形和锈蚀,钢材堆放的方式既要节约用地,也要注意提取方便。钢材堆放时每隔5~6层放置楞木,其间距以不引起钢材的明显弯曲变形为宜。为增加堆放钢材的稳定性,可使钢材互相勾连或采取其他措施。这样,钢材的堆放高度可达到所堆宽度的两倍,否则,钢材堆放的高度不应大于其宽度。

在每堆钢材前面标牌写清工程名称、钢号、规格、长宽、数量。选用钢材时要按顺序寻找,不准乱翻。考虑材料堆放时要便于搬运,在料堆之间留有一定宽度的通道以便运输。钢材的标识钢材端部应树立标牌,标牌要标明钢材的规格、钢号、数量和材质验收证明书编号。钢防端部根据其钢号涂以不同颜色的油漆。钢材的标牌应定期检查。余料退库时要检查有无标识,当退料无标识时,要及时核查清,重新标识后再入库。

进料后采购部门协调或联合质量检测部门对材料进行检验:核对来料的规格、尺寸和重量,并仔细核对材质。

钢材的检验制度是保证钢结构工程质量的重要环节。因此,钢材在正式入库前必须严格执行检验制度,经检验合格的钢材方可办理入库手续。钢材检验的重要内容包括:①钢材的数量、品种应与订货合同相符。②钢材的质量保证书应与钢材上打印的记号符合。每批钢材必须具备生产厂提供的材质证明书,写明钢材的炉号、钢号、化学成分和力学性能。对钢材的各项指标可根据国家规定进行检验。③核对钢材的规格尺寸。各类钢材尺寸的容许偏差,可参照有关标准中的规定进行核对。④钢材表面质量检验。不论扁钢、钢板和型钢,其表面均不允许有结疤、裂纹、折叠和分层等缺陷。

(3)生产车间联合设计部门编制工艺规程　钢构工厂生产部门收到设计部门的构件详图后,应根据钢结构工程加工制作的要求,在构件制作前编制出完整、正确的工艺规程。制定工艺规程的原则是在一定的生产条件下,操作时能以最快的速度、最少的劳动量和最低的费用,可靠地加工出符合图样设计要求的产品,并且工艺在技术上要先进、经济上要合理,且具有良好的劳动条件和安全性。

编制工艺规程的依据:①工程设计图样和施工详图。②图样设计总说明和相关技术文件。③图样和合同中规定的国家、技术规范等。④制造单位实际能力和设备情况。

工艺规程的内容:①关键零件的加工方法、精度要求、检查方法和检查工具。②主要构件的工艺流程、工序质量标准,为保证构件达到工艺标准而采用的工艺措施(如组装次序、焊接方法等)。③采用的加工设备和工艺设备。工艺规程是钢结构制造中主要的和根本性的指导性技术文件,也是生产制作中最可靠的质量保证措施。因此,工艺规程须经过一定的审批手续,一经制定必须严格执行。

(4)生产车间其他准备工作及技术交底　包括工号划分、编制工艺流程表、配料与材料拼接、确定焊接收缩量和加工余量、工艺装备、编制工艺卡和零件流水卡、有关试验、设备和工具的准备等工作。

1)工号划分　根据产品的特点、工程量的大小和安装施工进度,将整个工程划分成若干个生产工号(或生产单元),以便分批投料,配套加工。生产工号(或生产单元)的划分一般可遵循以下几点原则:①条件允许的情况下,同一张图样上的构件宜安排在同一生产工号中加工。②相同构件或特点类似且加工方法相同的构件宜放在同一生产工号中加工,如按钢梁、桁架、支撑分类划分工号进行加工。③工程量较大的工程划分生产工号时要考虑安装施工的顺序,先安装的构件要优先安排工号进行加工,以保证顺利安装的需要。④同一生产工号中的构件数量不要过多，可与工程量统筹考虑。

2）编制工艺流程表　从施工详图中摘出零件，编制出工艺流程表（或工艺过程卡）。

施工工艺过程由若干个顺序排列的工序组成，工序内容是根据零件加工的性质而定的，工艺流程表就是反映这个过程的工艺文件。工艺流程表的具体格式虽各厂不同，但所包括的内容基本相同。其中有零件名称、件号、材料编号、规格、件数、工序顺序号、工序名称和内容、所用设备和工艺装备名称及编号、工时定额等。除上述内容外，关键零件还需标注加工尺寸和公差，重要工序还要画出工序图等。

3）配料与材料拼接　根据来料尺寸和用料要求，统筹安排，合理配料。当钢材不是根据所需尺寸采购或零件尺寸过大，无法运输时，还应根据材料的实际需要安排拼接，确定拼接位置。当工程设计对拼接无具体要求时，材料拼接应遵循以下原则：①板材拼接采取全熔透坡口形式和工艺措施，明确检验手段，以保证接口等强度连接。②拼接位置应避开安装孔和复杂部位。③双角钢断面的构件，两角钢应在同一处进行拼接。④一般接头属于等强度连接，其拼接位置无严格规定，但应尽量布置在受力较小的位置。⑤焊接 H 型钢的翼缘板、腹板拼接缝应尽量避免在同一断面处，上下翼缘板拼接位置应与腹板拼接位置错开 200 mm 以上。翼缘板拼接长度不应小于 2 倍板宽；腹板拼接宽度不小于 300 mm，长度不应小于 600 mm。

对接焊缝工厂接头的要求如下：型钢要斜切，一般斜度为 45°；肢部较厚的要双面焊，或开成有坡口的接头，保证熔透；焊接时要考虑焊缝的变形，以减少焊后矫正变形的工作量；对工字钢、槽钢要区别受压部位和受拉部位；对角钢要区别拉杆和压杆；受拉部位和拉杆要用斜焊缝，而受压部位和压杆则用直焊缝。工厂接头的位置按下述情况考虑：在桁架中，接头宜设在受力不大的节间内，或设在节点处。如设在节点处，为焊好构件与节点板，要加用不等肢的连接角钢；工字钢和槽钢梁的接头宜设在跨度离端部 1/4～1/3 范围内。工字钢和槽钢柱的接头位置可不限；经过计算，并能保证焊位置不受上述限制。

4）确定焊接收缩量和加工余量　焊接收缩量由于受焊肉大小、气候条件、施焊工艺和结构断面等因素影响，其值变化较大。铣刨加工时常常重叠进行操作，尤其长度较大时，料不宜对齐，在编制加工工艺时要对加工边预留加工余量，一般为 5 mm。

5）工艺装备（简称工装）　钢结构制作过程中的工艺装备一般分为两大类：①原材料加工过程中所需的工艺装备，如下料、加工用的定位靠山，各种冲切模、压模、切割套模、钻孔钻模等。这一类工艺装备应能保证构件符合图样的尺寸要求。②拼接焊接所需的工艺装备，如拼装用的定位器、夹紧器、拉紧器、推撑器以及装配焊接用的各种拼装胎、焊接转胎等。这一类工艺装备主要是保证构件的整体几何尺寸和减少变形量。

工艺装备的设计方案取决于规模的大小、产品的结构形式和制作工艺的过程等。由于工艺装备的生产周期较长，因此，要根据工艺要求提前准备，争取先行安排加工，以确保使用。

6）编制工艺卡和零件流水卡　根据工程设计图样和技术文件提出的构件成品要求，确定各加工工序的精度要求和质量要求，结合单位的设备状态和实际加工能力、技术水平，确定各个零件下料、加工的流水顺序，即编制出零件流水卡。零件流水卡是编制工艺卡和配料的依据，是直接指导生产的文件。工艺卡所包含的内容：确定各工序所采用的设备，确定各工序所采用的工装模具，确定各工序的技术参数、技术要求、加工余量、加工公差和检验方法及标准,确定材料定额和工时定额等。

7)有关试验

①钢材的复验。当钢材属于下列情况之一时,加工下料前应进行复验:国外进口钢材;不同批次的钢材混用;质量有疑义的钢材;板材厚度大于或等于 40 mm,并承受沿板厚度方向拉力作用且设计有要求的厚板;建筑结构安全等级为一级,大跨度钢结构、钢网架和钢桁架结构中主要受力构件所采用的钢材;现行设计规范中未含的钢材品种及设计有复验要求的钢材。钢材的化学成分、力学性能及设计要求的其他指标应符合国家现行有关标准的规定,进口钢材应符合供货国相应标准的规定。

②连接材料的复验。

A.焊接材料:在大型、重型及特种钢结构上采用的焊接材料应抽样检验,其结果应符合设计要求和国家现行有关标准的规定。

B.扭剪型高强度螺栓:采用扭剪型高强度螺栓的连接副应按规定进行预拉力复验,其结果应符合相关的规定。

C.高强度大六角头螺栓:采用高强度大六角头螺栓的连接副应按规定进行力矩系数复验,其结果应符合相关的规定。

③工艺试验。工艺试验一般可分为三类:

A.焊接性试验:钢材可焊性试验、焊材工艺性试验、焊接工艺评定试验等均属于焊接性试验,而焊接工艺评定试验是各工程制作时最常遇到的试验。焊接工艺评定是焊接工艺的前期准备,属于生产前的技术准备工作,是衡量制造单位是否具备生产能力的一个重要的基础技术资料。未经焊接工艺评定的焊接方法、技术参数不能用于工程施工。焊接工艺评定同时对提高劳动生产率、降低制造成本、提高产品质量、搞好焊工技能培训是必不可少的。

B.摩擦面的抗滑移系数试验:当钢结构构件的连接采用高强度摩擦型螺栓连接时,应对连接进行技术处理,使其连接面的抗滑系数达到设计规定的数值。连接处摩擦面的技术处理方法一般采用四种:喷砂处理、喷丸处理、酸洗处理、砂轮打磨处理。经喷砂、酸洗或砂轮打磨处理后,生成赤锈,除去浮锈等经过技术处理的摩擦面是否能达到设计规定的抗滑移系数值,需对摩擦面进行必要的检验性试验,以验证对摩擦面处理方法是否正确,处理后的效果是否达到设计的要求。

C.工艺性试验:对构造复杂的构件,必要时应在正式投产前进行工艺性试验。工艺性试验可以是单工序,也可以是几个工序或全部工序;可以是个别零部件,也可以是整个构件,甚至是一个安装单元或全部安装构件。

8)设备和工具的准备　根据产品的加工需要来确定加工设备和操作工具。由于工程的特殊需要,有时需要调拨或添置必要的机器设备和工具,此项工作也应提前做好准备。

钢结构构件的生产从投料开始,经过下料、加工、装配、焊接等一系列的工序过程,最后成为成品。在这样一个综合性的加工生产过程中,要执行设计部门提出的技术要求,确保工程质量,就要求制作单位在投产前必须组织技术交底的专题讨论会。

技术交底会的目的是对某一项钢结构工程中的技术要求进行全面的交底,同时也可对制作中的难题进行研究讨论和协商,以求达到意见统一,解决生产过程中的具体问题,确保工程质量。

技术交底会按工程的实施阶段可分为两个层次:第一层次是工程开工前的技术交底会,第二层次是在投料加工前进行的施工人员技术交底会,这种制作过程中的技术交底会在贯彻设计意图、落实工艺措施方面起着不可替代的作用。

(5)构件生产过程之放样、号料　放样是整个钢结构制作工艺中的第一道工序,也是至关重要的一道工序。只有放样尺寸准确,才能避免以后各道加工工序的累积误差,才能保证整个工程的质量。

1)放样的内容　核对图样的安装尺寸和孔距;以 1:1 的大样放出每点;核对各部分的尺寸;制作样板和样杆作为下料、弯制、铣、刨、制孔等加工的依据。

2)放样的程序及样杆、样板的制作　放样时以 1:1 的比例在放样台上利用几何作图方法弹出大样。当大样尺寸过大时,可分段弹出。对一些三角形的构件,如果只对其节点有要求,则可以缩小比例弹出样子,但应注意其精度。放样弹出的十字基准线,二线必须垂直。然后依据此十字线逐一划出其他各点及线,并在节点旁注上尺寸,以备复查及检验。放样经检查无误后,用 0.5~0.75 mm 厚的铁皮或塑料板制作样板,用钢皮或扁铁制作样杆,当长度较短时可用木尺杆。样板、样杆上应注明工号、图号、零件号、数量及加工边、坡口部位、弯折线和弯折方向、孔径和滚圆半径等。由于生产的需要,通常须制作适应于各种形状和尺寸的样板和样杆。样板和样杆应妥善保存,直至工程结束后。

3)号料的内容　检查核对材料;在材料上划出切割、铣、刨、弯曲、钻孔等加工位置;打冲孔;标注出零件的编号等。钢材如有较大弯曲、凸凹不平等问题时,应先进行矫正;根据配料表和样板进行套裁,尽可能节约材料。当工艺有规定时,应按规定的方向进行划线取料,以保证零件对材料轧制纹络所提出的要求,并有利于切割和保证零件的质量。

4)放样、号料用工具及设备　放样号料用工具及设备包括划针、冲子、手锤、粉线、弯尺、直尺、钢卷尺、大钢卷尺、剪子、小型剪板机、折弯机。用作计量长度的钢盘尺,必须经授权的计量单位计量,且附有偏差卡片,使用时按偏差卡片的记录数值核对其误差数。钢结构制作、安装、验收及土建施工用的量具,必须用同一标准进行鉴定,且应具有相同的精度等级。

(6)构件生产过程之切割　下料划线以后的钢材,必须按其所需的形状和尺寸进行下料切割。钢材的下料切割可以通过冲剪、切削、摩擦等机械力来实现,也可以利用高温热源来实现。常用的切割方法有气割、机械切割、氧离子切割等。施工中应根据各种切割方法的设备能力、切割精度、切割表面的质量情况以及经济性等因素来具体选定切割方法。切割后钢材不得有分层,断面上不得有裂纹,应清除切口处的毛刺或熔渣和飞溅物。

1)气割　氧割和气割是以氧气与燃料燃烧产生的高温来融化钢材,并借喷射压力将熔渣吹去,造成割缝,达到切割金属的目的。气割能切割各种厚度的钢材,多数是用于带曲线的零件或厚钢板的切割。气割设备灵活,费用经济,切割精度高,是目前广泛使用的切割方法。按切割设备,气割可分为手工气割、半自动气割、仿型气割、多头气割、数控气割和光电跟踪气割(图 8.3)。

(a)手工气割

(b)数控气割

图 8.3　钢材切割

2)机械切割(图 8.4)　①带锯机床:适用于切割型钢及型钢构件,效率高,切割精度高。②砂轮锯:适用于切割薄壁型钢及小型钢管,其切口光滑、生刺较薄易清除,噪声大、粉尘多。③无齿锯:依靠高速摩擦而使工件融化,形成切口,适用于切割精度要求低的构件。其切割速度快,噪声大。④剪板机、型钢冲剪机:适用于切割薄钢板、压型钢板等,具有切割速度快、切口整齐、效率高等特点。剪板机、型钢冲剪机的剪刀必须锋利,剪切时调整到片间距。

(a)带锯机床

(b)砂轮锯

(c)无齿锯

(d)剪板机

图 8.4　钢材机械切割

3)等离子切割(图 8.5)　等离子切割主要用于不易氧化的不锈钢材料及有色金属,如铜或铝等的切割,在一些尖端技术上广泛应用。它具有切割温度高、冲刷力大、切割边质量好、变形小、可以切割任何高熔点金属等特点。

图 8.5　等离子切割

(7)构件生产过程之制孔　孔加工在钢结构制造中占有一定的比重,尤其是高强螺栓的采用,使孔加工不仅在数量上,而且在精度要求上,都有了很大的提高。

制孔通常有钻孔和冲孔两种方法。钻孔是钢结构制造中普遍采用的方法,能用于几乎任何规格的钢板、型钢的孔加工。钻孔的原理是切削,其制成的孔精度高,对孔壁损伤较小。冲孔一般只用于较薄钢板的非圆孔的加工,而且要求孔径一般不小于钢材的厚度。冲孔生产效率虽高,但由于孔的周围产生冷作硬化、孔壁质量差等原因,在钢结构制造中已较少采用。孔有人工钻孔和机床钻孔。前者多用于钻直径较小、料较薄的孔;后者施钻方便快捷、精度高,钻孔前先选钻头,再根据钻孔的位置和尺寸选择相应的钻孔设备。另外,还有扩孔、锪孔、铰孔等。扩孔是将已有孔眼扩大到需要的直径;锪孔是将已钻好的孔上表面加工成一定形状的孔;铰孔是将已经粗加工的孔进行精加工以提高孔的光洁度和精度。图 8.6 所示为部分钻孔机械。

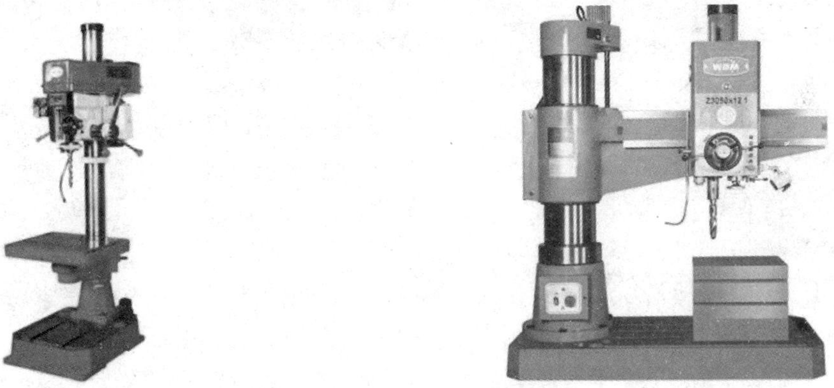

(a)台钻　(b)摇臂钻

图 8.6　钻孔机械

(8)构件生产过程之组装　组装也称为拼装、装配、组立。组装工序是把制备完成的半成品和零件按图样规定的运输单元,装配成构件或者部件,然后将其连接成为整体的过程。

1)组装工序的基本规定　产品图样和工艺规程是整个装配准备工作的主要依据,因此,首先要了解以下问题:①了解产品的用途、结构特点,以便提出装配的支承与夹紧等措施。②了解各零件的相互配合关系、使用材料及其特性,以便确定装配方法。③了解装配工艺规程和技术要求,以便确定控制程序、控制基准及主要控制数值。

拼装必须按工艺要求的次序进行,当有隐蔽焊缝时,必须先予施焊,经检验合格后方可覆盖。当复杂部位不易施焊时,也必须按工艺规定分别先后拼装和施焊。组装前,零件、部件的接触面和沿焊缝边缘每边 30~50 mm 范围内的铁锈、毛刺、污垢、冰雪等应清除干净。布置拼装胎具时,其定位必须考虑预放出焊接收缩量及齐头、加工的余量。为减少变形,尽量采取小件组焊,经矫正后再大件组装。胎具及装出的首件必须经过严格检验,方可大批进行装配工作。组装时的点固焊缝长度宜大于 40 mm,间距宜为 500~600mm,点固焊缝高度不宜超过设计焊缝高度的 2/3。板材、型材的拼接,应在组装前进行;构件的组装应在部件组装、焊接、矫正后进行,以便减少构件的焊接残余应力,保证产品的制作质量。构件的隐蔽部位应提前进行涂装。桁架结构的杆件装配时要控制轴线交点,其允许偏差不得大于 3 mm。装配时要求磨光顶紧的部位,其顶紧接触面应有 75% 以上的面积紧贴,用 0.3 mm 的塞尺检查,其塞入面积应小于 25%,边缘间隙不应大于 0.8 mm。拼装好的构件应立即用油漆在明显部位编号,写明图号、构件号和件数,以便查找。

2)钢结构构件组装方法:①地样法。用 1:1 的比例在装配平台上放出构件实样,然后根据零件在实样上的位置,分别组装起来成为构件。此装配方法适用于桁架、构架等小批量结构的组装。②仿形复制装配法。先用地样法组装成单面(单片)的结构,然后定位点焊牢固,将其翻身,作为复制胎模,在其上面装配另一单面结构,往返两次组装。此种装配方法适用于横断面互为对称的桁架结构。③立装。立装是根据构件的特点及其零件的稳定位置,选择自上而下或自下而上的顺序装配。此法用于放置平稳、高度不大的结构或者大直径的圆筒。④卧装。卧装是将构件放置于卧的位置进行的装配。卧装适用于断面不大,但长度较大的细长的构件。⑤胎模装配法。胎模装配法是将构件的零件用胎模定位在其装配位置上的组装方法。此种装配法适用于制造构件批量大、精度高的产品。钢结构组装方法的选择,必须根据构件特性和技术要求、制作厂的加工能力、机器设备等,选择有效的、满足要求的、效益高的方法。

组装完毕后构件根据加工质量情况进行形状矫正。

(9)构件生产过程之除油除锈、防腐涂装　钢结构构件组装并矫形完毕后,应进行防腐涂装,但防腐涂装前必须对其表面进行除油除锈,以保证防腐涂料使用效果。

1)油污清除方法　油污的清除方法根据工件的材质、油质的种类等因素来决定,通常采用溶剂清洗或碱液清洗。清洗方法有槽内浸洗法、擦洗法、喷射清洗法和蒸汽法等。

2)钢构件表面除锈方法　钢构件表面除锈方法根据要求不同可采用手工和动力工具除锈、喷射或抛射除锈、火焰除锈等主要方法。

手工和动力工具除锈:可用于混凝土的埋设件,局部修补或小型部(构)件等次要结构的除锈。所采用工具有铲刀、刮刀、手工或动力钢丝刷、动力砂盘或砂轮等(图 8.7)。

图 8.7　手工除锈

喷射或抛射除锈：是目前常用的较理想的除锈方法，其所用磨料应符合下列要求：磨料应是堆积密度大、韧性强、有一定粒度要求的颗粒物。在喷射过程中，不易碎裂，散释出的粉尘量少，磨料的表面不得有油污，含水率不大于1%，磨料粒径大小应根据喷嘴、抛头及磨料材料等因素确定(图 8.8)。

图 8.8　喷射除锈

火焰除锈：是利用氧乙炔焰及喷嘴进行除锈的方法，仅适用于厚钢材组成的构件除锈或清除锈的涂层。火焰除锈通过加热冷却的过程，使氧化皮、锈层或旧涂层爆裂，再用动力工具清除加热后的附着物，应控制火焰温度(60～200 ℃)及移动速度(2.5～3 m/min)，防止构件因受热不均而变形。

除锈后表面均应采用清洁干燥的压缩空气和干净毛刷清除浮灰和碎屑。钢材表面进行处达到清洁度后，一般应在 4～6 h 内涂第一道底漆。处理后的钢材表面不应有焊渣、焊疤、灰尘、油污、水和毛刺等，沾上油迹或污垢时应用溶剂清洗，如再有锈蚀，应重新除锈。

涂装所用涂料、涂装遍数、涂层厚度均应符合设计要求。当设计对涂层厚度无要求时，宜涂装二底二面，涂层干漆膜总厚度：室外应为 150 μm，室内应为 125 μm，其允许偏差为 25 μm，每遍涂层干漆膜厚度的允许偏差为±5 μm。

涂装应均匀，油膜应连续无孔，无漏涂、起泡、露底等现象。因此，油漆的稠度既不能过大，也不能过小，稠度过大不但浪费油漆，还会产生脱落、卷皮等现象；稠度过小会产生漏涂、起泡、露底等现象。底漆、中间漆不允许有针孔、气泡、裂纹、脱皮、流挂、返锈、误涂、漏涂等缺陷，无明显起皱，附着应良好。面漆涂层允许存在少量气泡和流挂，但主要大面上不允许出现上述缺陷。

除锈后的金属表面与涂装底漆的间隔时间不应超过 6 h;涂层与涂层之间的间隔对于各种油漆的表干(指于)时间不同,应以先涂装的涂层达到表干后才进行上一层的,一般涂层的间隔时间不少于 4 h。涂装底漆前,金属表面不得有锈蚀或污垢;涂层上涂,原涂层上不得有灰尘、污垢。在涂刷第二层防锈底漆时,第一层防锈底漆必须彻底干燥,否则会产生漆层脱落。涂装完成后,构件的标志、标记和编号应清晰完整。

目前常用的施工方法有刷涂法、手工滚涂法、浸涂法、空气喷涂法、雾气喷涂法等。刷涂法使用的主要工具为各种毛刷。刷涂法适用于油性漆、酚醛漆等,涂装后干燥速度较慢,塑性小,主要用在钢结构的一般构件及建筑物各种设备管道等。刷涂法的工艺要求:刷涂底漆、调和漆和磁漆时,应选用弹性大的硬毛刷;刷涂油性清漆时,应选用刷毛较薄、弹性较好的猪鬃或羊毛等混合制作的板刷或圆刷;涂刷树脂漆时,应选用弹性好、刷毛前端柔软的软毛板刷。涂刷时,应蘸少量涂料,刷毛浸入油漆的部分应为毛长的 1/3~1/2。对干燥速度较慢的涂料,应按涂敷、抹平和修饰三道工序进行。对于干燥速度较快的涂料,应从被涂物一边,按一定的顺序快速连续地刷平和修饰,不宜反复涂刷。刷涂垂直平面时,最后一道应由上向下进行;刷涂水平表面时,最后一道应按光线照射的方向进行。刷涂完毕后,应将油漆刷妥善保管,若长期不使用,须用溶剂清洗干净,晾干后用塑料薄膜包好,存放在干燥的地方,以便再用。

(10) 构件生产过程之验收　钢结构制造单位在成品出厂时,必须经过工厂质检部门的检验,应提供钢结构出厂合格证书及技术文件,其中应包括:①施工图和设计变更文件,设计变更的内容应在施工图中相应部位注明。②制作中对技术问题处理的协议文件。③钢材、连接材料和涂装材料的质量证明书和试验报告。④焊接工艺评定报告。⑤高强度螺栓摩擦面抗滑系数试验报告、焊缝无损检验报告及涂层检测资料。⑥主要构件验收记录。⑦预拼装记录(需预拼装时)。⑧构件发运和包装清单。此类证书、文件是作为建设单位的工程技术档案的一部分而存档备案的。上述内容并非所有工程中都有,而是根据各工程的实际情况,按规范有关条款和工程合同规定的有关内容提供资料。

(11)钢结构防火涂装　钢构件虽然是非燃烧体,但未保护的钢柱、钢梁、钢楼板和屋顶承重构件的耐火极限仅为 0.25 h,为满足《钢结构工程施工质量验收标准》(GB 50205—2020)规定的 1~3 h 的耐火极限要求,必须施加防火保护。钢结构防火保护的目的就是在其表面提供一层绝热或吸热的材料,隔离火焰直接燃烧钢结构,阻止热量迅速传向钢基材,推迟钢结构温度升高的时间,使之达到《钢结构工程施工质量验收标准》(GB 50205—2020)规定的耐火极限要求。钢结构防火涂料的选用应符合有关耐火极限的设计要求,其分类技术要符合现行国家标准《钢结构防火涂料》(GB 14907—2018)和《钢结构防火涂料应用技术规范》(CECS 24:90)的要求。

8.2.2　案例说明——H 型钢制作工艺流程

钢结构制作的工序较多,所以对加工顺序要周密安排,尽可能避免或减少工件倒流,以减少往返运输和周转时间。

H 型钢制作生产线由数控火焰切割机、H 型钢组立机、龙门式自动焊接机及 H 型钢翼缘矫正机和端面锯床、三维钻床几大部分组成。

因受加工设备的限制,H 型钢截面高度一般不能超过 2 m。图 8.9 是焊接 H 型钢生产工艺流程。

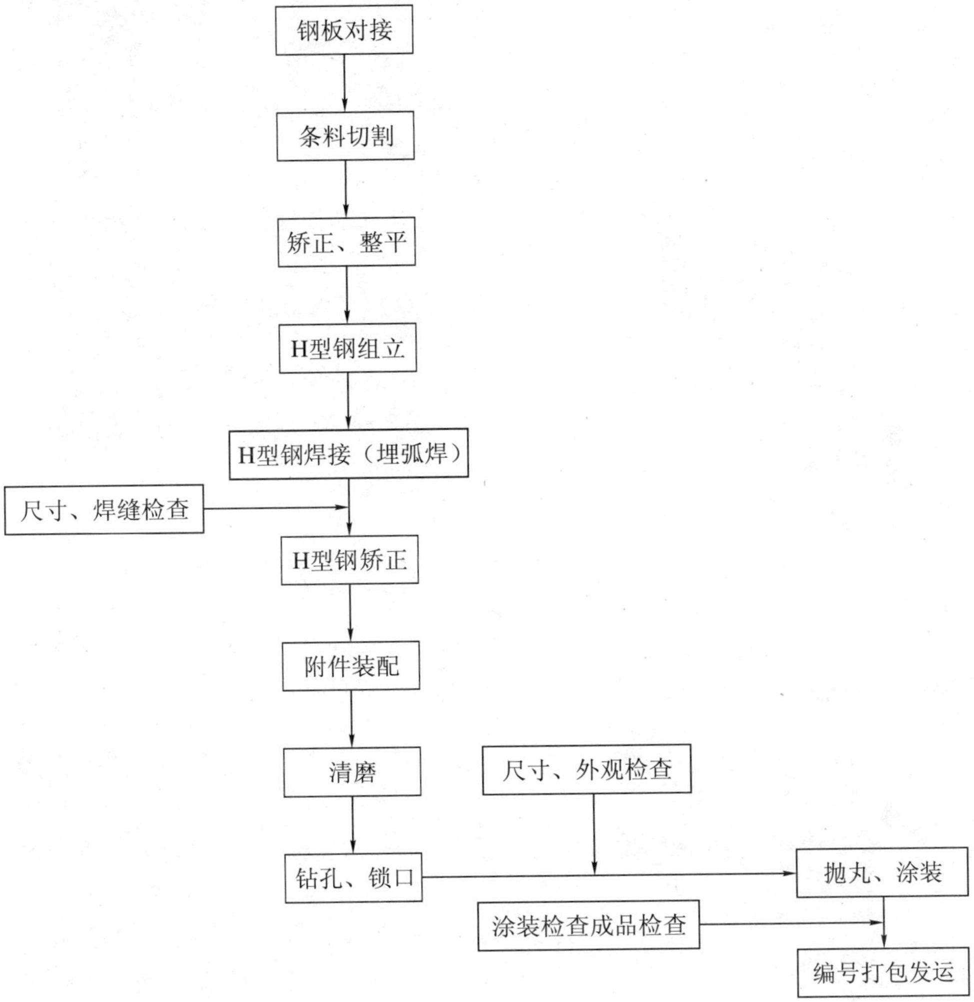

图 8.9 焊接 H 型钢生产工艺流程

(1)下料采用数控切割机,如图 8.10 所示。下料时,应注意上下翼缘和腹板之间拼缝相互错开 200 mm 以上,同时与加劲板应错开 200 mm 以上,其中翼缘板用斜对接,腹板用平对接,且拼缝位置宜放在构件长度 1/3~1/4 的范围内。板边毛刺应清理干净。

(2)所有拼接焊缝为一级焊缝,其他需熔透的坡口焊缝为二级焊缝。角焊缝及非熔透坡口焊缝为外表按二级焊缝要求检查的三级焊缝。

(3)在组立机上组立 T 型、H 型钢,组立时,板边毛刺、割渣必须清理干净,如图 8.11 所示。

(4)点焊时,必须保证间隙<1 mm。腹板厚 $t<12$ mm 时,用 $\Phi3.2$ 焊条点固,腹板厚

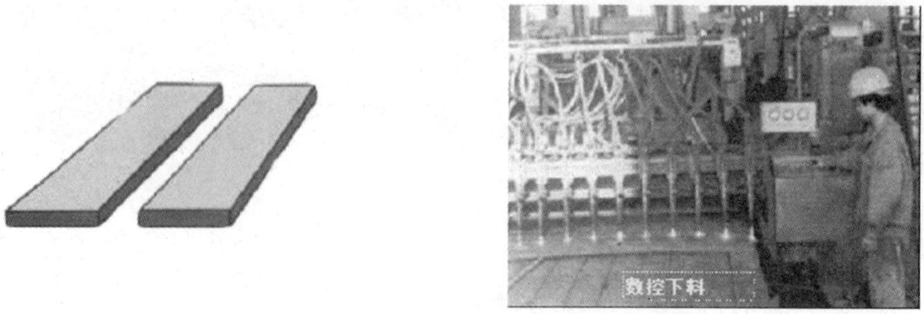

图 8.10　数控下料

图 8.11　钢板组立

$t \geqslant 12$ mm 时，用 $\Phi4$ 焊条点固。焊点应牢固，一般点焊缝长 20～30 mm，间隔 200～300 mm，焊点不宜太高，以利埋弧焊接。清除所有点固焊渣。

(5)对有顶紧要求的部位装配时应保证间隙处于顶紧状态，顶紧状态的检查为采用塞尺检测 75%的部位小于 0.3 mm，最大不得超过 0.8 mm，如图 8.12 所示。

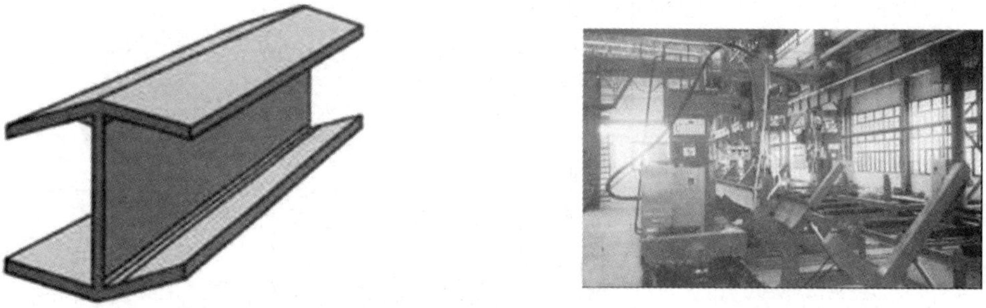

图 8.12　钢板焊接

(6)焊后，焊工自检，不得有缺陷，否则应按规定分情况进行返修。

(7)转入矫正机上，对翼板角变形进行矫正，如图 8.13 所示。

(8)对 H 型钢的弯曲变形进行矫正，火焰矫正温度为 750～900 ℃，低合金钢(如 Q345)矫正后，不得用水激冷。

吊车梁和吊车桁架不应下挠，设计有规定的按设计要求，设计未做要求的则吊车梁及吊车桁架应在矫正后处于起拱状态，起拱高度为 5～10 mm。

(9)将 H 型钢转入三维钻，按图纸要求，将孔径、孔位，相互间距等数据输入电脑，对 H 型钢进行自动定位、自动三维钻孔，如图 8.14 所示。

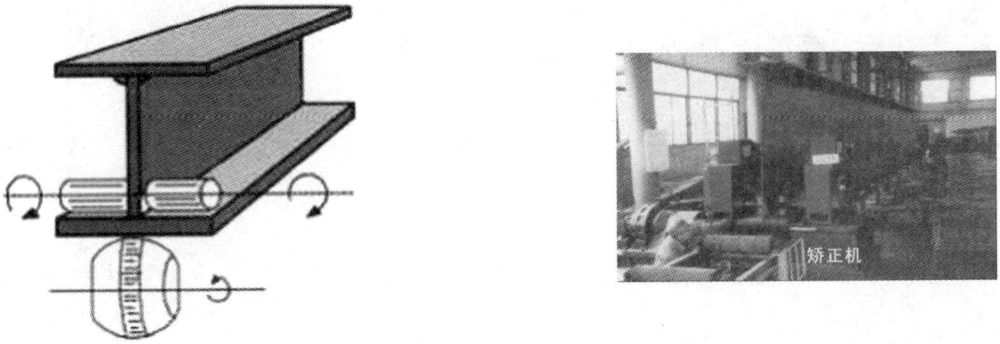

图 8.13　钢板矫正

(10)转入端面锯,将三维钻上定位的梁两端多余量锯割掉,如图 8.14 所示。

(11)对钻孔毛刺、锁口毛刺等进行清磨,如图 8.15 所示。

图 8.14　钢构件钻孔

图 8.15　钢构件清磨

(12)焊接 H 型钢构件组装配。翼缘板、腹板均先单肢装配焊接矫正后进行大组装。组装前先进行基本定位,并焊接好加劲板和拉条,以确保在进行交叉施焊时结构不变形。

(13)防腐涂装作业在油漆厂区进行,油漆厂区具有防火和通风措施,可防止发生火灾和人员中毒事故。

工艺流程:基面清理——→底漆、中间漆涂装——→面漆涂装。

钢结构工程在抛丸除锈前先检查钢结构制作、安装是否验收合格。涂刷前将需涂装部位的铁锈、焊缝药皮、焊接飞溅物、油污、尘土等杂物清理干净。

为保证涂装质量,采用自动抛丸除锈机进行除锈。该除锈方法是利用压缩空气的压力,连续不断地用钢丸冲击钢构件的表面,把钢材表面的铁锈、油污等杂物清理干净,露出金属钢材本色的一种除锈方法。这种方法是一种效率高、除锈彻底、比较先进的除锈工艺,如图 8.16 所示。

图 8.16　钢构件抛丸除锈

8.3 单层钢结构厂房安装流程

厂房结构安装顺序：厂房柱—柱间支撑—吊车梁—钢托架—屋架及支撑檩条—天窗架—屋面和墙面系统。

8.3.1 安装前的准备工作

(1)技术准备

1)组织技术人员进行图纸会审，复核结构强度、刚度、稳定性是否满足施工过程中可能附加的荷载等工艺要求。

2)配备钢结构及混凝土结构安装专业相应的国家有效版本技术标准和施工规范，检查现技术管理和设备能否满足施工需要。

3)及时编制详细的单位工程施工组织设计及施工方案，形成指导现场安装作业的施工技术文件。

(2)物资设备准备

1)组织机具设备的进场、购置、检查、保养。一般至少包括一台主吊机，另配一台辅助吊机，辅助吊机配合现场倒料、卸车及小型构件的安装等工作。

2)组织购买施工用料，明确成品及半成品的供货方式及提货日期。

(3)现场准备

1)根据工程指定的厂外基准点，检查土建单位提交来的基础测量资料，包括柱网矩形的精确度，即柱基中心的行列距和基础标高。

2)做好现场“七通一平”工作，搭设现场施工用临时设施，施工用具及材料摆放到位，确保达到连续施工的需要。

8.3.2 安装流程及施工要求

主要构件吊装前必须切实做好各项准备工作，包括场地的清理，道路的修筑，基础的准备，构件的运输、就位、堆放、拼装加固、检查清理、弹线编号，以及吊装机具的准备等。

(1) 钢柱吊装

1)施工准备　包括：基础表面找平；基础面中心标记鲜明；垫板(钢楔)准备充足；钢柱四面中心标记鲜明；钢柱上绑扎好高空用临时爬梯、操作挂篮。此外，还要在基础上弹出建筑物的纵、横定位轴线和钢柱的吊装基准线，作为钢柱对位和校正的依据。钢柱的吊装基准线应与基础面上所弹的吊装基准线位置相适应。

2)钢柱的绑扎或吊点的设置　根据钢柱的形状长度、截面抵抗矩、重量、起吊方法及吊机性能等因素，确定钢柱吊装是否设活动吊耳，也可根据现场情况采用钢丝绳绑扎，绑扎点设在柱的肩梁处。如利用绑扎法，则在钢柱吊索绑扎处垫以麻袋、橡皮或木块。

3)钢柱的吊升方法　钢柱起吊前，柱脚应垫在垫木上，由水平转为直立后，起重机将钢柱吊离地面，旋转至基础顶上方，就位，临时固定。钢柱起吊时不得在地面上拖拉；就位后进行初校，用钢楔临时固定，架设经纬仪校正中心、标高、垂直度，确认在误差范围内,记录数据,固定牢固;然后利用爬梯拆除索具。

4)钢柱的找正 钢柱的找正包括平面位置、垂直位置和标高的找正。标高的找正,应在混凝土柱基杯口找平时同时进行。平面位置的校正,要在对位时进行。垂直度的校正,则应在钢柱临时固定后进行。垂直度的校正直接影响吊车梁、屋架等吊装的准确性,必须认真对待。钢柱垂直度的校正方法有敲打锲块法、千斤顶校正法、钢管撑杆斜顶法及缆风绳校正法等,可在安装时根据现场而定。校正完毕后,坚固地脚螺栓,并将垫板上下点焊固定,防止移动。

(2)柱间支撑安装 柱间支撑安装时不立即固定死,应在吊车梁和辅助桁架安装并做好固定后再固定。

(3)吊车梁安装 钢柱调整固定并安装完下部柱间支撑后,才能吊装吊车梁。吊装前,应对梁的型号、长度、截面尺寸和牛腿位置进行检查,装上扶手杆及扶手绳(吊装后将绳子绑紧在两端柱上)。

梁吊装采用平吊,以发挥起重机的效率:吊车梁起吊后应基本水平,对位时不宜用撬棍顺轴线方向撬动吊车梁,吊装后需校正标高、平面位置和垂直度。吊车梁的标高主要取决于柱子牛腿的标高,只要牛腿标高准确,其误差就不大,如存在误差,可待安装轨道时调整。平面位置的校正,主要是检查吊车梁纵轴线及两列吊车梁之间的跨度 L 是否符合要求。《钢结构工程施工质量验收标准》(GB 50205—2020)规定轴线偏差不得大于 5 mm;在屋盖吊装前校正时,L 不得有正偏差,以防屋盖吊装后柱顶向外偏移,使 L 偏差过大。

在检查及校正吊车梁中心线时,可用线坠检查吊车梁的垂直度,如发现偏差,可在两端的支座面上加斜垫块,每叠不得超过三块。吊车梁吊装后只作初步校正和临时固定,待屋盖系统安装完毕后方可进行吊车梁的最后校正和固定。吊车梁平面位置的校正采用通用法。通用法是根据主轴线用经纬仪和钢尺准确地校正好一跨内两端的四根吊车梁的纵轴线和轨距,再根据校正好的端部吊车梁沿其轴线拉上钢丝通线,逐根拨正。吊车梁吊装时利用 4 点吊装,各吊点设吊耳。吊车梁校正后应立即焊接固定。吊车轨道的固定和现场连接按设计图要求施工。

(4)钢托架吊装 柱子校正固定、柱间支撑安装后,吊装托架梁,吊机行走路线与柱吊装相同。就位后,及时进行垂直度找正,以确保屋架的及时安装和安装质量。

(5)屋架安装 主厂房跨度大,需采用铁扁担吊装屋架。屋架按每一榀吊装,尽量减少高空安装难度。屋架拼装,可选在离吊装较近的地方进行插拼,拼装台应抄平。两个半榀屋架放置于拼装台上,先装好接口处的拼装螺栓,检查并找正屋架的起拱和跨距,与图纸无误后将接口板密贴焊接,焊接完后应扶直放置在柱边。在吊装位置,同时应用竹竿顺屋架长度方向绑扎上下两层,以供安装水平支撑、垂直支撑及屋面檩条时用。

屋架吊装,前两榀屋架必须找正,其屋架垂直度应符合《钢结构工程施工质量验收标准》(GB 50205—2020)要求,以消除屋架往一边倾斜的因素,保证整跨屋架安装顺利。

屋架安装注意事项:①屋架分段出厂;②屋架进入现场后检查几何尺寸,并按规定要求摆放组装,吊装前需进行现场加固,以防止发生永久性变形;③吊装每榀屋架前,应先吊装每榀的托架,以防卡杆;④每榀屋架吊装到位后,应立即补档,防止补吊屋面气楼架时卡杆而难以到位;⑤屋架安装时应检查中心位移、跨距、垂直度、起拱度和侧向挠度值;⑥屋架吊装采用多点吊装;⑦天窗组合吊装与屋架吊装应按计划同时进行。

(6)天窗安装　天窗均是小型构件,比较零星,这些构件又多位于屋架上面,安装就位和调整固定操作均不方便,高空作业多,施工也不安全。为了加快工程进度,天窗采用组合吊装。天窗组装与屋架吊装应按计划同时进行,选用轮胎吊进行天窗组装,主吊车用来吊装天窗组合件。

(7)墙面系统安装　①由于现场条件的限制,吊机不可能在厂房外作业,因而给墙皮系统的安装带来一定困难。故每一榀的墙皮系统部分,应在每榀屋盖系统吊装完后,即安装墙皮柱,剩余小件可用卷扬机吊装。②墙皮系统的安装宜在屋盖系统安装结束后进行,也可随屋盖系统一起采用综合安装法,一个节间一个节间地进行。③墙架檩条的支托应在钢柱出厂前安装完毕。焊接轻型 H 型钢截面或蜂窝梁截面屋面檩条在安装时应注意防止构件过大变形。

屋面板(包括天窗屋面)用的彩色压型钢板,一般均在现场压制成型,为避免雨水渗漏,采用长尺板材,同一坡度屋面上不设搭缝,对压型钢板板型及对板的镀锌厚度与板的涂层材料要求在施工图设计时确定。

附表

附表 1　钢材和连接的强度设计值

附表 1.1　钢材的强度设计值

(N/mm^2)

钢材		抗拉、抗压和抗弯	抗剪	端面承压(刨平顶紧)
牌号	厚度或直径/mm	f	f_v	f_{ce}
Q235 钢	≤16	215	125	325
	>16~40	205	120	
	>40~100	200	115	
Q345 钢	≤16	300	175	400
	>16~40	295	170	
	>40~63	290	165	
	>63~80	280	160	
	>80~100	270	155	
Q390 钢	≤16	345	200	415
	>16~40	330	190	
	>40~63	310	180	
	>63~100	295	170	
Q420 钢	≤16	375	215	440
	>16~40	355	205	
	>40~63	320	185	
	>63~100	305	175	
Q460 钢	≤16	410	235	470
	>16~40	390	225	
	>40~63	355	205	
	>63~100	340	195	
Q345GJ	>16~50	325	190	415
	>50~100	300	175	

注:表中厚度指计算点的钢材厚度,对轴心受拉和轴心受压构件,指截面中较厚板件的厚度。

附表 1.2　焊缝的强度设计值　（N/mm^2）

焊接方法和焊条型号	构件钢材		对接焊缝				角焊缝
	牌号	厚度或直径/mm	抗压 f_c^w	焊缝质量为下列系统级时，抗拉 f_t^w		抗剪 f_v^w	抗拉、抗压和抗剪 f_f^w
				一级、二级	三级		
自动焊、半自动焊和E43型焊条的手工焊	Q235钢	≤16	215	215	185	125	160
		>16~40	205	205	175	120	
		>40~100	200	200	170	115	
自动焊、半自动焊和E50、E55型焊条的手工焊	Q345钢	≤16	305	305	260	175	200
		>16~40	295	295	250	170	
		>40~63	290	290	245	165	
		>63~80	280	280	240	160	
		>80~100	270	270	230	155	
自动焊、半自动焊和E50、E55型焊条的手工焊	Q390钢	≤16	345	345	295	200	200(E50) 220(E55)
		>16~40	330	330	280	190	
		>40~63	310	310	265	180	
		>63~100	295	295	250	170	
自动焊、半自动焊和E55、E60型焊条的手工焊	Q420钢	≤16	375	375	320	215	220(E55) 240(E60)
		>16~40	355	355	300	205	
		>40~63	320	320	270	185	
		>63~100	305	305	260	175	
自动焊、半自动焊和E55、E60型焊条的手工焊	Q460钢	≤16	410	410	350	235	220(E55) 240(E60)
		>16~40	390	390	330	225	
		>40~63	355	355	300	205	
		>63~100	340	340	290	195	
自动焊、半自动焊和E50、E55型焊条的手工焊	Q345GJ钢	>16~35	310	310	265	180	200
		>35~50	290	290	245	170	
		>50~100	285	285	240	165	

注：(1)自动焊和半自动焊所采用的焊丝和焊剂，应保证其熔敷金属的力学性能不低于母材的性能。

(2)焊缝质量等级应符合现行国家标准《钢结构焊接规范》(GB 50661)的规定，其检验方法应符合现行国家标准《钢结构工程施工质量验收标准》(GB 50205)的规定。其中厚度小于8 mm钢材的对接焊缝，不宜用超声波探伤确定焊缝质量等级。

(3)对接焊缝抗弯受压区强度设计值取 f_c^w，抗弯受拉区强度设计值取 f_t^w。

(4)表中厚度系指计算点的钢材厚度，对轴心受拉和轴心受压构件，系指截面中较厚板件的厚度。

(5)进行无垫板的单面施焊对接焊缝的连接计算时，表中规定的强度设计值应乘折减系数0.85。

附表 1.3　螺栓连接的强度设计值　　(N/mm²)

螺栓的钢材牌号(或性能等级)和构件的钢材牌号		普通螺栓						锚栓	承压型或网架用高强度螺栓		
		C 级螺栓			A 级、B 级螺栓						
		抗拉 f_t^b	抗剪 f_v^b	承压 f_c^b	抗拉 f_t^b	抗剪 f_v^b	承压 f_c^b	抗拉 f_t^b	抗拉 f_t^b	抗剪 f_v^b	承压 f_c^b
普通螺栓	4.6 级、4.8 级	170	140	—	—	—	—	—	—	—	—
	5.6 级	—	—	—	210	190	—	—	—	—	—
	8.8 级	—	—	—	400	320	—	—	—	—	—
锚栓	Q235 钢	—	—	—	—	—	—	140	—	—	—
	Q345 钢	—	—	—	—	—	—	180	—	—	—
	Q390 钢	—	—	—	—	—	—	185	—	—	—
承压型连接高强度螺栓	8.8 级	—	—	—	—	—	—	—	400	250	—
	10.9 级	—	—	—	—	—	—	—	500	310	—
螺栓球网架用高强度螺栓	9.8 级	—	—	—	—	—	—	—	385	—	—
	10.9 级	—	—	—	—	—	—	—	430	—	—
构件	Q235 钢	—	—	305	—	—	405	—	—	—	470
	Q345 钢	—	—	385	210	—	510	—	—	—	590
	Q390 钢	—	—	400	—	—	530	—	—	—	615
	Q420 钢	—	—	425	—	—	560	—	—	—	655
	Q460 钢	—	—	450			595				695
	Q345GJ 钢	—	—	400			530				615

注：(1) A 级螺栓用于 $d \leq 24$ mm 和 $L \leq 10d$ 或 $L \leq 150$ mm(按较小值)的螺栓；B 级螺栓用于 $d>24$ mm 或 $L>10d$ 或 $L>150$ mm(按较小值)的螺栓。d 为公称直径，L 为螺栓公称长度。

(2) A、B 级螺栓孔的精度和孔壁表面粗糙度，C 级螺栓孔的允许偏差和孔壁表面粗糙度，均应符合现行国家标准《钢结构工程施工质量验收标准》(GB 50205)的要求。

(3) 用于螺栓球节点网架的高强度螺栓，M12～M36 为 10.9 级，M39～M64 为 9.8 级。

附表 1.4　结构件或连接设计强度的折减系数

项次	情况	折减系数
1	单面连接的单角钢 (1)按轴心受力计算强度和连接 (2)按轴心受压计算稳定性 等边角钢 短边相连的不等边角钢 长边相连的不等边角钢	0.85 $0.6+0.0015\lambda$,但不大于 1.0 $0.5+0.0025\lambda$,但不大于 1.0
2	无垫板的单面施焊对接焊缝	0.85
3	施工条件较差的高空安装焊缝和铆钉连接	0.90
4	沉头和半沉头铆钉连接	0.80

注:(1)λ——长细比,对中间无连系的单钢压杆,应按最小回转半径计算;当 $\lambda<20$ 时,取 $\lambda=20$。

(2)当几种情况同时存在时,其折减系数应连乘。

附表 2　轴心受压构件的稳定系数

附表 2.1　a 类截面轴心受压构件的稳定系数 φ

$\lambda\sqrt{\frac{f_y}{235}}$	0	1	2	3	4	5	6	7	8	9
0	1.000	1.000	1.000	1.000	0.999	0.999	0.998	0.998	0.997	0.996
10	0.995	0.994	0.993	0.992	0.991	0.989	0.988	0.986	0.985	0.983
20	0.981	0.979	0.977	0.976	0.974	0.972	0.970	0.968	0.966	0.964
30	0.963	0.961	0.959	0.957	0.954	0.952	0.950	0.948	0.946	0.944
40	0.941	0.939	0.937	0.934	0.932	0.929	0.927	0.924	0.921	0.918
50	0.916	0.913	0.910	0.907	0.903	0.900	0.897	0.893	0.890	0.886
60	0.883	0.879	0.875	0.871	0.867	0.862	0.858	0.854	0.849	0.844
70	0.839	0.834	0.829	0.824	0.818	0.813	0.807	0.801	0.795	0.789
80	0.783	0.776	0.770	0.763	0.756	0.749	0.742	0.735	0.728	0.721
90	0.713	0.706	0.698	0.691	0.683	0.676	0.668	0.660	0.653	0.645
100	0.637	0.630	0.622	0.614	0.607	0.599	0.592	0.584	0.577	0.569
110	0.562	0.555	0.548	0.541	0.534	0.527	0.520	0.513	0.507	0.500
120	0.494	0.487	0.481	0.475	0.469	0.463	0.457	0.451	0.445	0.439
130	0.434	0.428	0.423	0.417	0.412	0.407	0.402	0.397	0.392	0.387
140	0.382	0.378	0.373	0.368	0.364	0.360	0.355	0.351	0.347	0.343
150	0.339	0.335	0.331	0.327	0.323	0.319	0.316	0.312	0.308	0.305
160	0.302	0.298	0.295	0.292	0.288	0.285	0.282	0.279	0.276	0.273
170	0.270	0.267	0.264	0.261	0.259	0.256	0.253	0.250	0.248	0.245
180	0.243	0.240	0.238	0.235	0.233	0.231	0.228	0.226	0.224	0.222
190	0.219	0.217	0.215	0.213	0.211	0.209	0.207	0.205	0.203	0.201
200	0.199	0.197	0.196	0.194	0.192	0.190	0.188	0.187	0.185	0.183
210	0.182	0.180	0.178	0.177	0.175	0.174	0.172	0.171	0.169	0.168
220	0.166	0.165	0.163	0.162	0.161	0.159	0.158	0.157	0.155	0.154
230	0.153	0.151	0.150	0.149	0.148	0.147	0.145	0.144	0.143	0.142
240	0.141	0.140	0.139	0.137	0.136	0.135	0.134	0.133	0.132	0.131
250	0.130	—	—	—	—	—	—	—	—	—

附表 2.2 b 类截面轴心受压构件的稳定系数 φ

$\lambda\sqrt{\frac{f_y}{235}}$	0	1	2	3	4	5	6	7	8	9
0	1.000	1.000	1.000	0.999	0.999	0.998	0.997	0.996	0.995	0.994
10	0.992	0.991	0.989	0.987	0.985	0.983	0.981	0.978	0.976	0.973
20	0.970	0.967	0.963	0.960	0.957	0.953	0.950	0.946	0.943	0.939
30	0.936	0.932	0.929	0.925	0.921	0.918	0.914	0.910	0.906	0.903
40	0.899	0.895	0.891	0.886	0.882	0.878	0.874	0.870	0.865	0.861
50	0.856	0.852	0.847	0.842	0.837	0.833	0.828	0.823	0.818	0.812
60	0.807	0.802	0.796	0.791	0.785	0.780	0.774	0.768	0.762	0.757
70	0.751	0.745	0.738	0.732	0.726	0.720	0.713	0.707	0.701	0.694
80	0.687	0.681	0.674	0.668	0.661	0.654	0.648	0.641	0.634	0.628
90	0.621	0.614	0.607	0.601	0.594	0.587	0.581	0.574	0.568	0.561
100	0.555	0.548	0.542	0.535	0.529	0.523	0.517	0.511	0.504	0.498
110	0.492	0.487	0.481	0.475	0.469	0.464	0.458	0.453	0.447	0.442
120	0.436	0.431	0.426	0.421	0.416	0.411	0.406	0.401	0.396	0.392
130	0.387	0.383	0.378	0.374	0.369	0.365	0.361	0.357	0.352	0.348
140	0.344	0.340	0.337	0.333	0.329	0.325	0.322	0.318	0.314	0.311
150	0.308	0.304	0.301	0.297	0.294	0.291	0.288	0.285	0.282	0.279
160	0.276	0.273	0.270	0.267	0.264	0.262	0.259	0.256	0.253	0.251
170	0.248	0.246	0.243	0.241	0.238	0.236	0.234	0.231	0.229	0.227
180	0.225	0.222	0.220	0.218	0.216	0.214	0.212	0.210	0.208	0.206
190	0.204	0.202	0.200	0.198	0.196	0.195	0.193	0.191	0.189	0.188
200	0.186	0.184	0.183	0.181	0.179	0.178	0.176	0.175	0.173	0.172
210	0.170	0.169	0.167	0.166	0.164	0.163	0.162	0.160	0.159	0.158
220	0.156	0.155	0.154	0.152	0.151	0.150	0.149	0.147	0.146	0.145
230	0.144	0.143	0.142	0.141	0.139	0.138	0.137	0.136	0.135	0.134
240	0.133	0.132	0.131	0.130	0.129	0.128	0.127	0.126	0.125	0.124
250	0.123	—	—	—	—	—	—	—	—	—

附表 2.3　c 截面轴心受压构件的稳定系数 φ

$\lambda\sqrt{\frac{f_y}{235}}$	0	1	2	3	4	5	6	7	8	9
0	1.000	1.000	1.000	0.999	0.999	0.998	0.997	0.996	0.995	0.993
10	0.992	0.990	0.988	0.986	0.983	0.981	0.978	0.976	0.973	0.970
20	0.966	0.959	0.953	0.947	0.940	0.934	0.928	0.921	0.915	0.909
30	0.902	0.896	0.890	0.883	0.877	0.871	0.865	0.858	0.852	0.845
40	0.839	0.833	0.826	0.820	0.813	0.807	0.800	0.794	0.787	0.781
50	0.774	0.768	0.761	0.755	0.748	0.742	0.735	0.728	0.722	0.715
60	0.709	0.702	0.695	0.689	0.682	0.675	0.669	0.662	0.656	0.649
70	0.642	0.636	0.629	0.623	0.616	0.610	0.603	0.597	0.591	0.584
80	0.578	0.572	0.565	0.559	0.553	0.547	0.541	0.535	0.529	0.523
90	0.517	0.511	0.505	0.499	0.494	0.488	0.483	0.477	0.471	0.467
100	0.462	0.458	0.453	0.449	0.445	0.440	0.436	0.432	0.427	0.423
110	0.419	0.415	0.411	0.407	0.402	0.398	0.394	0.390	0.386	0.383
120	0.379	0.375	0.371	0.367	0.363	0.360	0.356	0.352	0.349	0.345
130	0.342	0.338	0.335	0.332	0.328	0.325	0.322	0.318	0.315	0.312
140	0.309	0.306	0.303	0.300	0.297	0.294	0.291	0.288	0.285	0.282
150	0.279	0.277	0.274	0.271	0.269	0.266	0.263	0.261	0.258	0.256
160	0.253	0.251	0.248	0.246	0.244	0.241	0.239	0.237	0.235	0.232
170	0.230	0.228	0.226	0.224	0.222	0.220	0.218	0.216	0.214	0.212
180	0.210	0.208	0.206	0.204	0.203	0.201	0.199	0.197	0.195	0.194
190	0.192	0.190	0.189	0.187	0.185	0.184	0.182	0.181	0.179	0.178
200	0.176	0.175	0.173	0.172	0.170	0.169	0.167	0.166	0.165	0.163
210	0.162	0.161	0.159	0.158	0.157	0.155	0.154	0.153	0.152	0.151
220	0.149	0.148	0.147	0.146	0.145	0.144	0.142	0.141	0.140	0.139
230	0.138	0.137	0.136	0.135	0.134	0.133	0.132	0.131	0.130	0.129
240	0.128	0.127	0.126	0.125	0.124	0.123	0.123	0.122	0121	0120
250	0.119	—	—	—	—	—	—	—	—	—

附表 2.4　*d* 面轴心受压构件的稳定系数 φ

$\lambda\sqrt{\frac{f_y}{235}}$	0	1	2	3	4	5	6	7	8	9
0	1.000	1.000	0.999	0.999	0.998	0.996	0.994	0.992	0.990	0.987
10	0.984	0.981	0.978	0.974	0.969	0.965	0.960	0.955	0.949	0.944
20	0.937	0.927	0.918	0.909	0.900	0.891	0.883	0.874	0.865	0.857
30	0.848	0.840	0.831	0.823	0.815	0.807	0.798	0.790	0.782	0.774
40	0.766	0.758	0.751	0.743	0.735	0.727	0.720	0.712	0.705	0.697
50	0.690	0.682	0.675	0.668	0.660	0.653	0.646	0.639	0.632	0.625
60	0.618	0.611	0. 605	0.598	0.591	0.585	0.578	0.571	0.565	0.559
70	0.552	0.546	0. 540	0.534	0.528	0.521	0.516	0.510	0.504	0.498
80	0.492	0.487	0. 481	0.476	0.470	0.465	0.459	0.454	0.449	0.444
90	0.439	0.434	0. 429	0.424	0.419	0.414	0.409	0.405	0.401	0.397
100	0.393	0.390	0. 386	0.383	0.380	0.376	0.373	0.369	0.366	0.363
110	0.359	0.356	0.353	0.350	0.346	0.343	0.340	0.337	0.334	0.331
120	0.328	0.325	0.322	0.319	0.316	0.313	0.310	0.307	0.304	0.301
130	0.298	0.296	0.293	0.290	0.288	0.285	0.282	0.280	0.277	0.275
140	0.272	0.270	0.267	0.265	0.262	0.260	0.257	0.255	0.253	0.250
150	0.248	0.246	0.244	0.242	0.239	0.237	0.235	0.233	0.231	0.229
160	0.227	0.225	0.223	0.221	0.219	0.217	0.215	0.213	0.211	0.210
170	0.208	0.206	0.204	0.202	0.201	0.199	0.197	0.196	0.194	0.192
180	0.191	0.189	0.187	0.186	0.184	0.183	0.181	0.180	0.178	0.177
190	0.175	0.174	0.173	0.171	0.170	0.168	0.167	0.166	0.164	0.163
200	0.162	—	—	—	—	—	—	—	—	—

附表 3　柱的计算长度系数

附表 3.1　有侧移框架等截面柱的计算长度系数 μ

K_2	K_1												
	0	0.05	0.1	0.2	0.3	0.4	0.5	1	2	3	4	5	≥10
0	∞	6.02	4.46	3.42	3.01	2.78	2.64	2.33	2.17	2.11	2.08	2.07	2.03
0.05	6.02	4.16	3.47	2.86	2.58	2.42	2.31	2.07	1.94	1.90	1.87	1.86	1.83
0.1	4.46	3.47	3.01	2.56	2.33	2.20	2.11	1.90	1.79	1.75	1.73	1.72	1.70
0.2	3.42	2.86	2.56	2.23	2.05	1.94	1.87	1.70	1.60	1.57	1.55	1.54	1.52
0.3	3.01	2.58	2.33	2.05	1.90	1.80	1.74	1.58	1.49	1.46	1.45	1.44	1.42
0.4	2.78	2.42	2.20	1.94	1.80	1.71	1.65	1.50	1.42	1.39	1.37	1.37	1.35
0.5	2.64	2.31	2.11	1.87	1.74	1.65	1.59	1.45	1.37	1.34	1.32	1.32	1.30
1	2.33	2.07	1.90	1.70	1.58	1.50	1.45	1.32	1.24	1.21	1.20	1.19	1.17
2	2.17	1.94	1.79	1.60	1.49	1.42	1.37	1.24	1.16	1.14	1.12	1.12	1.10
3	2.11	1.90	1.75	1.57	1.46	1.39	1.34	1.21	1.14	1.11	1.10	1.09	1.07
4	2.08	1.87	1.73	1.55	1.45	1.37	1.32	1.20	1.12	1.10	1.08	1.08	1.06
5	2.07	1.86	1.72	1.54	1.44	1.37	1.32	1.19	112	1.09	1.08	1.07	1.05
≥10	2.03	1.83	1.70	1.52	1.42	1.35	1.30	1.17	1.10	1.07	1.06	1.05	1.03

注：(1) 表中的计算长度系数 μ 值按下式算得：

$$\left[36K_1K_2-\left(\frac{\pi}{\mu}\right)^2\right]\sin\left(\frac{\pi}{\mu}\right)+6(K_1+K_2)\frac{\pi}{\mu}\cdot\cos\left(\frac{\pi}{\mu}\right)=0$$

式中，K_1、K_2——分别为相交于柱上端、柱下端的横梁线刚度之和与柱线刚度之和的比值，当横梁远端为铰接时，应将横梁线刚度乘以 0.5；当横梁远端为嵌固时，则应乘以 2/3。

(2) 当横梁与柱铰接时，取横梁线刚度为 0。

(3) 对底层框架柱，当柱与基础铰接时，取 $K_2=0$（对平板支座可取 $K_2=0.1$）；当柱与基础刚接时，取 $K_2=10$。

(4) 当与柱刚性连接的横梁所受轴心压力较大时，横梁线刚度应予折减，具体计算方法详见《钢标》。

附表 3.2　无侧移框架等截面柱的计算长度系数 μ

K_2	K_1												
	0	0.05	0.1	0.2	0.3	0.4	0.5	1	2	3	4	5	≥10
0	1.000	0.990	0.981	0.964	0.949	0.935	0.922	0.875	0.820	0.791	0.773	0.760	0.732
0.05	0.990	0.981	0.971	0.955	0.940	0.926	0.914	0.867	0.814	0.784	0.766	0.754	0.726
0.1	0.981	0.971	0.962	0.946	0.931	0.918	0.906	0.860	0.807	0.778	0.760	0.748	0.721
0.2	0.964	0.955	0.946	0.930	0.916	0.903	0.891	0.846	0.795	0.767	0.749	0.737	0.711
0.3	0.949	0.940	0.931	0.916	0.902	0.889	0.878	0.834	0.784	0.756	0.739	0.728	0.701
0.4	0.935	0.926	0.918	0.903	0.889	0.877	0. 866	0.823	0.774	0.747	0.730	0.719	0.693
0.5	0.922	0.914	0.906	0.891	0.878	0.866	0.855	0.813	0.765	0.738	0.721	0.710	0.685
1	0.875	0.867	0.860	0.846	0.834	0.823	0.813	0.774	0.729	0.704	0.688	0.677	0.654
2	0.820	0.814	0.807	0.795	0.784	0.774	0.765	0.729	0.686	0.663	0.648	0.638	0.615
3	0.791	0.784	0.778	0.767	0.756	0.747	0.738	0.704	0.663	0.640	0.625	0.616	0.593
4	0.773	0.766	0.760	0.749	0.739	0.730	0.721	0.688	0.648	0.625	0.611	0.601	0.580
5	0.760	0.754	0.748	0.737	0.728	0.719	0.710	0.677	0.638	0.616	0.601	0.592	0.570
≥10	0.732	0.726	0.721	0.711	0.701	0.693	0.685	0.654	0.615	0.593	0.580	0.570	0.549

注：(1) 表中的计算长度系数 μ 值按下式算得：

$$\left[\left(\frac{\pi}{\mu}\right)^2+2(K_1+K_2)-4K_1K_2\right]\frac{\pi}{\mu}\cdot\sin\left(\frac{\pi}{\mu}\right)-2\left[(K_1+K_2)\left(\frac{\pi}{\mu}\right)^2+4K_1K_2\right]\cos\left(\frac{\pi}{\mu}\right)+8K_1K_2=0$$

式中，K_1、K_2——分别为相交于柱上端、柱下端的横梁线刚度之和与柱线刚度之和的比值，当横梁远端为铰接时，应将横梁线刚度乘以 1.5；当横梁远端为嵌固时，则应乘以 2.0。

(2) 当横梁与柱铰接时，取横梁线刚度为 0。

(3) 对底层框架柱，当柱与基础铰接时，取 $K_2=0$（对平板支座可取 $K_2=0.1$）；当柱与基础刚接时，取 $K_2=10$。

(4) 当与柱刚性连接的横梁所受轴心压力较大时，横梁线刚度应予折减，具体计算方法详见《钢标》。

附表 4　各种截面回转半径的近似值

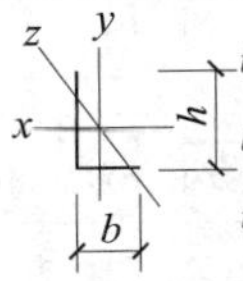 $i_x=0.30h$ $i_y=0.30b$ $i_x=0.195h$	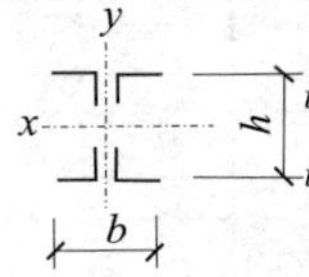 $i_x=0.40h$ $i_y=0.21b$	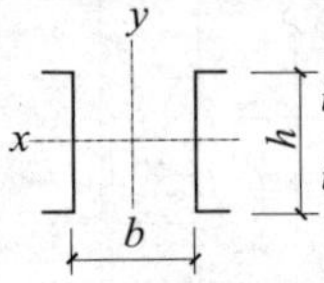 $i_x=0.38h$ $i_y=0.60b$	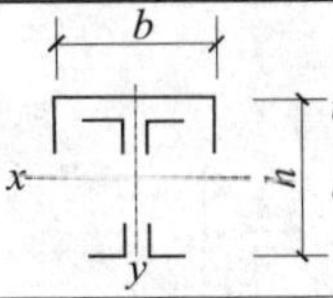 $i_x=0.41h$ $i_y=0.22b$
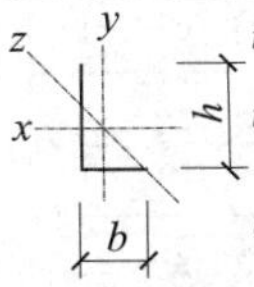 $i_x=0.32h$ $i_y=0.28b$ $i_e=i_x=0.18\frac{h+b}{2}$	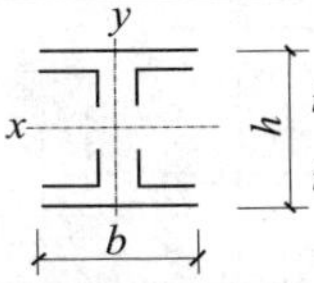 $i_x=0.45h$ $i_y=0.235b$	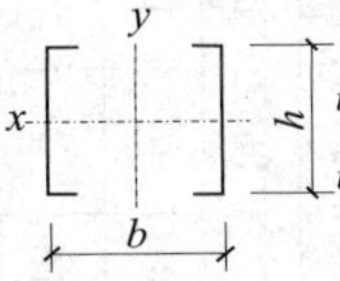 $i_x=0.38h$ $i_y=0.44b$	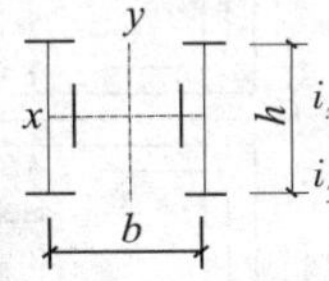 $i_x=0.32h$ $i_y=0.49b$
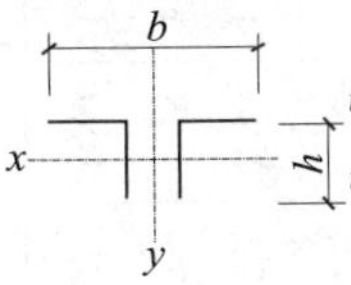 $i_x=0.30h$ $i_y=0.215b$	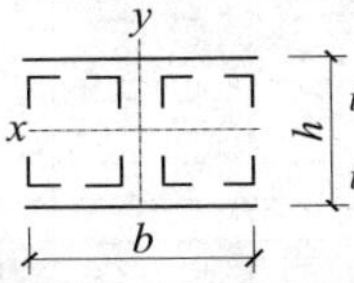 $i_x=0.44h$ $i_y=0.28b$	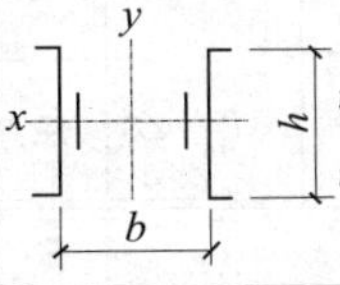 $i_x=0.32h$ $i_y=0.58b$	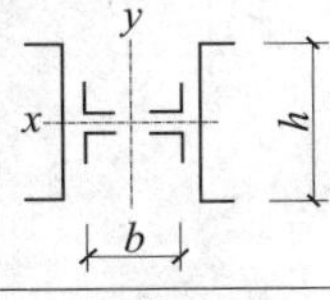 $i_x=0.29h$ $i_y=0.50b$
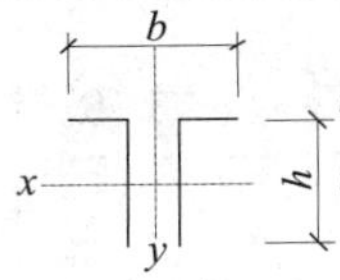 $i_x=0.32h$ $i_y=0.20b$	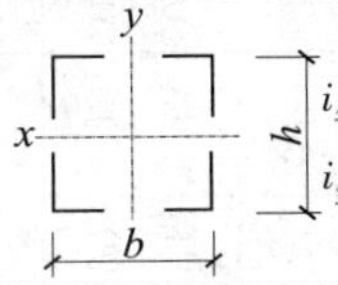 $i_x=0.43h$ $i_y=0.43b$	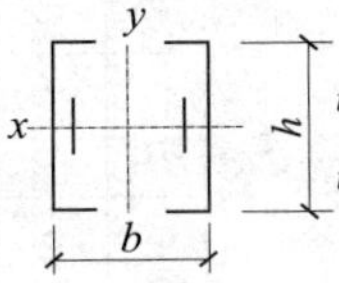 $i_x=0.32h$ $i_y=0.40b$	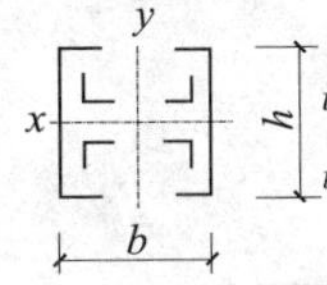 $i_x=0.29h$ $i_y=0.45b$
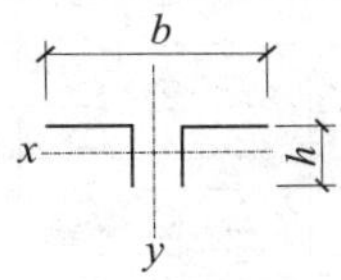 $i_x=0.28h$ $i_y=0.24b$	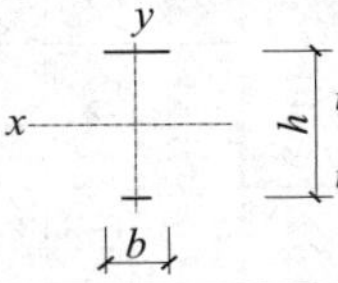 $i_x=0.39h$ $i_y=0.20b$	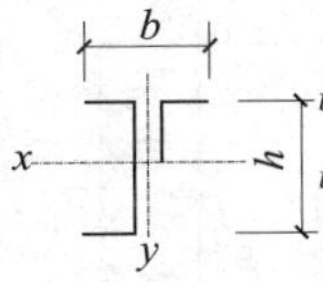 $i_x=0.32h$ $i_y=0.12b$	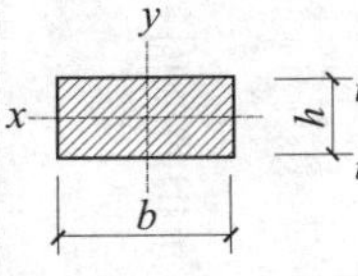 $i_x=0.29h$ $i_y=0.29b$
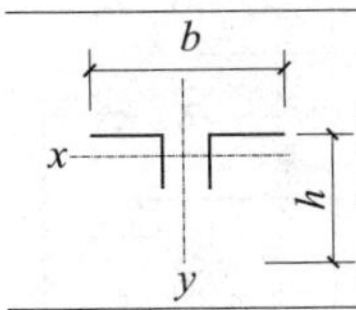 $i_x=0.30h$ $i_y=0.17b$	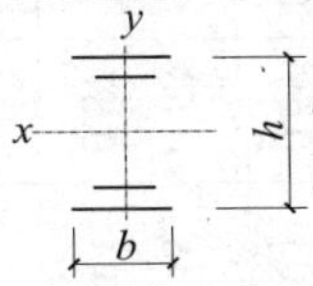 $i_x=0.42h$ $i_y=0.22b$	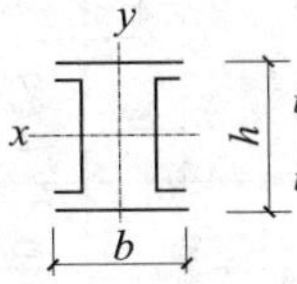 $i_x=0.44h$ $i_y=0.32b$	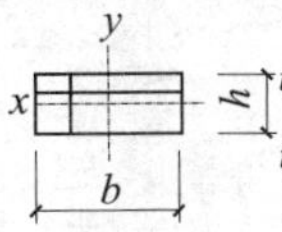 $i_x=0.24h_{平}$ $i_y=0.41b_{平}$
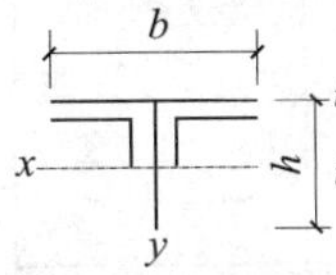 $i_x=0.28h$ $i_y=0.21b$	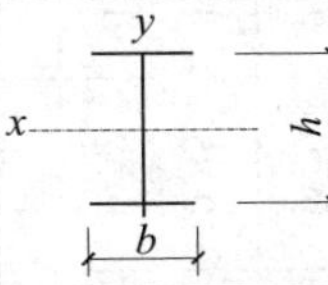 $i_x=0.43h$ $i_y=0.24b$	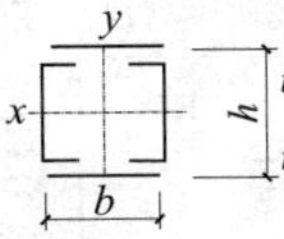 $i_x=0.44h$ $i_y=0.38b$	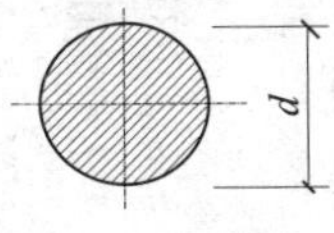 $i=0.25d$
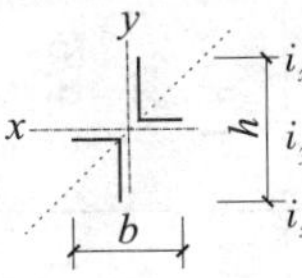 $i_x=0.21h$ $i_y=0.21b$ $i_x=0.185h$	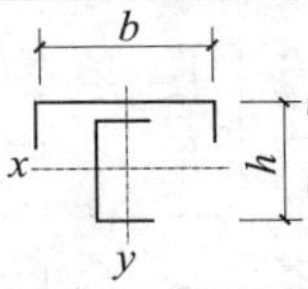 $i_x=0.365h$ $i_y=0.275b$	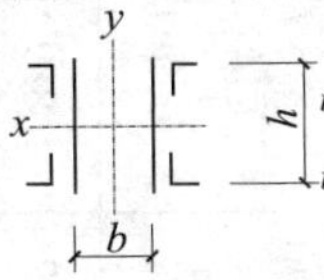 $i_x=0.37h$ $i_y=0.54b$	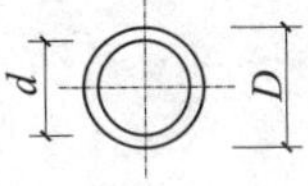 $i=0.35d_{平}$
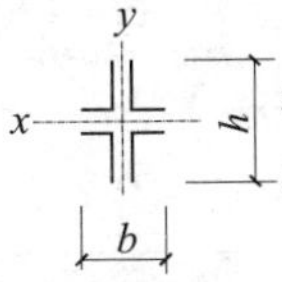 $i_x=0.21h$ $i_y=0.21b$	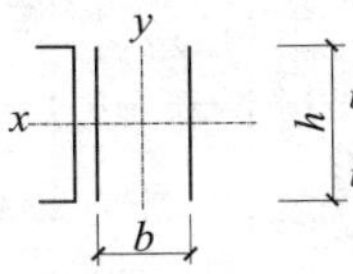 $i_x=0.35h$ $i_y=0.56b$	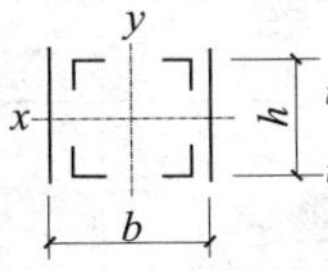 $i_x=0.37h$ $i_y=0.45b$	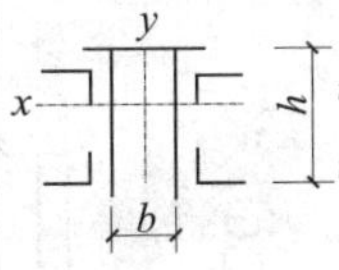 $i_x=0.39h$ $i_y=0.53b$
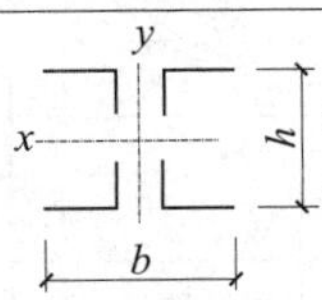 $i_x=0.45h$ $i_y=0.24b$	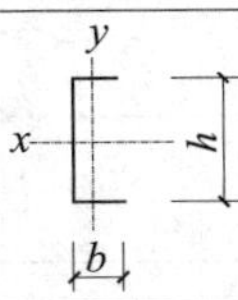 $i_x=0.39h$ $i_y=0.29b$	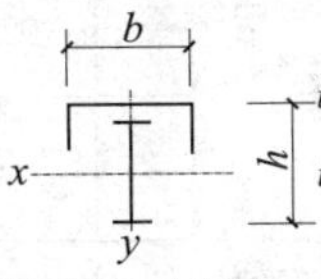 $i_x=0.40h$ $i_y=0.24b$	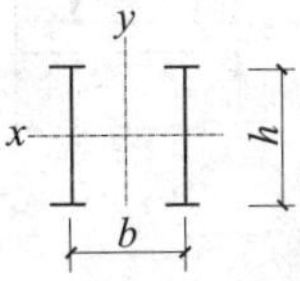 $i_x=0.40h$ $i_y=0.50b$

附表 5　热轧等边角钢

热轧等边角钢的规格及截面特性[按《热轧型钢》(GB/T 706—2016)计算]

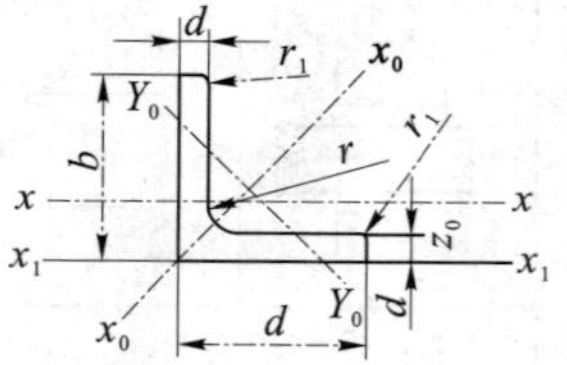

1.表中双线的左侧为一个角钢的截面特性；

2.边端圆弧半径 $r_1 \approx t/3$

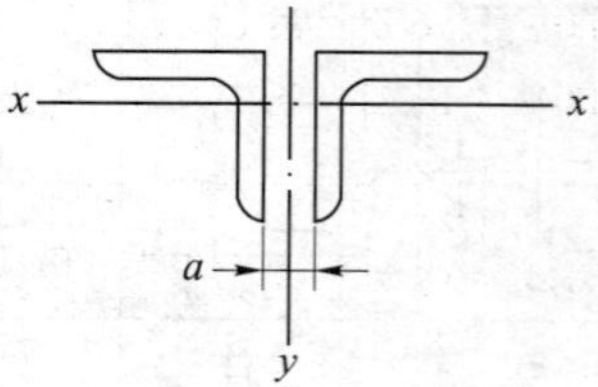

型号	截面尺寸 /mm			截面积 A/cm^2	理论质量 /(kg/m)	重心距 Z_0/cm	惯性矩 I_x/cm^4	截面模数 $/cm^3$			回转半径 /cm			双角钢回转半径 i_y/cm 间距 a/mm					
	b	t	r					W_x	W_{x0}	W_{y0}	i_x	i_{x0}	i_{y0}	6	8	10	12	14	16
2	20	3	3.5	1.132	0.889	0.60	0.40	0.29	0.45	0.20	0.59	0.75	0.39	1.08	1.16	1.25	1.34	1.43	1.52
		4		1.459	1.145	0.64	0.50	0.36	0.55	0.24	0.58	0.73	0.38	1.11	1.19	1.28	1.37	1.46	1.55
2.5	25	3	3.5	1.432	1.124	0.73	0.82	0.46	0.73	0.33	0.76	0.95	0.49	1.28	1.36	1.44	1.53	1.62	1.71
		4		1.859	1.459	0.76	1.03	0.59	0.92	0.40	0.74	0.93	0.48	1.30	1.38	1.46	1.55	1.64	1.73
3	30	3	4.5	1.749	1.373	0.85	1.46	0.68	1.09	0.51	0.91	1.15	0.59	1.47	1.55	1.63	1.71	1.80	1.89
		4		2.276	1.786	0.89	1.84	0.87	1.37	0.62	0.90	1.13	0.58	1.49	1.57	1.66	1.74	1.83	1.91
3.6	36	3	4.5	2.109	1.656	1.00	2.58	0.99	1.61	0.76	1.11	1.39	0.71	1.71	1.78	1.86	1.94	2.03	2.11
		4		2.756	2.163	1.04	3.29	1.28	2.05	0.93	1.09	1.38	0.70	1.73	1.81	1.89	1.97	2.05	2.14
		5		3.382	2.654	1.07	3.95	1.56	2.45	1.00	1.08	1.36	0.70	1.75	1.82	1.91	1.99	2.07	2.16
4	40	3	5	2.359	1.852	1.09	3.59	1.23	2.01	0.96	1.23	1.55	0.79	1.86	1.93	2.01	2.09	2.17	2.26
		4		3.086	2.422	1.13	4.60	1.60	2.58	1.19	1.22	1.54	0.79	1.88	1.96	2.04	2.12	2.20	2.28
		5		3.791	2.976	1.17	5.53	1.96	3.10	1.39	1.21	1.52	0.78	1.90	1.98	2.06	2.14	2.23	2.31

续附表 5

型号	截面尺寸/mm			截面积 A/cm^2	理论质量/(kg/m)	重心距 Z_0/cm	惯性矩 I_x/cm^4	截面模数/cm^3			回转半径/cm			双角钢回转半径 i_y/cm 间距 a/mm					
	b	t	r					W_x	W_{x0}	W_{y0}	i_x	i_{x0}	i_{y0}	6	8	10	12	14	16
4.5	45	3	5	2.659	2.088	1.22	5.17	1.58	2.58	1.24	1.40	1.76	0.89	2.06	2.14	2.21	2.29	2.37	2.45
		4		3.486	2.736	1.26	6.65	2.05	3.32	1.54	1.38	1.74	0.89	2.08	2.16	2.24	2.32	2.40	2.48
		5		4.292	3.369	1.30	8.04	2.51	4.00	1.81	1.37	1.72	0.88	2.11	2.18	2.26	2.34	2.42	2.51
		6		5.076	3.985	1.33	9.33	2.95	4.64	2.06	1.36	1.70	0.88	2.12	2.20	2.28	2.36	2.44	2.53
5	50	3	5.5	2.971	2.332	1.34	7.18	1.96	3.22	1.57	1.55	1.96	1.00	2.26	2.33	2.41	2.49	2.56	2.65
		4		3.897	3.059	1.38	9.26	2.56	4.16	1.96	1.54	1.94	0.99	2.28	2.35	2.43	2.51	2.59	2.67
		5		4.803	3.770	1.42	11.21	3.13	5.03	2.31	1.53	1.92	0.98	2.30	2.38	2.45	2.53	2.61	2.69
		6		5.688	4.465	1.46	13.05	3.68	5.85	2.63	1.52	1.91	0.98	2.32	2.40	2.48	2.56	2.64	2.72
5.6	56	3	6	3.343	2.624	1.48	10.19	2.48	4.08	2.02	1.75	2.20	1.13	2.49	2.57	2.64	2.72	2.79	2.87
		4		4.390	3.446	1.53	13.18	3.24	5.28	2.52	1.73	2.18	1.11	2.52	2.59	2.67	2.75	2.82	2.90
		5		5.415	4.251	1.57	16.02	3.97	6.42	2.98	1.72	2.17	1.10	2.54	2.62	2.69	2.77	2.85	2.93
		6		6.420	5.040	1.61	18.69	4.68	7.49	3.40	1.71	2.15	1.10	—	—	—	—	—	—
		7		7.404	5.812	1.64	21.23	5.36	8.49	3.80	1.69	2.13	1.09	—	—	—	—	—	—
		8		8.367	6.568	1.68	23.63	6.03	9.44	4.16	1.68	2.11	1.09	2.60	2.67	2.75	2.83	2.91	3.00
6	60	5	6.5	5.829	4.576	1.67	19.89	4.59	7.44	3.48	1.85	2.33	1.19	2.70	2.77	2.85	2.93	3.00	3.08
		6		6.914	5.427	1.70	23.25	5.41	8.70	3.98	1.83	2.31	1.18	2.71	2.79	2.86	2.94	3.02	3.10
		7		7.977	6.262	1.74	26.44	6.21	9.88	4.45	1.82	2.29	1.17	2.73	2.81	2.89	2.96	3.04	3.13
		8		9.020	7.081	1.78	29.47	6.98	11.00	4.88	1.81	2.27	1.17	2.76	2.83	2.91	2.99	3.07	3.15

续附表 5

型号	截面尺寸/mm			截面积 A/cm^2	理论质量 /(kg/m)	重心距 Z_0/cm	惯性矩 I_x/cm^4	截面模数 /cm^3			回转半径 /cm			双角钢回转半径 i_y/cm 间距 a/mm					
	b	t	r					W_x	W_{x0}	W_{y0}	i_x	i_{x0}	i_{y0}	6	8	10	12	14	16
6.3	63	4	7	4.978	3.907	1.70	19.03	4.13	6.78	3.29	1.96	2.46	1.26	2.80	2.87	2.94	3.02	3.10	3.17
		5		6.143	4.822	1.74	23.17	5.08	8.25	3.90	1.94	2.45	1.25	2.82	2.89	2.96	3.04	3.12	3.20
		6		7.288	5.721	1.78	27.12	6.00	9.66	4.46	1.93	2.43	1.24	2.84	2.91	2.99	3.06	3.14	3.22
		7		8.412	6.603	1.82	30.87	6.88	1.99	4.98	1.92	2.41	1.23	—	—	—	—	—	—
		8		9.515	7.469	1.85	34.46	7.75	12.25	5.47	1.90	2.40	1.23	2.87	2.95	3.02	3.10	3.18	3.26
		10		11.657	8.151	1.93	41.09	9.39	14.56	6.36	1.88	2.36	1.22	2.92	2.99	3.07	3.15	3.23	3.31
7	70	4	8	5.570	4.372	1.86	26.39	5.14	8.44	4.17	2.18	2.74	1.40	3.07	3.14	3.21	3.28	3.36	3.44
		5		6.875	5.397	1.91	32.21	6.32	10.32	4.95	2.16	2.73	1.39	3.09	3.17	3.24	3.31	3.39	3.47
		6		8.160	6.406	1.95	37.77	7.48	12.11	5.67	2.15	2.71	1.38	3.11	3.19	3.26	3.34	3.41	3.49
		7		9.424	7.398	1.99	43.09	8.59	13.81	6.34	2.14	2.69	1.38	3.13	3.21	3.28	3.36	3.44	3.52
		8		10.667	8.373	2.03	48.17	9.68	15.43	6.98	2.12	2.68	1.37	3.15	3.23	3.30	3.38	3.46	3.54
7.5	75	5	9	7.412	5.818	2.04	39.97	7.32	11.94	5.77	2.33	2.92	1.50	3.30	3.37	3.44	3.52	3.59	3.67
		6		8.797	6.905	2.07	46.95	8.64	14.02	6.67	2.31	2.90	1.49	3.31	3.38	3.46	3.53	3.61	3.68
		7		10.160	7.976	2.11	53.57	9.93	16.02	7.44	2.30	2.89	1.48	3.33	3.40	3.48	3.55	3.63	3.71
		8		11.503	9.030	2.15	59.96	11.20	17.93	8.19	2.28	2.88	1.47	3.35	3.42	3.50	3.57	3.65	3.73
		9		12.825	10.068	2.18	66.10	12.43	19.75	8.89	2.27	2.86	1.46	—	—	—	—	—	—
		10		14.126	11.089	2.22	71.98	13.64	21.48	9.56	2.26	2.84	1.46	3.38	3.46	3.53	3.61	3.69	3.77

续附表 5

型号	截面尺寸 /mm			截面积 A/cm^2	理论质量 /(kg/m)	重心距 Z_0/cm	惯性矩 I_x/cm^4	截面模数 $/cm^3$			回转半径 /cm			双角钢回转半径 i_y/cm 间距 a/mm					
	b	t	r					W_x	W_{x0}	W_{y0}	i_x	i_{x0}	i_{y0}	6	8	10	12	14	16
8	80	5	9	7.912	6.211	2.15	48.79	8.34	13.67	6.66	2.48	3.13	1.60	3.49	3.56	3.63	3.71	3.78	3.86
		6		9.397	7.376	2.19	57.35	9.87	16.08	7.65	2.47	3.11	1.59	3.51	3.58	3.65	3.73	3.80	3.88
		7		10.860	8.525	2.23	65.58	11.37	18.40	8.58	2.46	3.10	1.58	3.53	3.60	3.67	3.75	3.82	3.90
		8		12.303	9.658	2.27	73.49	12.83	20.61	9.46	2.44	3.08	1.57	3.55	3.62	3.69	3.77	3.85	3.92
		9		13.725	10.774	2.31	81.11	14.25	22.73	10.29	2.43	3.06	1.56	—	—	—	—	—	—
		10		15.126	11.874	2.35	88.43	15.64	24.76	11.08	2.42	3.04	1.56	3.59	3.66	3.74	3.81	3.89	3.97
9	90	6	10	10.637	8.350	2.44	82.77	12.61	20.63	9.95	2.79	3.51	1.80	3.91	3.98	4.05	4.13	4.20	4.28
		7		12.301	9.656	2.48	94.83	14.54	23.64	11.19	2.78	3.50	1.78	3.93	4.00	4.07	4.15	4.22	4.30
		8		13.944	10.946	2.52	106.47	16.42	26.55	12.35	2.76	3.48	1.78	3.95	4.02	4.09	4.17	4.24	4.32
		9		15.566	12.219	2.56	117.72	18.27	29.35	13.46	2.75	3.46	1.77	—	—	—	—	—	—
		10		17.167	13.476	2.59	128.58	20.07	32.04	14.52	2.74	3.45	1.76	3.98	4.05	4.13	4.20	4.28	4.36
		12		20.306	15.940	2.67	149.22	23.57	37.12	16.49	2.71	3.41	1.75	4.02	4.10	4.17	4.25	4.32	4.40
10	100	6	12	11.932	9.366	2.67	114.95	15.68	25.74	12.69	3.10	3.90	2.00	4.30	4.37	4.44	4.51	4.58	4.66
		7		13.796	10.830	2.71	131.86	18.10	29.55	14.26	3.09	3.89	1.99	4.31	4.39	4.46	4.53	4.60	4.68
		8		15.638	12.276	2.76	148.24	20.47	33.24	15.75	3.08	3.88	1.98	4.34	4.41	4.48	4.56	4.63	4.71
		9		17.462	13.708	2.80	164.12	22.79	36.81	17.18	3.07	3.86	1.97	—	—	—	—	—	—
		10		19.261	15.120	2.84	179.51	25.06	40.26	18.54	3.05	3.84	1.96	4.38	4.45	4.52	4.60	4.67	4.75
		12		22.800	17.898	2.91	208.90	29.48	46.80	21.08	3.03	3.81	1.95	4.41	4.49	4.56	4.63	4.71	4.79
		14		26.256	20.611	2.99	236.53	33.73	52.90	23.44	3.00	3.77	1.94	4.45	4.53	4.60	4.68	4.76	4.83
		16		29.627	23.257	3.06	262.53	37.82	58.57	25.63	2.98	3.74	1.94	4.49	4.56	4.64	4.72	4.80	4.87

续附表 5

型号	截面尺寸/mm			截面积 A/cm^2	理论质量 /(kg/m)	重心距 Z_0/cm	惯性矩 I_x/cm^4	截面模数 $/cm^3$			回转半径 /cm			双角钢回转半径 i_y/cm 间距 a/mm					
	b	t	r					W_x	W_{x0}	W_{y0}	i_x	i_{x0}	i_{y0}	6	8	10	12	14	16
11	110	7	12	15.196	11.928	2.96	177.16	22.05	36.12	17.51	3.41	4.30	2.20	4.72	4.79	4.86	4.93	5.01	5.08
		8		17.238	13.535	3.01	199.46	24.95	40.69	19.39	3.40	4.28	2.19	4.75	4.82	4.89	4.96	5.03	5.11
		10		21.261	16.690	3.09	242.19	30.60	49.42	22.91	3.38	4.25	2.17	4.78	4.86	4.93	5.00	5.07	5.15
		12		25.200	19.782	3.16	282.55	36.05	57.62	26.15	3.35	4.22	2.15	4.81	4.89	4.96	5.03	5.11	5.19
		14		29.056	22.809	3.24	320.71	41.31	65.31	29.14	3.32	4.18	2.14	4.85	4.93	5.00	5.08	5.15	5.23
12.5	125	8	14	19.750	15.504	3.37	297.03	32.52	53.28	25.86	3.88	4.88	2.50	5.34	5.41	5.48	5.55	5.62	5.69
		10		24.373	19.133	3.45	361.67	39.97	64.93	30.62	3.85	4.85	2.48	5.38	5.45	5.52	5.59	5.66	5.74
		12		28.912	22.696	3.53	423.16	47.17	75.96	35.03	3.83	4.82	2.46	5.41	5.48	5.56	5.63	5.70	5.78
		14		33.367	26.193	3.61	481.65	54.16	86.41	39.13	3.80	4.78	2.45	5.45	5.52	5.60	5.67	5.75	5.82
		16		37.739	29.625	3.68	537.31	60.93	96.28	42.96	3.77	4.75	2.43	—	—	—	—	—	—
14	140	10	14	27.373	21.488	3.82	514.65	50.58	82.56	39.20	4.34	5.46	2.78	5.98	6.05	6.12	6.19	6.26	6.34
		12		32.512	25.522	3.90	603.68	59.80	96.85	45.02	4.31	5.43	2.76	6.02	6.09	6.16	6.23	6.30	6.38
		14		37.567	29.490	3.98	688.81	68.75	110.47	50.45	4.28	5.40	2.75	6.05	6.13	6.20	6.27	6.34	6.42
		16		42.539	33.393	4.06	770.24	77.46	123.42	55.55	4.26	5.36	2.74	6.09	6.16	6.24	6.31	6.38	6.46
15	150	8	14	23.750	18.644	3.99	521.37	47.36	78.02	38.14	4.69	5.90	3.01	6.35	6.42	6.49	6.56	6.63	6.70
		10		29.373	23.058	4.08	637.50	58.35	95.49	45.51	4.66	5.87	2.99	6.39	6.46	6.53	6.60	6.67	6.75
		12		34.912	27.406	4.15	748.85	69.04	112.19	52.38	4.63	5.84	2.97	6.42	6.49	6.56	6.63	6.71	6.78
		14		40.367	31.688	4.23	855.64	79.45	128.16	58.83	4.60	5.80	2.95	6.46	6.53	6.60	6.67	6.75	6.82
		15		43.063	33.804	4.27	907.39	84.56	135.87	61.90	4.59	5.78	2.95	6.48	6.55	6.62	6.69	6.77	6.84
		16		45.739	35.905	4.31	958.08	89.59	143.40	64.89	4.58	5.77	2.94	6.50	6.57	6.64	6.71	6.79	6.86

续附表 5

型号	截面尺寸/mm			截面积 A/cm^2	理论质量/(kg/m)	重心距 Z_0/cm	惯性矩 I_x/cm^4	截面模数/cm^3			回转半径/cm			双角钢回转半径 i_y/cm					
														间距 a/mm					
	b	t	r					W_x	W_{x0}	W_{y0}	i_x	i_{x0}	i_{y0}	6	8	10	12	14	16
16	160	10	16	31.502	24.729	4.31	779.53	66.70	109.36	52.76	4.98	6.27	3.20	6.78	6.85	6.92	6.99	7.06	7.13
		12		37.441	29.391	4.39	916.58	78.98	128.67	60.74	4.95	6.24	3.18	6.82	6.89	6.96	7.03	7.10	7.17
		14		43.296	33.987	4.47	1048.36	90.95	147.17	68.24	4.92	6.20	3.16	6.85	6.92	6.99	7.07	7.14	7.21
		16		49.067	38.518	4.55	1175.08	102.63	164.89	75.31	4.89	6.17	3.14	6.89	6.96	7.03	7.10	7.18	7.25
18	180	12	16	42.241	33.159	4.89	1321.35	100.82	165.00	78.41	5.59	7.05	3.58	7.63	7.70	7.77	7.84	7.91	7.98
		14		48.896	38.383	4.97	1514.48	116.25	189.14	88.38	5.56	7.02	3.56	7.66	7.73	7.80	7.87	7.94	8.02
		16		55.467	43.542	5.05	1700.99	131.13	212.40	97.83	5.54	6.98	3.55	7.70	7.77	7.84	7.91	7.98	8.06
		18		61.055	48.634	5.13	1875.12	145.64	234.78	105.14	5.50	6.94	3.51	7.76	7.83	7.90	7.97	8.04	8.12
20	200	14	18	54.642	42.894	5.46	2103.55	144.70	236.40	111.82	6.20	7.82	3.98	8.47	8.53	8.60	8.67	8.74	8.81
		16		62.013	48.680	5.54	2366.15	163.65	265.93	123.96	6.18	7.79	3.96	8.50	8.57	8.64	8.71	8.78	8.85
		18		69.301	54.401	5.62	2620.64	182.22	294.48	135.52	6.15	7.75	3.94	8.54	8.61	8.68	8.75	8.82	8.89
		20		76.505	60.056	5.69	2867.30	200.42	322.06	146.55	6.12	7.72	3.93	8.56	8.64	8.71	8.78	8.85	8.92
		24		90.661	71.168	5.87	3338.25	236.17	374.41	166.65	6.07	7.64	3.90	8.65	8.73	8.80	8.87	8.94	9.02
22	220	16	21	68.664	53.901	6.03	3187.36	199.55	325.51	153.81	6.81	8.59	4.37	9.30	9.37	9.44	9.51	9.58	9.65
		18		76.752	60.250	6.11	3534.30	222.37	360.97	168.29	6.79	8.55	4.35	9.33	9.40	9.47	9.54	9.61	9.68
		20		84.756	66.533	6.18	3871.49	244.77	395.34	182.16	6.76	8.52	4.34	9.36	9.43	9.50	9.57	9.64	9.72
		22		92.676	72.751	6.26	4199.23	266.78	428.66	195.45	6.73	8.48	4.32	9.40	9.47	9.54	9.61	9.68	9.75
		24		100.512	78.902	6.33	4517.83	288.39	460.94	208.21	6.70	8.45	4.31	9.38	9.45	9.52	9.59	9.66	9.74
		26		108.264	84.987	6.41	4827.58	309.62	492.21	220.49	6.68	8.41	4.30	9.36	9.43	9.50	9.57	9.65	9.72

续附表 5

型号	截面尺寸/mm			截面积 A/cm^2	理论质量/(kg/m)	重心距 Z_0/cm	惯性矩 I_x/cm^4	截面模数/cm^3			回转半径/cm			双角钢回转半径 i_y/cm 间距 a/mm					
	b	t	r					W_x	W_{x0}	W_{y0}	i_x	i_{x0}	i_{y0}	6	8	10	12	14	16
25	250	18	24	87.842	68.956	6.84	5268.22	290.12	473.42	224.03	7.74	9.76	4.97	10.53	10.60	10.67	10.74	10.81	10.88
		20		97.045	76.180	6.92	5779.34	319.66	519.41	242.85	7.72	9.73	4.95	10.57	10.64	10.71	10.78	10.85	10.92
		24		115.201	90.433	7.07	6763.93	377.34	607.70	278.38	7.66	9.66	4.92	10.63	10.70	10.77	10.84	10.91	10.98
		26		124.154	97.461	7.15	7238.08	405.50	650.05	295.19	7.63	9.62	4.90	10.67	10.74	10.81	10.88	10.95	11.02
		28		133.022	104.422	7.22	7700.60	433.22	691.23	311.42	7.61	9.58	4.89	10.70	10.77	10.84	10.91	10.98	11.05
		30		141.807	111.318	7.30	8151.80	460.51	731.28	327.12	7.58	9.55	4.88	10.74	10.81	10.88	10.95	11.02	11.09
		32		150.508	118.149	7.37	8592.01	487.39	770.20	342.33	7.56	9.51	4.87	10.77	10.84	10.91	10.98	11.05	11.13
		35		163.402	128.271	7.48	9232.44	526.97	826.53	364.30	7.52	9.46	4.86	10.82	10.89	10.96	11.04	11.11	11.18

附表 6　热轧不等边角钢

附表 6.1　热轧不等边角钢的规格及截面特性[按《热轧型钢》(GB/T 706—2016)计算]

1.边端圆弧半径 $r_1 \approx d/3$；

2.$I_u = I_x + I_y - I_v$

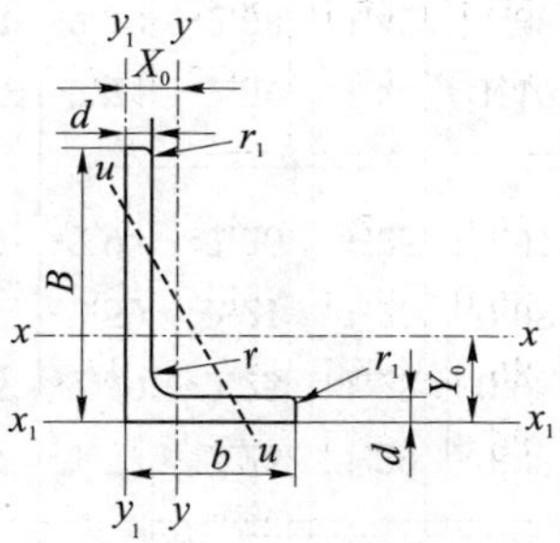

型号	截面尺寸/mm				截面积 A/cm^2	理论质量/(kg/m)	重心距/cm		惯性矩/cm^4			截面模数/cm^3			回转半径/cm			$\tan\theta$（θ 为 x 轴与 u 轴夹角）
	B	b	d	r			X_0	Y_0	I_x	I_y	I_u	W_x	W_y	W_u	i_x	i_y	i_u	
2.5/1.6	25	16	3	3.5	1.162	0.912	0.42	0.86	0.70	0.22	0.14	0.43	0.19	0.16	0.78	0.44	0.34	0.392
			4		1.499	1.176	0.46	0.90	0.88	0.27	0.17	0.55	0.24	0.20	0.77	0.43	0.34	0.381
3.2/2	32	20	3	3.5	1.492	1.171	0.49	1.08	1.53	0.46	0.28	0.72	0.30	0.25	1.01	0.55	0.43	0.382
			4		1.939	1.522	0.53	1.12	1.93	0.57	0.35	0.93	0.39	0.32	1.00	0.54	0.42	0.374
4/2.5	40	25	3	4	1.890	1.484	0.59	1.32	3.08	0.93	0.56	1.15	0.49	0.40	1.28	0.70	0.54	0.385
			4		2.467	1.936	0.63	1.37	3.93	1.18	0.71	1.49	0.63	0.52	1.36	0.69	0.54	0.381
4.5/2.8	45	28	3	5	2.149	1.687	0.64	1.47	4.45	1.34	0.80	1.47	0.62	0.51	1.44	0.79	0.61	0.383
			4		2.806	2.203	0.68	1.51	5.69	1.70	1.02	1.91	0.80	0.66	1.42	0.78	0.60	0.380

续附表 6.1

型号	截面尺寸 /mm				截面积 A/cm^2	理论质量 /(kg/m)	重心距 /cm		惯性矩 $/cm^4$			截面模数 $/cm^3$			回转半径 /cm			$\tan\theta$ (θ为x轴与u轴夹角)
	B	b	d	r			X_0	Y_0	I_x	I_y	I_u	W_x	W_y	W_u	i_x	i_y	i_u	
5/3.2	50	32	3	5.5	2.431	1.908	0.73	1.60	6.24	2.02	1.20	1.84	0.82	0.68	1.60	0.91	0.70	0.404
			4		3.177	2.494	0.77	1.65	8.02	2.58	1.53	2.39	1.06	0.87	1.59	0.90	0.69	0.402
5.6/3.6	56	36	3	6	2.743	2.153	0.80	1.78	8.88	2.92	1.73	2.32	1.05	0.87	1.80	1.03	0.79	0.408
			4		3.590	2.818	0.85	1.82	11.45	3.76	2.23	3.03	1.37	1.13	1.79	1.02	0.79	0.408
			5		4.415	3.466	0.88	1.87	13.86	4.49	2.67	3.71	1.65	1.36	1.77	1.01	0.78	0.404
6.3/4	63	40	4	7	4.058	3.185	0.92	2.04	16.49	5.23	3.12	3.87	1.70	1.40	2.02	1.14	0.88	0.398
			5		4.993	3.920	0.95	2.08	20.02	6.31	3.76	4.74	2.07	1.71	2.00	1.12	0.87	0.396
			6		5.908	4.638	0.99	2.12	23.36	7.29	4.34	5.59	2.43	1.99	1.96	1.11	0.86	0.393
			7		6.802	5.339	1.03	2.15	26.53	8.24	4.97	6.40	2.78	2.29	1.98	1.10	0.86	0.389
7/4.5	70	45	4	7.5	4.547	3.570	1.02	2.24	23.17	7.55	4.40	4.86	2.17	1.77	2.26	1.29	0.98	0.410
			5		5.609	4.403	1.06	2.28	27.95	9.13	5.40	5.92	2.65	2.19	2.23	1.28	0.98	0.407
			6		6.647	5.218	1.09	2.32	32.54	10.62	6.35	6.95	3.12	2.59	2.21	1.26	0.98	0.404
			7		7.657	6.011	1.13	2.36	37.22	12.01	7.16	8.03	3.57	2.94	2.20	1.25	0.97	0.402
7.5/5	75	50	5	8	6.125	4.808	1.17	2.40	34.86	12.61	7.41	6.83	3.30	2.74	2.39	1.44	1.10	0.435
			6		7.260	5.699	1.21	2.44	41.12	14.70	8.54	8.12	3.88	3.19	2.38	1.42	1.08	0.435
			8		9.467	7.431	1.29	2.52	52.39	18.53	10.87	10.52	4.99	4.10	2.35	1.40	1.07	0.429
			10		11.590	9.098	1.36	2.60	62.71	21.96	13.10	12.79	6.04	4.99	2.33	1.38	1.06	0.423

续附表 6.1

型号	截面尺寸 /mm				截面积 A/cm^2	理论质量 /(kg/m)	重心距 /cm		惯性矩 /cm^4			截面模数 /cm^3			回转半径 /cm			tan θ (θ 为 x 轴与 u 轴夹角)
	B	b	d	r			X_0	Y_0	I_x	I_y	I_u	W_x	W_y	W_u	i_x	i_y	i_u	
8/5	80	50	5	8	6.375	5.005	1.14	2.60	41.96	12.82	7.66	7.78	3.32	2.74	2.56	1.42	1.10	0.388
			6		7.560	5.935	1.18	2.65	49.49	14.95	8.85	9.25	3.91	3.20	2.56	1.41	1.08	0.387
			7		8.724	6.848	1.21	2.69	56.16	16.96	10.18	10.58	4.48	3.70	2.54	1.39	1.08	0.384
			8		9.867	7.745	1.25	2.73	62.83	18.85	11.38	11.92	5.03	4.16	2.52	1.38	1.07	0.381
9/5.6	90	56	5	9	7.212	5.661	1.25	2.91	60.45	18.32	10.98	9.92	4.21	3.49	2.90	1.59	1.23	0.385
			6		8.557	6.717	1.29	2.95	71.03	21.42	12.90	11.74	4.96	4.13	2.88	1.58	1.23	0.384
			7		9.880	7.756	1.33	3.00	81.01	24.36	14.67	13.49	5.70	4.72	2.86	1.57	1.22	0.382
			8		11.183	8.779	1.36	3.04	91.03	27.15	16.34	15.27	6.41	5.29	2.85	1.56	1.21	0.380
10/6.3	100	63	6	10	9.617	7.550	1.43	3.24	99.06	30.94	18.42	14.64	6.35	5.25	3.21	1.79	1.38	0.394
			7		11.111	8.722	1.47	3.28	113.45	35.26	21.00	16.88	7.29	6.02	3.20	1.78	1.38	0.394
			8		12.534	9.878	1.50	3.32	127.37	39.39	23.50	19.08	8.21	6.78	3.18	1.77	1.37	0.391
			10		15.467	12.142	1.58	3.40	153.81	47.12	28.33	23.32	9.98	8.24	3.15	1.74	1.35	0.387
10/8	100	80	6	10	10.637	8.350	1.97	2.95	107.04	61.24	31.65	15.19	10.16	8.37	3.17	2.40	1.72	0.627
			7		12.301	9.656	2.01	3.00	122.73	70.08	36.17	17.52	11.71	9.60	3.16	2.39	1.72	0.626
			8		13.944	10.946	2.05	3.04	137.92	78.58	40.58	19.81	13.21	10.80	3.14	2.37	1.71	0.625
			10		17.167	13.476	2.13	3.12	166.87	94.65	49.10	24.24	16.12	13.12	3.12	2.35	1.69	0.622

续附表 6.1

型号	截面尺寸/mm				截面积 A/cm^2	理论质量 /(kg/m)	重心距/cm		惯性矩 $/cm^4$			截面模数 $/cm^3$			回转半径/cm			tan θ (θ 为 x 轴与 u 轴夹角)
	B	b	d	r			X_0	Y_0	I_x	I_y	I_u	W_x	W_y	W_u	i_x	i_y	i_u	
11/7	110	70	6	10	10.637	8.350	1.57	3.53	133.37	42.92	25.36	17.85	7.90	6.53	3.54	2.01	1.54	0.403
			7		12.301	9.656	1.61	3.57	153.00	49.01	28.95	20.60	9.09	7.50	3.53	2.00	1.53	0.402
			8		13.944	10.946	1.65	3.62	172.04	54.87	32.45	23.30	10.25	8.45	3.51	1.98	1.53	0.401
			10		17.167	13.476	1.72	3.70	208.39	65.88	39.20	28.54	12.48	10.29	3.48	1.96	1.51	0.397
12.5/8	125	80	7	11	14.096	11.066	1.80	4.01	227.98	74.42	43.81	26.86	12.01	9.92	4.02	2.30	1.76	0.408
			8		15.989	12.551	1.84	4.06	256.77	83.49	49.15	30.41	13.56	11.18	4.01	2.28	1.75	0.407
			10		19.712	15.474	1.92	4.14	312.04	100.67	59.45	37.33	16.56	13.64	3.98	2.26	1.74	0.404
			12		23.351	18.330	2.00	4.22	364.41	116.67	69.35	44.01	19.43	16.01	3.95	2.24	1.72	0.400
14/9	140	90	8	12	18.038	14.160	2.04	4.50	365.64	120.69	70.83	38.48	17.34	14.31	4.50	2.59	1.98	0.411
			10		22.261	17.475	2.12	4.58	445.50	146.03	85.82	47.31	21.22	17.48	4.47	2.56	1.96	0.409
			12		26.400	20.724	2.19	4.66	521.59	169.79	100.21	55.87	24.95	20.54	4.44	2.54	1.95	0.406
			14		30.456	23.908	2.27	4.74	594.10	192.10	114.13	64.18	28.54	25.32	4.42	2.51	1.94	0.403
15/9	150	90	8	12	18.839	14.788	1.97	4.92	442.05	122.80	74.14	43.86	17.47	14.48	4.84	2.55	1.98	0.364
			10		23.261	18.260	2.05	5.01	539.24	148.62	89.86	53.97	21.38	17.69	4.81	2.53	1.97	0.362
			12		27.600	21.666	2.12	5.09	632.08	172.85	104.95	63.79	25.14	20.80	4.79	2.50	1.95	0.359
			14		31.856	25.007	2.20	5.17	720.77	195.62	119.53	73.33	28.77	23.84	4.76	2.48	1.94	0.356
			15		33.952	26.652	2.24	5.21	763.62	206.50	126.67	77.99	30.53	25.33	4.74	2.47	1.93	0.354
			16		36.027	28.281	2.27	5.25	805.51	217.70	133.72	82.60	32.27	26.82	4.73	2.45	1.93	0.352

续附表 6.1

型号	截面尺寸 /mm				截面积 A/cm^2	理论质量 /(kg/m)	重心距 /cm		惯性矩 $/cm^4$			截面模数 $/cm^3$			回转半径 /cm			tan θ (θ 为 x 轴与 u 轴夹角)
	B	b	d	r			X_0	Y_0	I_x	I_y	I_u	W_x	W_y	W_u	i_x	i_y	i_u	
16/10	160	100	10	13	25.315	19.872	2.28	5.24	668.69	205.03	121.74	62.13	26.56	21.92	5.14	2.85	2.19	0.390
			12		30.054	23.592	2.36	5.32	784.91	239.06	142.33	73.49	31.28	25.79	5.11	2.82	2.17	0.388
			14		34.709	27.247	2.43	5.40	896.30	271.20	162.23	84.56	35.83	29.56	5.08	2.80	2.16	0.385
			16		39.281	30.835	2.51	5.48	1003.04	301.60	182.57	95.33	40.24	33.44	5.05	2.77	2.16	0.382
18/11	180	110	10	14	28.373	22.273	2.44	5.89	956.25	278.11	166.50	78.96	32.49	26.88	5.80	3.13	2.42	0.376
			12		33.712	26.440	2.52	5.98	1124.72	325.03	194.87	93.53	38.32	31.66	5.78	3.10	2.40	0.374
			14		38.967	30.589	2.59	6.06	1286.91	369.55	222.30	107.76	43.97	36.32	5.75	3.08	2.39	0.372
			16		44.139	34.649	2.67	6.14	1443.06	411.85	248.94	121.64	49.44	40.87	5.72	3.06	2.38	0.369
20/12.5	200	125	12	14	37.912	29.761	2.83	6.54	1570.90	483.16	285.79	116.73	49.99	41.23	6.44	3.57	2.74	0.392
			14		43.687	34.436	2.91	6.62	1800.97	550.83	326.58	134.65	57.44	47.34	6.41	3.54	2.73	0.390
			16		49.739	39.045	2.99	6.70	2023.35	615.44	366.21	152.18	64.89	53.32	6.38	3.52	2.71	0.388
			18		55.526	43.588	3.06	6.78	2238.30	677.19	404.83	169.33	71.74	59.18	6.35	3.49	2.70	0.385

附表 6.2　两个热轧不等边角钢的组合截面特性[按《热轧型钢》(GB/T 706—2016)计算]

角钢型号		截面面积 A/cm^2	每米质量 /(kg/m)	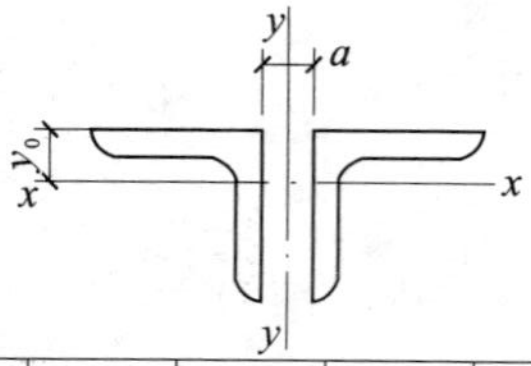 I——惯性矩；W——截面模数；i——回转半径；a——两角钢背间距离										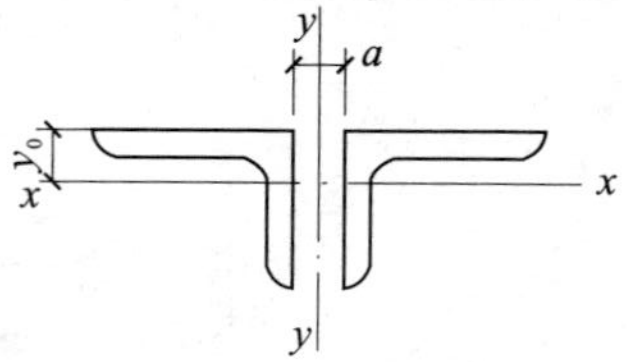 I——惯性矩；W——截面模数；i——回转半径；a——两角钢背间距离									
				I_x/cm^4	W_{xmax}/cm^3	W_{xmin}/cm^3	i_x/cm	i_y/cm						I_x/cm^4	W_{xmax}/cm^3	W_{xmin}/cm^3	i_x/cm	i_y/cm					
								a/mm										a/mm					
								6	8	10	12	14	16					6	8	10	12	14	16
2∠25×16×	3	2.32	1.82	1.41	1.64	0.86	0.78	0.84	0.93	1.02	1.11	1.20	1.30	0.44	1.06	0.38	0.44	1.40	1.48	1.57	1.66	1.74	1.83
	4	3.00	2.35	1.76	1.96	1.10	0.77	0.87	0.96	1.05	1.14	1.24	1.33	0.55	1.20	0.48	0.43	1.42	1.51	1.60	1.68	1.77	1.86
2∠32×20×	3	2.98	2.34	3.05	2.82	1.44	1.01	0.97	1.05	1.14	1.23	1.32	1.41	0.92	1.86	0.61	0.55	1.71	1.79	1.88	1.96	2.05	2.14
	4	3.88	3.04	3.86	3.44	1.86	1.00	0.99	1.08	1.16	1.25	1.34	1.44	1.14	2.16	0.78	0.54	1.74	1.82	1.90	1.99	2.08	2.17
2∠40×25×	3	3.78	2.97	6.15	4.64	2.30	1.28	1.13	1.21	1.30	1.38	1.47	1.56	1.87	3.18	0.98	0.70	2.07	2.14	2.23	2.31	2.39	2.48
	4	4.93	3.87	7.85	5.75	2.98	1.26	1.16	1.24	1.32	1.41	1.50	1.58	2.36	3.77	1.26	0.69	2.09	2.17	2.25	2.34	2.42	2.51
2∠45×28×	3	4.30	3.37	8.90	6.05	2.94	1.44	1.23	1.31	1.39	1.47	1.56	1.64	2.68	4.17	1.24	0.79	2.28	2.36	2.44	2.52	2.60	2.69
	4	5.61	4.41	11.40	7.52	3.82	1.43	1.25	1.33	1.41	1.50	1.59	1.67	3.39	4.98	1.60	0.78	2.31	2.39	2.47	2.55	2.63	2.72
2∠50×32×	3	4.86	3.82	12.48	7.78	3.67	1.60	1.37	1.45	1.53	1.61	1.69	1.78	4.05	5.57	1.64	0.91	2.49	2.56	2.64	2.72	2.81	2.89
	4	6.35	4.99	16.03	9.73	4.78	1.59	1.40	1.47	1.55	1.64	1.72	1.81	5.16	6.72	2.12	0.90	2.51	2.59	2.67	2.75	2.84	2.92
2∠56×36×	3	5.49	4.31	17.76	10.00	4.65	1.80	1.51	1.59	1.66	1.74	1.83	1.91	5.85	7.27	2.09	1.03	2.75	2.82	2.90	2.98	3.06	3.14
	4	7.18	5.64	22.90	12.55	6.06	1.79	1.53	1.61	1.69	1.77	1.85	1.94	7.48	8.85	2.72	1.02	2.77	2.85	2.93	3.01	3.09	3.17
	5	8.83	6.93	27.73	14.86	7.43	1.77	1.56	1.63	1.71	1.79	1.88	1.96	8.99	10.17	3.31	1.01	2.80	2.88	2.96	3.04	3.12	3.20
2∠63×40×	4	8.12	6.37	32.98	16.20	7.73	2.02	1.66	1.74	1.81	1.89	1.97	2.06	10.47	11.44	3.39	1.14	3.09	3.16	3.24	3.32	3.40	3.48
	5	9.99	7.84	40.03	19.24	9.49	2.00	1.68	1.76	1.84	1.92	2.00	2.08	12.62	13.21	4.14	1.12	3.11	3.19	3.27	3.35	3.43	3.51
	6	11.82	9.28	46.72	22.01	11.18	1.99	1.71	1.78	1.86	1.94	2.03	2.11	14.62	14.72	4.86	1.11	3.13	3.21	3.29	3.37	3.45	3.53
	7	13.60	10.68	53.06	24.53	12.82	1.97	1.73	1.81	1.89	1.97	2.05	2.14	16.49	16.00	5.55	1.10	3.16	3.24	3.32	3.40	3.48	3.56

续附表 6.2

角钢型号		截面面积 A/cm^2	每米质量 /(kg/m)	长边相连 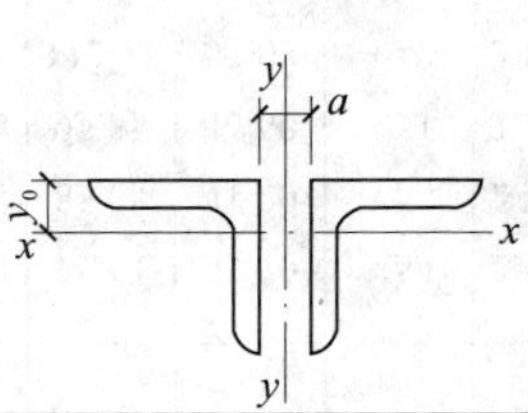										短边相连 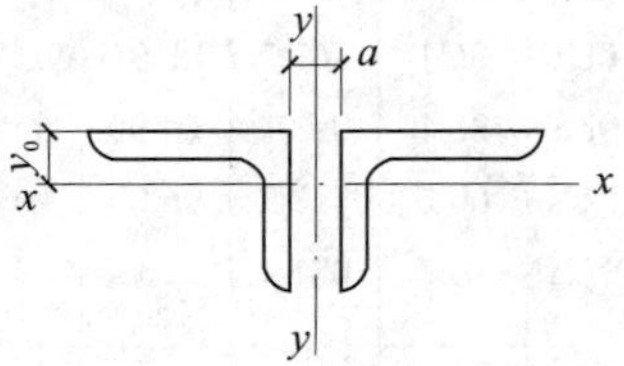									
				I_x/cm^4	W_{xmax}/cm^3	W_{xmin}/cm^3	i_x/cm	i_y/cm (a/mm) 6	8	10	12	14	16	I_x/cm^4	W_{xmax}/cm^3	W_{xmin}/cm^3	i_x/cm	i_y/cm (a/mm) 6	8	10	12	14	16
2∠70×45×	4	9.11	7.15	45.93	20.57	9.64	2.25	1.84	1.91	1.99	2.07	2.15	2.23	15.10	14.86	4.34	1.29	3.39	3.46	3.54	3.62	3.69	3.77
	5	11.22	8.81	55.90	24.52	11.84	2.23	1.86	1.94	2.01	2.09	2.17	2.25	18.27	17.29	5.30	1.28	3.41	3.49	3.57	3.64	3.72	3.80
	6	13.29	10.43	65.40	28.16	13.98	2.22	1.88	1.96	2.04	2.11	2.20	2.28	21.23	19.69	6.24	1.26	3.44	3.51	3.59	3.67	3.75	3.83
	7	15.31	12.02	74.45	31.50	16.06	2.20	1.90	1.98	2.06	2.14	2.22	2.30	24.02	21.20	7.13	1.25	3.46	3.54	3.61	3.69	3.77	3.86
2∠75×50×	5	12.25	9.62	70.19	29.31	13.75	2.39	2.06	2.13	2.20	2.28	2.36	2.44	25.23	21.50	6.59	1.43	3.60	3.68	3.76	3.83	3.91	3.99
	6	14.52	11.40	82.24	33.72	16.25	2.38	2.08	2.15	2.23	2.30	2.38	2.46	29.40	24.25	7.76	1.42	3.63	3.70	3.78	3.86	3.94	4.02
	8	18.93	14.86	104.79	41.59	21.04	2.35	2.12	2.19	2.27	2.35	2.43	2.51	37.06	28.78	9.98	1.40	3.67	3.75	3.83	3.91	3.99	4.07
	10	23.18	18.20	125.41	48.31	25.57	2.33	2.16	2.24	2.31	2.40	2.48	2.56	43.93	32.28	12.07	1.38	3.71	3.79	3.87	3.95	4.03	4.12
2∠80×50×	5	12.75	10.01	83.91	32.22	15.55	2.57	2.02	2.09	2.17	2.24	2.32	2.40	25.65	22.56	6.64	1.42	3.88	3.95	4.03	4.10	4.18	4.26
	6	15.12	11.87	98.42	37.16	18.39	2.55	2.04	2.11	2.19	2.27	2.34	2.43	29.90	25.42	7.82	1.41	3.90	3.98	4.05	4.13	4.21	4.29
	7	17.45	13.70	112.33	41.75	21.16	2.54	2.06	2.13	2.21	2.29	2.37	2.45	33.91	27.92	8.96	1.39	3.92	4.00	4.08	4.16	4.23	4.32
	8	19.73	15.49	125.65	46.01	23.85	2.52	2.08	1.25	2.23	2.31	2.39	2.47	37.71	30.12	10.06	1.38	3.94	4.02	4.10	4.18	4.26	4.34
2∠90×56×	5	14.42	11.32	120.89	41.61	19.84	2.90	2.22	2.29	2.36	2.44	2.52	2.59	36.65	29.41	8.42	1.59	4.32	4.39	4.47	4.55	4.62	4.70
	6	17.11	13.43	142.06	48.13	23.49	2.88	2.24	2.31	2.39	2.46	2.54	2.62	42.84	33.30	9.93	1.58	4.34	4.42	4.50	4.57	4.65	4.73
	7	19.76	15.51	162.44	54.23	27.05	2.87	2.26	2.33	2.41	2.48	2.56	2.64	48.71	36.76	11.39	1.57	4.37	4.44	4.52	4.60	4.68	4.76
	8	22.37	17.56	182.06	59.95	30.53	2.85	2.28	2.35	2.43	2.51	2.59	2.67	54.30	39.83	12.82	1.56	4.39	4.47	4.54	4.62	4.70	4.78

续附表 6.2

角钢型号		截面面积 A/cm^2	每米质量 /(kg/m)	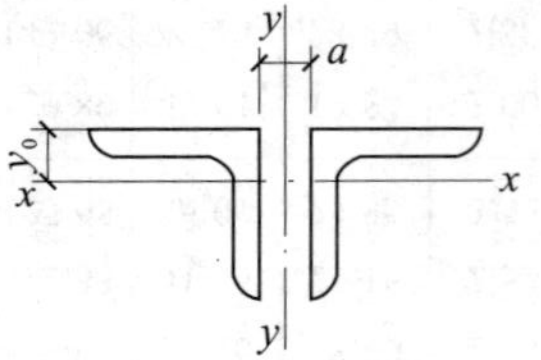 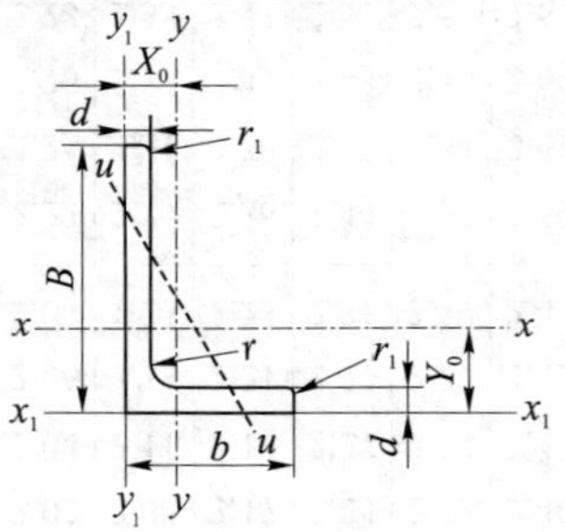										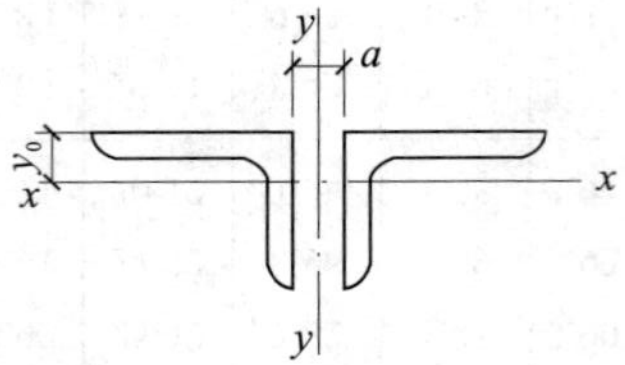 短边相连									
				I_x/cm^4	W_{xmax}/cm^3	W_{xmin}/cm^3	i_x/cm	i_y/cm a/mm						I_x/cm^4	W_{xmax}/cm^3	W_{xmin}/cm^3	i_x/cm	i_y/cm a/mm					
								6	8	10	12	14	16					6	8	10	12	14	16
2∠100×63×	6	19.23	15.10	198.12	61.24	29.29	3.21	2.49	2.56	2.63	2.71	2.78	2.86	61.87	43.38	12.70	1.79	4.77	4.85	4.92	5.00	5.08	5.16
	7	22.22	17.44	226.91	69.18	33.77	3.20	2.51	2.58	2.65	2.73	2.80	2.88	70.52	48.11	14.59	1.78	4.80	4.87	4.95	5.03	5.10	5.18
	8	25.17	19.76	254.73	76.66	38.15	3.18	2.53	2.60	2.67	2.75	2.83	2.91	78.79	52.37	16.42	1.77	4.82	4.90	4.97	5.05	5.13	5.21
	10	30.93	24.28	307.62	90.36	46.64	3.15	2.57	2.64	2.72	2.79	2.87	2.95	94.25	59.65	19.97	1.75	4.86	4.94	5.02	5.10	5.18	5.26
2∠100×80×	6	21.27	16.70	214.07	72.48	30.38	3.17	3.31	3.38	3.45	3.52	3.59	3.67	122.49	62.06	20.33	2.40	4.54	4.62	4.69	4.76	4.84	4.91
	7	24.60	19.31	245.46	81.91	35.05	3.16	3.32	3.39	3.47	3.54	3.61	3.69	140.15	69.58	23.41	2.39	4.57	4.64	4.71	4.79	4.86	4.94
	8	27.89	21.89	275.85	90.80	39.62	3.15	3.34	3.41	3.49	3.56	3.64	3.71	157.15	76.54	26.43	2.37	4.59	4.66	4.73	4.81	4.88	4.96
	10	34.33	26.95	333.74	107.08	48.49	3.12	3.38	3.45	3.53	3.60	3.68	3.75	189.30	88.91	32.24	2.35	4.63	4.70	4.78	4.85	4.93	5.01
2∠110×70×	6	21.27	16.70	266.84	75.61	35.70	3.54	2.74	2.81	2.88	2.96	3.03	3.11	85.83	54.72	15.80	2.01	5.21	5.29	5.36	5.44	5.51	5.59
	7	24.60	19.31	306.01	85.64	41.20	3.53	2.76	2.83	2.90	2.98	3.05	3.13	98.04	60.96	18.18	2.00	5.24	5.31	5.39	5.46	5.54	5.62
	8	27.89	21.89	344.08	95.35	46.60	3.51	2.78	2.85	2.92	3.00	3.07	3.15	109.74	66.63	20.50	1.98	5.26	5.34	5.41	5.49	5.56	5.64
	10	34.33	26.95	416.78	112.71	57.08	3.48	2.82	2.89	2.96	3.04	3.12	3.19	131.76	76.48	24.97	1.96	5.30	5.38	5.46	5.53	5.61	5.69

续附表 6.2

角钢型号		截面面积 A/cm^2	每米质量 /(kg/m)	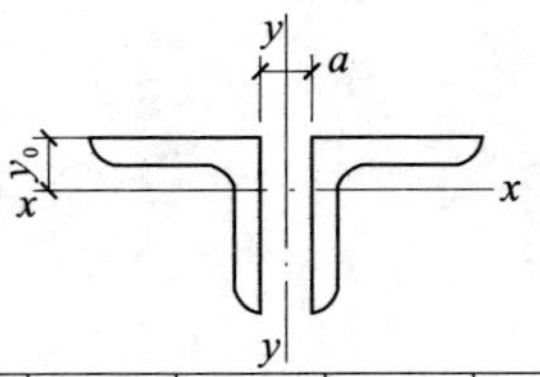 长边相连										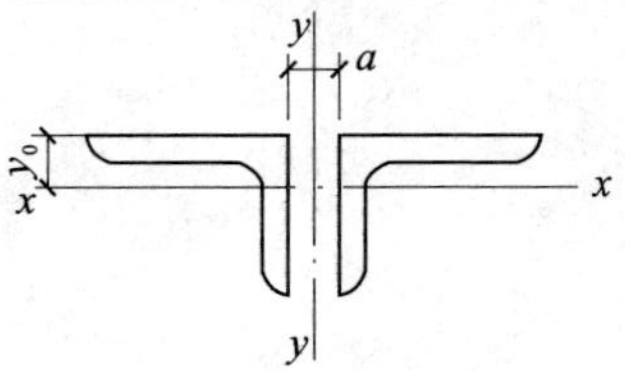 短边相连									
				I_x/cm^4	W_{xmax} $/cm^3$	W_{xmin} $/cm^3$	i_x/cm	i_y/cm						I_x/cm^4	W_{xmax} $/cm^3$	W_{xmin} $/cm^3$	i_x/cm	i_y/cm					
								a/mm										a/mm					
								6	8	10	12	14	16					6	8	10	12	14	16
2∠125×80×	7	28.19	22.13	455.96	113.62	53.72	4.02	3.13	3.18	3.25	3.33	3.40	3.47	148.84	82.48	24.02	2.30	5.90	5.97	6.04	6.12	6.20	6.27
	8	31.98	25.10	513.53	126.57	60.83	4.01	3.13	3.20	3.27	3.35	3.42	3.49	166.98	90.56	27.12	2.29	5.92	5.99	6.07	6.15	6.22	6.30
	10	39.42	30.95	624.09	150.70	74.66	3.98	3.17	3.24	3.31	3.39	3.46	3.54	201.34	104.82	33.12	2.26	5.96	6.04	6.11	6.19	6.27	6.34
	12	46.70	36.66	728.82	172.68	88.03	3.95	3.20	3.28	3.35	3.43	3.50	3.58	233.34	116.92	38.16	2.24	6.00	6.08	6.16	6.23	6.31	6.39
2∠140×90×	8	36.08	28.32	731.27	162.59	76.96	4.50	3.49	3.56	3.63	3.70	3.77	3.84	241.38	118.30	34.68	2.59	6.58	6.65	6.73	6.80	6.88	6.95
	10	44.52	34.95	891.00	194.39	94.62	4.47	3.52	3.59	3.66	3.73	3.81	3.88	292.06	137.87	42.44	2.56	6.62	6.70	6.77	6.85	6.92	7.00
	12	52.80	41.45	1043.18	223.63	111.75	4.44	3.56	3.63	3.70	3.77	3.85	3.92	339.58	154.77	49.90	2.54	6.66	6.74	6.81	6.89	6.97	7.04
	14	60.91	47.82	1188.20	250.51	128.36	4.42	3.59	3.66	3.74	3.81	3.89	3.97	384.20	169.37	57.07	2.51	6.70	6.78	6.86	6.93	7.01	7.09
2∠150×90×	8	37.68	29.58	884.10	179.70	87.71	4.84	3.24	3.25	3.26	3.28	3.30	3.32	245.60	124.67	34.94	2.55	6.91	6.92	6.92	6.93	6.94	6.95
	10	46.52	36.52	1078.48	215.27	107.96	4.81	3.27	3.28	3.29	3.31	3.33	3.35	297.24	145.00	42.77	2.53	6.96	6.96	6.97	6.97	6.98	6.99
	12	55.20	43.33	1264.16	248.36	127.56	4.79	3.29	3.30	3.32	3.33	3.35	3.38	345.70	248.69	127.56	2.50	6.99	7.00	7.00	7.01	7.02	7.03
	14	63.71	50.01	1441.54	278.83	146.65	4.76	3.33	3.34	3.35	3.37	3.39	3.41	391.24	184.55	56.87	2.48	7.03	7.04	7.04	7.05	7.06	7.07
2∠160×100×	10	50.63	39.74	1337.37	255.39	124.25	5.14	3.84	3.91	3.98	4.05	4.12	4.19	410.06	179.88	53.11	2.85	7.55	7.63	7.70	7.78	7.85	7.93
	12	60.11	47.18	1569.82	295.07	146.99	5.11	3.87	3.94	4.01	4.09	4.16	4.23	478.13	202.91	62.55	2.82	7.60	7.67	7.75	7.82	7.90	7.97
	14	69.42	54.49	1792.59	331.95	169.12	5.08	3.91	3.98	4.05	4.12	4.20	4.27	542.41	223.07	71.67	2.80	7.64	7.71	7.79	7.86	7.94	8.02
	16	78.56	61.67	2006.11	366.21	190.66	5.05	3.94	4.02	4.09	4.16	4.24	4.31	603.20	240.73	80.49	2.77	7.68	7.75	7.83	7.90	7.98	8.06

续附表 6.2

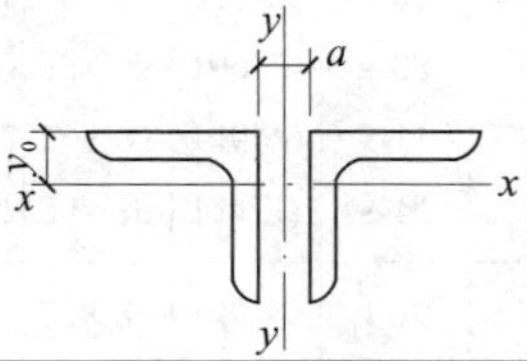

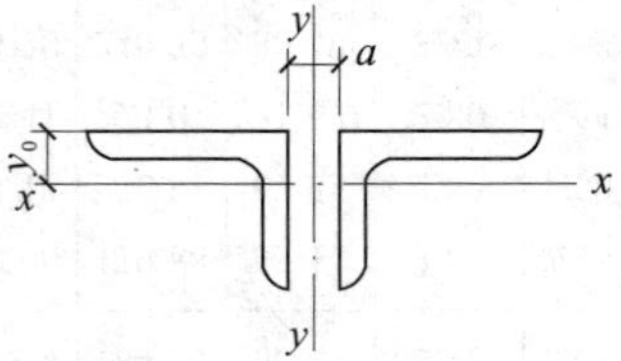

角钢型号		截面面积 A/cm^2	每米质量 /(kg/m)	长边相连										短边相连									
				I_x/cm^4	W_{xmax}/cm^3	W_{xmin}/cm^3	i_x/cm	i_y/cm						I_x/cm^4	W_{xmax}/cm^3	W_{xmin}/cm^3	i_x/cm	i_y/cm					
								a/mm										a/mm					
								6	8	10	12	14	16					6	8	10	12	14	16
2∠180×110×	10	56.75	44.55	1912.50	324.73	157.92	5.81	4.16	4.23	4.30	4.36	4.44	4.51	556.21	227.83	64.99	3.13	8.49	8.56	8.63	8.71	8.78	8.36
	12	67.42	52.93	2249.44	376.46	187.07	5.78	4.19	4.26	4.33	4.40	4.47	4.54	650.06	258.06	76.65	3.11	8.53	8.60	8.68	8.75	8.83	8.90
	14	77.93	61.18	2573.82	424.92	215.51	5.75	4.23	4.30	4.37	4.44	4.51	4.58	739.10	284.82	87.94	3.08	8.57	8.64	8.72	8.79	8.87	8.95
	16	88.28	69.30	2886.12	470.32	243.28	5.72	4.26	4.33	4.40	4.47	4.55	4.62	823.69	308.52	98.88	3.05	8.61	8.68	8.76	8.84	8.91	8.99
2∠200×125×	12	75.82	59.52	3141.80	480.19	233.47	6.44	4.75	4.82	4.88	4.95	5.02	5.09	966.32	340.92	99.98	3.57	9..39	9.47	9.54	9.62	9.69	9.76
	14	87.73	68.37	3601.94	543.71	269.30	6.41	4.78	4.85	4.92	4.99	5.06	5.13	1101.65	378.49	114.88	3.54	9.43	9.51	9.58	9.66	9.73	9.81
	16	99.48	78.09	4046.70	603.62	304.36	6.38	4.81	4.88	4.95	5.02	5.09	5.17	1230.88	412.24	129.37	3.52	9.47	9.55	9.62	9.70	9.77	9.85
	18	111.05	87.18	4476.61	660.11	338.67	6.35	4.85	4.92	4.99	5.06	5.13	5.21	1354.37	442.59	143.47	3.49	9.51	9.59	9.66	9.74	9.81	9.89

附表 7　热轧普通工字钢的规格及截面特性[按《热轧型钢》(GB/T 706—2016)计算]

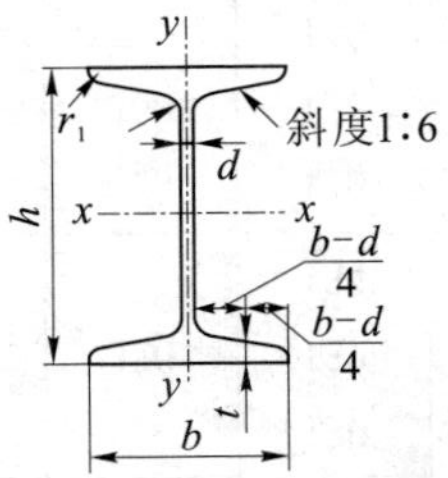

I——截面惯性矩；
W——截面模数；
i——截面回转半径

通常长度：
型号 10~18，为 5~19 mm；
型号 20~63，为 6~19 mm

型号	截面尺寸/mm						截面面积	理论质量	x-x 轴			y-y 轴		
	h	b	d	t	r	r_1	A/cm^2	/(kg/m)	I_x/cm^4	W_x/cm^3	I_x/cm	I_y/cm^4	W_y/cm^3	I_y/cm
10	100	68	4.5	7.6	6.5	3.3	14.345	11.261	245	49.0	4.14	33.0	9.27	1.52
12	120	74	5.0	8.4	7.0	3.5	17.818	13.987	436	72.7	4.95	46.9	12.7	1.61
12.6	126	74	5.0	8.4	7.0	3.5	18.118	14.223	488	77.5	5.20	46.9	12.7	1.61
14	140	80	5.5	9.1	7.5	3.8	21.516	16.890	712	102	5.76	64.4	16.1	1.73
16	160	88	6.0	9.9	8.0	4.0	26.131	20.513	1130	141	6.58	93.1	21.2	1.89
18	180	94	6.5	10.7	8.5	4.3	30.756	24.113	1660	185	7.36	122	26.0	2.00
20a	200	100	7.0	11.4	9.0	4.5	35.578	27.929	2370	237	8.15	158	31.5	2.12
20b		102	9.0				39.578	31.069	2500	250	7.96	169	33.1	2.06
22a	220	110	7.5	12.3	9.5	4.8	42.128	33.070	3400	309	8.99	225	40.9	2.31
22b		112	9.5				46.528	36.524	3570	325	8.78	239	42.7	2.27

续附表 7

型号	截面尺寸/mm						截面面积	理论质量	x-x 轴			y-y 轴		
	h	b	d	t	r	r_1	A/cm^2	/(kg/m)	I_x/cm^4	W_x/cm^3	I_x/cm	I_y/cm^4	W_y/cm^3	I_y/cm
24a	240	116	8.0	13.0	10.0	5.0	47.741	37.477	4570	381	9.77	280	48.4	2.42
24b		118	10.0				52.541	41.245	4800	400	9.57	297	50.4	2.38
25a	250	116	8.0	13.0	10.0	5.0	48.541	38.105	5020	402	10.2	280	48.3	2.40
25b		118	10.0				53.541	42.030	5280	423	9.94	309	52.4	2.40
27a	270	122	8.5	13.7	10.5	5.3	54.554	42.825	6550	485	10.9	345	56.6	2.51
27b		124	10.5				59.954	47.064	6870	509	10.7	366	58.9	5.47
28a	280	122	8.5	13.7	10.5	5.3	55.404	43.492	7110	508	11.3	345	56.6	2.50
28b		124	10.5				61.004	47.888	7480	534	11.1	379	61.2	2.49
30a	300	126	9.0	14.4	11.0	5.5	61.254	48.084	8950	597	12.1	400	63.5	2.55
30b		128	11.0				67.254	52.794	9400	627	11.8	422	65.9	2.50
30c		130	13.0				73.254	57.504	9850	657	11.6	445	68.5	2.46
32a	320	130	9.5	15.0	11.5	5.8	67.156	52.717	11100	692	12.8	460	70.8	2.62
32b		132	11.5				73.556	57.741	11600	726	12.6	502	76.0	2.61
32cc		134	13.5				79.956	62.765	12200	760	12.3	544	81.2	2.61
36a	360	136	10.0	15.8	12.0	6.0	76.480	60.037	15800	875	14.4	552	81.2	2.69
36b		138	12.0				83.680	65.689	16500	919	14.1	582	84.3	2.64
36c		140	14.0				90.880	71.341	17300	962	13.8	612	87.4	2.60
40a	400	142	10.5	16.5	12.5	6.3	86.112	67.598	21700	1090	15.9	660	93.2	2.77
40b		144	12.5				94.112	73.878	22800	1140	15.6	692	96.2	2.71
40c		146	14.5				102.112	80.158	23900	1190	15.2	727	99.6	2.65

续附表 7

型号	截面尺寸/mm						截面面积	理论质量	x−x 轴			y−y 轴		
	h	b	d	t	r	r_1	A/cm^2	/(kg/m)	I_x/cm^4	W_x/cm^3	I_x/cm	I_y/cm^4	W_y/cm^3	I_y/cm
45a	450	150	11.5	18.0	13.5	6.8	102.446	80.420	32200	1430	17.7	855	114	2.89
45b		152	13.5				111.446	87.485	33800	1500	17.4	894	118	2.84
45c		154	15.5				120.446	94.550	35300	1570	17.1	938	122	2.79
50a	500	158	12.0	20.0	14.0	7.0	119.304	93.654	46500	1860	19.7	1120	142	3.07
50b		160	14.0				129.304	101.504	48600	1940	19.4	1170	146	3.01
50c		162	16.0				139.304	109.354	50600	2080	19.0	1220	151	2.96
55a	550	166	12.5	21.0	14.5	7.3	134.185	105.335	62900	2290	21.6	1370	164	3.19
55b		168	14.5				145.185	113.970	65600	2390	21.2	1420	170	3.14
55c		170	16.5				156.185	122.605	68400	2490	20.9	1480	175	3.08
56a	560	166	12.5	21.0	14.5	7.3	135.435	106.316	65600	2340	22.0	1370	165	3.18
56b		168	14.5				146.635	115.108	68500	2450	21.6	1490	174	3.16
56c		170	16.5				157.835	123.900	71400	2550	21.3	1560	183	3.16
63a	630	176	13.0	22.0	15.0	7.5	154.658	121.407	93900	2980	24.5	1700	193	3.31
63b		178	15.0				167.258	131.298	98100	3160	24.2	1810	204	3.29
63c		180	17.0				179.858	141.189	102000	3300	23.8	1920	214	3.27

附表 8　热轧普通槽钢的规格及截面特性[按《热轧型钢》(GB/T 706—2016)计算]

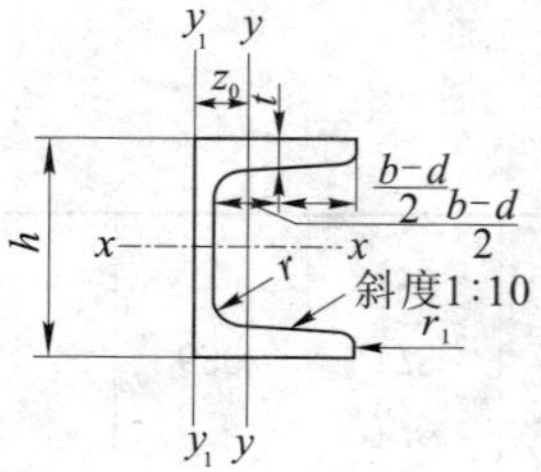

I——截面惯性矩；
W——截面模数；
i——截面回转半径

通常长度：
型号 5~8，为 5~12 mm；
型号 10~18，为 5~19 mm；
型号 20~40，为 6~19 mm

型号	截面尺寸/mm						截面积	每米质量	x-x 轴			y-y 轴			y_1-y_1 轴	重心距
	h	b	d	t	r	r_1	A/cm^2	/(kg/m)	I_x/cm^4	W_x/cm^3	i_x/cm	I_y/cm^4	W_y/cm^3	i_y/cm	I_{y1} /cm	Z_0 /cm
5	50	37	4.5	7.0	7.0	3.5	6.928	5.438	26.0	10.4	1.94	8.3	3.55	1.10	20.9	1.35
6.3	63	40	4.8	7.5	7.5	3.8	8.451	6.634	50.8	16.1	2.45	11.9	4.50	1.19	28.4	1.36
6.5	65	40	4.3	7.5	7.5	3.8	8.547	6.709	55.2	17.0	2.54	12.0	4.59	1.19	28.3	1.38
8	80	43	5.0	8.0	8.0	4.0	10.248	8.045	101	25.3	3.15	16.6	5.79	1.27	37.4	1.43
10	100	48	5.3	8.5	8.5	4.2	12.748	10.007	198	39.7	3.95	25.6	7.80	1.41	54.9	1.52
12	120	53	5.5	9.0	9.0	4.5	15.362	12.059	346	57.7	4.75	37.4	10.2	1.56	77.7	1.62
12.6	126	53	5.5	9.0	9.0	4.5	15.692	12.318	391	62.1	4.95	38.0	10.2	1.57	77.1	1.59
14a	140	58	6.0	9.5	9.5	4.8	18.516	14.535	564	80.5	5.52	53.2	13.0	1.70	107	1.71
14b		60	8.0				21.316	16.733	609	87.1	5.35	61.1	14.1	1.69	121	1.67
16a	160	63	6.5	10.0	10.0	5.0	21.962	17.240	866	108	6.28	73.3	16.3	1.83	144	1.80
16b		65	8.5				25.162	19.752	935	117	6.10	83.4	17.6	1.82	161	1.75

续附表 8

型号	截面尺寸/mm						截面积 A/cm^2	每米质量 /(kg/m)	x-x 轴			y-y 轴			y_1-y_1 轴	重心距
	h	b	d	t	r	r_1			I_x/cm^4	W_x/cm^3	i_x/cm	I_y/cm^4	W_y/cm^3	i_y/cm	I_{y1}/cm	Z_0/cm
18a	180	68	7.0	10.5	10.5	5.2	25.699	20.174	1270	141	7.04	98.6	20.0	1.96	190	1.88
18b		70	9.0				29.299	23.000	1370	152	6.84	111	21.5	1.95	210	1.84
20a	200	73	7.0	11.0	11.0	5.5	28.837	22.637	1780	178	7.86	128	24.2	2.11	244	2.01
20b		75	9.0				32.837	25.777	1910	191	7.64	144	25.9	2.09	268	1.95
22a	220	77	7.0	11.5	11.5	5.8	31.846	24.999	2390	218	8.67	158	28.2	2.23	298	2.10
22b		79	9.0				36.246	28.453	2570	234	8.42	176	30.1	2.20	326	2.03
24a	240	78	7.0	12.0	12.0	6.0	34.217	26.860	3050	254	9.45	174	30.5	2.25	325	2.10
24b		80	9.0				39.017	30.628	3280	274	9.17	194	32.5	2.23	355	2.03
24c		82	11.0				43.817	34.396	3510	293	8.96	213	34.4	2.21	388	2.00
25a	250	78	7.0	12.0	12.0	6.0	34.917	27.410	3370	270	9.82	176	30.6	2.24	322	2.07
25b		80	9.0				39.917	31.335	3530	282	9.40	196	32.7	2.22	353	1.98
25c		82	11.0				44.917	35.260	3690	295	9.07	218	35.9	2.21	384	1.92
27a	270	82	7.5	12.5	12.5	6.2	39.284	30.838	4360	323	10.5	216	35.5	2.34	393	2.13
27b		84	9.5				44.684	35.077	4690	347	10.3	239	37.7	2.31	428	2.06
27c		86	11.5				50.084	39.316	5020	372	10.1	261	39.8	2.28	467	2.03
28a	280	82	7.5	12.5	12.5	6.2	40.034	31.427	4760	340	10.9	218	35.7	2.33	388	2.10
28b		84	9.5				45.634	35.823	5130	366	10.6	242	37.9	2.30	428	2.02
28c		86	11.5				51.234	40.219	5500	393	10.4	268	40.3	2.29	463	1.95

续附表 8

型号	截面尺寸/mm						截面积 A/cm^2	每米质量 /(kg/m)	x-x 轴			y-y 轴			y_1-y_1 轴	重心距
	h	b	d	t	r	r_1			I_x/cm^4	W_x/cm^3	i_x/cm	I_y/cm^4	W_y/cm^3	i_y/cm	I_{y1}/cm	Z_0/cm
30a		85	7.5				43.902	34.463	6050	403	11.7	260	41.1	2.43	467	2.17
30b	300	87	9.5	13.5	13.5	6.8	49.902	39.173	6500	433	11.4	289	44.0	2.41	515	2.13
30c		89	11.5				55.902	43.883	6950	463	11.2	316	46.4	2.38	560	2.09
32a		88	8.0				48.513	38.083	7600	475	12.5	305	46.5	2.50	552	2.24
32b	320	90	10.0	14.0	14.0	7.0	54.913	43.107	8140	509	12.2	336	49.2	2.47	593	2.16
32c		92	12.0				61.313	48.131	8690	543	11.9	374	52.6	2.47	643	2.09
36a		96	9.0				60.910	47.814	11900	660	14.0	455	63.5	2.73	818	2.44
36b	360	98	11.0	16.0	16.0	8.0	68.110	53.466	12700	703	13.6	497	66.9	2.70	880	2.37
36c		100	13.0				75.310	59.118	13400	746	13.4	536	70.0	2.67	948	2.34
40a		100	10.5				75.068	58.928	17600	879	15.3	592	78.8	2.81	1070	2.49
40b	400	102	12.5	18.0	18.0	9.0	83.068	65.208	18600	932	15.0	640	82.5	2.78	1140	2.44
40c		104	14.5				91.068	71.488	19700	986	14.7	688	86.2	2.75	1220	2.42

附表 9　热轧 H 型钢和部分 T 型钢的规格及截面特性[按《热轧 H 型钢和剖分 T 型钢》(GB/T 11263—2010)计算]

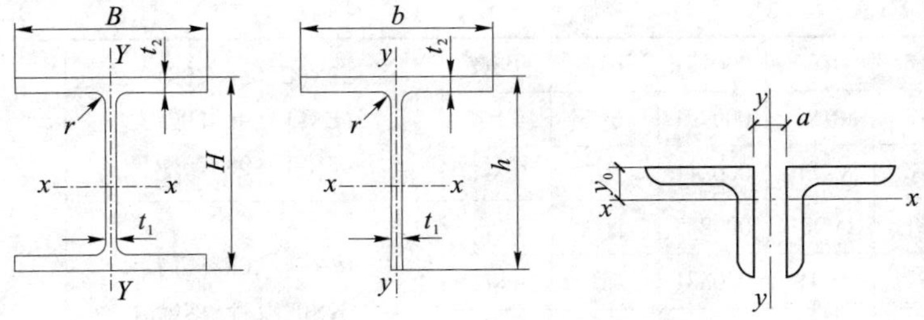

符号　H— H 型钢截面高度;t_1—腹板厚度;t_2—翼缘厚度;W—截面模量;i—回转半径;S—半截面的静力矩;I—惯性矩。

对 T 型钢:截面高度 h,截面面积 A_T,质量 q_T,惯性矩 I_y 等于相应 H 型钢的 1/2;HW、HM、HN 分别代表宽翼缘、中翼缘、窄翼缘 H 型钢;TW、TM、TN 分别代表各自 H 型钢部分的 T 型钢

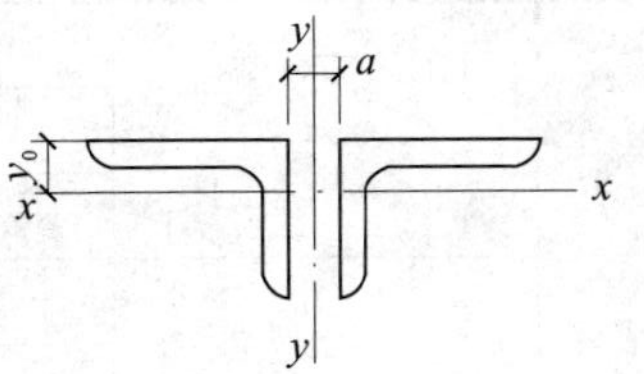

H 型钢										H 型钢和 T 型钢	T 型钢			
类别	H 型钢规格 $H×B×t_1×t_2$	截面积 A/cm^2	质量 q /(kg/m)	x-x 轴 I_x/cm^4	x-x 轴 W_x/cm^3	x-x 轴 i_x/cm	y-y 轴 I_y/cm^4	y-y 轴 W_y/cm^3	y-y 轴 i_y/cm	重心距 /cm	x-x I_x/cm^4	x-x i_x/cm	T 型钢规格 $h×b×t_1×t_2$	类别
HW	100×100×6×8	21.58	16.9	378	75.6	4.18	134	26.7	2.48	1.00	16.1	1.22	50×100×6×8	TW
HW	125×125×6.5×9	30.00	23.6	839	134	5.28	293	46.9	3.12	1.19	35.0	1.52	62.5×125×6.5×9	TW
HW	150×150×7×10	39.64	31.1	1620	216	6.39	563	75.1	3.76	1.37	66.4	1.82	75×150×7×10	TW
HW	175×175×7.5×11	51.42	40.4	2900	331	7.50	984	112	4.37	1.55	115	2.11	87.5×175×7.5×11	TW
HW	200×200×8×12	63.53	19.9	4720	472	8.61	1600	160	5.02	1.73	184	2.40	100×200×8×12	TW
HW	#200×204×12×12	71.53	56.2	4980	498	8.34	1700	167	4.87	2.09	256	2.67	100×204×12×12	TW
HW	#244×252×11×11	81.31	63.8	8700	713	10.3	2940	233	6.01	—	—	—	—	TW
HW	250×250×9×14	91.43	71.8	10700	860	10.8	3650	292	6.31	2.08	412	3.00	125×250×9×14	TW
HW	#250×255×14×14	103.9	81.6	11400	912	10.5	3880	304	6.10	2.58	589	3.36	125×255×14×14	TW
HW	#294×302×12×12	106.3	83.5	16600	1130	12.5	5510	365	7.20	2.85	857	4.01	147×302×12×12	TW
HW	300×300×10×15	118.5	93.0	20200	1350	13.1	6750	450	7.55	2.47	798	3.67	150×300×10×15	TW
HW	#300×305×15×15	133.5	105	21300	1420	12.6	7100	466	7.29	3.04	1110	4.07	150×305×15×15	TW

续附表 9

类别	H 型钢规格 $H \times B \times t_1 \times t_2$	截面积 A/cm^2	质量 q /(kg/m)	H 型钢 x-x 轴 I_x/cm^4	W_x/cm^3	i_x/cm	y-y 轴 I_y/cm^4	W_y/cm^3	i_y/cm	H 型钢和 T 型钢 重心距 /cm	T 型钢 x-x I_x/cm^4	i_x/cm	T 型钢规格 $h \times b \times t_1 \times t_2$	类别
HW	#338×351×13×13	133.3	105	27700	1640	14.4	9380	534	8.38	—	—	—	—	TW
	#344×348×10×16	144.0	113	32800	1910	15.1	11200	646	8.83	2.67	1230	4.13	172×348×10×16	
	#344×354×16×16	164.7	129	34900	2030	14.6	11800	669	8.48	—	—	—	—	
	350×350×12×19	171.9	135	39800	2280	15.2	13600	776	8.88	2.87	1520	4.20	175×350×12×19	
	#350×357×19×19	196.4	154	42300	2420	14.7	14400	808	8.57	—	—	—	—	
	#388×402×15×15	178.5	140	49000	2520	16.6	16300	809	9.54	3.70	2480	5.27	194×402×15×15	
	#394×398×11×18	186.8	147	56100	2850	17.3	18900	951	10.1	3.01	2050	4.67	197×398×11×18	
	#394×405×18×18	214.4	168	59700	3030	16.7	20000	985	9.64	—	—	—	—	
	400×400×13×21	218.7	172	6660	3330	17.5	22400	1120	10.1	3.21	2480	4.75	200×400×13×21	
	#400×408×21×21	250.7	197	70900	3540	16.8	23800	1170	9.74	4.07	3650	5.39	200×408×21×21	
	#414×405×18×28	295.4	232	92800	4480	17.7	31000	1530	10.2	3.68	3620	4.95	207×405×18×28	
	#428×407×20×35	360.7	283	119000	5570	18.2	39400	1930	10.4	3.90	4380	4.92	214×407×20×35	
	#458×417×30×50	528.6	415	187000	8170	18.8	60500	2900	10.7	—	—	—	—	
	#498×432×45×70	770.1	604	298000	12000	19.7	94400	4370	11.1	—	—	—	—	
	#492×465×15×20	258.0	202	117000	4770	21.3	33500	1440	11.4	—	—	—	—	
	#502×465×15×25	304.5	239	146000	5810	21.9	41900	1800	11.7	—	—	—	—	
	#502×470×20×25	329.6	259	151000	6020	21.4	43300	1840	11.5	—	—	—	—	

续附表 9

类别	H 型钢规格 $H\times B\times t_1\times t_2$	截面积 A/cm^2	质量 q /(kg/m)	H 型钢 x-x 轴 I_x/cm^4	H 型钢 x-x 轴 W_x/cm^3	H 型钢 x-x 轴 i_x/cm	H 型钢 y-y 轴 I_y/cm^4	H 型钢 y-y 轴 W_y/cm^3	H 型钢 y-y 轴 i_y/cm	H 型钢和 T 型钢 重心距 /cm	T 型钢 x-x I_x/cm^4	T 型钢 x-x i_x/cm	T 型钢规格 $h\times b\times t_1\times t_2$	类别
HM	148×100×6×9	26.34	20.7	1000	135	6.16	150	30.1	2.38	1.56	51.7	1.98	74×100×6×9	TM
	194×150×6×9	38.10	29.9	2630	271	8.30	507	67.6	3.64	1.80	124	2.55	97×150×6×9	
	244×175×7×11	55.49	43.6	6040	495	10.4	984	112	4.21	2.28	288	3.22	122×175×7×11	
	294×200×8×12	71.05	55.8	11100	756	12.5	1600	160	4.74	2.85	571	4.00	147×200×8×12	
	#298×201×9×14	82.03	64.4	13100	878	12.6	1900	189	4.80	2.92	661	4.01	149×201×9×14	
	340×250×9×14	99.53	78.1	21200	1250	14.6	3650	292	6.05	3.11	1020	4.51	170×250×9×14	
	390×300×10×16	133.3	105	37900	1940	16.9	7200	480	7.35	3.43	1730	5.09	195×300×10×16	
	440×300×11×18	153.9	121	54700	2490	18.9	8110	540	7.25	4.09	2680	5.89	220×300×11×18	
	#482×300×11×15	141.2	111	58300	2420	20.3	6760	450	6.91	5.00	3400	6.93	241×300×11×15	
	488×300×11×18	159.2	125	68900	2820	20.8	8110	540	7.13	4.72	3610	6.73	244×300×11×18	
	#544×300×11×15	148.0	116	76400	2810	22.7	6760	450	6.75	5.96	4790	8.04	272×300×11×15	
	#550×300×11×18	166.0	130	89800	3270	23.3	8110	540	6.98	5.59	5090	7.82	275×300×11×18	
	#582×300×12×17	169.2	133	98900	3400	24.2	7660	511	6.72	6.51	6320	8.64	291×300×12×17	
	588×300×12×20	187.2	147	114000	3890	24.7	9010	601	6.93	6.17	6680	8.44	294×300×12×20	
	#594×302×14×23	217.1	170	134000	4500	24.8	10600	700	6.97	6.41	7890	8.52	297×302×14×23	

续附表 9

类别	H 型钢规格 $H\times B\times t_1\times t_2$	截面积 A/cm^2	质量 q /(kg/m)	x−x 轴 I_x/cm^4	x−x 轴 W_x/cm^3	x−x 轴 i_x/cm	y−y 轴 I_y/cm^4	y−y 轴 W_y/cm^3	y−y 轴 i_y/cm	H 型钢和 T 型钢 重心距 /cm	T 型钢 x−x I_x/cm^4	T 型钢 x−x i_x/cm	T 型钢规格 $h\times b\times t_1\times t_2$	类别
HN	#100×50×5×7	11.84	9.30	187	37.5	3.97	14.8	5.91	1.11	1.28	11.8	1.41	50×50×5×7	TN
	#125×60×6×8	16.68	13.1	409	65.4	4.95	29.1	9.71	1.32	1.64	27.5	1.81	62.5×60×6×8	
	150×75×5×7	17.84	14.0	666	88.8	6.10	49.5	13.2	1.66	1.79	42.6	2.18	75×75×5×7	
	—	—	—	—	—	—	—	—	—	1.86	53.7	2.47	85.5×89×4×6	
	175×90×5×8	22.89	18.0	1210	138	7.25	97.5	21.7	2.06	1.93	70.6	2.48	87.5×90×5×8	
	#198×99×4.5×7	22.68	17.8	1540	156	8.24	113	22.9	2.23	2.17	93.5	2.87	99×99×4.5×7	
	200×100×5.5×8	26.66	20.9	1810	181	8.22	134	26.7	2.23	2.31	114	2.92	100×100×5.5×8	
	#248×124×5×8	31.98	25.1	3450	278	10.4	255	41.1	2.82	2.66	207	3.59	124×124×5×8	
	250×125×6×9	36.96	29.0	3960	317	10.4	294	47.0	2.81	2.81	248	3.66	125×125×6×9	
	#298×149×5.5×8	40.80	32.0	6320	424	12.4	442	59.3	3.29	3.26	393	4.39	149×149×5.5×8	
	300×150×6.5×9	46.78	36.7	7210	481	12.4	508	67.7	3.29	3.41	464	4.45	150×150×6.5×9	
	#346×174×6×9	52.45	41.2	11000	638	14.5	791	91.0	3.88	3.72	679	5.08	173×174×6×9	
	350×175×7×11	62.91	49.4	13500	771	14.6	984	112	3.95	3.76	814	5.08	175×175×7×11	
	400×150×8×13	70.37	55.2	18600	929	16.3	734	97.8	3.22	—	—	—	—	
	#396×199×7×11	71.41	56.1	19800	999	16.6	1450	145	4.50	4.20	1190	5.77	198×199×7×11	
	400×200×8×13	83.37	65.4	23500	1170	16.8	1740	174	4.56	4.26	1390	5.78	200×200×8×13	
	#446×150×7×12	66.99	52.6	22000	985	18.1	677	90.3	3.17	5.54	1570	6.84	223×150×7×12	
	450×151×8×14	77.49	60.8	25700	1140	18.2	806	107	3.22	5.62	1830	6.87	225×151×8×14	
	#446×199×8×12	82.97	65.1	28100	1260	18.4	1580	159	4.36	5.15	1870	6.71	223×199×8×12	
	450×200×9×14	95.43	74.9	32900	1460	18.6	1870	187	4.42	5.19	2150	6.71	225×200×9×14	

续附表 9

类别	H 型钢规格 $H\times B\times t_1\times t_2$	截面积 A/cm^2	质量 q /(kg/m)	H 型钢 $x-x$ 轴 I_x/cm^4	W_x/cm^3	i_x/cm	$y-y$ 轴 I_y/cm^4	W_y/cm^3	i_y/cm	H 型钢和 T 型钢 重心距 /cm	T 型钢 $x-x$ I_x/cm^4	i_x/cm	T 型钢规格 $h\times b\times t_1\times t_2$	类别
HN	#470×150×7×13	71.53	56.2	26200	1110	19.1	733	97.8	3.20	7.50	1850	7.18	235×150×7×13	TN
	#475×151.5×8.5×15.5	86.15	67.6	31700	1330	19.2	901	119	3.23	7.57	2270	7.25	237.5×151.5×8.5×15.5	
	482×153.5×10.5×19	106.4	83.5	39600	1640	19.3	1150	150	3.28	7.67	2860	7.33	241×153.5×10.5×19	
	#492×150×7×12	70.21	55.1	27500	1120	19.8	677	90.3	3.10	6.36	2060	7.66	246×150×7×12	
	#500×152×9×16	92.21	72.4	37000	1480	20.0	940	124	3.19	6.53	2750	7.71	250×152×9×16	
	504×153×10×18	103.3	81.1	41900	1660	20.1	1080	141	3.23	6.62	3100	7.74	252×153×10×18	
	#496×199×9×14	99.29	77.9	40800	1650	20.3	1840	185	4.30	5.97	2820	7.54	248×199×9×14	
	500×200×10×16	112.3	88.1	46800	1870	20.4	2140	214	4.36	6.03	3200	7.54	250×200×10×16	
	#506×201×11×19	129.3	102	55500	2190	20.7	2580	257	4.446	6.00	3660	7.52	253×201×11×19	
	#546×199×9×14	103.8	81.5	50800	1860	22.1	1840	185	4.21	6.85	3690	8.43	273×199×9×14	
	550×200×10×16	117.3	92.0	58200	2120	22.3	2140	214	4.27	6.89	4180	8.44	275×200×10×16	
	#596×199×10×15	117.8	92.4	66600	2240	23.8	1980	199	4.09	7.92	5150	9.35	298×199×10×15	
	600×200×11×17	131.7	103	75600	2520	24.0	2270	227	4.15	7.95	5770	9.35	300×200×11×17	
	#606×201×12×20	149.8	118	88300	2910	24.3	2720	270	4.25	7.88	6530	9.33	303×201×12×20	
	#625×198.5×13.5×17.5	150.6	118	88500	2830	24.2	2300	230	3.90	9.15	7460	9.95	312.5×198.5×13.5×17.5	
	630×200×15×20	170.0	133	101000	3220	24.4	2690	268	3.97	9.21	8470	9.98	315×200×15×20	
	#638×202×17×24	198.7	156	122000	3820	24.8	3320	329	4.09	9.26	9960	10.0	319×202×17×24	
	#646×299×10×15	152.8	120	110000	3410	26.9	6690	447	6.61	7.28	7220	9.73	323×299×10×15	
	#650×300×11×17	171.2	134	125000	3850	27.0	7660	511	6.68	7.29	8090	9.71	325×300×11×17	
	#656×301×12×20	195.8	154	147000	4470	27.4	9100	605	6.81	7.20	9120	9.65	328×301×12×20	
	#692×300×13×20	207.5	163	168000	4870	28.5	9020	601	6.59	8.12	11200	10.4	346×300×13×20	
	700×300×13×24	231.5	182	197000	5640	29.2	10800	721	6.83	7.65	12000	10.2	350×300×13×24	

续附表 9

类别	H 型钢									H 型钢和 T 型钢	T 型钢			类别
	H 型钢规格 $H\times B\times t_1\times t_2$	截面积 A/cm^2	质量 q /(kg/m)	x-x 轴			y-y 轴			重心距 /cm	x-x		T 型钢规格 $h\times b\times t_1\times t_2$	
				I_x/cm^4	W_x/cm^3	i_x/cm	I_y/cm^4	W_y/cm^3	i_y/cm		I_x/cm^4	i_x/cm		
HN	#734×299×12×16 #742×300×13×20 #750×300×13×24 #758×303×16×28	182.7	143	161000	4390	29.7	7140	478	6.25	—	—	—	— — — —	TN
		214.0	168	197000	5320	30.4	9020	601	6.49	—	—	—		
		238.0	187	231000	6150	31.1	10800	721	6.74	—	—	—		
		284.8	224	276000	7270	31.1	13000	859	6.75	—	—	—		
	#792×300×14×22 800×300×14×26	239.5	188	248000	6270	32.2	9920	661	6.43	9.77	17600	12.1	396×300×14×22 400×300×14×26	
		263.5	207	286000	7160	33.0	11700	781	6.66	9.27	18700	11.9		
	#834×298×14×19 #842×299×15×23 #850×300×16×27 #858×301×17×31	227.5	179	251000	6020	33.2	8400	564	6.07	—	—	—	— — — —	
		259.7	204	298000	7080	33.9	10300	687	6.28	—	—	—		
		292.1	229	346000	8140	34.4	12200	812	6.45	—	—	—		
		324.7	255	395000	9210	34.9	14100	939	6.59	—	—	—		
	#890×299×15×23 900×300×16×28 #912×302×18×34	266.9	210	339000	7610	35.6	10300	687	6.20	11.7	25900	13.9	445×299×15×23 450×300×16×28 456×302×18×34	
		305.8	240	404000	8990	36.4	12600	842	6.42	11.4	29100	13.8		
		360.1	283	491000	10800	36.9	15700	1040	6.59	11.3	24100	13.8		
	#970×297×16×21 #980×298×17×26 #990×298×17×31 #1000×300×19×36 #1008×302×21×40	276.0	217	393000	8110	37.8	9210	620	5.77	—	—	—	—	
		315.5	248	472000	9630	38.7	11500	772	6.04	—	—	—	—	
		345.3	271	544000	11000	39.7	13700	921	6.30	—	—	—	—	
		395.1	310	634000	12700	40.1	16300	1080	6.41	—	—	—	—	
		439.3	345	712000	14100	40.3	18400	1220	6.47	—	—	—	—	

续附表 9

类别	H 型钢规格 $H\times B\times t_1\times t_2$	截面积 A/cm^2	质量 q /(kg/m)	x-x 轴 I_x/cm^4	x-x 轴 W_x/cm^3	x-x 轴 i_x/cm	y-y 轴 I_y/cm^4	y-y 轴 W_y/cm^3	y-y 轴 i_y/cm	H 型钢和 T 型钢 重心距 /cm	T 型钢 x-x I_x/cm^4	T 型钢 x-x i_x/cm	T 型钢规格 $h\times b\times t_1\times t_2$	类别
HT	95×48×3.2×4.5	7.620	5.98	115	24.2	3.88	8.39	3.49	1.04	—	—	—	—	
	97×49×4×5.5	9.370	7.36	143	29.6	3.91	10.9	4.45	1.07	—	—	—	—	
	96×99×4.5×6	16.20	12.7	272	56.7	4.09	97.2	19.6	2.44	—	—	—	—	
	118×58×3.2×4.5	9.250	7.26	218	37.0	4.85	14.70	5.08	1.26	—	—	—	—	
	120×59×4×5.5	11.39	8.94	271	45.2	4.87	19.0	6.43	1.29	—	—	—	—	
	119×123×4.5×6	20.12	15.8	532	89.5	5.14	186	30.3	3.04	—	—	—	—	
	145×73×3.2×4.5	11.47	9.00	416	57.3	6.01	29.3	8.02	1.59	—	—	—	—	
	147×74×4×5.5	14.12	11.1	516	70.2	6.04	37.3	10.1	1.62	—	—	—	—	
	139×97×3.2×4.5	13.43	10.6	476	68.4	5.94	68.6	14.1	2.25	—	—	—	—	
	142×99×4.5×6	18.27	14.3	654	92.1	5.98	97.2	19.6	2.30	—	—	—	—	
	144×148×5×7	27.76	21.8	1090	151	6.25	378	51.1	3.69	—	—	—	—	
	147×149×6×8.5	33.67	26.4	1350	183	6.32	469	63.0	3.73	—	—	—	—	
	168×88×3.2×4.5	13.55	10.6	670	79.7	7.02	51.2	11.6	1.94	—	—	—	—	
	171×89×4×6	17.58	13.8	894	105	7.13	70.7	15.9	2.00	—	—	—	—	
	167×173×5×7	33.32	26.2	1780	213	7.30	605	69.9	4.26	—	—	—	—	
	172×175×6.5×9.5	44.64	35.0	2470	287	7.43	850	97.1	4.36	—	—	—	—	
	193×98×3.2×4.5	15.25	12.0	994	103	8.07	70.7	14.4	2.15	—	—	—	—	
	196×99×4×6	19.78	15.5	1320	135	8.18	97.2	19.6	2.21	—	—	—	—	
	188×149×4.5×6	26.34	20.7	1730	184	8.09	331	44.4	3.54	—	—	—	—	
	192×198×6×8	43.69	34.3	3060	319	8.37	1040	105	4.86	—	—	—	—	
	244×124×4.5×6	25.86	20.3	2650	217	10.1	191	30.8	2.71	—	—	—	—	
	238×173×4.5×8	39.12	30.7	4240	356	10.4	691	79.9	4.20	—	—	—	—	
	294×148×4.5×6	31.90	25.0	4800	327	12.3	325	43.9	3.19	—	—	—	—	
	286×198×6×8	49.33	38.7	7360	515	12.2	1040	105	4.58	—	—	—	—	
	340×173×4.5×6	36.97	29.0	7490	441	14.2	518	59.9	3.74	—	—	—	—	
	390×148×6×8	47.57	37.3	11700	602	15.7	434	58.6	3.01	—	—	—	—	
	390×198×6×8	55.57	43.6	14700	752	16.3	1040	105	4.31	—	—	—	—	

附表 10　锚栓规格

		Ⅰ				Ⅱ				Ⅲ		
形式		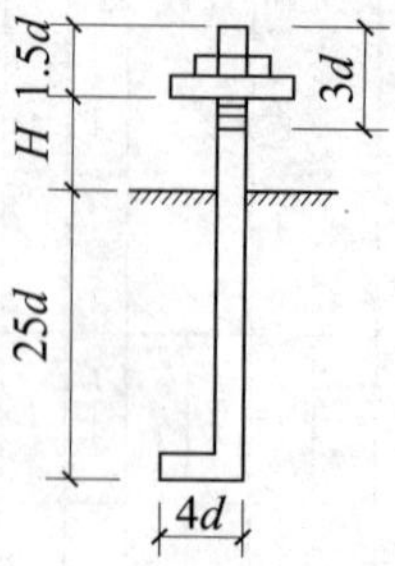				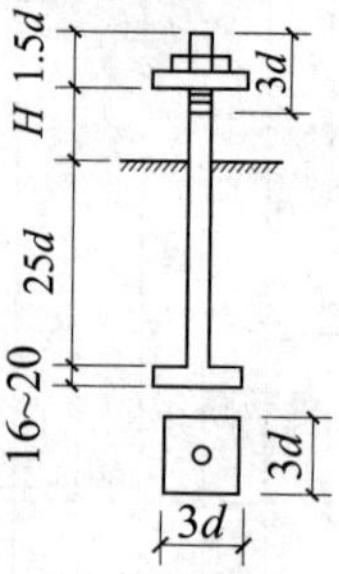				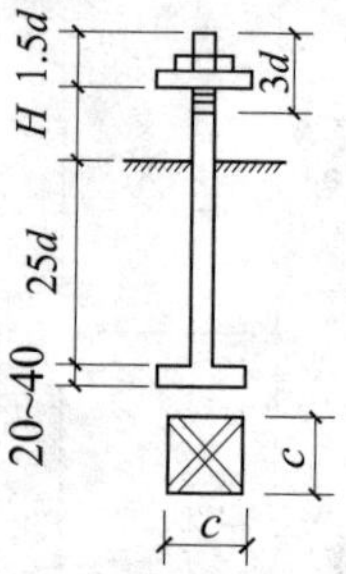		
锚栓直径 /mm		20	24	30	36	42	48	56	64	72	80	90
锚栓的有效面积 /mm^2		2.45	3.53	5.61	8.17	11.20	14.7	20.30	26.8	34.6	43.44	55.91
锚栓拉力设计值 /kN（Q235）		34.3	49.4	78.5	114.4	156.9	206.2	284.2	375.2	484.4	608.2	782.7
Ⅲ型锚栓	锚板宽度					140	200	200	240	280	350	400
	锚板厚度					20	20	20	25	30	40	40

附表 11　螺栓的有效面积

螺栓直径 d/mm	16	18	20	22	24	27	30
螺距 p/mm	2	2.5	2.5	2.5	3	3	3.5
螺栓有效直径 d_e/mm	14.12	15.65	17.65	19.65	21.189	24.19	26.72
螺栓的有效面积 A_e/mm^2	157	192	245	303	353	459	561

注：表中的螺栓有效面积 A_e 值按下式算得：$A_e=\frac{\pi}{4}d_e^2=\frac{\pi}{4}\left(d-\frac{13}{24}\sqrt{3}p\right)^2$。